“十二五”职业教育国家规划教材
经全国职业教育教材审定委员会审定

纺织材料

（第3版）

张一心　主　编
朱进忠　袁传刚　副主编

中国纺织出版社

内 容 提 要

本书着力于使读者了解纺织材料的种类以及纺织材料化学性质、工艺性能和力学性能，并熟悉其对加工工艺和产品质量的影响，通过对纺织材料性能的检测、评价及影响因素的分析，使读者获得合理使用原料、科学选用工艺参数、控制和评价产品质量、商品检验及鉴别等方面的基础理论知识和基本技能。

本书既是纺织高职高专院校学生的专业基础教材，又是一本内容涉及面广、程度中等、深入浅出、具体实用的专业技术读物，适合相关专业人士参考。本书配套教学资源既是对本书教学内容的丰富，也是读者学习的有益参考。

图书在版编目(CIP)数据

纺织材料/张一心主编. —3版. —北京：中国纺织出版社，2017.2（2021.7重印）
"十二五"职业教育国家规划教材
ISBN 978-7-5180-3278-5

Ⅰ.①纺… Ⅱ.①张… Ⅲ.①纺织纤维—材料科学—高等职业教育—教材 Ⅳ.①TS102

中国版本图书馆CIP数据核字(2017)第025473号

责任编辑：符 芬　　责任校对：楼旭红
责任设计：何 建　　责任印制：何 建

中国纺织出版社出版发行
地址：北京市朝阳区百子湾东里A407号楼　　邮政编码：100124
销售电话：010—67004422　　传真：010—87155801
http://www.c-textilep.com
E-mail:faxing@c-textilep.com
中国纺织出版社天猫旗舰店
官方微博 http://weibo.com/2119887771
三河市宏盛印务有限公司印刷　　各地新华书店经销
2005年12月第1版　2009年7月第2版
2017年2月第3版　2021年7月第17次印刷
开本：787×1092　1/16　印张：22.25
字数：450千字　定价：48.00元

出版者的话

百年大计，教育为本。教育是民族振兴、社会进步的基石，是提高国民素质、促进人的全面发展的根本途径，寄托着亿万家庭对美好生活的期盼。强国必先强教。优先发展教育、提高教育现代化水平，对实现全面建设小康社会奋斗目标、建设富强民主文明和谐的社会主义现代化国家具有决定性意义。教材建设作为教学的重要组成部分，如何适应新形势下我国教学改革要求，与时俱进，编写出高质量的教材，在人才培养中发挥作用，成为院校和出版人共同努力的目标。2012年12月，教育部颁发了教职成司函［2012］237号文件《关于开展“十二五”职业教育国家规划教材选题立项工作的通知》（以下简称《通知》），明确指出我国“十二五”职业教育教材立项要体现锤炼精品，突出重点，强化衔接，产教结合，体现标准和创新形式的原则。《通知》指出全国职业教育教材审定委员会负责教材审定，审定通过并经教育部审核批准的立项教材，作为“十二五”职业教育国家规划教材发布。

2014年6月，根据《教育部关于“十二五”职业教育教材建设的若干意见》（教职成［2012］9号）和《关于开展“十二五”职业教育国家规划教材选题立项工作的通知》（教职成司函［2012］237号）要求，经出版单位申报，专家会议评审立项，组织编写（修订）和专家会议审定，全国共有4742种教材拟入选第一批“十二五”职业教育国家规划教材书目，我社共有47种教材被纳入“十二五”职业教育国家规划。为在“十二五”期间切实做好教材出版工作，我社主动进行了教材创新型模式的深入策划，力求使教材出版与教学改革和课程建设发展相适应，充分体现教材的适用性、科学性、系统性和新颖性，使教材内容具有以下几个特点：

（1）坚持一个目标——服务人才培养。“十二五”职业教育教材建设，要坚持育人为本，充分发挥教材在提高人才培养质量中的基础性作用，充分体现我国改革开放30多年来经济、政治、文化、社会、科技等方面取得的成就，适应不同类型高等学校需要和不同教学对象需要，编写推介一大批符合教育规律和人才成长规律的具有科学性、先进性、适用性的优秀教材，进一步完善具有中国特色的职业教育教材体系。

（2）围绕一个核心——提高教材质量。根据教育规律和课程设置特点，从提高学生分析问题、解决问题的能力入手，教材附有课程设置指导，并于章首介绍本章知识点、重点、难点及专业技能，增加相关学科的最新研究理论、研究热点或历史背景，章后附形式多样的习题等，提高教材的可读性，增加学生学习兴趣和自学能力，提升学生科技素养和人文素养。

（3）突出一个环节——内容实践环节。教材出版突出应用性学科的特点，注重理论与生产实践的结合，有针对性地设置教材内容，增加实践、实验内容。

（4）实现一个立体——多元化教材建设。鼓励编写、出版适应不同类型高等学校教学需要的不同风格和特色教材；积极推进高等学校与行业合作编写实践教材；鼓励编写、出版不同载体和不同形式的教材，包括纸质教材和数字化教材，授课型教材和辅助型教材；鼓励开发中外文双语教材、汉语与少数民族语言双语教材；探索与国外或境外合作编写或改编优秀教材。

教材出版是教育发展中的重要组成部分，为出版高质量的教材，出版社严格甄选作者，组织专家评审，并对出版全过程进行过程跟踪，及时了解教材编写进度、编写质量，力求做到作者权威，编辑专业，审读严格，精品出版。我们愿与院校一起，共同探讨、完善教材出版，不断推出精品教材，以适应我国职业教育的发展要求。

中国纺织出版社
教材出版中心

《纺织材料》第3版是根据国家“十二五”规划教材申请书中的设想并在第2版的基础上进行修订的。主要做了如下几个方面的修改。

1. 删除了极少部分因历史原因存在的不规范名词，并按照最新的国际、国家标准做了适应性修正。

2. 删除了个别部分已经不适合现在行业状况的内容。

3. 调整了部分内容的层次关系和标题，以符合材料科学体系的规范，将行业习惯和科学规范一致化。

4. 调整了部分插图，提升图文质量。

本书由张一心任主编，朱进忠、袁传刚任副主编。

本书分为12个部分，由各个院校的同行专家共同撰写，绪论由西安工程大学张一心执笔；第一章由河南工程学院朱进忠执笔；第二章由广东纺织职业技术学院陈继娥、卢素娥执笔；第三章由成都纺织高等专科学校李一执笔；第四章由苏州经贸职业技术学院王雪华执笔；第五章由安徽职业技术学院袁传刚执笔；第六章由西安工程大学张一心执笔；第七章由武汉职业技术学院包振华执笔；第八章由西安工程大学杨建忠和辽东学院服装纺织分院于学成执笔；第九章由浙江轻纺职业技术学院杨乐芳、蒋艳凤执笔；第十章由江苏盐城纺织职业技术学院瞿才新、吴益峰执笔；第十一章由江阴职业技术学院周方颖执笔。全书由张一心统稿，朱进忠、袁传刚分工修改。

由于纺织行业科技水平及结构体系的飞速发展，加之作者专业能力和认知水平提升的不相适应，教材存在不足之处在所难免，在此热忱希望各位专家、学者、读者、学生提出宝贵意见，以促使其不断进步。

《纺织材料》编写组

2016年12月

第1版前言

《纺织材料》是顺应纺织高职高专教育的发展需要而诞生的，在全国纺织教育学会和全国纺织专业指导委员会的指导和关怀下，由10所院校组成了《纺织材料》编写委员会，西安工程科技学院为主编单位，河南纺织专科学校和安徽职业技术学院为副主编单位。

此次编写《纺织材料》主要面对的教学对象是高职高专院校的学生，编写时要求：内容精练，突出实用性，对于过于艰涩的理论内容简单处理，并通过图形、图像来强化主题、加深理解，对教育资源不太丰富的学校方便教学有较大帮助，每一章后都含有主要的实验内容，并附有习题，使学生达到一定的实训目的，用一本书既达到了主要教学目标，又减轻了学生的经济负担。在绪论中罗列了主要学习参考书和网络资源，以方便学生深入自学。同时对近几年纺织科技发展的新内容（新的知识和术语、新型检测仪器等）也有所体现。

本书分为11个部分，由各个院校的专家共同撰写，绪论和第六章由西安工程科技学院张一心执笔，第一章由河南纺织高等专科学校朱进忠执笔，第二章由广东纺织职业技术学院陈继娥、卢素娥执笔，第三章由成都纺织高等专科学校李一执笔，第四章由苏州经贸职业技术学院王雪华执笔，第五章由安徽职业技术学院袁传刚执笔，第七章由武汉职业技术学院包振华执笔，第八章由辽东学院服装纺织分院于学成和西安工程科技学院杨建忠执笔，第九章由浙江轻纺职业技术学院杨乐芳、蒋艳凤执笔，第十章由江苏盐城纺织职业技术学院瞿才新、吴益峰执笔。全书由张一心统稿，朱进忠、袁传刚分工修改。

在成书过程中，国内著名的纺织仪器制造企业长岭纺织机电科技有限公司、南通宏大实验仪器有限公司、宁波纺织仪器厂给予了大力的支持和帮助，同时也得到了任永花博士、刘翠霞博士、师利芬硕士和李全海硕士等的大力帮助，在此表示衷心的感谢。

限于作者的能力、水平和纺织科技飞速发展的现实，书中难免有不足、疏漏、错误之处，敬请广大读者不吝赐教（e-mail：nmzyx001@163.com），以便再版修订，使之不断进步。

《纺织材料》编写组

2005.5

第2版前言

《纺织材料》(第2版)是在前一版的基础上根据教学单位及读者的反馈意见、纺织教育发展的需要进行修订的。它内容上的主要变更有以下几个方面。

(1)修改原版已经发现的错别字,增补不足的地方,重要内容按照最新国家标准修订,同时按章制作PPT教学幻灯,减少纸质文字部分的篇幅。

(2)增加配套教学资源(可在中国纺织出版社网站下载),主要包含实验教学指导、PPT教学幻灯、各种图片资源及重要的国家标准等。

(3)增加第十一章 纺织标准基础知识。

各章的具体修改内容和第一版前言里已经述及的内容这里不再赘述。

本书由张一心任主编,朱进忠、袁传刚任副主编。本书分为12个部分,绪论和第六章由西安工程大学张一心执笔;第一章由河南工程学院朱进忠执笔;第二章由广东纺织职业技术学院陈继娥、卢素娥执笔;第三章由成都纺织高等专科学校李一执笔;第四章由苏州经贸职业技术学院王雪华执笔;第五章由安徽职业技术学院袁传刚执笔;第七章由武汉职业技术学院包振华执笔;第八章由西安工程大学杨建忠和辽东学院服装纺织分院于学成执笔;第九章由浙江纺织服装职业技术学院杨乐芳、蒋艳凤执笔;第十章由江苏盐城纺织职业技术学院瞿才新、吴益峰执笔;第十一章由江阴职业技术学院周方颖执笔。全书由张一心统稿,朱进忠、袁传刚分工修改。

由于科技发展的速度很快加之作者知识面与专业范围的局限,教材中定会存在一些问题,在此热忱希望各位读者提出宝贵意见,以促使其不断进步。

《纺织材料》编写组

2009.4

课程设置指导

本课程设置意义：纺织材料课程是纺织类专业的基础课程，内容涉及纺织纤维、纱线及织物的结构和性能（工艺性能、物理机械性能、化学性能等），测试技术及相关的分析方法，为学生或读者提供从事纺织领域工作所需的基础知识和技术。本课程和纺织工艺学、纺织品设计、纺织品检测与贸易等课程有着紧密的关联。

本课程教学建议：作为纺织科学与工程领域的基础课程，原则上应均衡讲授，但对于具有较强专门化的专业，如棉纺织工程、毛纺织工程、丝绸工程等在具体原料方面可以略有侧重。本课程的理论教学建议80学时左右，每课时约5页内容。

本课程教学目的：通过本课程的学习，使学生对纤维、纱线、织物的基本结构和性能，了解原料性能与产品加工工艺、产品质量的关系，掌握描述纺织材料结构和性能的指标、评测方法，为合理使用原料、设计选用合适的工艺参数、控制产品质量、进行商品检测等奠定扎实的理论和技术基础。

目录

绪　论

一、主要内容

用以加工制成纺织品的纺织原料、纺织半成品及纺织成品统称为纺织材料。包括各种纤维、条子、纱线、织物等。而纺织材料学则是研究纺织纤维、纱线、织物及半成品的结构、性能以及结构与性能的相互关系，及其与纺织加工工艺的关系等方面知识、规律和技能的一门科学。

所谓结构就是指纤维的结构（如纤维形成，组成物质及内部大分子的排列形态与外观形态特征等）、纱线的结构（即纤维在纱线中的配置和空间形态）和织物的结构（纱线在织物中的排列关系及本身的屈曲形态等）。

性能是结构的产物，结构决定性能，如结构（长度、细度、卷曲等）、物理性能（热学、光学、电学等）、化学性能、力学性能、服用性能（如起毛起球、折皱、缩水）等。

原料性能是制订工艺参数的依据，以达到合理使用原料的目的；工艺是产生结构的手段；根据人们的需要，生产不同结构的产品，使之具有不同的性能。这种关系是互逆的，可根据原料的性能，采用不同的工艺，去开发它的新用途；也可根据产品用途的要求，设计不同规格质量的产品，去选取不同的原料，或采用新原料。

原料与产品的性能指标如何？如何评定？只有通过检测。即采用一定的测试手段和方法，使用一定的仪器，取得所需要的指标，进而作出评定。在贸易经商、制订工艺、考核质量、科学研究、质量分析与控制等活动中都需要进行检测，需要指标和标准（企业标准，行业标准，国家标准及国际标准等）衡量性能和质量的优劣。检测是一项基础性活动，但要使此项活动有意义、有可比性、有公正力，就要以标准化为前提。

本课程作为专业基础课程，将提供有关纺织纤维、纱线、织物的结构、性能和测试方面的基本理论、基本知识和基本技能训练。

二、纺织材料的分类

（一）纺织纤维的分类

构成纺织品的基本原料是纺织纤维，纺织纤维的发展决定着纺织工业的发展，虽然自然界为人类提供了棉、毛、丝、麻等性能各异、品质优良的纺织纤维，但始终未能满足人类在穿衣方面不断提高的需求。化纤工业的发展，将较好地满足人类对纺织品的需求。

一般而言，直径几微米或几十微米，长度比其直径大许多倍的物体称为纤维，纤维以细而长为特征。不同用途的纤维，要求它具有不同的性能。作为纺织纤维必要的条件是具有一定的化学和物理稳定性(固体);具有一定的强度、柔曲性、弹性、可塑性和可纺性,且具有服用性能和产业用性能等。

一般把自然界生长的或形成的可以用于纺织的纤维材料称为天然纤维;把以天然的或人工合成的高聚物为原料经过化学和机械加工制得的纤维称为化学纤维。

1. 按照来源和化学组成分类

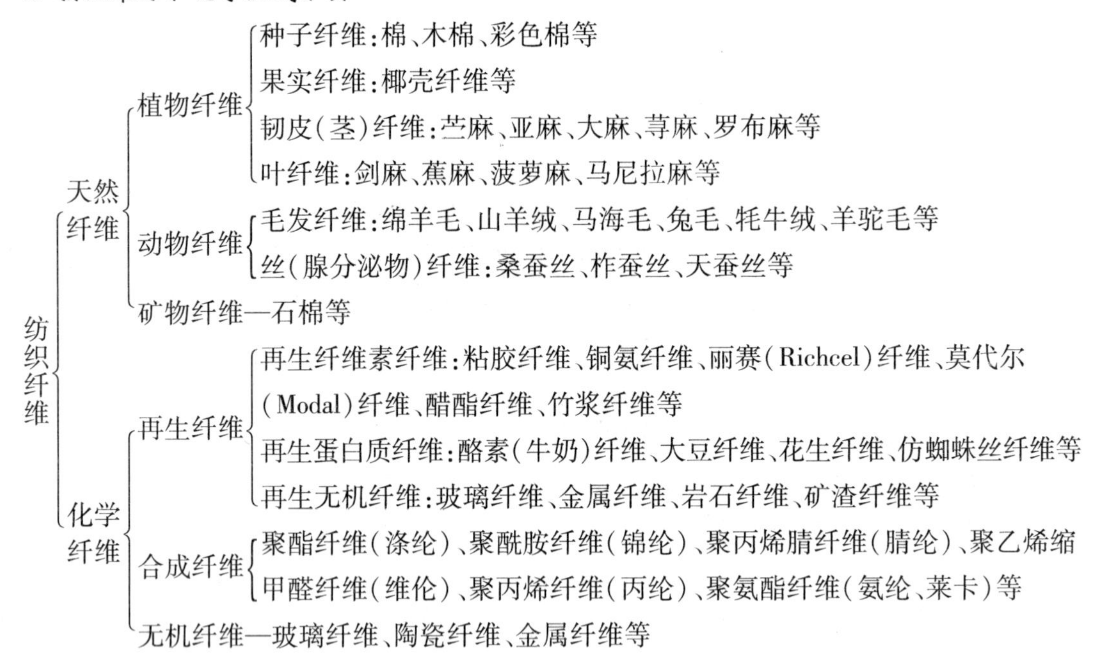

2. 按形态结构分类

(1)短纤维:长度为几十毫米到几百毫米的纤维。

(2)长丝:长度很长(几百米到几千米)的纤维。

(3)薄膜纤维:高聚物薄膜经纵向拉伸、撕裂、原纤化或切割后拉伸而制成的化学纤维。

(4)异形纤维:通过非圆形的喷丝孔加工的,具有非圆形截面形状的化学纤维。

(5)中空纤维:通过特殊喷丝孔加工的,在纤维轴向中心具有连续管状空腔的化学纤维。

(6)复合纤维:由两种及两种以上聚合物或具有不同性质的同一类聚合物,经复合纺丝法制成的化学纤维。

(7)超细纤维:比常规纤维细度细得多(0.4dtex 以下)的化学纤维。

3. 按色泽分类

(1)本白纤维:自然形成或工业加工的颜色呈白色系的纤维。

(2)有色纤维:自然形成或工业加工时人为加入各种色料而形成的具有很强色牢度的各色纤维。

(3)有光纤维:生产时经增光处理而制成的光泽较强的天然纤维或化学纤维。

(4)消光(无光)纤维:生产时经过消光处理(通常是以二氧化钛作为消光剂)制成的光泽暗淡的化学纤维。

(5)半光纤维:生产时经过部分消光处理(消光剂加入较少)制成的光泽中等的化学纤维。

4. 按性能特征分类

(1)普通纤维:应用历史悠久的天然纤维和常用的化学纤维的统称,在性能表现、用途范围上为大众所熟知,且价格便宜。

(2)差别化纤维:属于化学纤维,在性能和形态上区别于以往,在原有的基础上通过物理或化学的改性处理,使其性能得以增强或改善的纤维,主要表现在对织物手感、服用性能、外观保持性、舒适性及化纤仿真等方面的改善。如阳离子可染涤纶,超细、异形、异收缩纤维,高吸湿、抗静电纤维,抗起球纤维等。

(3)功能性纤维:在某一或某些性能上表现突出的纤维,主要指在热、光、电方面的阻隔与传导,在过滤、渗透、离子交换和吸附,在安全、卫生、舒适等特殊功能及特殊应用方面的纤维。需要说明的是,随着生产技术和商品需求的不断发展,差别化纤维和功能性纤维出现了复合与交叠的现象,界限渐渐模糊。

(4)高性能纤维(特种功能纤维):用特殊工艺加工的、具有特殊或特别优异性能的纤维。如超高强度、高模量纤维,耐高温、耐腐蚀、高阻燃纤维。如对位或间位的芳纶、碳纤维、聚四氟乙烯纤维、陶瓷纤维、碳化硅纤维、聚苯并咪唑纤维、高强聚乙烯纤维、金属(金、银、铜、镍、不锈钢等)纤维等均属此类。

(5)环保纤维(生态纤维):这是一种新概念的纤维类属。笼统地讲,就是天然纤维、再生纤维和可降解纤维的统称。传统的天然纤维属于此类,但在此处,更强调纺织加工中对化学处理要求的降低,如天然的彩色棉花、彩色羊毛、彩色蚕丝制品无须染色;对再生纤维则主要指以纺丝加工时对环境污染的降低和对天然资源的有效利用为特征的纤维,如竹浆纤维、圣麻纤维、天丝纤维、莫代尔纤维、玉米纤维、甲壳素纤维等;弃用之后具有自然可降解性能。

表1从功能及应用方面对功能性纤维做了一个简要的分类,希望从另外一个角度对功能性纤维的概念有一个轮廓性理解。

表1 功能性纤维的分类及应用

功能类型	应用形式	
分离	膜分离用中空纤维	气体分离膜(浓缩氨、浓缩氯、氢分离、人工肺) 反渗透膜(脱盐、超纯水) 透析膜(人工肾、酣碱回收、脱盐) 微滤膜(消毒水、水净化) 超滤膜(超纯水、等离子体分离)
	过滤介质用纤维	空气滤材:玻璃微细纤维(净化室内空气滤材)、有机超细纤维(防毒面具、防尘衣、净化室内空气滤材) 液体分离用滤材:超细纤维(血球分离)、防水处理纤维(油水分离、燃油净化)
	吸附分离用纤维	离子交换纤维(金属离子分离、纯水生产) 螯合纤维(重金属吸附) 高吸水纤维(吸湿产品) 吸油纤维(油回水)

续表

功能类型	应用形式	
传导	导光纤维	塑料光纤 石英光纤
	导电纤维	金属或金属涂层纤维(防爆工作服、等电位服) 石英型纤维
耐热	耐热纤维	有机耐热纤维(航空、宇航用材料、热空气过滤毡) 无机纤维(玻璃纤维、陶瓷纤维) 防燃纤维(阻燃服、隔热服)
屏蔽	电磁波屏蔽纤维 中子吸收纤维(中于吸收织物、防中子辐射织物) 噪声隔绝纤维	
其他	发光纤维 生物活性纤维(抗细菌纤维、止血纤维、活血保健纤维、防风湿症纤维、抗炎症纤维、免疫抑制纤维、麻醉纤维、抗凝血纤维、抗肿瘤纤维、抗烫伤纤维、含酶纤维等) 生物降解纤维 石棉代用纤维 水溶性纤维 黏结纤维 超导纤维 耐辐射纤维(抗紫外线纤维、防X射线纤维、防微波辐射纤维、防中子辐射纤维等) 变色纤维 高强度、超高强度纤维等	

(二)纱线的分类

(1)普通纱线:它是用较短的纤维利用传统纺纱的方法使纤维排列、加捻形成连续的细长物体。可按结构特征分为单纱和股线。可由各种天然短纤维或化学切段纤维纯纺或混合纺制而成。

(2)长丝:它分为单丝和复丝,单丝是天然的(如蚕丝)或化学纤维的单根长纤维;复丝是多根单丝合并制成的连续细长物体。

(3)新型纱线:它是采用新型纺纱方法(如转杯纺纱、静电纺纱、喷气纺纱、尘笼纺纱、包缠纺纱、自捻纺纱等)用短纤维或夹入部分长丝纺成的单纱或并合成的股线;也包括用特种加工方法(如收缩膨体、刀边刮过变形、气流吹致变形等方法)制造的长丝变形纱,特种纱线与普通纱线并合形成的新型股线等。

(三)织物的分类

纺织工业制成的织物种类繁多,形态、花色、结构、原料等千变万化,分类方法也多种多样。如按原料构成可以分为纯纺、混纺、交织、涂层,按色相可以分为本白、漂白、染色、印花、色织;按用途可以分为服用、装饰用、产业用、特种环境用等。最常用的还是按基本结构与构成方法分类，可粗分为五大类。

（1）机织物：用两组纱线（经纱和纬纱），基本上互相垂直（即经纬）交错织成的片状纺织品。

（2）针织物：用一组或多组纱线，本身之间或相互之间采用套圈的方法钩连成片的织物。可以生产一定宽幅的坯布，也可以生产一定形状的成品件。按生产方式不同又可分为纬编和经编两类，包括织制内衣、外衣、袜类等。

（3）编结物：用一组或多组纱线，用本身之间或相互之间钩编串套或打结的方法形成片状的织物，如网罟、花边、窗帘装饰织物等。

（4）非织造布：由纤维（或加部分纱线）形成纤维网片而制得的织物，并具有稳定的结构和性能。按加工方法、原料等不同又可区分为毡制品、热熔粘合制品、针刺制品、缝合制品等许多类。

（5）其他特种织物：如由两组（或多组）经纱、一组纬纱用梭织方法生产的三向织物、三维织物及其他新型织物等。

三、常用指标与术语简介

1. **纺织材料与纺织品**　纺织材料是指纺织工业用来加工制造纺织品的纺织原料（各种纤维）、半成品（条子、粗纱）及其成品（织物）的统称。而纺织品是指经过纺织、印染或复制等加工，可供直接使用，或需进一步加工的纺织工业产品的总称，如纱、线、绳、织物、毛巾、被单、毯子、袜子、台布等。按用途不同又可以分为服用纺织品、家用纺织品、产业用纺织品等。通常人们所讲的纺织品往往是服用纺织品的简称，它是指日常生活服用纺织品的面料、里料、衬料、袜子等，概念范畴比较窄。

2. **吸湿性与防水性**　所谓吸湿性是指纤维材料在空气中自动吸收和放出水分的性能。它是气态水分子与纤维间的作用，人们能感觉到它的变化，但看不到它们的作用过程。工业上常用回潮率作为纤维材料的吸湿指标，其定义为纤维中水分的重量占干燥纤维重量的百分率。回潮率的高低对纺织品的许多性能构成影响，如重量、坚牢度、保暖、抗静电、舒适性等。在涉及重量的贸易及性能检测时常常要进行回潮率的测定，并采用公定（即人为规定的回潮率时）重量结算。虽然纺织品的吸湿性能取决于纤维的吸湿性能，但纺织品的结构状态对吸湿性也有着不小的影响。

防水性（粘水性）是指纺织品对液态水的沾着、吸附、传导或阻隔的性能。也可称防雨性。它通常用喷淋试验来检验。

由于液态水与气态水分子对纺织品的作用机理及状态不同，所以在防水的同时还要达到透湿，这样的织物穿着时不会产生明显的闷湿感。

3. **普梳与精梳**　普梳是指经过一般性梳理而纺制的纱。精梳是指经过专门的精梳设备，将纤维条中的短纤维及其他疵点梳理去除，使纺纱原料的长度更整齐，从而获得高品质的纱线产品。精梳纱在细度均匀度、强度、手感、外观质量等方面均要比普梳纱好，同时也可比普梳纱纺得更细。

4. **结晶度**　结晶度是指纤维内部结晶区的量占纤维总量的百分率(质量百分率或体积百分率)。结晶度越高,说明纤维内部规整区域所占份额越高,因此可导致纤维许多性能的改变,如吸湿性、强度、弹性、抗皱性等。

5. **取向度**　取向度通常是指纤维内部大分子沿纤维轴向平行排列的程度,它会导致纤维性能发生各向异性。可以用双折射率来描述,双折射率越大,说明取向度越高。

6. **聚合度**　大分子中单基的个数。各个分子的聚合度一般是不一样的,通常用平均值表示。聚合度的大小即分子的长短,它与大分子的柔曲性密切相关,同时还影响着纤维的性能。

7. **细度**　由于纤维和纱线截面的不规则,用直径表示其粗细的时候往往不够精确和方便,所以通常不采用直径指标。而是经常采用线密度表达其粗细。

(1)线密度:线密度指 1000 m 长的纤维(或纱线)所具有的公定重量克数。通常用符号 Tt 表示,简称"特",属于表示细度的法定计量单位。如 0.3 tex 表示1000 m长的该纤维有 0.3g 重,数值越大,说明该纤维(或纱线)越粗。一般情况下,无论是纤维还是纱线,特克斯值越小,其售价就越高。特克斯也可以用递进单位来表示,如千特(ktex)(tex 的一千倍)、分特(dtex)(tex 的十分之一)、毫特(mtex)(tex 的千分之一)。

(2)英制支数:英特支数是重量和长度都为英制单位时单位重量(如 1 磅)纱线中所具有的规定长度(840 码)的倍数,通常用符号 N_e 表示,简称"英支",棉纱使用该单位时习惯简称为"支"。英制支数目前尚在世界某些区域(如英语区域)的贸易中有所使用,需要强调的是上面定义中的数字仅针对棉纱,而毛精核纱、麻 纱等有不同的数字定义,具体详见第九章。

(3)公制支数:公制支数指公定重量为 1g 纤维、纱线所具有的长度米数。通常用符号 N_m 表示,简称"支"(此简称易与英制支数搞混,需要注意),属历史沿用单位,习惯表示毛纱的粗细。

(4)品质支数:品质支数是毛纤维的专用细度指标,简称"支",它用某一数值代号表示某一直径范围,数值越大,表示纤维越细。常用品质支数与羊毛直径的对应关系见表 2。

表 2　品质支数与羊毛直径的对应关系

品质支数	羊毛的平均直径(μm)	品质支数	羊毛的平均直径(μm)
70	18.1 ~ 20.0	60	23.1 ~ 25.0
66	20.1 ~ 21.5	58	25.1 ~ 27.0
64	21.6 ~ 23.0	—	—

(5)纤度:纤度指 9000m 长纤维、纱线所具有的公定重量克数。通常用符号 N_d 表示,简称"旦",属于历史沿用指标,习惯表示蚕丝、化纤、长丝等的细度。

(6)马克隆值:用马克隆气流仪测得的表示棉纤维细度和成熟度的指标,无计量单位,数值越大,纤维越粗或越成熟。通常用 M 表示。

(7)直径(d)与线密度(Tt)的换算关系

$$d_f = \sqrt{\frac{4}{\pi} \times Tt_f \times \frac{10^3}{\eta}}$$

式中:d_f——纤维的直径,μm,对于非圆形截面的纤维,计算所得则为等截面积理论直径;

Tt_f——纤维的线密度,tex;

η——纤维的密度,g/cm³。

或

$$d_y = \sqrt{\frac{4}{\pi} \times Tt_y \times \frac{10^{-3}}{\delta}}$$

式中:d_y——纱线的直径,mm;

Tt_y——纱线的线密度,tex;

δ——纱线的体积重量,g/cm³。

8. 织物密度 对于机织物,织物密度指单位长度内纱线的排列根数,一般以"根/10 厘米"为单位。根据纱线方向的不同,又分为经密(经纱排列密度)和纬密(纬纱排列密度)。对于针织物,织物密度指单位长度内线圈排列的列数,一般以"线圈列数/5 厘米"为单位,分为横密(横向计数)和纵密(纵向计数)。织物密度的大小对织物的紧密程度、透气性、坚牢度、手感、悬垂性等影响显著。

9. 混纺比 混纺比一般指纱线中各个纤维组分的干重百分比。混纺的目的是为了进行性能改善或多特性复合,如涤纶与棉纤维混纺,是涤纶的高强度与棉纤维的良好吸湿性的结合。

10. 丝光棉 棉纺织品浸没在碱性溶液中,并施加以张力,经过这样的处理会使棉纺织品的表面产生绢丝般的光泽。被丝光处理过的棉纺织品表面光泽丰满,纹路清晰,手感爽滑,富有弹性,尺寸稳定性提高,且使用寿命增长。所以纺织品尤其是面料上用"丝光"两字可以示其性能优良。

11. 色牢度 色牢度是指纺织品上的颜色,在经受日晒、水洗、皂洗、干洗、汗渍、唾液、摩擦、熨烫、汽蒸、沸煮、海水、化学试剂(如酸、碱、盐、有机溶剂)等作用以后,仍然保持不褪色、不变色的一种耐久能力。色牢度的好坏不但影响织物外观,更主要的是它直接涉及人体的健康安全,而且影响不同颜色的衣物在同浴洗涤时产生沾色或染污的状况。

12. 免烫性(洗可穿性) 纺织品洗涤之后,不熨烫或稍加熨烫,即可保持平挺状态的性能。测定方法主要有拧绞法、落水变形法、洗衣机法(可机洗)。用等级表示耐洗程度,五级最好,一级最差。请注意,纺织品的许多服用性能都是用评级的方法来评价的,如起毛、起球、勾丝、色牢度等,级数值越高,性能越好。

13. 保暖率 保暖率是描述织物保暖性能的指标之一,它是采用恒温原理的保暖仪测得的指标,是指无试样时的散热量和有试样时的散热量之差与无试样时的散热量之比的百分率。该数值越大,说明该织物的保暖能力越强。国家标准将保暖率在 30% 以上的内衣称为保暖内衣,但需要说明的是保暖率的高低不是评价保暖内衣的唯一指标。

14. 色织 色织是使用有色纱线按一定的排列规则进行织布的工艺,其制品称为色织物。它不同于印染,"印"指的是印花,即在布面上进行花型染色,图案丰富多彩;"染"指的是染色,即将整匹布染成一种单一颜色。

15. 交织 交织是指经纬向使用不同原料品种的纱线织造织物的工艺,其制品称为交织物。它不同于混纺织物(混纺织物是指在纺纱过程中将两种或两种以上的不同纤维混合在一起纺制成纱——混纺纱,然后用混纺纱织造的织物)。

第一章 棉纤维

本章知识点

1. 棉花的种类、棉纤维的形态结构。
2. 先进的棉花测试仪器。
3. 棉纤维的组成物质与化学性质。
4. 棉纤维主要工艺性能、指标、检验与品质评定方法。

第一节 棉花的种类与形态结构

棉花——棉植物种子上的棉纤维、籽棉和皮棉的统称，其中棉纤维是纺纱织布的主要原料。从棉田中采摘的籽棉是棉纤维与棉籽未经分离的棉花，无法直接进行纺织加工，必须先进行轧花（初加工），将籽棉中的棉籽除去得到棉纤维，分等级打包后，商业习惯上称为皮棉。成包皮棉到纺织厂后称为原棉。

一、棉花的种类

（一）棉花的品系

棉花在植物学上属被子植物门，双子叶植物纲，锦葵目，锦葵科，棉属。棉属植物很多，但在纺织上有经济价值的栽培种目前只有四种，即陆地棉、海岛棉、亚洲棉（中棉）和非洲棉（草棉或小棉），并且它们都是一年生草本植物。

按照棉花的栽培种，结合纤维的长短粗细，纺织上将其分为长绒棉、细绒棉和粗绒棉三大品系，性状见表1－1，据此可做原棉种类的鉴别。

表1－1 棉花的品系

品　　系	细绒棉	长绒棉	粗绒棉
纤维色泽	精白、洁白或乳白，纤维柔软有丝光	色白、乳白或淡黄色，纤维细软富有丝光	色白、呆白，纤维粗硬，略带丝光
纤维长度（mm）	23～33	33～45	23以下
线密度（dtex）	1.67～2.22	1.18～1.43	2.5以上

续表

品　系	细　绒　棉	长　绒　棉	粗　绒　棉
纤维宽度(μm)	18～20	15～16	23～26
单纤强力(cN)	3～4.5	4～5	4.5～7
断裂长度(km)	20～25	33～40	15～22
天然转曲(个/cm)	39～65	80～120	15～22
适于纺纱品种	纯纺或混纺 11～100 tex 的细纱	4～10 tex 的高档纱和特种纱	粗特纱

1. 细绒棉　细绒棉是指陆地棉各品种的棉花，纤维细度和长度中等，色洁白或乳白，有丝光，可用于纺制 11～100 tex(60～6 英支)的细纱。细绒棉占世界棉纤维总产量的 85%，也是目前我国最主要的栽培棉种(约占 93%)。

2. 长绒棉　长绒棉是指海岛棉各品种的棉花和海陆杂交棉，纤维长，细而柔软，色乳白或淡黄，富有丝光，品质优良，是生产 10 tex 以下棉纱的原料。现生产长绒棉的国家主要有埃及、苏丹、美国、摩洛哥、中亚各国等。我国长绒棉的主要生产基地在新疆等部分地区。长绒棉又可分为特长绒棉和中长绒棉。

(1)特长绒棉：特长绒棉是指纤维长度在 35mm 以上的长绒棉，通常用于纺制 7.5～5tex(80～120 英支)精梳纱、精梳宝塔线等高档纱线。

(2)中长绒棉：中长绒棉是指长度在 33～35 mm 的长绒棉，品级较高的中长绒棉可用于纺制 10～7.5tex(60～80 英支)精梳纱、轮胎帘子线、精梳缝纫线等纱线。

3. 粗绒棉　粗绒棉是指中棉和草棉各品种的棉花，纤维粗短，且富有弹性。此类棉纤维因长度短、纤维粗硬，色白或呆白，少丝光，使用价值和单位产量较低，在国内已基本淘汰，世界上也没有商品棉生产。

天然彩棉是棉纤维自身具有天然彩色的粗绒棉或细绒棉，简称“彩棉”。它是利用生物工程技术选育出的一种吐絮时棉纤维就具有绿、棕等天然彩色的特殊类型棉花，按基本色调和饱和度分为棕色、浅棕色、绿色、浅绿色及其他颜色等类型。彩色棉的长度和细度均较细绒棉短粗，用其制织的织物色泽自然、质地柔软、色牢度好、穿着舒适，有利人体健康。同时，因不需要染色，从而降低了纺织品成本及染色印花加工中对环境的污染。

(二)棉花的颜色质地

1. 白棉　正常成熟的棉花，不管色泽呈洁白、乳白或淡黄色，都称为白棉。棉纺厂使用的原棉，绝大部分为白棉。

2. 黄棉　棉铃生长期间受霜冻或其他原因，铃壳上的色素染到纤维上，使纤维大部分呈黄色，以符号 Y 在棉包上标示。黄棉属低级棉，棉纺厂仅有少量使用。

3. 灰棉　棉铃在生长或吐絮期间，受雨淋、日照少、霉变等影响，使纤维色泽灰暗的棉花，以符号 G 在棉包上标示。灰棉的强力低、品质差，仅在纺制低级棉纱中配用。

（三）棉花的初加工方式

棉花初加工即轧花，是对籽棉进行的加工。它是指通过轧花机的作用，清除僵棉和排去杂质，实现棉纤维与棉籽的分离，然后将获得的皮棉分级打包等一系列工艺过程。轧花的基本要求是清僵排杂，籽棉经轧花后纤维不受损伤，保持棉纤维的自然品貌。轧花机有锯齿机和皮辊机两种，作用原理不同，因此得到的皮棉类型有锯齿棉和皮辊棉之分。

1. 锯齿轧花与锯齿棉 锯齿机是棉花初加工的主要设备。它的工作原理是利用几十片圆锯片的高速旋转，对籽棉上的纤维进行钩拉，通过间隙小于棉籽的肋条的阻挡，使纤维与棉籽分离。锯齿机上有专门的除杂设备，因此锯齿棉含杂较少。由于锯齿机钩拉棉籽上短纤维的概率较小，故锯齿棉短绒率较低，纤维长度整齐度较好。但锯齿机作用剧烈，容易损伤较长纤维，也容易产生轧工疵点，使纤维平均长度稍短，棉结、索丝和带纤维籽屑较多。又由于轧花时纤维是被锯齿钩拉下来的，所以皮棉呈蓬松分散状态。

2. 皮辊轧花与皮辊棉 皮辊机的工作原理是利用表面毛糙的皮辊的摩擦作用，带住籽棉纤维从上刀与皮辊的间隙通过时，依靠下刀向上的冲击力，使棉纤维与棉籽分离。由于皮辊机设备小，缺少除杂机构，所以皮辊棉含杂较多。皮辊机具有长短纤维一起轧下的作用特点，因此皮辊棉短绒率较高，纤维长度整齐度稍差。但也有人认为，排除短绒不考虑的话，皮辊棉较锯齿棉长度整齐度为好。皮辊机作用较缓和，不易损伤纤维，轧工疵点也较少，但皮棉中有黄根。由于皮辊机是靠皮辊与上刀、下刀的作用进行轧花的，所以皮棉成条块状。皮辊棉可较多地运用于纺精梳纱品种。锯齿棉和皮辊棉的性能特点见表1－2。

表1－2 锯齿棉和皮辊棉的性能特点

类　型	锯　齿　棉	皮　辊　棉
外观形态	纤维散乱，蓬松均匀，污染分散，颜色较均匀，重点黄染不易辨清	纤维平顺，厚薄不匀，成条块状，有水波形刀花，重点污染较明显
疵　点	棉结、索丝较多，并有少量带纤维籽屑	黄根较显，有带纤维籽屑、破籽，极少有棉结、索丝
杂　质	叶片、籽屑、不孕籽等较少	棉籽、籽棉、破籽、籽屑、不孕籽、软籽表皮、叶片等较多
长　度	稍短	稍长
整齐度	稍好	稍差
短绒率	较低	较高

锯齿轧花产量高，大型轧花厂都用锯齿机轧花，棉纺厂使用的细绒棉大多也为锯齿棉。皮辊轧花产量低，由于纤维损伤小，长绒棉、留种棉一般用皮辊轧花。

(四)新型棉花

1. 有机棉　是在农业生产中,以有机肥、生物防治病虫害、自然耕作管理为主,不使用化学制品,从种子到农产品全天然无污染生产的棉花。它是以各国或 WTO/FAO 颁布的《农产品安全质量标准》衡量,棉花中农药、重金属、硝酸盐、有害生物(包括微生物、寄生虫卵等)等有毒有害物质含量控制在标准规定限量以内,获得认证的商品棉花。有机棉的生产,不仅需要栽培棉花的光、热、水、土等必要条件,还对耕地土壤环境、灌溉水质、空气环境等的洁净程度有特定的要求。因此,有机棉花生产是可持续性农业的一个重要组成部分,对保护生态环境、促进人类健康发展及满足人们对绿色环保生态服装的消费需求具有重要意义。据国际有机农业委员会预测,未来 30 年内,全球棉花产量的 30% 将由有机棉占据。

2. 转基因棉(兔毛棉花)　兔毛角蛋白基因和棉花结合在一起所产生出的一种带有兔毛品质的新型棉纤维。这种棉花被确定含有兔毛角蛋白基因,经我国农业部棉花品质监督检验测试中心进行纤维测试,其纤维品质优良,绒长增加了约 3mm,整齐度增加 2.1%,比强度等各项指标都有不同程度提高。

3. 彩色棉花　天然彩色棉花简称为彩棉,它是利用现代生物工程技术选育出的一种吐絮时棉纤维就具有红、黄、绿、棕、灰、紫等天然彩色的特殊类型棉花。用这种棉花织成的布不需染色、无化学染料毒素,质地柔软而富有弹性,制成的服装经洗涤和风吹日晒也不变色,并且耐穿耐磨、穿着舒适,有利人体健康。因不需要染色,所以可大大降低纺织成本,防止了因对普通棉织品上色,而对环境造成的污染。我国于 1994 年开始彩棉育种研究和开发,并且目前已有可供大面积种植的棕色、绿色、驼色几个定型品种。

二、棉纤维的形态结构

(一)棉纤维的生长发育

一年生草本植物的棉花,喜湿好光。一般来讲,我国在四五月间开始播种,播种后一两个星期就发芽,以后继续生长,最后长成棉株。棉株上的花蕾在七八月间陆续开花,开花期可延续一个月以上。花朵受精后萎谢,花瓣脱落,开始结果,结的果称为棉铃或棉挑。棉铃由小到大,45～65 天成熟。这时棉桃外壳变硬,裂开后吐絮,如图 1－1所示。棉桃一般有 4～5 个棉瓣,每瓣常有 7～9 粒棉籽。吐絮后就可开始收摘籽棉了。根据收摘时期的早晚,有早期棉、中期棉和晚期棉之分。中期棉长度较长、成熟正常,质量最好;早期棉、晚期棉质量较差。

图 1－1　棉桃裂开吐絮

棉纤维是由种子胚珠(发育成熟后即为棉籽,未受精者成为不孕籽)的表皮细胞隆起、延伸发育而成的,纤维是与棉铃、种子同时生长的。它的一端着生在棉籽表面,一个细胞长成一根纤维。棉籽上长满了纤维,每粒细绒棉棉籽表面有 1～1.5 万根纤维,有长有短。不论长短,每根棉纤维都是一个单细胞。按照我国棉花的生长情况，棉纤维生长发育的时间长短不一，细绒棉纤维一般约需50天，长绒棉约需60天。棉纤维的生长发育特点，是先伸长长度，然后充实加厚细胞壁，整个发育过程可以分为伸长期（前25～30天）、加厚期（后25～30天）和转曲期三个时期。

1. 伸长期 在伸长期中，表皮细胞并不是在同一天伸出，而是在开花受精后10天以内陆续长出。早长出的纤维生长良好，长度较长，成为具有纺纱价值的棉纤维，即“长绒”。在开花第三天以后，从胚珠表皮细胞层上所生长出的纤维初生细胞，通常不久便停止发育，最后成为附在棉籽表面短而密集的“短绒”，无纺纱价值。在此期间，细胞壁伸长成为薄壁管子。

2. 加厚期 当纤维初生细胞壁伸长到一定长度以后，即开始细胞壁的加厚。在加厚期间，细胞一般不再伸长，把初生细胞壁内储存的营养液在自然条件的作用下变成纤维素，并由初生胞壁内自外向内逐日淀积一层，直至加厚期结束。纤维素的淀积是在较高的温度下进行的。温度低于20℃，淀积就会停滞。由于白天和黑夜气温相差很大，纤维素在胞壁内的淀积时快时慢、时停时积，形成明显的层次结构，呈同心环状。层次的数目与加厚的天数相当。这种层次有如树木的年轮，称为棉纤维的生长日轮，如图1－2所示。如果在棉纤维加厚阶段保持温度不变，就不会形成这种日轮。棉纤维加厚期的温度高，日照充分时，胞壁垒厚，纤维成熟度高。如果加厚期的温度低，虽然加厚时间长，但胞壁却较薄，纤维成熟度较差。

3. 转曲期 棉纤维加厚期结束后，棉铃壳开始逐渐脱水干燥，内部由于棉纤维的成熟而膨胀，使棉铃裂开吐絮。吐絮后纤维内水分蒸发引起收缩。由于棉纤维淀积纤维素时，是以螺旋状原纤形态层层淀积的，并且螺旋方向时左时右，所以纤维干涸收缩时，胞壁发生时左时右的螺旋形扭转，形成不规则的天然转曲。这一时期称为转曲期，在棉铃裂开后的3～4天之间。

（二）棉纤维的形态结构

1. 棉纤维的形态 棉纤维是细而长的中空物体，一端封闭，另一端开口（长在棉籽上），中间稍粗，两头较细，呈纺锤形。正常成熟的棉纤维纵面呈不规则的而且沿纤维长度方向不断改变转向的螺旋形扭曲。如图1－3所示，棉纤维截面呈不规则的腰圆形，有中腔；纵向外观上具有天然转曲。天然转曲是棉纤维所特有的纵向形态特征，在纤维鉴别中可以利用天然转曲这一特征将棉纤维与其他纤维区别开来。天然转曲一般以1cm棉纤维上扭转180°的个数表示。细绒棉的转曲数为39～65个/cm；长绒棉较多，为80～120个/cm。正常成熟的棉纤维转曲在纤维中部较多，梢部最少。成熟度低的棉纤维，则纵向呈薄带状，几乎没有转曲。过成熟的棉纤维外观呈棒状，转曲也少。天然转曲使棉纤维具有一定的抱合力，有利于纺纱工艺过程的正常进行和成纱质量的提高，但转曲反向次数多的棉纤维强度较低。

图1－2 棉纤维的日轮图

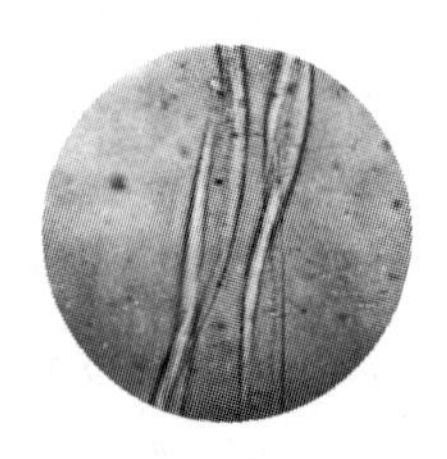

（a）纵向

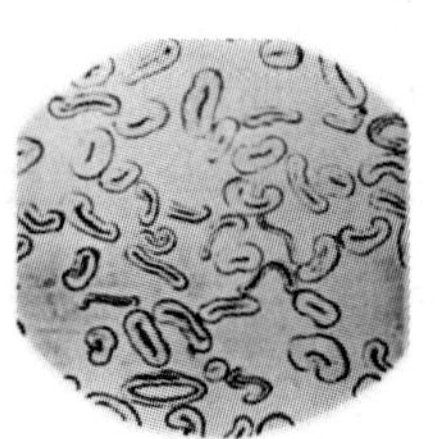

（b）截面

图1－3 棉纤维的形态

2. 棉纤维的断面结构 棉纤维的断面呈不规则的腰圆形，有中腔。棉纤维的横断面由许多同心层所组成，主要的有初生层、次生层和中腔三部分，如图 1－4 所示。

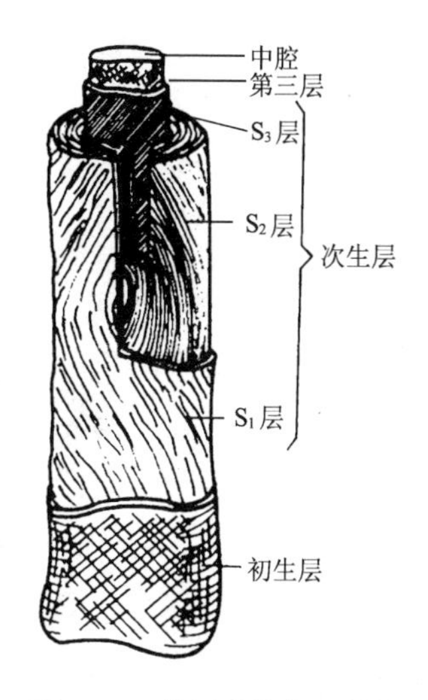

图 1－4 棉纤维的断面结构

（1）初生层：初生层是棉纤维的外层，即棉纤维在伸长期形成的纤维细胞的初生部分。初生层的外皮是一层极薄的蜡质与果胶，表面有细丝状皱纹。蜡质（俗称棉蜡）对棉纤维具有保护作用，能防止外界水分的浸入。棉纤维的表面性质也与棉蜡密切相关。棉蜡能增润棉纤维光泽，并在纺纱过程中起润滑作用，使棉纤维具有良好的适宜于纺纱的表面性能，但在高温时棉蜡容易融化，以致影响纺纱工艺。棉蜡妨碍棉纤维及其制品的着色能力，所以棉纱、棉布漂染前要经过煮炼除去棉蜡，以保证染色均匀。

（2）次生层：次生层是棉纤维加厚期淀积纤维素形成的部分，是棉纤维的主要构成部分，几乎全为纤维素组成。次生层决定了棉纤维的主要物理性质。在初生层下面是一厚度不到 0.1μm 的 S_1 层，由微原纤紧密堆砌而成。微原纤与纤维轴呈螺旋状排列，倾斜角为 25°～30°。这一层中几乎没有缝隙和孔洞。在 S_1 层下面是另一厚度为 1～4μm 的 S_2 层，由基本同心的环状层叠合构成棉纤维的主体，全部为纤维素组成。微原纤与纤维轴的平均螺旋角约为 25°，螺旋方向沿纤维长度方向周期性地左右改变，一根棉纤维上这种反向可在 50 次以上，不同品种棉纤维的反向次数也可不同。这一层中的微原纤成为网状结构，相互镶嵌，在微原纤与原纤之间形成空隙，使棉纤维具有多孔性。接着 S_2 层的是厚度不到 0.1μm 的 S_3 层，有与 S_2 层相似的特征。次生层决定了棉纤维的主要物理机械性质。

（3）中腔：中腔它是棉纤维生长停止后遗留下来的内部空隙。中腔内留有少数原生质和细胞核残余物，对棉纤维本色有影响。随着棉纤维成熟度的不同，中腔宽度有差异。成熟度高，中腔小。

三、棉花测试仪器

1. HVI 大容量纤维快速测试仪 乌斯特（USTER）公司生产的 HVI（High Volume Inspection）大容量纤维快速测试仪是目前世界上较先进的综合测试原棉性能的多功能快速测试系统，主要有 HVI 900A 型、HVI Spectrum 型、HVI Classing 型和 HVI 1000 型（中国公证检验专用）等。各种型号的测试原理和结构基本相同，一般都由取样器、长度/强力组件、马克隆值组件、颜色/杂质组件、微型计算机控制系统等组成。HVI 1000 型大容量纤维测试仪如图 1－5 所示，它可以测出棉纤维的平均长度、上半部平均长度、长度整齐度指数、短纤维指数、断裂比强度、断裂伸长率、马克隆值、成熟度指数、反射率、黄色深度、色特征级、杂质面积百分率、杂质粒数、叶屑等级、回潮率等指标，能反映棉纤维的使用价值和经济价值，并且它的工效很高。

2. XJ120 快速棉纤维性能测试仪 我国近年也研制成功了此类仪器，目前已经商品化生产的有 XJ120、XJ128 型等快速棉纤维性能测试仪，如图 1－6 所示。它集光、机、电、气和计算机技术为一

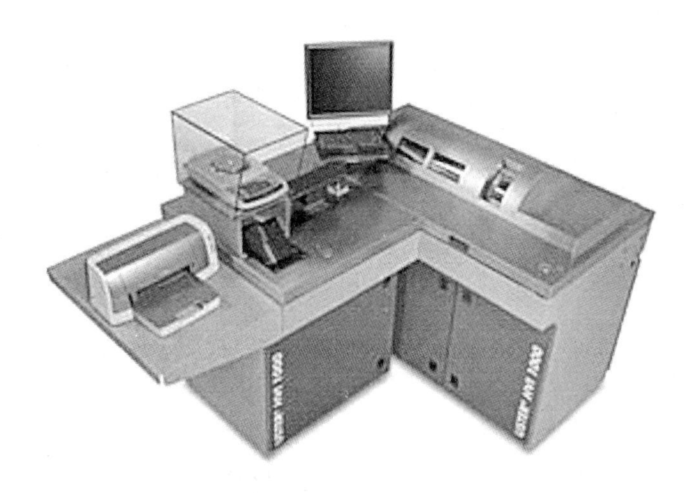

图 1－5　HVI 1000 型大容量纤维测试仪

体，能快速给出棉纤维的长度、强度、可纺特数等多项指标。这些指标对棉检部门客观、公正地评价棉花品质、指导棉纺企业配棉、合理利用棉花原料，预测成纱性能，具有十分重要的意义。

3. AFIS 单纤维测试系统　乌斯特公司生产的 AFIS(Advanced Fiber Information System)单纤维测试系统如图 1－7 所示。它采用模块化的结构，有分析棉结的数量和大小的模块，测试纤维长度、成熟度和直径的模块，以及确定异物、微尘和杂质颗粒的数量与大小的模块。此系统的基本单元可以仅与一个组件或多个组件结合构成多种配置形式的测试系统，并且整个系统测试由计算机控制。

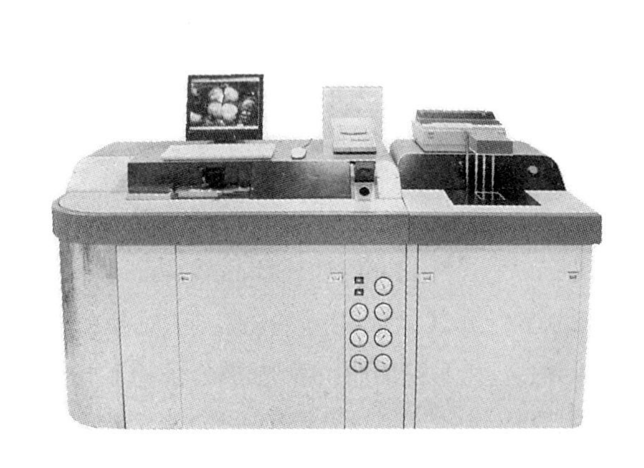

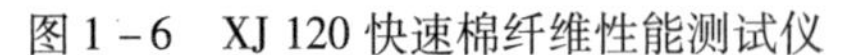

图 1－6　XJ 120 快速棉纤维性能测试仪

图 1－7　AFIS 单纤维测试系统的外形图

AFIS 单纤维测试系统将试样经过开松、梳理，利用气流将微尘、杂质和纤维三种成分分离，分离后的成分有着不同的气流轨迹，可用光、电和其他方法进行测量分析棉结、杂质、纤维长度、成熟度和纤维直径。

棉结测试指标包括每个试样(0.5g)的棉结数、1g 试样的棉结数和试样中棉结大小的平均值(μm)。棉结的图形输出从0.1～2mm分成20个等级,根据棉结的大小和数目用频率分布图来表示。

长度的测试指标包括平均长度及其变异系数(%)、短纤维率(长度小于12.7mm),以及由长至短累计25%的纤维长度(上四分位长度)和1%和2.5%的跨距长度,单位均为mm。图形输出以纤维根数或重量为权的频率分布图和纤维排列图来表示,从2～60mm分成30组,组距2mm。

成熟度和直径的测试指标包括成熟度比及其变异系数,纤维直径及其变异系数,未成熟纤维百分比(IFC)及其变异系数。棉纤维横截面积与理论横截面积之比称为充实度,充实度低于25%的纤维称为未成熟纤维。纤维直径从2～60μm分成30组,组距2μm,以纤维根数为权的频率分布图表示。

杂质测试指标包括杂质大小的平均值(μm)、1g试样中杂质数目、1g试样中微尘数目、1g试样中杂质和微尘的总数目、杂质和微尘重量百分率。杂质颗粒的大小从50～300μm分成25组,组距10μm,以个数频率分布图表示。

由于AFIS单纤维测试系统能提供详尽的个体及分布数据,所以对纤维性能研究及工厂调整工艺是很重要的。但由于其纤维试样数量比较少(每个试样为0.5g),测试时间较长(约3min),纤维伸直状态差异太大,测试指标中没有断裂比强度和色度指标,限制了它在棉花分级中的使用。

第二节　棉纤维的组成物质与化学性质

一、棉纤维的组成物质

棉纤维的组成物质见表1－3。从表中可以看出,棉纤维的主要组成物质是纤维素,正常成熟的棉纤维中纤维素含量约为94%。此外,棉纤维还含有果胶、蜡质与脂肪、灰分、蛋白质等纤维素伴生物。纤维素及其伴生物的含量与棉纤维的成熟度有关。

表1－3　棉纤维各组成物质含量

组成物质	纤维素	蜡质与脂肪	果　胶	灰　分	蛋白质	其　他
含量范围(%)	93.0～95.0	0.3～1.0	1.0～1.5	0.8～1.8	1.0～1.5	1.0～1.5
一般含量(%)	94.5	0.6	1.2	1.2	1.2	1.3

纤维素伴生物的存在对棉纤维的加工使用性能有较大影响。蜡质与脂肪是疏水性物质,能保护棉纤维不易受潮,但会妨碍棉纤维的吸湿性、毛细效应和染色性,除去蜡质与脂肪的脱脂棉吸湿性增高。果胶、蛋白质、多缩戊糖等是亲水性物质,能增强棉纤维的吸湿性。

某些地区生产的棉花,表面含有较多的糖分,这些糖分主要是外来物,如昆虫的分泌物等。棉花含糖是棉纤维产生黏性的主要原因,纤维黏性大会严重影响产品质量和生产正常进行。在棉花检验中应进行含糖量分析，确定其黏性的大小，从而采取相应地消糖措施。

二、棉纤维的化学性质

棉纤维的化学性质主要是指在酸、碱、溶剂、染料等作用下所表现出来的性质。棉纤维化学性质取决于纤维素大分子中官能团甙键和每个葡萄糖剩基上羟基的性质。

1. 耐酸性 无机酸如硫酸、盐酸、硝酸，对棉纤维有腐蚀作用，在热的稀酸和冷的浓酸中纤维会溶解，有机酸如甲酸作用较弱。酸对棉纤维的作用随着温度、浓度、时间的不同而改变。

2. 耐碱性 在常温下，用浓度9%以下的碱溶液处理棉纤维时，纤维不发生变化；当浓度高于10%，纤维开始膨化，直径增大，纵向收缩；如果浓度提高到17%～18%，处理0.5～1.5min后，即引起纤维横向膨化，使纤维变形能力增加。如果在膨化的同时，对纤维给以外力拉伸，则由于纤维形态改变，天然转曲消失，纤维表面的光泽度增加，使纤维呈现丝一般的光泽。利用稀碱溶液可对棉布进行“丝光”处理，而得到“丝光棉”。利用18%的氢氧化钠溶液处理棉纤维可测试成熟度。在温度较高时，用浓碱处理棉纤维，可使纤维素分子键断裂，从而引起聚合度下降，生成碱纤维素。

3. 耐溶剂性与染色性 一般的有机溶剂，如乙醇、乙醚、苯、汽油等不溶解棉纤维，但可溶解棉纤维中的伴生物。棉纤维在苯、凡士林中膨化最小，利用这一原理可以测定棉纤维密度。棉纤维密度一般为1.50～1.58g/cm^3，干燥时为1.54～1.55 g/cm^3。

棉纤维虽然具有大量的亲水羟基，但不溶于水，仅能有限度的膨化，膨化后横截面积增大达40%～45%，但长度仅增长1%～2%。棉纤维长时间在高温湿空气环境中，由于受空气中氧的作用，会使纤维素氧化。

当棉纤维用染料染色时，通常采用染料的水溶液来进行。其中水分除了用作染料溶剂之外，同时还是纤维的优良膨化剂。纤维被水膨化，染料分子能很好地进入纤维内原纤间的空隙，与大分子结合起，使大分子着色。棉纤维染色性很好，一般染料均可染色。

4. 耐热性 热对绵纤维的作用有两种情况。一种是热裂解温度（150℃）以上的热裂解，主要表现为在270～350℃棉纤维的分解，产物主要是水、二氧化碳、一氧化碳、乙酸以及少量乙烯、甲烷等气体，而剩留下来的多数是金属元素或其氧化物的残留。另一种是热裂解温度以下的热作用，主要表现为热能使纤维中水分的降低，同时增加了纤维素分子的热运动，分子间互相作用的力减弱，使强度降低，但较高温度（100℃以上）长时间作用导致的强度降低是不可恢复的。

5. 耐光性 光对棉纤维长期照射能引起棉纤维损伤，其原因一方面是波长越短的光，能量越大，它能使纤维素大分子上甙键稳定性下降，大分子易断裂，从而使纤维强力下降；另一方面是光和氧气、水分引起纤维的光氧化作用，可使纤维素大分子会发生破坏。棉织物在阳光下晒一个月，强度会下降26.5%，三个月会下降60.6%。

6. 耐生物性 在潮湿情况下，微生物极易生长繁殖，如青霉素菌，分泌出纤维素酶和酸，从而使纤维发霉变质、变阴暗色。因此棉花应储存在干燥的地方。

第三节 棉纤维品质检验

原棉进入纺织厂后要在专门的试验室、检验室进行常规检验。在原棉贸易中，为贯彻优棉优价、按质论价的原则，确保供需双方的经济利益也要进行商务检验活动（主要是公证检验），包括检验抽样、品质检验和公量检验，在检验过程中可了解原棉的性能和品质。按现行国家标准 GB 1103.2—2012《棉花 第2部分：皮辊加工细绒棉》的规定，棉花（皮棉）检验项目分品质检验和重量检验，如图1-8所示。品质检验项目影响原棉价格，重量检验项目决定了原棉结算重量。检验采取感官检验与仪器检验相结合的方法进行，检验结果的正确性通常需用校准棉样进行校准。

一批原棉中各包原棉的情况不完全一样，一包原棉的性质也不完全相同。要对全部原棉进行检验，人力、物力消耗都很大，因此只能在整批原棉中取一小部分有代表性的样品来进行检验。抽样（或称取样、扦样）必须认真细致，按随机抽取的原则，才能使其具有足够的代表性。按国家标准 GB 1103.2—2012 的规定，成包皮棉抽样分按批检验抽样和逐包检验抽样，如图1-9所示。

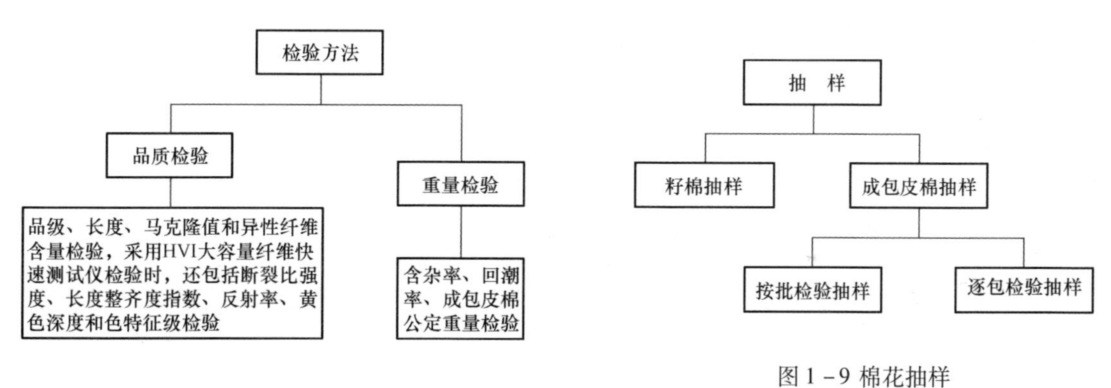

图1-8 棉花检验方法项目

图1-9 棉花抽样

（1）按批检验抽样：成包皮棉每10包（不足10包按10包计）抽1包，每个取样棉包抽取检验样品约300g，形成批样。为避免杂质失落，先从批样中抽取含杂率检验样品供含杂率检验；剩余样品在检验品级后，再分别抽取样品进行长度、马克隆值和异性纤维等检验。回潮率批样（100g/包，要密闭）供回潮率检验用。

按照 GB/T 6097—2012《棉纤维试验取样方法》的规定，试验取样是分阶段进行的，先要从一批棉花中抽取“批样”，然后再从批样中抽取“实验室样品”，从实验室样品中抽取“试验样品”，最后才能从试验样品抽取某一项目测试所需的一个或多个“试验试样”，视试验项目而变。

（2）逐包检验抽样（针对大包型棉包）：用专用取样装置在每个棉包两侧中部切取两个切割样品 260×105（或124）mm，重量不少于125g，并将两个切割样品分别按层平均分成两半互换合并，形成两个新样品，一个检验用，另一个备用。

一、品级与色特征级

(一)棉花品级检验

1. 分级依据 按GB 1103.2—2012《棉花 第2部分:皮辊加工细绒棉》的规定,根据棉花的成熟程度、色泽特征、轧工质量,将细绒棉分为七个级,即一至七级,一级最好,七级最差(注意未设级外,低于六级者为七级棉)。其中三级为标准级,一至五级为纺用棉(五级主要为气流纺用棉)。按GB 19635—2005《棉花 长绒棉》的规定,长绒棉分为一至五级,三级为品级标准级,五级以下为级外棉。按GB 1103.3—2005《棉花 天然彩色细绒棉》的规定,各类型的彩色细绒棉分为一至三级,二级为品级标准级,三级以下为级外棉。

2. 品级标准 分文字标准和实物标准。文字标准即棉花所应达到的品级条件(细绒棉见表1-4)及品级条件参考指标(细绒棉见表1-5)。根据品级条件和品级条件参考指标,制作实物标准,皮辊棉、锯齿棉各有六盒,均为各品级下限,用以对照评定棉花品级。好于和相当于本级实物标准者评为本级,差于本级实物标准者评为下一级。

表1-4 细绒棉品级条件

级别	皮辊棉			锯齿棉		
	成熟程度	色泽特征	轧工质量	成熟程度	色泽特征	轧工质量
一级	好	色洁白或乳白,丝光好,稍有淡黄染	黄根、杂质很少	好	色洁白或乳白,丝光好,微有淡黄染	索丝、棉结、杂质很少
二级	正常	色洁白或乳白,有丝光,有少量淡黄染	黄根、杂质少	正常	色洁白或乳白,有丝光,稍有淡黄染	索丝、棉结、杂质少
三级	一般	色白或乳白,稍见阴黄,稍有丝光淡黄染,黄染稍多	黄根、杂质稍多	一般	色白或乳白,稍有丝光,有少量淡黄染	索丝、棉结、杂质较少
四级	稍差	色白略带灰黄,有少量污染棉	黄根、杂质较多	稍差	色白略带阴黄,有淡灰、黄染	索丝、棉结、杂质稍多
五级	较差	色灰白带阴黄,污染棉较多,有糟绒	黄根、杂质多	较差	色灰白有阴黄,有污染棉和糟绒	索丝、棉结、杂质较多
六级	差	色灰黄,略带灰白,各种污染棉、糟绒多	杂质很多	差	色灰白或阴黄污染棉、糟绒较多	索丝、棉结、杂质多
七级	很差	色灰暗,各种污染棉、糟绒很多	杂质很多	很差	色灰黄,污染棉、糟绒多	索丝、棉结、杂质很多

表1-5 细绒棉品级条件参考指标

品级	成熟系数	断裂比强度(cN/tex)	轧工质量				
			皮辊棉		锯齿棉		
			黄根率(%)	毛头率(%)	疵点(粒/100g)	毛头率(%)	不孕籽含棉率(%)
一级	≥1.6	≥30	≤0.3	≤0.4	≤1000	≤0.4	20~30

续表

品级	成熟系数	断裂比强度(cN/tex)	轧工质量				
			皮辊棉		锯齿棉		
			黄根率(%)	毛头率(%)	疵点(粒/100g)	毛头率(%)	不孕籽含棉率(%)
二级	≥1.5	≥28	≤0.3	≤0.4	≤1200	≤0.4	20～30
三级	≥1.4	≥28	≤0.5	≤0.6	≤1500	≤0.6	20～30
四级	≥1.2	≥26	≤0.5	≤0.6	≤2000	≤0.6	20～30
五级	≥1.0	≥26	≤0.5	≤0.6	≤3000	≤0.6	20～30

注 籽棉轧花后,棉籽上仍残留的手扯长度在12mm以上的成束纤维称为毛头,它的重量占棉籽试样重量的百分率称为毛头率。

品级实物标准分基本标准和仿制标准。基本标准又分保存本、副本、校准本。保存本为基本标准每年更新的依据;副本为品级实物标准仿制的依据;校准本用于仿制标准损坏、变异等情况下的修复、校对。仿制标准根据基本标准副本的品级程度进行仿制,皮辊棉、锯齿棉仿制标准是评定棉花品级的依据。基本标准和仿制标准每年更新,并保持各级程度的稳定,其使用期限为一年(自当年9月1日至次年8月31日)。

3. 评级方法 检验品级应在棉花分级室进行,对批样逐样检验品级。取得的各份棉样要保持棉花的自然形态,尽量成块,切忌撕碎也不要手扯长度,以免影响品级评定的正确性。检验时,在室内北窗射入的正常光线下或符合规定的人工光线下,手持棉样压平、握紧,使棉样密度与品级实物标准密度相近,手握密度偏大则所评品级偏低,手握密度偏小则所评品级偏大。在实物标准旁进行对照确定品级,首先对照基本颜色和光泽,其次看重点污染,最后看轧工质量。棉样对照实物标准一般看正反两面,必要时也可看中间,但应按棉层自然状态分开。对照要结合品级条件,首先手感目测体会棉样的成熟度。若用手握持感觉其胀手,弹性大,放松后恢复原状快的,成熟好;手感弹性较小的,成熟中等;弹性很小不胀手,握紧后放松绵样不易膨松,或者纤维黏手黏衣的,成熟差。棉花精亮有丝光的成熟好;略有丝光而夹带微黄,成熟中等;色呆白,灰白,阴黄无丝光的,成熟差。体会成熟程度后,综合与实物标准对照的情况,根据品级三条件,全面考虑综合定级。凡在本级标准及以上和在上一级标准以下的棉样,均应评为本级。按批检验时,批样中占80%及以上的品级为主体品级,其余品级仅与其相邻。主体品级为棉包刷唛品级。在使用品级实物标准时,棉样应在标准旁边对照,切勿触动标准表面棉花和将纤维杂质落入标准表面,标准用毕即将盒盖轻缓盖好。

(二)棉花色特征级与检验

1. 原棉色泽的概念 采用HVI大容量纤维快速测试仪逐包检验原棉时,用反射率、黄色深度和色特征级来反映原棉色泽特征。原棉色泽包括颜色和光泽,不仅反映原棉外观质量,而且反映原棉的内在质量。棉花精亮有丝光的成熟好;略有丝光而夹带微黄,成熟中等;色呆白,灰白,阴黄无丝光的,成熟差。原棉色泽特征可以感官目测(如品级评定),也可以用仪器(如HVI大容量纤维快速测试仪)检测。

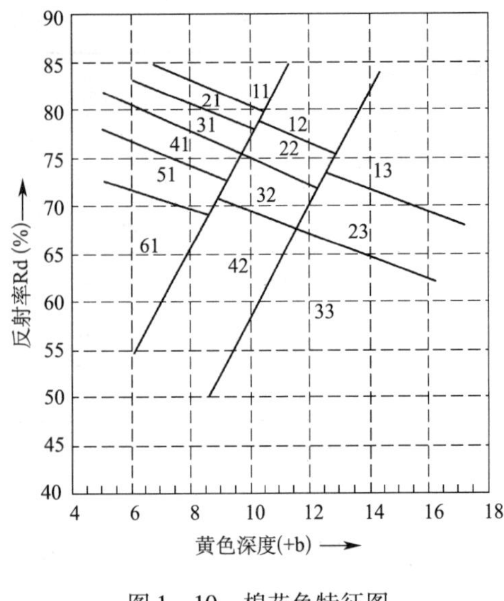

图1-10　棉花色特征图

2. 反射率、黄色深度与色特征级的定义　棉花的色特征由反射率(Rd)和黄色深度(+b)反映。反射率表示棉花样品反射光的明暗程度,以Rd表示。黄色深度表示棉花黄色色调的深浅程度,以+b表示。依据棉花色特征划分的级别叫色特征级,即棉花样品的反射率和黄色深度测试值在棉花色特征图(图1-10)上的位置所对应的级别,分为白棉、淡黄染棉、黄染棉3种类型,共13个色特征级。

用两位数字表示色特征级代号,第一位是级别,第二位是类型。白棉代号为1,分6个色特征级,代号分别为11、21、31、41、51、61,其中31为色特征级标准级;淡黄染棉代号为2,分4个色特征级,代号分别为12、22、32、42;黄染棉代号为3,分3个色特征级,代号分别为13、23、33。

3. HVI大容量纤维快速测试仪颜色/杂质组件检测原理　如图1-11所示,气动加压机构将棉样压在测试窗上,压力固定为44.5N。带有滤色片的硅光电池作为接收器传感元件。白光光束以与棉样表面法线成45°角的方向入射于棉样表面上,在法线方向上测量棉样表面反射光。光电信号经放大器放大并经模数转换后输入计算机系统,把棉样的反射光分析成国际照明委员会CIE标准色度观察者的三刺激值中的Y和Z(另一个为X),再利用Y、Z和Rd、+b的关系计算出亨特坐标的棉样反射率Rd和黄度+b,获得色特征级代码编号并显示。

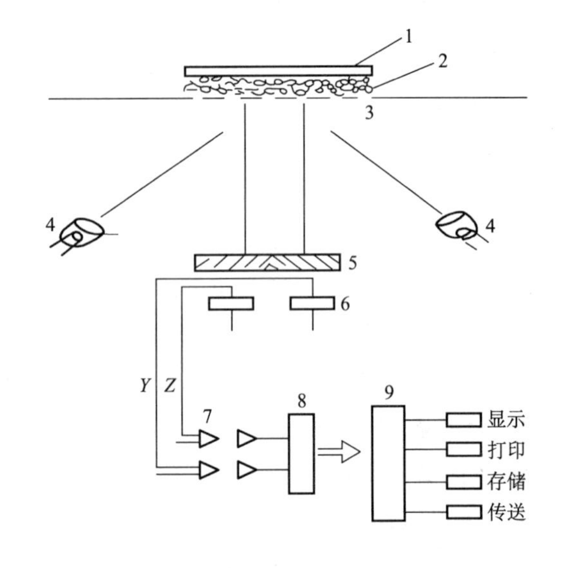

图1-11　颜色/杂质组件检测原理

1—气动加压机构　2—棉样　3—测试窗

4—两只对称放置的灯泡　5—滤色片　6—硅光电池

7—放大器　8—模数转换器　9—计算机系统

(三)品级和色特征级的异同

这两项指标都反映棉花的外观特征,但两者之间有所不同。

(1)含义不同。棉花品级是对照品级实物标准结合品级条件即棉花的成熟程度、色泽特征、轧工质量进行综合评定,而色特征级是通过HVI大容量纤维快速测试仪测试棉花的反射率(Rd)、黄色深度(+b)及其在色特征图上的位置来确定的,它仅与棉花表面的颜色特性有关。

(2)检验方法不同。棉花品级是感官检验;棉花色特征级是仪器测试。

（3）分类分级规定不同。棉花品级分为七个级，即一到七级；色特征级将棉花分白棉、淡黄染棉、黄染棉三个类型共13个级。

二、长度

（一）棉纤维长度及不均一性

一般细绒棉纤维平均长度为23～33mm，长绒棉纤维平均长度为33～45mm。棉纤维是在自然生长中形成的，由采摘、初加工而获取，因此棉纤维长度具有不均一性。任何一批原棉，从中随机取出一束纤维试样，其中各根纤维的长度都是不相等的、长短不齐的，这叫棉纤维长度的不均一性。它可以用棉纤维的自然长度排列图和长度—重量分布曲线直观地表达出来。如果将一束试样从长到短逐根排列使各根纤维的一端位于一条直线上，就可得到棉纤维的自然长度排列图。长绒棉、细绒棉、粗绒棉的自然长度排列图如图1－12所示。如果将不同长度组的纤维进行称重，就可作出纤维长度—重量分布曲线，如图1－13所示。

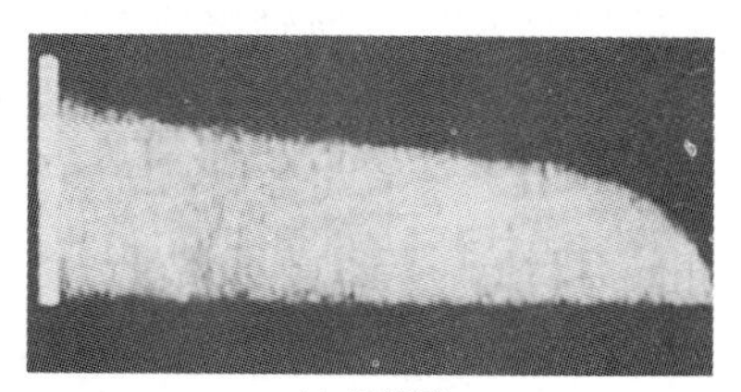

(a) 长绒棉

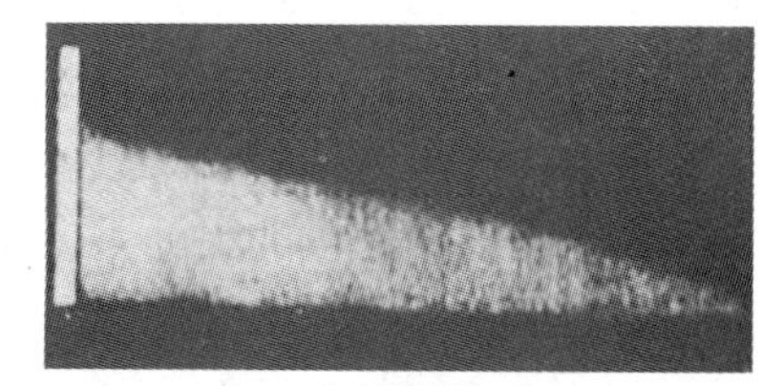

(b) 细绒棉

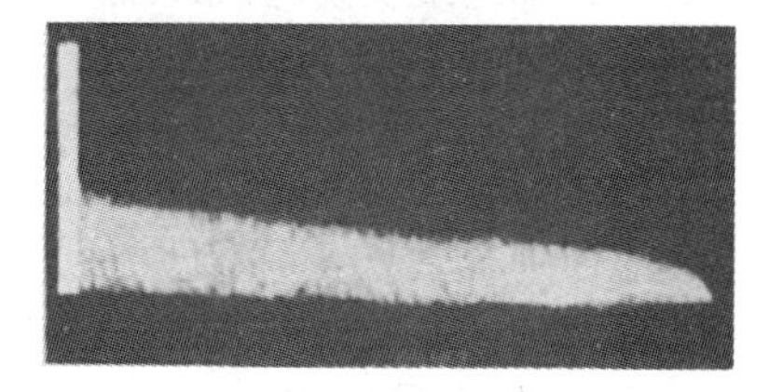

(c) 粗绒棉

图1－12　棉纤维长度排列图

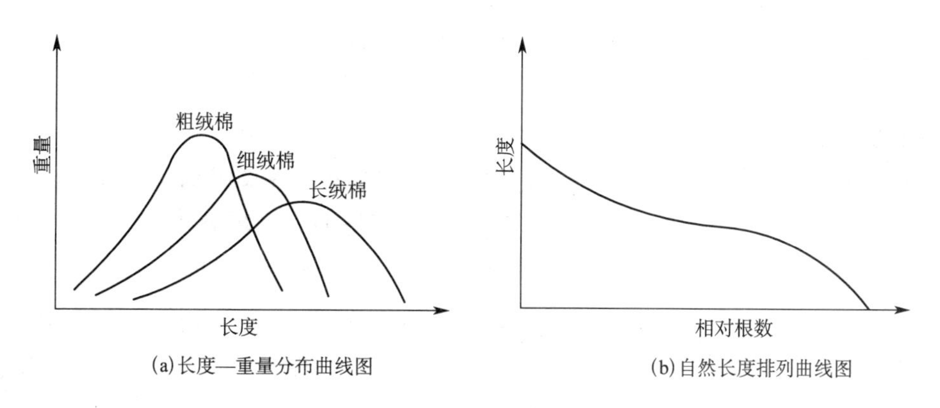

(a) 长度—重量分布曲线图　　(b) 自然长度排列曲线图

图1－13　棉纤维长度分布曲线

（二）影响棉纤维长度的因素

影响棉纤维长度的因素主要有棉花的种类与品种、棉花生长条件和棉花初加工。棉花的种类与品种是棉纤维长度的决定性影响因素，如长绒棉的长度较细绒棉长，细绒棉中不同品种的棉花长度也不一样。棉花的生长条件对棉纤维长度有很大影响，同一品种的棉花在不同地区或不同条件下种植时，长度可差2～4mm。如盐碱地上生长的棉花，纤维长度偏短；棉纤维伸长期水分不足，纤维长度亦偏短。在一棵棉株的不同部位生长的棉花，纤维长度也不同，甚至一粒棉花籽上的纤维长度也不一样，如棉籽钝端的纤维较长，锐端的纤维较短。不同生长期的棉花，长度也有差异，如中期棉纤维较长，早、晚期棉纤维较短。由于机械损伤，籽棉经轧花后一般纤维长度稍为减短，皮辊棉短0.2～0.5mm，锯齿棉短0.5mm左右。

（三）棉纤维长度与成纱质量及纺纱工艺的关系

1. 棉纤维长度与成纱质量的关系 棉纤维长度与成纱质量的关系十分密切。在其他条件相同时，纤维越长，成纱质量越高。

（1）棉纤维长度与成纱强度：在细纱中，如果棉纤维长度较长，则纤维与纤维之间的接触长度较长，当纱线受外力作用时纤维就不易滑脱，这时纱线中因受拉而滑脱的纤维数较少，故成纱强度较高。纤维长度的变化对成纱强度的高低影响是不同的。当组成细纱的纤维长度较短时，则长度对成纱强度的影响程度相对较大。棉纤维的长度属较短的，因此其长度对成纱强度的影响比较大。纤维长度整齐度对成纱强度也有影响。原棉中短绒率高于15%时，成纱强度将显著下降。

（2）棉纤维长度与成纱细度：各种长度棉纤维的纺纱细度有一个极限值。在保证成纱具有一定强度的前提下，棉纤维长度越长，所纺纱的极限细度就越细；棉纤维长度越短，所纺纱的极限细度就越粗。

（3）棉纤维长度与成纱条干均匀度：纤维长度越长，长度整齐度越好时，细纱条干越好；纤维长度越短、长度整齐度越差时，细纱条干越差，成纱品质亦随之下降。

（4）棉纤维长度与成纱毛羽：棉纤维较长时，在细纱上的纤维头端露出较少，成纱毛羽较少，表面光洁。

2. 棉纤维长度与纺纱工艺的关系 纤维长度与纺纱工艺的关系也十分密切，从棉纺设备的结构、尺寸到各道工序的工艺参数，都必须与所用的原料长度相配合，因而不同长短的纤维对应着不同的工艺参数。

（四）棉纤维长度的指标与检验

由于棉纤维长度形成一个由长至短的分布，因此要逐根测量全部纤维的长度才能真实反映该批棉花的长度，这在实际应用中是行不通的。棉纤维的长度参差不齐，任何一项长度指标都不能反映纤维长度的全貌，只能在不同的场合采用不同的长度指标来表示纤维的某一长度特征。要用一组棉纤维的集中性指标和离散性指标两个方面才能反映纤维长度的全貌。集中性指标包括主体长度、品质长度等；离散性指标（或整齐度指标）包括短绒率、基数、均匀度等。因为测试方法不同，所以各项指标的含义也不尽相同。常用的测试方法有下列几种。

1. 罗拉式分组测定法 采用Y111型（或Y111A型）罗拉式纤维长度分析仪，如图1－14所示，它由纤维引伸器、纤维分析器组成。它是根据棉纤维长度分布特性，利用罗拉钳口控制长短纤维进行等距分组称重，确定棉纤维长度分布，计算求得各项长度指标。测定时首先将纤维试验试样预先整理成为伸直平行、一端整齐而层次分明的棉束，然后放入分析仪的罗拉中夹紧，转动罗拉，将纤维由短到长依次送出分组称重，组距是2mm，最后计算主体长度、品质长度、质量平均长度、短绒率、基数、均匀度、标准差与变异系数等项指标。

Y111型罗拉式纤维长度分析器的上半部是一个可揭起的盖子，盖子上有弹簧和压板，撑脚上装有上罗拉，当压板嵌入支架的缺口并转动偏心杠杆时，弹簧便以68.6N（7000g）的压力压住

(a)纤维分析仪

(b)纤维引伸器

图1-14 Y111型棉纤维长度分析仪

上罗拉。仪器的下半部是由下罗拉、蜗轮、蜗杆等组成，下罗拉的一端连接一个具有60个齿的蜗轮（上刻有60个分度）。蜗轮与带有手柄的蜗杆啮合，旋转手柄一周，下罗拉转动1/60转，下罗拉直径为19mm，1/60转相当于在周长方向上转过1mm。仪器前面装有溜板，用以支持棉束不致下垂，并固定夹子在夹取纤维时的深度。

测定时首先将纤维试验试样预先整理成为一端整齐而层次分明的棉束，然后放入分析仪的罗拉中夹紧，转动罗拉，即可将纤维由长到短依次送出，最后分组称重和计算求得主体长度、品质长度、质量平均长度、短绒率、基数、均匀度、标准差与变异系数等项指标。罗拉式长度测定虽速度较慢，技术要求较高，但能测得较多的长度分布数据，所以在纺织厂普遍采用。

(1)主体长度 L_m(mm)：它也称众数长度，是指棉纤维长度分布中，占重量或根数最多的一种长度。由于该方法是以质量（重量）代替根数的，所以主体长度必然落在重量最大的一组中，但每组的组距是2mm，主体长度究竟在组中哪一点，还需要根据重量最大的一组重量和其相邻两组的重量关系求得。主体长度的计算公式为：

$$L_m = (L_n - 1) + \frac{2(G_n - G_{n-1})}{(G_n - G_{n-1}) + (G_n - G_{n+1})} \quad (1-1)$$

式中：L_n——重量最重一组长度的组中值，mm；

G_n——重量最重一组纤维的重量，mg；

G_{n-1}——比 L_n 短的相邻组的重量，mg；

G_{n+1}——比 L_n 长的相邻组的重量，mg。

n——纤维最重组的顺序数。

(2)品质长度 L_p(mm)：是指棉纤维长度分布中，主体长度以上各组纤维的重量加权平均长度。在纤维分布图上，长于主体长度的各组纤维都在图的右半部，所以品质长度又称右半部平均长度。品质长度的计算公式为：

$$L_p = L_n + \frac{\sum_{j=n+1}^{k}(j-n)dG_j}{Y + \sum_{j=n+1}^{k}G_j} \tag{1-2}$$

$$Y = \frac{(L_n + 1) - L_m}{2} \times G_n \tag{1-3}$$

式中：L_p——品质长度，mm；

d——相邻两组之间的长度差值，即组距，$d = 2$mm；

Y——L_m 所在组中长于 L_m 部分纤维的重量，mg；

k——最长纤维组的顺序数。

（3）质量平均长度 L（mm）：棉纤维长度分布中，以纤维重量加权平均得出的平均长度。质量平均长度的计算公式为：

$$L = \frac{\sum_{j=1}^{k}L_jG_j}{\sum_{j=1}^{k}G_j} \tag{1-4}$$

式中：L_j——第 j 组纤维的长度组中值，mm；

G_j——第 j 组纤维的重量，mg。

（4）短绒率 R：棉纤维中短于一定长度界限的短纤维重量（或根数）占纤维总重量（或总根数）的百分率，也称短纤维率。短绒率的计算公式为：

$$R = \frac{\sum_{j=1}^{i}G_j}{\sum_{j=1}^{k}G_j} \times 100\% \tag{1-5}$$

式中：i——短纤维界限组顺序数。

短纤维长度界限因棉花类别而异，细绒棉界限为16.5mm，长绒棉界限为20.5mm。

（5）基数 B：是表示棉纤维长度整齐程度的指标，指主体长度组及其相邻共5mm长度范围内纤维质量占总质量的百分数。基数的计算公式为：

如果 $G_{n-1} > G_{n+1}$：

$$B = \frac{G_{n-1} + G_n + 0.55G_{n+1}}{\sum_{j=1}^{n}G_j} \times 100\% \tag{1-6}$$

如果 $G_{n-1} < G_{n+1}$：

$$B = \frac{0.55G_{n-1} + G_n + G_{n+1}}{\sum_{j=1}^{n}G_j} \times 100\% \tag{1-7}$$

式中0.55为常数，因为 B 代表5mm范围内纤维重量占总重量的百分数，在以2mm为组距分组的情况下，G_n 加相邻次重组重量只代表4mm范围的重量，所以需要从另一相邻组中取出1mm范围的纤维重量。这一部分从较轻相邻组中取得的纤维的重量，通过实验求出了一个一般适用的计算系数即式中的0.55。

(6)均匀度 E:是用来表示棉纤维整齐程度的指标,等于棉纤维的基数与主体长度的乘积。均匀度的计算公式为:

$$E = BL_{m} \tag{1-8}$$

均匀度可用于比较各种长度的纤维整齐程度。它的数值大,说明纤维长度整齐度好。细绒棉的均匀度一般在800~1200之间。

(7)长度标准差 σ(mm):是用来表示棉纤维离散程度的指标,长度标准差的计算公式为:

$$\sigma = \sqrt{\frac{\sum_{j=1}^{k}(L_j - L)^2 G_j}{\sum_{j=1}^{k} G_j}} \tag{1-9}$$

(8)长度变异系数 CV:

$$CV = \frac{\sigma}{L} \times 100\% \tag{1-10}$$

应该强调的是,Y111型罗拉式纤维长度分析器在进行纤维分组时,由于棉束厚薄不匀、纤维排列不可能完全伸直平行,以及其他一些原因,使得各组中常含有前一组较短纤维和后一组较长纤维,真正符合本组长度的纤维还不到本组称见重量的一半,各组的称见重量并不是各组的真实重量。因此,各组所称得的重量必须加以修正,以真实重量代入上述公式进行计算。真实重量可由下式计算,也可通过EXCEL工作表程序、专用计算圆盘求得或专用数表查得。

$$G_j = 0.17g_{j-1} + 0.46g_j + 0.37g_{j+1} \tag{1-11}$$

式中:G_j——第 j 组纤维的真实重量,mg;

g_j——第 j 组纤维的称见重量,mg;

g_{j-1}——第 $j-1$ 组纤维的称见重量,mg;

g_{j+1}——第 $j+1$ 组纤维的称见重量,mg。

例:某批原棉的长度检验结果见表1-6,先按式(1-11)计算各组真实重量,而后按式(1-1)至式(1-10)分别计算各长度指标。

表1-6　Y111型罗拉式纤维长度分析仪测定结果

分组顺序数 j	蜗轮刻度	各组纤维的长度范围(mm)	各组纤维的平均长度 L_j(mm)	各组纤维的称得重量 g_j(mg)	各组纤维的真实重量 G_j(mg)	乘积 $(j-n)dG_j$	计算结果
1	—	低于8.50	7.5	0	0.30		主体长度 L_m =
2	10	8.50~10.49	9.5	0.8	0.59		31.2(mm)
3	12	10.50~12.49	11.5	0.6	0.67		品质长度 L_p =
4	14	12.50~14.49	13.5	0.7	0.68		33.9(mm)
5	16	14.50~16.49	15.5	0.7	0.74		平均长度 L =
6	18	16.50~18.49	17.5	0.8	0.82		28.0(mm)

续表

分组顺序数j	蜗轮刻度	各组纤维的长度范围（mm）	各组纤维的平均长度L_j（mm）	各组纤维的称得重量g_j（mg）	各组纤维的真实重量G_j（mg）	乘积$(j-n)dG_j$	计算结果
7	20	18.50～20.49	19.5	0.9	0.99		短绒率$R=9.7\%$
8	22	20.50～22.49	21.5	1.2	1.26		
9	24	22.50～24.49	23.5	1.5	1.34		标准差$\sigma=6.89$（mm）
10	26	24.50～26.49	25.5	1.2	1.81		
11	28	26.50～28.49	27.5	2.7	3.18		变异系数$CV=24.61\%$
12	30	28.50～30.49	29.5	4.7	4.77		
13	32	30.50～32.49	31.5	5.8	5.32		
14	34	32.50～34.49	33.5	5.0	4.36	2×4.36=8.72	
15	36	34.50～36.49	35.5	2.9	2.52	4×2.52=10.08	
16	38	36.50～38.49	37.5	0.9	1.05	6×1.05=6.30	
17	40	38.50～40.49	39.5	0.4	0.34	8×0.34=2.72	
18	42	40.50～42.49	41.5	0	0.07	10×0.07=0.70	
合　计				30.8	30.81	28.52	

$$G_1=0+0+0.37\times0.8\approx0.30(\text{mg})$$

$$G_2=0+0.46\times0.8+0.37\times0.6\approx0.59(\text{mg})$$

……

$$G_{18}=0.17\times0.4+0+0\approx0.07(\text{mg})$$

$$L_m=(31.5-1)+\frac{2(5.32-4.77)}{(5.32-4.77)+(5.32-4.36)}\approx31.2(\text{mm})$$

$$Y=\frac{(31.5+1)-31.2}{2}\times5.32\approx3.46(\text{mg})$$

$$L_p=31.5+\frac{28.52}{3.46+8.34}\approx33.9(\text{mm})$$

$$L=\frac{7.5\times0.30+9.5\times0.59+\cdots+41.5\times0.07}{31.81}\approx28.0(\text{mm})$$

$$R=\frac{0.30+0.59+0.67+0.68+0.74}{31.81}\times100\%\approx9.7\%$$

$$\sigma=6.89(\text{mm})$$

$$CV=24.61\%$$

2. 梳片式分组测定法　采用Y121型梳片式长度分析仪（图1－15）。它利用一组钢针梳片将试样整理成一端平齐的棉束，然后由长到短地将棉束中的纤维按长度分成若干组，分别称其重量，计算求得各项长度分布指标，包括上四分位长度（指自最长纤维至试样总重的四分之一处的长度)、平均长度及短绒率等。

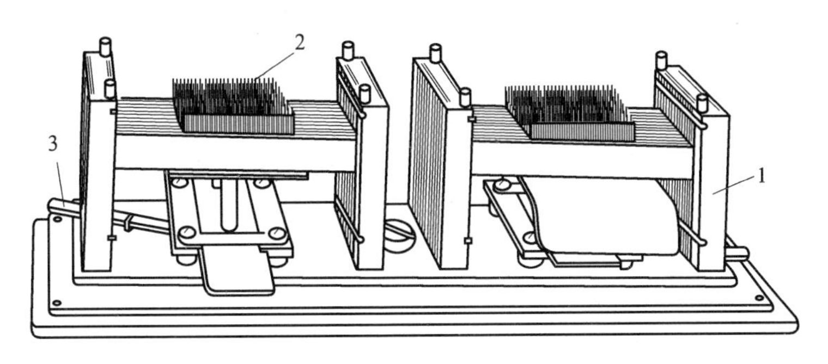

图1－15　Y121型梳片式长度分析仪

1—梳片架　2—下梳片　3—落梳键

3. 纤维照影仪和HVI法　采用纤维长度照影仪和HVI(HVI检测长度的方法原理同照影仪)。它们都是利用特制的梳夹在取样器上随机抓取纤维,经过梳理制成一个纤维平行伸直、均匀分布的试验须丛,再将装有试验须丛的梳夹放入仪器梳架上,然后从距梳夹根部3.8mm处开始向须丛梢部进行恒速光电扫描,纤维的遮光量与纤维数量、纤维根数近似成正比,以此获得照影仪曲线(遮光量曲线),确定纤维长度指标,如图1－16和图1－17所示。

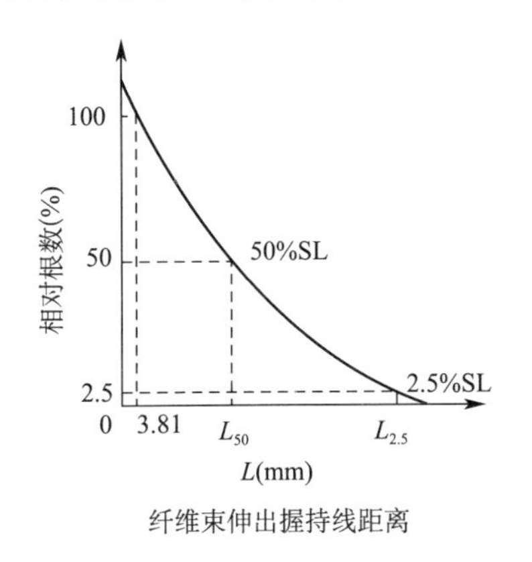

图1－16　照影仪曲线

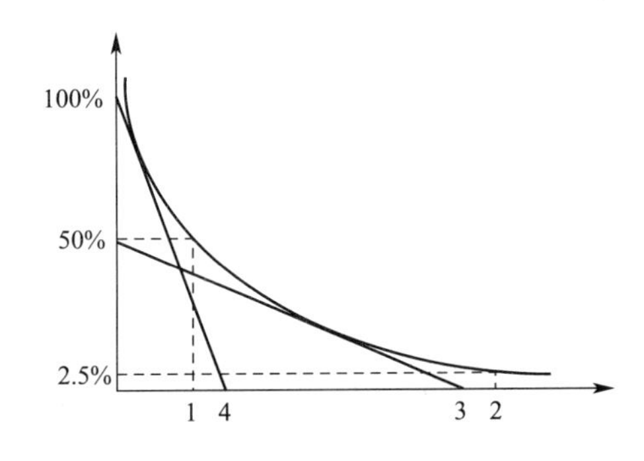

图1－17　长度指标示意图

1—50%跨距长度(50% SL)　2—2.5%跨距长度(2.5% SL)

3—上半部平均长度(UHML)　4—平均长度(ML)

(1)跨距长度(SL):试验须丛中纤维某指定百分数量变化所跨过的距离,它与该试验须丛的一个确定的纤维数量百分数变化相对应。以仪器扫描起点(距梳夹根部3.8mm处)的纤维数量作为100%,当扫描到的纤维数量相当于起点的50%(已扫描过50%的纤维)时,所对应的光电扫描线到梳夹根部的距离称为50%跨距长度,记为50% SL;当扫描到的纤维数量相当于起点纤维数量的2.5%(已扫描过97.5%的纤维)时,称为2.5%跨距长度,记为2.5% SL。

(2)50/2.5长度整齐度比(50/2.5UR):50%跨距长度与2.5%跨距长度之比称为棉纤维长度整齐度比,记为50/2.5UR。

(3)上半部平均长度(UHML):在照影仪曲线中,从纤维数量50%处作照影曲线的切线,切线与长度坐标轴相交点所显示的长度值。

(4)平均长度(ML):在照影仪曲线中,从纤维数量100%处作照影仪曲线的切线,切线与长度坐标轴相交点所显示的长度值。

(5)长度整齐度指数(UI):平均长度和上半部平均长度的百分比。该数值越高,表示棉花长度整齐度越好。现行国家标准GB 1103.2—2012将长度整齐度指数分5档,见表1-7。

表1-7 长度整齐度指数分档表

长度整齐度指数范围(%)	分档	长度整齐度指数范围(%)	分档
<77.0	很低	83.0~85.9	高
77.0~79.9	低	≥86.0	很高
80.0~82.9	中等		

4. 手扯尺量法 长度检验手扯尺量法有一头齐法和两头齐法。取有代表性棉样10g左右,双手平分,抽取纤维束,靠手反复整理成没有杂质疵点和游离纤维的、一头齐或两头齐的平直棉束,放在黑绒板上,观察棉束两头对黑绒板的覆盖情况,尺量两头不露黑绒板位置线间的距离即得手扯长度。手扯长度是用手扯尺量的方法所测的棉纤维长度,简称长度。初学者一般先学习一头齐法。手扯尺量长度时,反复拉扯棉束,要求"稳、准、快",经常用长度实物标准棉样校对手法,在"稳"和"准"的基础上求"快"。

手扯尺量法的正确性,用棉花手扯长度实物标准进行校准,而手扯长度实物标准则是以HVI测定的棉花上半部平均长度结果定值的。手扯长度与HVI上半部平均长度相一致,是棉花计价的重要依据。现行国家标准GB 1103.2—2012规定,细绒棉长度以1 mm为级距分为八级,见表1-8。其中,28mm为长度标准级,六、七级棉花均按25mm计。长度检验分手扯尺量法和HVI测上半部平均长度法,以后者为准。

表1-8 长度分级表

级别(mm)	25	26	27	28	29	30	31	32
包括范围(mm)	25.9及以下	26.0~26.9	27.0~27.9	28.0~28.9	29.0~29.9	30.0~30.9	31.0~31.9	32.0及以上

彩色细绒棉、长绒棉的长度及定级与细绒棉不同。彩棉的长度较短,长度以1mm为级距,从24~30mm分为七级,其中27 mm为长度标准级。长绒棉纤维长度以1mm为级距,从33~39mm分为七级,其中36mm为长度标准级,四级棉花长度长于34mm,按34mm计,五级棉花长度均按33 mm计。彩棉和长绒棉的长度以罗拉法主体长度为基准。

图1-18 Y146-3型棉纤维光电长度仪

除了上面介绍的测定方法外,还有光电长度仪(图1-18)或自动光电长度仪等多种长度测定方法,这里就不一一介绍了。

三、成熟度

（一）棉纤维成熟度的概念与影响因素

棉纤维的成熟度是指纤维胞壁加厚的程度和纤维中纤维素充满的程度。胞壁越厚，纤维素淀积的越多，成熟度越高。棉纤维成熟度不同，纤维形态就不同，棉纤维的其他性能如强力、可纺性、长度等也随之而变。

成熟度与棉花品种、生长条件有关，特别是受生长条件的影响很大。长绒棉比细绒棉成熟度高。早期棉比晚期棉成熟高。

（二）棉纤维成熟度与纤维性能、成品生产的关系

成熟度高，则中腔小、胞壁厚，腔宽与壁厚的比值小。棉纤维的各项性能几乎都与成熟度有关。正常成熟的棉纤维，截面粗、强度高、弹性好、有丝光，并有较多的天然转曲，可产生较大的抱合力，成纱强度高。作为棉纺工业主要原料的棉纤维，其成熟度的高低在很大程度上还决定着纺纱工艺的设计和成品质量。通常认为成熟度高的棉纤维能经受工艺设备的打击，容易清除杂质，产生的棉结、索丝等有害疵点较少；纺纱过程中，车间的飞花和落棉少，成品制成率高；纤维吸色性好，织物染色均匀。如果成熟度过高或过低，即纤维偏粗或偏细，则反而成纱强度不高。因此，成熟度是综合反映棉纤维质量的一项指标。

（三）棉纤维成熟度的指标与检验

1. 棉纤维成熟度的指标 棉纤维成熟度的指标有成熟系数、成熟纤维百分率和成熟度比等。

（1）成熟系数 K：根据棉纤维腔宽与壁厚比值的大小所定出的相应数值，即将棉纤维成熟程度分为 18 组后所规定的 18 个数值，最不成熟的棉纤维成熟系数定为零，最成熟的棉纤维成熟系数定为 5.00，用以表示棉纤维成熟度的高低。棉纤维成熟系数与纤维形态的关系如图 1－19 所示，其与腔宽壁厚比值间的对应关系见表 1－9。

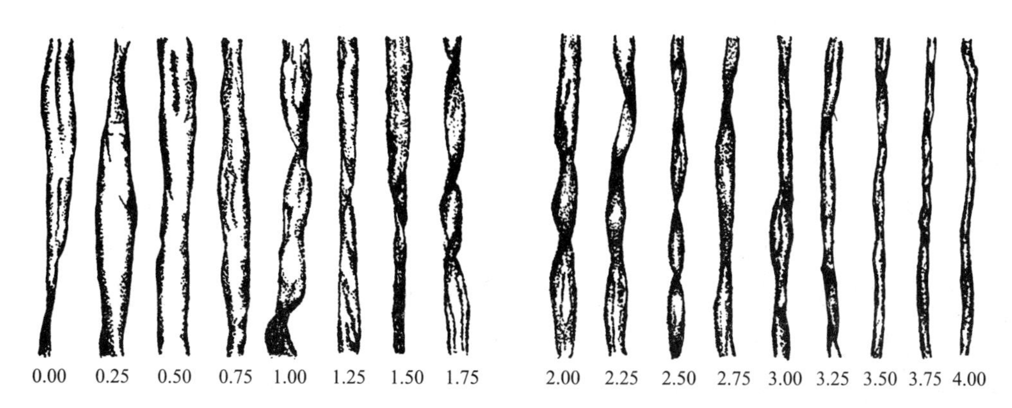

图 1－19 各成熟系数棉纤维形态

正常成熟的细绒棉的成熟系数一般在 1.50～2.00。低级棉的成熟系数在 1.40 以下。从纺纱工艺与成品质量来考虑，成熟系数在 1.70～1.80 时，较为理想。长绒棉的成熟系数通常在

2.00 左右,比细绒棉高。

表 1-9 成熟系数与腔宽壁厚比值对照表

成熟系数	0.00	0.25	0.50	0.75	1.00	1.25
腔宽壁厚比值	30.00~32.00	13.00~21.00	9.00~12.00	6.00~8.00	5.00	4.00
成熟系数	1.50	1.75	2.00	2.25	2.50	2.75
腔宽壁厚比值	3.00	2.50	2.00	1.50	1.00	0.75
成熟系数	3.00	3.25	3.50	3.75	4.00	5.00
腔宽壁厚比值	0.50	0.33	0.20	0.00	不可察觉	

(2)成熟度比 M:是指棉纤维细胞壁的实际增厚度(指棉纤维细胞壁的实际横截面积对相同周长的圆面积之比)与人为选定的 0.577 标准增厚度之比。成熟度比越大,说明纤维越成熟。成熟度比低于 0.8 的纤维未成熟。

(3)成熟纤维百分率 P:是指在一个试验试样中,成熟纤维根数占纤维总根数的平均百分率。成熟纤维是指棉纤维经 18% 氢氧化钠溶液膨胀后,无转曲且形状近似棒状,胞壁发育充分的纤维,其胞壁厚度等于或大于其最大宽度的四分之一。不成熟纤维是指发育不良的棉纤维,经氢氧化钠溶液膨胀后纤维呈螺旋状或扁平带状,胞壁极薄几乎呈透明轮廓的纤维,其胞壁厚度小于其最大宽度的四分之一。

据研究,成熟系数 K、成熟度比 M 和成熟纤维百分率 P 三者间存在如下关系。

$$P = (M - 0.2)(1.5652 - 0.471M) \tag{1-12}$$

$$M = 0.169 + 0.4935K - 0.039K^2 \tag{1-13}$$

2. 棉纤维成熟度的测试 常用的棉纤维成熟度测试方法有腔壁对比法、偏光仪法、显微镜法等。

(1)腔壁对比法:腔壁对比法是通过显微镜目测棉纤维的中腔宽度与胞壁厚度的比值,再以平均成熟系数做指标来检测棉纤维成熟度的高低。其计算式为:

$$K = \frac{\sum K_i n_i}{\sum n_i} \tag{1-14}$$

式中:K——平均成熟系数;

K_i——第 i 组纤维的成熟系数;

n_i——第 i 组纤维的根数。

根据需要还可以计算成熟系数的标准差、变异系数和未成熟纤维百分数(成熟系数在 0.75 及以下的纤维根数占测定纤维总根数的百分数)等指标。

(2)偏光仪法:采用棉纤维偏光成熟度仪,根据棉纤维的双折射性质,应用光电方法测量偏振光透过棉纤维和检偏片后的光强度。由于光强度与棉纤维的成熟度相关,即成熟度高,光强度强;成熟度低,光强度弱。因而,通过转化计算可求得棉纤维的成熟系数、成熟度比、成熟纤维百分率等指标。棉纤维偏光成熟度仪有 Y147 型、Y147 计算机型和 Y147 计算机Ⅱ型。Y147 型由电表指示透过检偏振片后的光强度,用专用计算尺求得试样的成熟系数。Y147 计算机型由数码管显示透过检偏振片后的光强度,再由计算机进行数据处理后显示出细绒棉的成熟系数、成熟度比、成熟纤维百分率以及长绒棉的成熟系数。Y147 计算机Ⅱ型还能打印出细绒棉、长绒棉的成熟系数、成熟度比、成熟纤维百分率以及同一试样几次试验结果的标准差和变异系数等数据。

(3)显微镜法:依 GB/T 13777—2006《棉纤维成熟度试验方法 显微镜法》,棉纤维经 18% 氢氧化钠溶液处理膨胀后,用显微镜逐根观察棉纤维胞壁厚度与最大宽度的比值及纤维形态来测试成熟度比和成熟纤维百分率。成熟纤维百分率测试是将各试样的所有纤维分为成熟纤维和未成熟纤维来计算。成熟度比测试是将各试样的所有纤维分为正常纤维、死纤维、薄壁纤维三类来计算。正常纤维是棉纤维经 18% 氢氧化钠溶液处理膨胀后,呈现不连续中腔或几乎没有中腔痕迹和明显转曲的棒状纤维。死纤维是棉纤维膨胀后,胞壁厚度等于或小于其最大宽度的五分之一。死纤维有各种形态,如无转曲扁平带状或转曲较多的带状。薄壁纤维是棉纤维膨胀后,不符合正常纤维或死纤维特征的纤维。成熟度比的计算公式为:

$$M = \frac{N - D}{200\%} + 0.7 \tag{1-15}$$

式中:M——试验样品正常纤维的成熟度比;

N——正常纤维的平均百分率;

D——死纤维的平均百分率。

四、细度

(一)棉纤维细度的概念与影响因素

棉纤维细度反映棉纤维粗细的程度,一般用线密度表示。同长度一样,棉纤维细度也具有不均一性,如一般细绒棉纤维线密度为 167 ~ 222 mtex,长绒棉纤维线密度为 118 ~ 143mtex。

细度除与棉花品种和生长条件有关之外,与成熟度也有密切的关系。过成熟的纤维较粗,未成熟的纤维较细。如正常成熟的中棉所 12 号纤维线密度约 166mtex(6000 公支),而拔杆剥桃棉却不到 118mtex(8500 公支以上)。据此,也可依细度粗略地估计同一种类棉纤维的成熟度。

(二)棉纤维细度与成纱质量及纺纱工艺的关系

1. 棉纤维细度与成纱质量的关系

(1)棉纤维细度与成纱强度及极限细度:在其他条件不变时,纤维越细,成纱强度越高,可纺纱的极限细度越细。这是因为纤维细,成纱截面内包含的纤维根数多,纤维之间接触面积大,纤维之间滑脱的机会少,成纱强力就高。但若是因棉纤维壁薄成熟差而导致的纤维较细(单纤维强度极低),则成纱强度反而降低。

(2)棉纤维细度与成纱条干均匀度:纤维细度对成纱条干有显著影响。一般纤维细度越细、细度越均匀,成纱截面内纤维根数越多,成纱条干均匀度越好。特别是在纺成纱内纤维根数本来就少的细特纱时,如果改用较细的纤维,对提高成纱强度和改善成纱条干效果尤其显著。

2. 棉纤维细度与纺纱工艺的关系 纤维越细,清棉、梳棉处理不当时就越容易产生大量短纤维,在并条高速牵伸时也易形成大量棉结。当配棉成分改变,纤维平均细度变细时,因细纤维的牵伸效率低，会使成品定量偏高。因纤维细度而在纺纱过程中引起的不利，必须在纺纱工艺生产中引起注意。

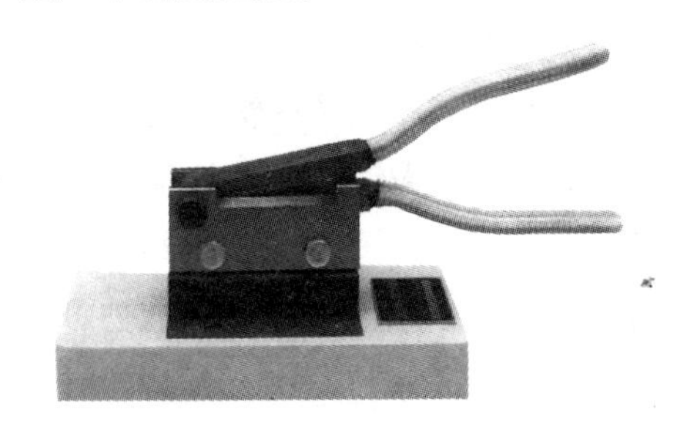

图 1－20　Y171 型纤维切断器

（三）棉纤维细度的检验

1. 中段称重法　是棉纤维细度检验的基本方法。用 Y171 型纤维切断器（图 1－20）在一束手工整理的一端整齐的棉纤维束的中部切取定长（10mm）的一段，并称其重量，计数其根数，然后根据式（1－16）计算出棉纤维细度值。这种方法要求在标准温湿度试验条件[一般温度为（20±2）℃、相对湿度为（65±3）%]下进行。

（1）线密度的计算公式：

$$\mathrm{Tt} = \frac{G_c}{Ln} \times 10^3 \tag{1-16}$$

式中：Tt——棉纤维的线密度，tex，此处一般用毫特（mtex）做单位；

G_c——中段纤维重量，mg；

L——中段纤维长度，10mm；

n——中段纤维根数。

（2）公制支数的计算公式：

$$N_m = \frac{Ln}{G_c} \tag{1-17}$$

2. 排列法　借助 Y121 型梳片式长度分析仪将试样整理成一端平齐的棉束，将棉束中的纤维由长到短地按长度分成若干组，分别称其重量，再将各长度组棉束分别从纵向各分离出一束 100 根左右的纤维，然后将各纤维束称重、计其根数，从而计算求得各排列长度组的棉纤维线密度和棉纤维线密度的平均值。参见 GB/T 17686—2008。

3. 气流仪法　同品种的棉纤维细度也可采用 Y145 型气流仪检测，参见马克隆值测试。

五、马克隆值

（一）棉纤维马克隆值的概念

马克隆值的大小既反映纤维细度的粗细，也反映纤维成熟度的高低。国家标准（GB/T 6498—2008）对马克隆值作了确切的定义，马克隆值是一定量的棉纤维在规定条件下透气性的量度，以马克隆刻度表示。马克隆刻度是根据国际协议确定的一定范围棉花的马克隆值所标定的。根据棉纤维透气性测试原理，棉纤维的透气性和纤维的比表面积（纤维单位体积的表面积）有关。而棉纤维的比表面积与棉纤维的细度及成熟度二者相关，故马克隆值是棉纤维的细度和成熟度的综合性指标。马克隆值没有计量单位，可简称为马值。一般细绒棉的马克隆值为 3.3～5.6，长绒棉为 2.8～3.8，亚洲棉为 6.2～10。

（二）棉纤维马克隆值与成纱质量及纺纱工艺的关系

马克隆值是棉纤维的一项重要性能指标，在棉花贸易和棉纺工艺中有着十分重要的作用。

棉纤维马克隆值与棉纺设备的除杂效率、棉纱强力、棉纱外观品质和可纺性有着密切的关系。马克隆值高的棉纤维，能经受机械打击，易清除杂质，清梳落棉较少，成品的制成率高，成纱条干较均匀，疵点较少，外观好，成熟度高，吸色性好，织物染色均匀。但马克隆值过高，会因纤维抱合力下降使棉纱强力下降，引起棉纱断头率增加，纤维细度较粗，使成纱条干均匀度和可纺性下降。用马克隆值低的棉纤维纺纱时，清梳落棉较多，棉纱疵点也较多，外观较差，纤维成熟度差，棉纱强力低，织物染色性能差。因此，马克隆值过高或过低的棉纤维其可纺性能都较差，只有马克隆值适中的棉纤维才能获得较全面的纺纱经济效果。

（三）马克隆值分级分档

马克隆值分 A、B、C 三级，B 级分为 B1、B2 两档，C 级分为 C1、C2 两档，分级分档范围见表 1－10。B 级为马克隆值标准级。

表 1－10　马克隆值分级分档表

分　级	分　档	范　围
A 级	A	3.7～4.2
B 级	B1	3.5～3.6
	B2	4.3～4.9
C 级	C1	3.4 及以下
	C2	5.0 及以上

马克隆值是棉花结价的依据之一。在棉花贸易中，对超过或低于正常马克隆值范围（3.5～4.9）或与棉花交易协议上标明的马克隆值不一致的棉纤维，按马克隆值价差作减价处理或进行经济赔偿。

（四）马克隆值的检验

按 GB/T 20392—2006《HVI 棉纤维物理性能试验方法》和 GB/T 6498—2008《棉纤维马克隆值试验方法》，马克隆值的测试仪器主要有 MC 型气流仪、175 型气流仪、Y145C 型气流仪和 HVI 马克隆组件。马克隆值的测定要求在标准温湿度试验条件下进行。从批样中，按批样数量的 30% 随机抽取马克隆值试验样品个数，用马克隆气流仪逐样测试马克隆值。每个试验样品，根据其马克隆值确定马克隆值级，然后计算各马克隆值级所占的百分比，其中百分比最大的马克隆值级定为该批棉花的主体马克隆值级。

1. MC 型气流仪　属微处理器型马克隆测试仪器，操作简便。如图 1－21 所示，将被测试样放入称重盘称准（10 ± 0.02）g，分几次逐一均匀地放入试样筒，旋紧筒盖。按面板上的测试键，仪器工作，2s 内显示马克隆值和马克隆等级。仪器还可将马克隆值转换成公制支数显示，一批试样测试完毕后可显示其平均数、A 级百分率、B 级百分率、C 级百分率。

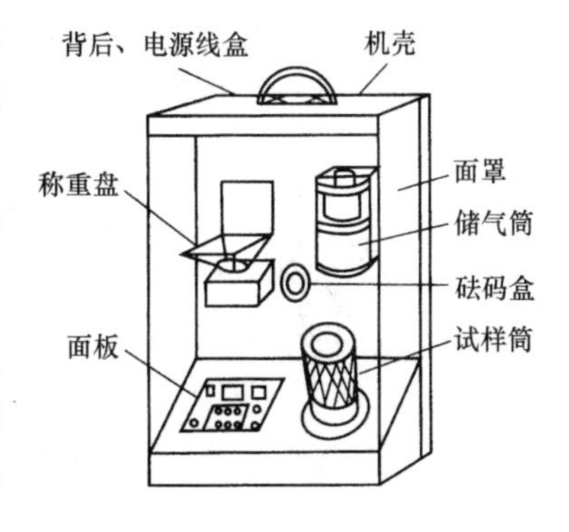

图 1－21　MC 型气流仪外形示意图

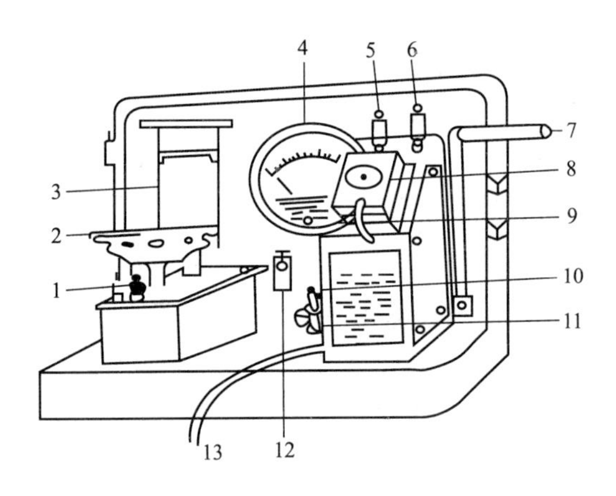

图 1-22　175 型气流仪结构示意图

1—气压天平的校正调节旋钮　2—气压天平称样盘　3—储气筒　4—压差表　5—零位调节阀　6—量程调节阀　7—手柄　8—试样筒　9—压差表调零螺丝　10—校正塞　11—校正塞架　12—8g 专用砝码　13—电磁气泵气管

2. 175 型气流仪　仪器结构如图 1-22 所示，它由称重系统（气压天平的校正调节旋钮、气压天平称样盘、8g 专用砝码）、试样筒系统（零位调节阀、量程调节阀、手柄、试样筒、校正塞、校正塞架）、测量指示系统（电磁气泵、储气筒、压差表、压差表调零螺丝）等组成。

将试样放入气压天平称样盘称量 8g（指针在“◆”形符号中间）。打开试样筒上盖，将称好的试样分几次均匀装入试样筒，盖上试样筒盖并锁定在规定的位置上。将手柄扳动至前位，在压差表上读取马克隆值。将手柄扳动至原来位置（后位），打开试样筒上盖取出试样。

3. Y145C 型气流仪测试　如图 2-23 所示，在试样筒 1 内放置定重 5g 并压缩纤维塞，抽气泵 7 从试样筒吸入空气，从而在试样的上下端产生压力差，转子流量计 2 内的转子 3 被通过的气流带动而上升。调节气流调节阀 6，使压力计 4 上显示出固定的压力差 1.964kPa（200mmH_2O）。纤维塞透气性好，对气流阻力小，通过的流量大，转子升得较高；反之，转子升得较低。根据转子顶部的指示，从刻度尺上直接读取试样的马克隆值，或者从流量计上读取流量值后再由式（1-18）或查数表得出马克隆值。

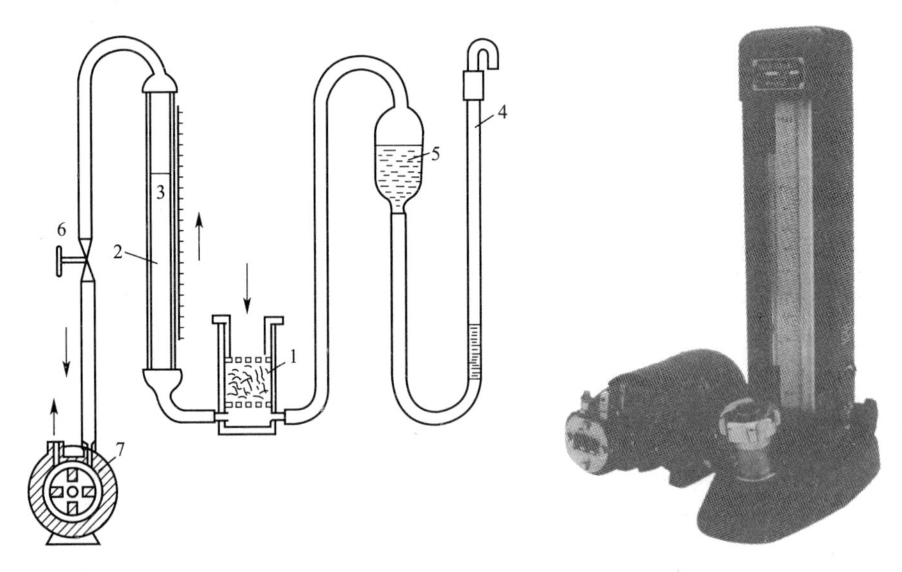

图 1-23　Y145C 型气流仪工作原理图与仪器

$$M = 0.7639Q + 1.5213 \quad (1-18)$$

式中：M——马克隆值；

Q——流量值，L/min。

4. HVI 马克隆组件 HVI 马克隆组件包括电子天平、马克隆测试试样筒、测试计算电路等。测试采用气桥原理，将(10 ±0.5)g 重量的松散棉样放入试样筒压缩到固定体积，使用恒定流量的空气流过纤维集合体测得气流的压差，在桥路的压差传感器上输出一个与压差变化成正比的电讯号。经线性放大，A/D 转换送至计算机存储、计算、显示马克隆值，所测量的马克隆值与其他仪器测量的马克隆值等同。

六、强伸度

（一）棉纤维的强伸度指标

棉纤维的强伸度指标常用强力、断裂比强度、断裂伸长率和断裂长度。强力和断裂比强度、断裂伸长率在绪论中已述及。断裂长度可以理解为假定纤维一根根首尾连接起来变成连续的长纤维，把它一端自然悬垂，当悬下的纤维自身重量致使纤维拉断时，这时所悬下纤维长度就是断裂长度（即纤维自身重量与其强力相等时的长度）。断裂长度越大，表明纤维强度越高。

（1）断裂比强度的计算式：

$$\sigma_{bt} = \frac{F_b}{Tt} \quad (1-19)$$

式中：σ_{bt}——棉纤维断裂比强度，cN/tex；

F_b——棉纤维强力，cN；

Tt——棉纤维线密度，tex。

（2）断裂长度的计算式为：

$$L_R = \frac{F_b}{9.8Tt} \times 10 \quad (1-20)$$

式中：L_R——棉纤维断裂长度，km。

（二）棉纤维强度的影响因素及其与纺纱质量的关系

棉纤维强力不仅与棉花的种类、品种、纤维的粗细有关，而且与周围空气的温湿度有关。细绒棉单纤维强力为 3.0 ~4.5cN，断裂长度为 20 ~25km，长绒棉单纤维强力为 4.0 ~5.0cN，断裂长度为 33 ~40km。一般粗纤维强力高，细纤维强力低。棉纤维吸湿后强度增加 2% ~10%。棉纤维强力也具有不均一性。棉纤维的断裂伸长率为 3% ~7%，吸湿后断裂伸长率增加 10% 左右。

棉纤维在纺纱过程中要不断经受外力的作用，纤维具备一定的强度是纤维具有纺纱性能的必要条件之一。棉纤维强力是决定成纱强力的主要因素。在正常情况下，棉纤维断裂比强度越高，纤维在纺纱过程中不易断裂，落棉少，制成率高，并且成纱强力也越大，节约原料消耗。

（三）细绒棉断裂比强度分档

现行国家标准 GB 1103.2—2012 规定，细绒棉断裂比强度分 5 档见表 1－11，系采用 3.2mm

隔距,HVI 校准棉花标准(HVICC)的校准水平。

表 1－11　断裂比强度分档表

断裂比强度范围(cN/tex)	分　档	断裂比强度范围(cN/tex)	分　档
<24.0	很差	29.0～30.9	强
24.0～25.9	差	≥31.0	很强
26.0～28.9	中等		

(四)棉纤维强度的测试方法

棉纤维强度可以采用单纤维检测,也可以采用束纤维检测,但都应在标准温湿度条件下进行。

1. 单纤维检测　采用单纤维强力仪,如图1－24所示。目前,单纤维强力仪都是计算机化的,也是测试信息最全面的仪器。采用这种方法时,先从棉样中抽取若干根纤维,在单纤维强力机上逐根拉断,测取强力读数,然后计算各项强度指标。利用这种方法,为了使测定结果具有一定代表性,试验次数很多,费时费力,因此通常采用束纤维检测(但以损失准确性和信息量为代价)。

2. 束纤维检测　束纤维强力与成纱强力有较大的相关性。束纤维检测过去常采用 Y162 型束纤维强力仪,现在多用 HVI、斯特洛束纤维强伸度仪测试棉纤维断裂比强度,并用校准棉样校准,另外还有卜氏强力仪和 Y162A 型束纤维强力仪。

(1)HVI 长度/强力组件测试:长度测试后,一对夹持器在试样须丛的某一部位以 3.2mm 隔距夹住试样,按指定方式(CRE)进行拉伸,获得负荷—伸长曲线,测得 HVICC 水平的断裂比强度和断裂伸长率。其中,纤维断裂比强度是通过测量最大力值和估算断裂纤维的重量来计算的。测强力的纤维须丛试样,也与一般束纤维强力仪测试用梳去短纤维后整理成的试样束不同。

(2)斯特洛束纤维强伸度仪测试:YG011 型束纤维强伸度仪如图 1－25 所示。主机上的卜

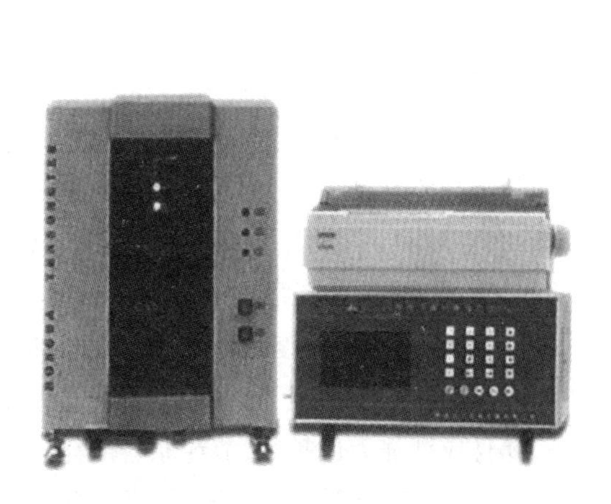

图 1－24　电子式单纤维强力仪

图 1－25　YG011 型束纤维强伸度仪

氏试样夹持器是用来夹持被拉断棉束的器具，由两个夹片组成，两夹片吻合时呈零隔距状态，总厚度为 11.8mm（这时试样长度也为 11.8mm）。若在两个夹片之间嵌入一个 3.2mm 的块规则呈 3.2mm 隔距状态（这时试样长度为 15.0mm）。测出平束纤维拉伸至断裂时所受的断裂强力和断裂伸长率，并根据纤维束的长度和质量，便可计算出纤维束的断裂比强度并修正。

①零隔距断裂比强度的计算式：

$$P_t = \frac{1.18P}{m} \tag{1-21}$$

式中：P_t——零隔距断裂比强度，cN/tex；

P——断裂强力，N；

m——棉束质量，mg。

②3.2 mm 隔距断裂比强度的计算式：

$$P_t = \frac{1.50P}{m} \tag{1-22}$$

式中：P_t——3.2 mm 隔距断裂比强度，cN/tex。

断裂比强度和断裂伸长率均采用 HVI 校准棉样（HVICC）进行校准。校准棉样是用于校准试验结果的标准样品，标有材料特性的标准值。根据校准棉样的平均断裂比强度实测值和平均断裂伸长率分别计算断裂比强度修正系数 K 和伸长率修正系数 K_0（修正系数 = 校准棉样的标准值 ÷ 校准棉样的实测值），然后校准断裂比强度（试样平均断裂比强度 × 断裂比强度修正系数 K）、校准（3.2mm 隔距）断裂伸长率（试样平均断裂伸长率 × 断裂伸长率修正系数 K_0）。

七、疵点

（一）原棉中疵点的种类及产生原因

原棉疵点主要是由生长发育不良和轧工不良产生的。

1. 棉结和索丝 棉结是棉纤维纠缠而成的结点，一般在染色后形成深色或浅色细点。索丝又称棉索，是多根棉纤维紧密纠缠呈条索状，用手难以纵向扯开的纤维束。棉结和索丝主要是在锯齿轧花过程中形成的。如轧花机械或工艺状态不良，有倒齿或缺齿；皮棉通道不光滑，有毛刺等原因。如果籽棉含水过高，成熟度差，纤维弹性差，刚性弱，在遭受机械打击或锯齿勾拉的过程中，彼此很容易粘连、缠绕扭结在一起，形成棉结和索丝。

2. 带纤维籽屑和软籽表皮 成熟度较差或含水过高的籽棉，其棉籽表皮容易与籽壳分离，若轧花机工艺不良，籽棉在进行加工时受机械的摩擦作用较大，就会产生较多的带纤维籽屑和软籽表皮。带有纤维的碎小籽屑、面积在 $2mm^2$ 以下者称带纤维籽屑。软籽表皮是未成熟棉籽上的表皮，软薄呈黄褐色，一般带有底绒。

3. 不孕籽 不孕籽是未受精的棉籽，色白呈扁圆形，附有少量较短的纤维。它是在棉花生长发育阶段受自然条件的影响而形成的。不孕籽在轧花时难于全部清除而混入皮棉中。

4. 僵片 僵片是从受到病虫害或未成熟的带僵籽棉上轧下的僵棉片，或连有碎籽壳。

5. 黄根 黄根是由于轧工不良而混入皮棉中的棉籽上的黄褐色底绒。长度一般在3～6mm，呈斑点状，故也叫黄斑。

一般品级越高，疵点越少。1～2级锯齿棉每百克棉结不超过500粒，3级锯齿棉每百克棉结不超过700粒。

(二)原棉疵点的危害

疵点是对纺纱有害的物质，一般在纺纱工艺中不易清除，或包卷在纱条中，或附着在纱条上，使成纱条干恶化，断头增加，外观变差，从而直接危害纺纱生产和纺织最终产品的质量。一般原棉疵点多时，成纱结杂疵点也多。

(三)原棉疵点的检验

采取人工手拣法，以疵点重量百分率和100g试样疵点粒数为指标。分别计算100g试样中上述各项疵点的粒数和重量百分率，然后再将各项疵点的每百克粒数及重量百分率分别相加，即得疵点的每百克总粒数和总重量百分率。

$$\text{各项疵点的每百克粒数} = \frac{\text{疵点粒数}}{\text{试样重量(g)}} \times 100\% \qquad (1-23)$$

$$\text{各项疵点的重量百分率} = \frac{\text{疵点重量(g)}}{\text{试样重量(g)}} \times 100\% \qquad (1-24)$$

$$\text{每百克总粒数} = \sum \text{各项疵点的每百克粒数} \qquad (1-25)$$

$$\text{总重量百分率} = \sum \text{各项疵点的重量百分率} \qquad (1-26)$$

八、含杂与异性纤维

(一)原棉含杂的内容及危害

杂质是原棉中夹杂的非纤维性物质，包括泥沙、枝叶、铃壳、棉籽、籽棉及不孕籽等。杂质既影响纺纱用棉量，又影响纺纱工艺和成纱质量。粗大杂质由于重量比棉纤维大，容易与纤维分离而排除；细小杂质，特别是连带纤维的细小杂质，在棉纺过程中较难排除。在排除杂质的同时，由于受到运转机件的打击，粗大杂质分裂成碎片，因此在纺纱过程中，虽然杂质重量越来越少，但是粒数却越来越多，从而影响最后成品的外观质量。国家标准GB 1103.2—2012规定棉花标准含杂率皮辊棉为3.0%；GB 1103.1—2012规定棉花标准含杂率锯齿棉为2.5%。

而混入棉花中的硬杂物和软杂物，如金属、砖石及异性纤维等，对纺织生产的危害更大，称危害性杂物。其中，异性纤维是指混入棉花中的非棉纤维和非本色棉纤维，如化学纤维、毛发、丝、麻、塑料膜、塑料绳、染色线等。异性纤维俗称"三丝"，对棉纺织品的质量有极大危害。在纺织厂生产流程中，原棉中的异性纤维一般很难清除。异性纤维造成生产断头，纺纱织布后会给布面造成色花疵点，布面修织困难，并影响染色服用性能，所以原棉需要由人工完成挑拣去除异性纤维工作，但这样会使得纺织工业的自动化受到限制，同时还增加了生产成本。现行国家标准规定，棉花严禁混入危害性杂物；禁止使用易产生异性纤维的非棉布口袋和有色的或非棉线、绳扎口;发现混有金属、砖石、异性纤维及其他危害性杂物的,必须挑拣干净后方可收购、加工。

(二)原棉含杂率的试验方法

1. 原棉杂质分析仪法 依 GB/T 6499—2012《原棉含杂率试验方法》采用原棉杂质分析仪,常用的有 Y101 型、YG041 型和 YG042 型,如图 1-26 与图 1-27 所示。它是取一定重量的试样拣出粗大杂质后喂入该仪器,经刺辊锯齿分梳松散后,在机械和气流的作用下,由于纤维和杂质的形状及重量不同,所受力不同,使纤维和杂质分离,称取杂质重量计算而得原棉含杂率。

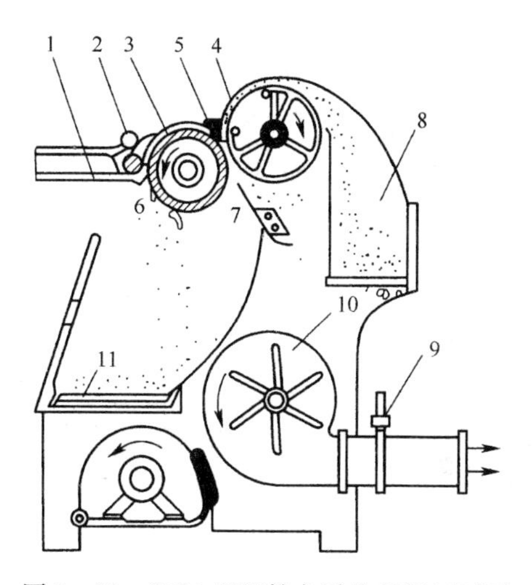

图 1-26 Y101 型原棉杂质分析仪剖面图

1—给棉板 2—给棉罗拉 3—刺辊 4—尘笼
5—剥棉刀 6—气流板 7—挡风板 8—集棉箱
9—风门 10—风扇 11—储杂盘

图 1-27 原棉杂质分析仪

原棉含杂率的计算公式为:

$$Z = \frac{F + C}{S} \times 100\% \qquad (1-27)$$

式中:Z——含杂率;

F——机拣杂质重量,g;

C——手拣粗大杂质重量,g;

S——试验试样重量,g。

2. HVI 颜色/杂质组件测试法 在 HVI 系统上,棉样的杂质和颜色的测量是在同一测试组件(颜色/杂质组件)上同时进行的。它是用 CCD 摄像技术和数字图像处理技术测量棉花中夹入的杂质数量及杂质面积百分率的仪器。该组件所测杂质指标与上述含杂率的概念是不同的。

杂质数量是指样品表面在整个测试面积内杂质颗粒的数目。杂质面积百分率是指测试面积内样品表面杂质颗粒所覆盖面积占整个测试总面积的百分率。仪器压紧装置将棉样压在玻璃测试窗口上,测试窗口下方呈 45°角发射的白光光束照射到棉样上。在一定的照度下,位于测试窗口正下方的高分辨率黑白摄像头对棉样表面进行扫描,获取图像数据并传输到与之相连的计算机中去，在排除棉样表面平均色征的情况下，按照设定的界限值区分图像的明暗部分，所有比界限值低的部分都视为杂质并对其计数，从而分析出杂质数量及杂质面积百分率。

（三）异性纤维含量分档与检验

成包皮棉异性纤维含量是指从样品中挑拣出的异性纤维的重量与被挑拣样品重量之比，用克/吨（g/t）表示，国家标准 GB 1103.2—2012 规定的分档及代号见表 1－12。

成包皮棉异性纤维含量采用手工挑拣法，在轧花厂进行检验并刷唛在棉包上。纺织厂可在原棉分拣工序称重计算。

表 1－12　成包皮棉异性纤维含量分档及代号表

含量范围（g/t）	<0.10	0.10～0.39	0.40～0.80	>0.80
程度	无	低	中	高
代号	N	L	M	H

九、吸湿性

（一）棉纤维吸湿性指标与影响因素

棉纤维具有良好的吸湿性，正常情况下棉花都会含有一定的水分，这也使棉织物具有优良的服用性能。表示原棉吸湿多少的指标是回潮率和含水率，它们的计算式为：

$$W = \frac{G - G_0}{G_0} \times 100\% \tag{1-28}$$

$$M = \frac{G - G_0}{G} \times 100\% \tag{1-29}$$

式中：W——棉纤维的回潮率；

M——棉纤维的含水率；

G——棉纤维的湿重，g；

G_0——棉纤维的干重，g。

含水率 M 与回潮率 W 可以相互换算，关系式为：

$$W = \frac{M}{1 - M} \times 100\% \tag{1-30}$$

$$M = \frac{W}{1 + W} \times 100\% \tag{1-31}$$

影响原棉水分多少的因素，除周围空气的温湿度外，主要是原棉的成熟度。成熟度高，水分少；成熟度低，水分多。低级棉成熟度差，水分一般较高。我国原棉的含水率一般在 7%～11%，南方棉区的棉花含水率较高，北方棉区的棉花含水率较低。一般原棉含水率控制在7%～9%较为适宜。国家标准 GB 1103—2012 规定棉花的公定回潮率为 8.5%。

（二）原棉回潮率对纺织生产的影响

回潮率不仅影响原棉的实际重量和棉纤维的性能，而且对生产工艺和成品质量都有影响。

回潮率增大,棉纤维重量变重、细度变粗、强度增高、摩擦增大等。原棉回潮率过高,其在储存过程中易于霉烂变质,在清棉、梳棉等纺纱工艺过程中易于扭结,增加疵点,除杂效率也低。原棉含水率过低,纤维强度低,容易被机械打断成短纤维,从而增加车间飞花,降低成纱强度。

(三)原棉回潮率的检测方法

棉花回潮率检验采用烘箱法或电测器法,通常使用电测器法,但在公证检验时则以烘箱法为准。

1. 烘箱法　这是测试回潮率的基本方法,采用通风式烘箱,如 YG747 型、Y802N 型、Y802A 型等。它是利用电热丝加热箱内空气来烘干棉样,根据试样烘干前、后的重量计算出原棉的回潮率。测试时烘箱要处于标准温湿度环境下,否则烘干后的重量要修正。

2. 电测器法　电测器法是利用棉纤维在不同回潮率下具有不同电阻值的特性,在试样的重量、密度和极板电压等试验条件一定的情况下,测量通过棉纤维的电流大小,间接测出棉花回潮率的方法。取规定重量的试样放入仪器操作即可测出试样的含水率。目前使用较多的电测器有 Y412A 型、Y412B 型和微处理器型等。

另外,原棉回潮率的检测还有棉包回潮率在线测试系统。

(四)成包皮棉公量计算

按现行国家标准 GB 1103—2012 的规定,公量检验以批为单位,逐批称量、记录毛重。根据批量大小,抽取有代表性的棉包 2 ~ 5 包,开包称取包装物重量,计算单个棉包包装物的平均重量。按式(1 - 32)计算每批棉花净重:

$$G_2 = \frac{G_1 - NM}{1000} \tag{1-32}$$

式中:G_2——批棉花净重,t;

G_1——一批棉花毛重,kg;

N——一批棉花棉包数量;

M——单个棉包包装物平均重量,kg。

按式(1 - 33)计算每批棉花准重:

$$G_S = \frac{100\% - Z}{100\% - Z_0} G_2 \tag{1-33}$$

式中:G_s——一批棉花准重,t;

G_2——一批棉花净重,t;

Z——一批棉花平均含杂率;

Z_0——标准含杂率。

按式(1 - 34)计算每批棉花的公定重量:

$$G_k = \frac{(100 + W_k)}{(100 + W_a)} G_S \tag{1-34}$$

式中：G_k——一批棉花公定重量，t；

W_k——棉花公定回潮率；

W_a——一批棉花平均实际回潮率。

十、糖分

（一）棉纤维糖分的危害

这里所讨论的棉纤维糖分，是指纺织加工过程中能产生黏性的那部分糖分。这部分糖分含量较多时，在纺纱过程中可使纤维产生黏性，致使棉纤维可纺性变差，见表1－13。含糖较多的棉花黏性大，在纺纱过程中容易引起梳棉机、精梳机、并条机、粗纱机和细纱机绕罗拉、绕胶辊、绕胶圈等明显的黏附现象，恶化成纱条干均匀度，增加断头，从而影响产品质量，以及工艺生产的正常进行。

表1－13 棉纤维含糖量与可纺性的关系

含糖量(%)	0.3	0.3～0.5	0.5～0.8	0.8
可纺性	正常	有轻度黏性	有黏性	严重黏性

（二）棉纤维含糖的测定方法

有化学法和物理法。化学法是采用水或表面活性剂从棉样中提取糖分，成为提取液，然后对提取液进行测定而求得棉纤维含糖量。提取液测定方法有比色法、容量法、重量法等。比色法分目测比色法、定量比色法。物理法主要指近红外光谱法。

1. 定量比色法 见GB/T 16258—2008《棉纤维　含糖试验方法　定量法》，这是一种定量测定棉纤维中全糖的方法。其原理是在非离子表面活性剂的作用下，使棉纤维上的糖分溶解于水中，糖在强酸性介质中转化为醛类，与3，5－二羟基甲苯发生显色反应，生成橙黄色化合物，用分光光度计在为425nm处与标准工作曲线比较，得到棉纤维全糖含量百分率。

2. 目测比色法（贝氏试剂比色法） 所用贝氏试剂是由甲、乙两种溶液配制而成。甲溶液中含有柠檬酸三钠、碳酸钠，乙溶液中含有硫酸铜。两种溶液混合后，柠檬酸三钠在碱性溶液中生成蓝色络合物。其原理是棉纤维所含糖分子的醛基（—CHO）、酮基（—R—CO—R'）具有还原性。当含糖的棉花加入贝氏试剂加热至沸，溶液中二价铜离子还原成一价铜离子，生成络合物和氧化亚铜沉淀而呈现各种颜色。由于纤维糖分含量不同，溶液分别显示出蓝、绿、草绿、橙黄、茶红五种颜色，对照标准样卡或孟塞尔色谱色标目测比色，即可定出含糖程度（分为无、微、轻、稍多、多五种），但该法呈色稳定性差，见表1－14。

表1－14 棉纤维含糖程度与溶液颜色

溶液颜色	蓝	绿	草绿	橙黄	茶红
含糖程度	无	微	轻	稍多	多

3. 重量法(斐林氏液测定法)　此种方法不仅能测出棉纤维中总糖量,而且还能测出还原糖的含量。与其他方法相比,此方法是测定棉纤维含糖量最准确的方法,但在实际生产试验中很少用。

十一、原棉试纺

原棉的纺纱工艺性能很多,检验方法也很多。前面所述检验方法多是手感目测法和仪器检验法。为了全面掌握和正确评价原棉的纺纱性能,避免或消除感官检验、仪器检验的误差和局限,生产企业可进行原棉试纺,即在原棉大量投入生产之前,取少量原棉快速纺制成纱,根据成纱质量和试纺中的生产情况是否正常,掌握评价原棉的性能。原棉小量试纺可以在试验室小型试纺机上进行,也可以在车间大型生产设备上进行。原棉试纺包括单唛试纺、成分试纺、一条龙试纺。

1. 单唛试纺　单唛试纺即单一批号的原棉试纺,多在新棉上市、大量原棉进厂时进行。为掌握某一批原棉的各项物理性能,确定其适纺品种,在该批原棉中抽出一包或半包,将其快速试纺成某特纱,并根据该纱质量情况确定该批原棉的可纺性。

2. 成分试纺　成分试纺即根据配棉成分规定,依照某特纱规定的平均品级、平均长度等做好配棉,按比例抽出一定数量进行小量试纺。根据其成纱品等是否符合要求确定本成分是否应调换某些批次,或采取相应的工艺措施。

3. 一条龙试纺　在试制新产品,或引用新技术,以及某特纱的配棉成分有较大变动时采用一条龙试纺。它是根据棉纱特数和配棉成分,用较多数量的原棉试纺成纱后,一般还要试制到坯布印染布,以确定新产品新技术是否成功、配棉变动是否合适。试纺固然能了解原棉的纺纱价值,但投入大、消耗多、速度慢、掌握的信息少。

思考题

1. 棉花分哪几种？它们在长度、细度及用途上有什么不同？
2. 棉花按轧工方式分为哪几类？它们的特点是什么？
3. 棉花的生长发育过程如何？简述该过程的主要特点？
4. 简述正常成熟的棉纤维纵向、横截面的形态特征？
5. 简述棉纤维的截面结构层次、各层次的特点及层次与纤维性能的关系。
6. 简述棉纤维的化学成分和化学性质。
7. 何谓丝光处理？丝光棉？
8. 简述我国细绒棉品质评定的分级情况和评定方法。评定品质的主要依据是什么？
9. 棉纤维长度与纺纱工艺、纱线性能之间的关系如何？
10. 棉纤维细度指标有哪几种？对纱线质量有何影响？
11. 表示棉纤维成熟度的指标有哪几种？
12. 为什么成熟度是棉纤维的综合性质？

13. 简述棉纤维天然转曲的一般分布状况及其对纺纱工艺的意义。

14. 简述原棉检验的内容。

15. 表示原棉中水分、杂质的指标是什么?

16. 棉纤维中短绒、不孕籽的产生原因是什么?

17. 影响棉纤维长度的因素有哪些?

18. 用中段切断称重法测原棉的细度,其原棉数据为:中段长度 $L_c=10$(mm);中段重量 $G_c=3.24$(mg);两端纤维重量 $G_f=6.54$(mg);中段根数 $n=1865$(根)。计算:(1)棉纤维的公制支数;(2)每毫克根数;(3)将公制支数换算成分特数和旦数,并判断该棉是细绒棉还是长棉绒。

19. 画出棉纤维的自然排列图、长度—重量分布曲线、照影仪曲线。

20. 何谓危害性杂物、异性纤维?

21. 原棉品级与色特征级有何异同? 如何评定?

第二章 麻纤维

本章知识点

1.麻的种类、各种麻纤维的形态特征。

2.各种麻纤维的主要性能及特点。

第一节 麻纤维的种类

麻纤维是从各种麻类植物上获取的纤维的统称，包括韧皮纤维和叶纤维。麻纤维除用衣着外，还大量用于产业用途，如环境改良生态毯等。

韧皮纤维是从一年生或多年生草本双子叶植物的韧皮层中取得的纤维，这类纤维品种繁多。在纺织上采用较多、经济价值较大的有苎麻、亚麻、黄麻、洋麻、汉麻（大麻）、苘麻、荨麻和罗布麻等。这类纤维质地柔软，商业上称为“软质纤维”。

叶纤维是从草本单子叶植物的叶子或叶鞘中获取的纤维。具有经济和实用价值的有剑麻、蕉麻和菠萝麻等，这类纤维比较粗硬，商业上称为“硬质纤维”。

一、苎麻

苎麻主要产于我国的长江流域，以湖北、湖南、江西出产最多，我国的苎麻产量占全世界苎麻产量的90%以上，印度尼西亚、巴西、菲律宾等国也有种植。苎麻属荨麻科苎麻属的多年生宿根草本植物，如图2－1所示。麻龄可达10～30年，苎麻单纤维长度为60～250mm，是麻纤维当中品质最好的。

苎麻分白种苎麻和绿叶种苎麻两种。白叶种苎麻产量较高，纤维品质好，适应性较强，这种苎麻起源于我国南部山区。绿叶种苎麻起源于东南亚热带山区，其产量、质量都较白叶种苎麻差。

苎麻栽培一年后即可收获，一般一年能收获三次，三次收获的苎麻分别称为头麻、二麻、三麻。一般头麻产量最高，二麻次之，三麻最低。

苎麻的用途广泛，在工业上可用于制造帆布、绳索、渔网、水龙带、缝纫线、皮带尺等。苎麻织物具有吸湿、凉爽、透气的特性，而且硬挺、不贴身，宜作夏季面料和西装面料。苎麻抽纱台布、窗帘、床罩等，是人们喜爱的家纺用品。我国近年来对苎麻进行变性处理，变性后苎麻的纯纺与混纺产品更具有独特的风格。

二、亚麻

亚麻又称鸦麻、胡麻，如图2－2所示。亚麻纤维以“西方丝绸”的美誉而闻名于世，适宜在寒冷地区生长，俄罗斯、波兰、法国、比利时、德国等是主要产地，我国的东北地区及内蒙古等地也有大量种植。亚麻属亚麻科亚麻属，纺织用的亚麻均为一年生草本植物。亚麻分纤维用、油用和油纤兼用三种，前者通称亚麻，后两者一般称为胡麻。亚麻茎细而高，纤维细长质量好，是优良的纺织纤维。油用亚麻茎粗短，纤维粗短质量差。油纤兼用亚麻的特点介于亚麻和油用亚麻之间，既收取种子，也收取纤维用于纺织。

图2－1　苎麻植株

图2－2　亚麻植株及花

亚麻品质较好，用途较广，适宜织制各种服装和家纺面料，如抽绣布、窗帘、台布、男女各式绣衣、床上用品等。亚麻在工业上主要用于织制水龙带和帆布等。

三、黄麻

黄麻如图2－3所示，它适用于在高温多雨地区种植，印度、孟加拉国是其主要产地，东南亚及南亚国家也都有种植，我国则以台湾、浙江、广东省为主。黄麻属椴树科黄麻属的一年生草本植物，每年3～4月播种，6～7月高度达到2～3m时开花，结果后的纤维强力下降，所以一般都在结果前收割。黄麻主要用于粮食、食盐等的包装袋，纤维及纱线、布匹的包布，沙发面料和地毯基布，以及电缆包覆材料等，但很少用于制作服装面料。

四、洋麻

洋麻又称槿麻、红麻，属锦葵科木槿属的一年生草本植物，起源于东南亚和非洲，在20世纪初传入我国种植。洋麻的主要生产国为印度和孟加拉国，其次为中国、泰国、尼泊尔、越南和巴西等，此外在欧美一些国家也有少量种植。洋麻作物的环境适应性强，并分为南方型和北方型两种。南方型分布于热带或亚热带地区，北方型则分布在温带地区。洋麻是黄麻的主要代用品，其用途与黄麻相同。

五、大麻(汉麻)

大麻(图2－4)属大麻科(或桑科)大麻属一年生草本植物，品种多达150多个，一般可分为纤维用大麻、油用大麻与药用大麻三类。纤维用大麻又称火麻、线麻、寒麻、汉麻、花麻等。纤维用大麻主要用于纺织、造纸、制绳等，与可制造兴奋剂等的药用大麻为不同的品种，在国内市场上称为汉麻。

图2－3 黄麻植株

图2－4 大麻植株

由大麻织制的服装面料，风格粗犷，穿着挺括、透气、舒适。大麻还具有杀菌消炎等作用，所以常用于保健织物、抗紫外线织物。此外，大麻还可作装饰布、包装用布、渔网、绳索、嵌缝材料等。

六、苘麻

苘麻又称青麻、芙蓉麻，如图2－5所示。它属锦葵科芙蓉属的一年生草本植物。目前，主要产地有中国、俄罗斯、印度、朝鲜、美国等。根据种子的大小可分为小粒亚种和大粒亚种。小粒亚种包括全部野生苘麻、茎短，纤维产量低；大粒亚种茎高3～4m，茎部粗达2～3 cm，表面长有茸毛，梢端有分枝，茎呈青色或紫红色，干茎产量高，出麻率高，韧皮容易剥离。苘麻纤维位于苘麻韧皮组织内，呈束状分布。苘麻纤维短，强度低，不易腐烂，常与黄麻、洋麻进行混纺，制成麻袋、麻布、麻带、绳索和地毯等。

图2－5 苘麻植株

七、罗布麻

罗布麻如图2－6所示，它多为野生，又称红野麻、夹竹桃麻、茶叶花麻，是夹竹桃科罗布麻属的多年生宿根草本植物，由于最初在新疆罗布泊发现，故被称为罗布麻。罗布麻有红麻与白麻之分，前者植株较高，幼苗为红色，茎高一般为1.5～2m，最高可达4m以上；后者植株较矮小，幼苗为浅绿色或灰白色，茎高一般为1～1.5m左右，最高可达2.5m。罗布麻广泛生长在盐碱、沙荒地带，集中在新疆、内蒙古、甘肃和青海等地。罗布麻是我国近年来新开发的天然纤维，它不仅具有优良的服用性能，而且还具有良好的医疗保健功能，特别适于制作夏季服装。

八、剑麻

剑麻又称西沙尔麻，如图2－7所示，它属龙舌兰科龙舌兰属的多年生宿根草本植物。剑麻的茎短，被簇生的剑形叶片环抱。一般剑麻在种植两年左右，在其叶片生长长达80～100 cm，叶片个数达到80～100片时收割。如果收割过早，纤维率低，纤维强度也低；如果收割过迟，则会因叶脚枯干影响纤维质量，故纤维的收割必须适时。剑麻原产于中美洲，目前世界上剑麻的主要产地有巴西、坦桑尼亚等，我国剑麻的种植主要分布在南方各省。剑麻可制成绳索、刷子、包装材料、纸张、地毯底布，也可与塑料压成建筑板材等。

图2－6　罗布麻植株

图2－7　剑麻植株

九、蕉麻

蕉麻原产于菲律宾，又称马尼拉麻，主要生长于菲律宾和厄瓜多尔，我国台湾和海南等地也有较长的栽培历史。蕉麻属芭蕉科芭蕉属的多年生宿根草本植物，其叶形较像芭蕉叶，叶鞘由茎的中部自下而上地生长，在每个叶鞘的横截面中可分为三层，最外层含纤维最多，中层由于结构较为松散，仅含少量的纤维，内层纤维含量最少。蕉麻在麻茎收割后要尽快进行剥制，剥制时先分离出每片叶鞘中的纤维层，然后除去叶肉，抽出纤维。蕉麻适宜制作绳索、船缆、渔网、刷子、包装袋，也可供纺织和造纸用。

十、菠萝麻

菠萝麻原产于巴西，又称凤梨麻，是凤梨科龙舌兰属的多年生常绿草本植物。菠萝的叶片较短、较薄，纤维含量较少。菠萝麻性喜温暖，在热带和亚热带地区广泛种植。菠萝麻纤维纯白而有光泽，纤维较粗硬，具有与棉相当或比棉更高的强度（菠萝叶纤维的强度与成熟度关系很大），断裂伸长接近苎麻、亚麻，初始模量高，不易变形，吸湿性好。菠萝麻纤维可纺性差，常用作工艺纤维进行纺织加工，还可制成绳索、包装材料、缝鞋线，以及用于造纸原料等。

第二节 麻纤维的化学组成

麻纤维主要由纤维素组成，并含有一定数量的半纤维素、木质素和果胶等。由于麻的品种不同，其各种物质的含量也有所不同，常见麻纤维的化学组成见表 2－1。

表 2－1 常见麻纤维的化学组成 单位：%

成分	苎麻	亚麻	黄麻	洋麻	大麻	苘麻	罗布麻	蕉麻	剑麻	菠萝麻
纤维素	65～75	70～80	64～67	70～76	85.4	66.1	40.82	70.2	73.1	81.5
半纤维素	14～16	12～15	16～19	—	—	—	15.46	21.8	13.3	—
木质素	0.8～1.5	2.5～5	11～15	13～20	10.4（包括蛋白质）	13～20	12.14	5.7	11.0	12.7
果胶	4～5	1.4～5.7	1.1～1.3	7～8	—	—	13.28	0.6	0.9	—
水溶物	4～8	—	—	—	3.8	13.5	17.22	1.6	1.3	3.5
脂蜡质	0.5～1.0	1.2～1.8	0.3～0.7	—	1.3	2.3	1.08	0.2	0.3	—
灰分	2～5	0.8～1.3	0.6～1.7	2	0.9	2.3	3.82	—	—	1.1
其他	—	含氮物质 0.3～0.6	—	—	—	—	—	—	—	醇—苯可溶物 2.1

一、纤维素

纤维素是麻纤维的主要化学成分，它是天然高分子化合物，化学结构式为$(C_6H_{10}O_5)_n$，其中 n 为聚合度，即麻纤维的纤维素大分子的基本链节为葡萄糖剩基氧六环，相邻两个氧六环依靠甙键（—O—）相连形成纤维素二糖。麻纤维大分子的每一个葡萄糖剩基氧六环上有三个醇羟基，羟基和甙键的存在决定了纤维有较好的耐碱性和较差的耐酸性，以及具有很好的吸湿能力等。

麻纤维的大分子聚合度一般在 1 万以上，其中亚麻纤维的聚合度在 3 万以上。从而决定了纤维有较高的强力和湿态强力。麻纤维的结晶度和取向度很高，使纤维的强度高、伸长小、柔软性差，一般硬而脆。

二、半纤维素

在所有的天然植物韧皮中,或多或少地存在着一些与纤维素结构相似、聚合度较纤维素低的糖类物质。它们与纤维素的区别是在某些化学药剂中的溶解度大,易溶于稀碱溶液中,甚至在水中也能部分溶解;水解成单糖的条件比纤维素简单得多。这部分结构与纤维素相似而能溶解于稀碱溶液中的物质称为半纤维素。

三、果胶物质

麻皮中含有果胶物质,它是一种含有酸性、高聚合度、胶状碳水化合物的混合物,化学成分较为复杂,与半纤维素一样属于多糖类物质。果胶物质是植物产生纤维素、半纤维素和木质素的营养物质,它对植物生长过程起到调节植物体内水分的作用。

果胶的主要组成成分是果胶酸和果胶酸的衍生物。果胶对酸、碱和氧化剂作用的稳定性要较纤维素低。

四、木质素

木质素在植物中的作用主要是给植物一定的强度。麻纤维中木质素的含量多少会直接影响纤维品质。木质素含量少的纤维光泽好,柔软而富有弹性,可纺性能和印染时的着色性能均好。因此,根据纺纱工艺的要求,麻纤维中的木质素含量越低越好,即在麻纤维脱胶中除去的木质素越多,越有利于工艺加工。但采用工艺纤维纺纱时,不能清除所有的木质素,所以其可纺性能较单纤维的可纺性能差。

五、其他成分

麻皮中还含有脂肪、蜡质和灰分等。脂肪、蜡质一般分布在麻皮的表层,在植物生长过程中,有防止水分剧烈蒸发和浸入的作用。灰分是植物细胞壁中包含的少量金属性物质,主要是钾、钙、镁等无机盐及其氧化物。

麻纤维中还含有少量的含氮物质、色素等,这些物质都能溶于 NaOH 溶液中。

第三节　常用麻纤维的形态特征、性能与应用

一、苎麻纤维的形态特征、性能与应用

(一)苎麻纤维的形态特征

不同种类的麻纤维的形态是不相同的。苎麻纤维的横截面为带有中腔的椭圆形、半月形、多角形、菱形或扁平形,如图2-8(a)、(b)所示。其中腔亦呈椭圆形或不规则形,胞壁厚度均匀,有时带有射状条纹,未成熟的纤维细胞横截面呈带状。

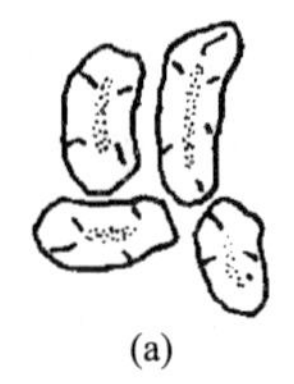

(a)

(b)

图2-8　苎麻纤维截面形态

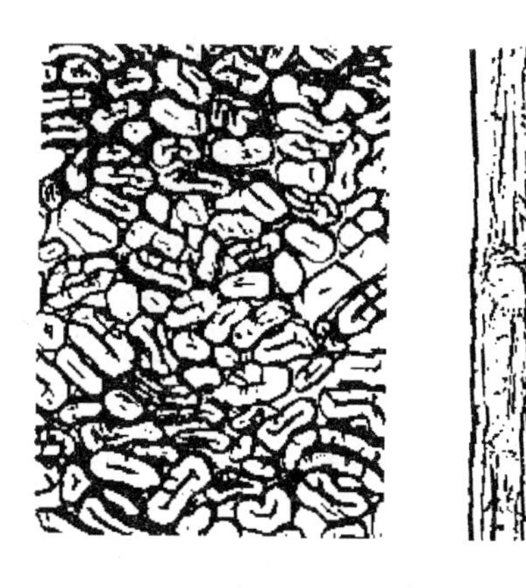

(a)截面　　(b)纵向

图2－9　苎麻纤维截面和纵向特征

苎麻纤维的纵向呈圆筒形或扁平带状，没有明显的转曲，纤维表面有时平滑，有时有明显的竖纹，两侧常有结节(横节)，纤维头端呈厚壁纯圆。截面和纵向特征如图2－9所示。

苎麻单根纤维长20～250mm，最长可达600mm，平均宽度为30～40μm，初生纤维胞壁较厚，次生纤维胞壁是初生纤维的1/10。

(二)苎麻纤维的初步加工

苎麻必须在适宜的时间收割，收割不及时，将不利于剥皮和刮表工作，从而影响麻的质量和产量。麻皮自茎上剥下后，先刮去表皮，称为刮表。目前，我国苎麻的剥皮和刮表以手工操作为主。经过刮表的麻皮晒干或烘干后成丝状或片状的原麻，即为商品苎麻。原麻在纺纱前还需经过脱胶工序，过去此工序一般采用生物脱胶的方法，现在一般采用化学脱胶的方法。国内采用的化学脱胶工艺流程为：

苎麻原料选麻→解包剪束扎把→浸酸→高压煮练(废碱液)→高压煮练(碱液、硅酸钠)→打纤→浸酸→洗麻→脱水→给油(乳化油、肥皂)→脱水→烘燥→精干麻

苎麻长纤维纺纱采用切断脱胶，其工艺流程为：

滚刀切断→稀酸预处理→蒸球煮练→(喂料机→开纤→酸洗→水洗)联合机

根据纺织加工的要求，脱胶后苎麻的残胶率应控制在2%以下，脱胶后的纤维称为精干麻，色白而富于光泽。

由于苎麻纤维存在断裂伸长小，弹性差，织物不耐磨，易折皱和吸色性差等缺点，因而近年来有对苎麻纤维进行改性处理，如用碱—尿素改性的苎麻的结晶度和取向度均减少，因而其纤维强度降低，伸长率提高，纤维的断裂功、勾接强度、卷曲度等都有明显提高，吸湿、散湿性比改性前更强，从而改善了纤维的可纺性，提高了其成品的服用性能。苎麻经磺化处理后，纤维的结构与性能亦有明显改变。

(三)苎麻纤维的主要性能

1. 细度　苎麻纤维的细度是一个很重要的物理性能指标，它是确定可纺细纱线密度的主要依据。苎麻纤维越细，柔软性越好，可挠度越大，可以提高成纱时纤维的强力利用系数，并减少毛羽。对相同细度的苎麻纱而言，所用纤维越细，并且细度不匀率越低，则成纱截面中的纤维根数越多，成纱的条干及强度不匀率均会有所改善。优良品种的苎麻纤维，平均细度在0.5tex或以下；中质苎麻的纤维细度应为0.67～0.56tex。在一般情况下，纺16.67tex纯麻纱的纤维细度应小于0.56tex；纺20.83tex纯麻纱的纤维细度应小于0.63tex；纺27.78tex纱的纤维细度应小于0.71tex。平均细度在0.67tex以上的苎麻纤维，只能加工低档产品。不同季节、不同部位的苎麻单纤维线密度的实测值见表2－2，用中段切断称重法测定。

表 2－2　不同季节、不同部位的苎麻单纤维线密度

单位：tex

时期＼部位	根　部	中　部	梢　部	平　均
头麻	0.7474	0.6002	0.4919	0.5956
二麻	0.8403	0.7189	0.5507	0.6821
三麻	0.7622	0.6131	0.5018	0.6203
平均	0.7813	0.6540	0.5133	0.6305

从测定结果可以看到，苎麻的梢部纤维最细，中部次之，根部最粗，每部位的变化为 0.4～0.67tex，根部纤维比梢部纤维粗约 34%，因此苎麻纺纱厂在加工细特纱时常在脱胶前把根部麻切除，以降低纤维的平均特数。头、二、三麻的纤维细度亦有一定的规律，即头麻最细，三麻次之，二麻最粗，但差异没有根、中、梢的变化大。

苎麻纤维的细度与长度存在明显的相关性，一般越长的纤维越粗，越短的纤维越细，如精梳落麻纤维比精梳麻条纤维平均细约 16%。两种苎麻不同长度组对应的细度见表 2－3。

表 2－3　两种苎麻不同长度组对应的细度

湖南苎麻 1 号		江西宜春铜皮春	
长度范围（cm）	细度（tex）	长度范围（cm）	细度（tex）
36.5～40.0	0.9662	40.5～44.5	1.1111
31.5～35.5	0.7874	35.5～39.5	1.0834
27.5～28.5	0.8613	31.5～32.5	0.9033
23.5～24.5	0.7686	27.5～28.5	1.0070
19.5～20.5	0.8104	13.5～24.5	1.0080
15.5～16.5	0.7610	19.5～20.5	0.8921
11.5～12.5	0.7418	15.5～16.5	0.9017
7.5～8.5	0.7042	11.5～12.5	0.8375
5.5～6.5	0.6588	7.5～8.5	0.7956
3.5～4.5	0.8460	4.5～5.5	0.7210

2. 长度　苎麻纤维的长度较长，最长可达 620mm，平均为 46.7～74.7mm，故可以利用单纤维纺纱。苎麻纤维长度的整齐度差，长度变异系数约为 80%，较其他天然纤维大。苎麻纤维的长度随品种、生长条件而变化。我国不同地区 10 种苎麻精干麻纤维长度的实测数据见表2－4。

表 2－4　我国不同地区 10 种苎麻精干麻纤维长度

时期＼部位	平均长度（mm）	最长纤维长度（mm）	长度变异系数 *CV*（%）	4.5cm 以下短纤维率（%）
头麻	5.71	40.00	81.46	57.25
二麻	6.67	54.05	87.69	52.26

续表

时期 \ 部位	平均长度(mm)	最长纤维长度(mm)	长度变异系数 CV(%)	4.5cm 以下短纤维率(%)
三麻	5.72	48.28	87.63	60.72
平均	6.03	44.78	85.59	56.74

苎麻纤维的长度测定分麻皮长度与单纤维长度两种,商业上以麻皮长度进行分级,麻纺厂则以测定单纤维长度为准。单纤维长度测定从精梳麻条或圆梳机上的麻页上取样,用梳片反复梳理,并用手整理成一端平齐,纤维平直的小束,放在梳片式长度分析仪上按 1cm 组距分组称重,计算平均长度、标准差、变异系数、短纤维率等各项长度指标。精干麻长度测定时由于纤维相互缠结,分离成单纤维十分困难,费时费工,生产上一般不用,但其对掌握原麻性能有实际意义。麻皮长度采用整绞量长法,即量取麻绞中 80% 纤维的主体长度。

苎麻纤维的长度与纺纱工艺及纱线的质量关系十分密切。在一定限度内,纤维越长,并且长度不匀率越低,对纺纱过程控制纤维运动越有利,可以改善半制品和细纱的不匀率,使成纱的纤维抱合力大,条干好,毛羽数相对减少,从而提高可纺性能、成纱质量和生产效率。一般情况,苎麻纤维的长度容易满足纺纱需要,但长度不匀率和短纤维率都较高,因此,在纺纱过程中尽量提高纤维的长度整齐度对改善成纱质量更为重要。

3. 强伸度 苎麻纤维的强力很高,一般为 0.37 ~ 0.63N,其断裂强度为 4.21 ~ 8.17 cN/dtex,在天然纤维中居于首位。10 种苎麻纤维的断裂强度和伸长的实测数据见表 2 - 5。

表 2 - 5 10 种苎麻纤维的断裂强度和伸长的平均值

时期 \ 部位	根部		中部		梢部		平均	
	断裂强度(cN/dtex)	伸长(%)	断裂强度(cN/dtex)	伸长(%)	断裂强度(cN/dtex)	伸长(%)	断裂强度(cN/dtex)	伸长(%)
头麻	7.47	3.83	6.67	3.47	6.37	3.28	6.82	3.53
二麻	7.08	3.97	6.97	3.86	7.47	3.84	7.17	3.89
三麻	5.83	3.98	6.29	4.01	6.17	3.70	6.10	3.90
平均	6.79	3.93	6.64	3.78	6.67	3.63	6.73	3.77

从表 2 - 5 中可以看出,苎麻纤维的相对强度为梢部最高,中部次之,根部最差。由于苎麻纤维根部最粗,中部次之,梢部最细,因此单纤维的绝对强度与相对强度的次序刚好相反,根部最高,中部次之,而梢部最差。苎麻纤维吸湿后强力增加,一般情况,湿强较干强高 20% ~ 30%。苎麻纤维干强与湿强的比较如图 2 - 10 所示。

苎麻纤维的强度测定可用单纤维强力仪或束纤维强力仪测定,生产中常用束纤维强力仪进行测定,并与中段切断称重法结合进行,由于根、中、梢纤维的细度、强度有差异,并且在现行标准中规定从精干麻对折处往根部方向移 10cm 取样测定细度与强度,中段长度 30cm,束强隔距 3mm 拉断后计数纤维根数,然后计算纤维的特数与单纤维强力值,束强换算单强时不加修正系

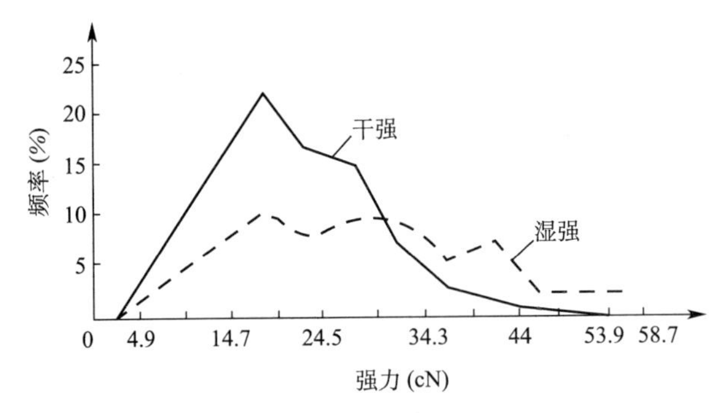

图 2－10　苎麻纤维的湿强与干强比较

数，因此与在单纤维强力仪上测得的强力值有一定差异。

苎麻纤维的断裂伸长率较小，一般为 3.26%～4.3%，其变异系数约为 23.3%，因而苎麻纱线及织物的弹性与延伸性均较差，且不耐磨。苎麻纤维的初始模量较大，居于其他天然纤维之首，比一般纤维的模量都高。10 种苎麻精干麻单纤维初始模量的实测数据见表 2－6。

表 2－6　10 种苎麻精干麻单纤维初始模量的平均值　单位：cN/dtex

时期＼部位	根部	中部	梢部	平均
头麻	189.94	193.34	193.28	192.19
二麻	139.77	180.08	192.34	170.73
三麻	145.19	156.31	163.64	155.05
平均	158.30	176.57	183.08	172.66

由于苎麻纤维初始模量高，在小负荷下变形较难，抵抗伸长变形的能力较强，即苎麻纤维的刚性较大，故织物比较硬挺，但在纺纱加捻过程中不易抱合，易松散，纱线毛羽较多，织物耐磨性较差。苎麻纤维的断裂比功较小，加之苎麻纤维的弹性回复性能差，因此纱线和织物承受冲击载荷的能力差。此外，苎麻纤维的定伸长弹性小，抗弯刚度及抗扭刚度较大，这对成纱质量、后加工及织物服用性能均有一定影响。10 种苎麻精干麻纤维断裂比功数据见表 2－7。苎麻纤维在 1% 定伸长拉伸时的弹性回复能力见表 2－8。

表 2－7　苎麻纤维的断裂比功　单位：cN/dtex

时期＼部位	根部	中部	梢部	平均
头麻	0.16	0.14	0.12	0.14
二麻	0.16	0.15	0.16	0.16
三麻	0.12	0.14	0.13	0.13
平均	0.15	0.14	0.14	0.14

表 2-8 头、二、三麻 1%定伸长弹性回复能力

单位:%

时期 \ 变形	弹性变形	塑性变形
头麻	67.85	32.15
二麻	57.96	42.04
三麻	50.78	49.22
平均	60.02	39.98

4. 色泽特征 苎麻纤维具有很强的光泽,比其他麻类纤维都好,但由于含有杂质或色素,原麻呈白、青、黄、绿等深浅不同的颜色,一般呈青白色或黄白色,含浆过多的呈褐色,淹过水的苎麻,纤维略带红色。三季麻中,二麻较白,头麻、三麻颜色较暗,经过脱胶漂白后的苎麻纤维,色纯白,脱胶过度的苎麻颜色变深,光泽差,强度亦降低,因此从纤维的色泽亦能间接判断纤维物理性能的好坏,一般光泽好且颜色纯白的苎麻,纤维强度高。

5. 其他性质 苎麻纤维吸湿性、透气性好,标准回潮率为 12%,密度为 1.51~1.54g/cm^3,易染色,耐海水的浸蚀,抗霉和防蛀性能较好,苎麻纤维不耐高温,在 243℃以上即开始热分解。

(四)苎麻纤维的应用

1. 纯苎麻织物 该类产品包括纯苎麻布和爽丽纱等。纯苎麻布具有良好的服用性能和良好的卫生性能,它洁白而有蚕丝般的光泽,尤其适于制作夏季服装。其缺点是易起皱,不耐曲磨,领口、袖口、折缝处易于磨损。

2. 长麻混纺织物 该类产品有涤麻(麻涤)混纺织物、涤麻派力司和其他长麻混纺织物。该类织物既具有挺爽、不易折皱、耐磨等特点,又克服了涤纶的回潮率低、吸湿差等缺点,成为穿用舒适,易洗快干,洗可穿型高档衣料,是名副其实的的确良型织物,是夏季衬衫、裙子和春秋季外衣的理想面料。

3. 短麻混纺织物 该类产品有麻棉(棉麻)混纺织物、毛麻混纺织物、中长纤维混纺织物及其他纤维与麻纤维混纺织物。麻棉混纺织物的品种有麻棉混纺平布、细帆布和斜纹布等,适宜制作春末秋初和夏季服装。其他纤维与苎麻混纺的织物是以精梳毛纺呢绒为基础的,织物外观粗犷,可作西裤、裙子、外衣等的面料。中长纤维混纺织物包括涤麻(麻涤)混纺花呢及中长型的其他纤维(如化学纤维、羊毛、兔毛或蚕丝等)与苎麻混纺成的“三合一”、“四合一”花呢。

4. 交织物 指麻与其他纤维的纱线相互交织的织物,通常称为“麻交布”。包括麻棉交织物、麻毛交织物和麻与化学纤维交织物等。麻棉交织布是一种呈帆布状的中厚型本色平纹织物,布面具有纯麻风格,适宜作夏季服装面料。

5. 特种工业用苎麻纺织品 其产品分麻线、麻带(包括麻棉交织带)和加捻苎麻绳三大类。主要用于航天、航空和军事工业,作为空降伞带、背带、手榴弹套带、炮衣、特种填充料(如舰船螺旋桨轴填料)、高强度缝纫线、特种编织及捆扎线等,也可作压滤器的过滤布及卷烟机的卷烟带。此外,苎麻的手工织物也有悠久的历史,其主要品种有夏布和鱼冻布等。

6. 苎麻缝纫线 主要用于缝制皮鞋和皮革制品,还可作篷帆、枪炮衣、坦克和飞机罩等的

缝纫线。它具有断裂强度高，伸长率低，着水膨胀等特性。

7. 腈麻针织纱 以65%的普通和高收缩腈纶混合条与35%的苎麻纤维混纺制成股线，再经汽蒸膨化处理而制成膨体纱线，主要用于手工编织。

8. 水龙带 采用苎麻纱织制的水龙带能耐受较高的水压，而渗水量又较少（吸水膨胀所致），它既能保持较高的强度，又能保持水龙带松软，适用于高压输水，常用作消防、输油、农业排灌、工矿和建筑工地供水与排水。

二、亚麻纤维的形态特征、性能和应用

（一）亚麻纤维的形态特征

亚麻属韧皮纤维，麻茎直径1～3mm，木质都不甚发达，纤维成束地分布在茎的韧皮部分，在麻茎的径向有20～40个纤维束均匀地分布，呈一圈完整的环状纤维层。单纤维为初生韧皮纤维细胞，一个细胞就是一根单纤维，一束纤维中有30～50根单纤维。单纤维和纤维束的构造，在麻茎不同部位是不一致的，因此纤维品质也是不均匀的。根部单纤维横截面呈圆形或扁圆形，细胞壁薄，层次多，髓大而空心；由根部起1/6部位到茎中部，单纤维截面大多是多角形，细胞壁厚，纤维束紧密，此段的纤维品质在麻茎中最优良；茎梢部的纤维组织，是由结构松散的纤维束组成，纤维细胞细小。亚麻单纤维两端尖细，长度变异极大，麻茎根部最短，中部稍长，梢部最长。纤维束数目，在麻茎不同部位的差异也大，特别一个纤维束中单纤维数目相差更大，一般茎基部和中部纤维束最多，梢部较少，而每束中的纤维细胞数则中部和梢部较多，基部最小。亚麻麻茎的径向结构可分成表层、韧皮层、形成层、木质层和髓腔。

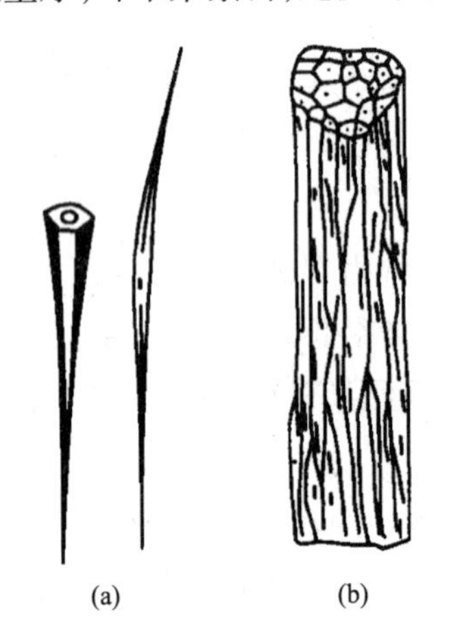

图2－11　亚麻的横向和纵向形态特征

亚麻单纤维又称原纤维，纵向中段粗两端细，呈纺锤形，如图2－11(a)所示；横截面呈多角形，如图2－11(b)所示。一根亚麻单纤维为一个单细胞，平均长度为10～26mm，长度变异系数为50%～100%，细度为0.125～0.556tex，且一般为0.167～0.333tex，断裂强度为5.5～7.9cN/dtex，断裂伸长率在2.5%左右。油用亚麻纤维长度较短。

（二）亚麻纤维的初步加工

从亚麻茎中获取纤维的方法称为脱胶、浸渍或沤麻。由于亚麻茎细，木质都不甚发达，所以从韧皮部制取纤维不能采用一般的剥制方法。亚麻的初加工流程如图2－12所示。

亚麻脱胶的方法很多，主要作用为破坏麻茎中的黏结物质（如果胶等），使韧皮层中的纤维素物质与其周围组织成分分开，以获得有用的纺织纤维，国内外普遍采用的方法有如下几种。

1. 雨露浸渍法 将亚麻茎铺放在露天环境中20～30天，利用雨水和露水的自然浸渍和细菌分解来达到沤麻目的，此法操作简单，纤维质量较差。

2. 冷水浸渍法 将麻茎放入池塘河泊中浸渍7～25天，利用天然水浸渍和细菌分解来达

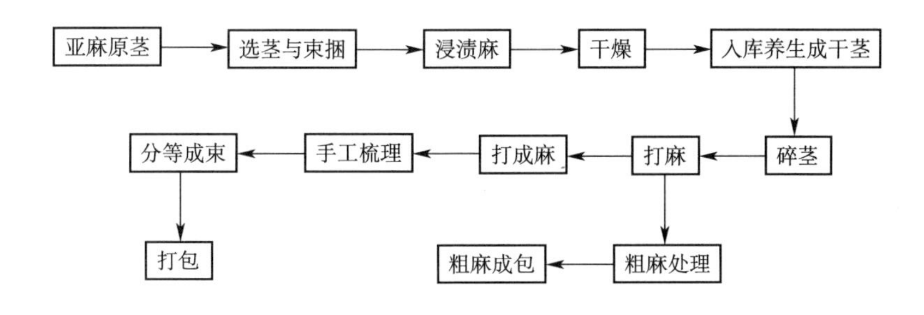

图 2－12 亚麻的初加工流程

到沤麻目的,此法的操作简单,但得到的纤维质量较差。

3. 温水浸渍法 将麻茎放入沤麻池中,在 32～35℃的水温下浸渍 40～60h,由于此法对沤麻条件能很好地控制,所以得到的纤维质量较好。我国亚麻初加工厂基本都用此法。

4. 厌氧空气沤麻法 将麻茎置于缺氧条件下,利用厌氧菌(如氮菌、果胶菌等)来完成沤麻任务,所得麻纤维呈灰色或奶油色,强度高、色泽均匀,浸渍时间比温水浸渍法省一半左右。

5. 汽蒸沤麻法 将麻茎置于一个密闭的蒸汽锅内,在 253.3kPa 大气压下蒸煮 1～1.5h,但通过这种方法得到的麻纤维的质量较粗硬,在我国仅个别工厂进行试验,而国外应用较多。

亚麻纤维是亚麻原茎经浸渍等过程加工而得。经过浸渍以后的亚麻,采用自然干或干燥机干燥。自然干燥后的麻纤维,手感柔软有弹性,光泽柔和,色泽均匀,在我国普遍采用。干燥后的麻茎经碎茎机将亚麻干茎中的木质部分压碎、折断,从而使它与纤维层脱离,然后再用打麻机把碎茎后的麻屑(木质和杂质)去除,获得可纺的亚麻纤维,称为打成麻,它是单纤维用剩余胶黏结的细纤维束(工艺纤维)。亚麻纤维就是采用这种胶黏在一起的细纤维束纺纱,其纺纱方法有干纺和湿纺两大系统,有长麻干纺、湿纺的纯麻纱和混纺纱;有短麻干纺、湿纺的纯麻纱和混纺纱两大类。除打成麻外,打麻机上的落麻含有 40% 左右的粗纤维,经进一步处理后可以利用。

(三)亚麻纤维的性能

1. 长度 打成麻的长度决定于亚麻的栽培条件和初加工,一般为 300～900mm。长度的测定一般采用的方法有排图法或分组称重法两种。

打成麻的长度对纺纱过程及成纱质量的影响很大。在一定限度内,纤维长,可使纤维间的抱合力大,细纱强度高,毛羽数相对减少,从而提高可纺性能、成纱质量和生产效率。纤维长度与细纱断裂长度的关系见表 2－9。

表 2－9 纤维长度与细纱断裂长度的关系

纤维长度(mm)	细纱断裂长度(km)	纤维长度(mm)	细纱断裂长度(km)
305	18.20	439	18.70
320	18.40	471	18.90
405	18.40	480	19.50

续表

纤维长度(mm)	细纱断裂长度(km)	纤维长度(mm)	细纱断裂长度(km)
490	20.20	550	19.30
503	20.06	570	19.80
526	19.10	590	19.40
546	19.60	604	19.10

从表2-9中可看出,长度在500mm以下时,纤维强度对细纱断裂长度影响较大,纤维长度超过500mm时,细纱断裂长度不再增加,因此将打成麻的长度控制在一定范围即可。

2. 细度 打成麻的纤维细度主要取决于纤维的分裂度,纤维细度以特数或公制支数表示,亚麻采用工艺纤维纺纱。打成麻工艺纤维截面含10~20根单纤维。工艺纤维细度与细纱断裂长度及纺纱断头率的关系见表2-10。

表2-10 亚麻细度与细纱断裂长度及纺纱断头率关系

纤维细度(tex)	细纱断裂长度(km)	纺纱断头率(根/百锭时)
3.125	18.00	85.00
2.857	18.60	60.00
2.639	19.50	41.60
2.532	20.36	24.80
2.451	20.91	23.90
2.273	21.41	21.17
2.222	21.14	15.80

从表2-10中可以看出,亚麻打成麻越细,纺成纱强度越高,细纱断裂长度越大,可纺性越好,纺纱断头率越低。

3. 强力 将梳成亚麻做成270mm长,420mg重的小麻条,在卧式强力仪上进行测定,夹持距离为100mm,束纤维的绝对强力为127.4~343.0N。亚麻束纤维的强力直接影响纺成细纱强力的大小。纤维强力与细纱强力的实测值见表2-11。

表2-11 纤维强力与细纱强力的实测值

工艺纤维强力(N)	细纱强力(cN)	工艺纤维强力(N)	细纱强力(cN)
199.92	690.9	259.70	756.6
210.70	695.8	269.50	784.0
218.54	698.7	274.40	793.9
225.40	703.6	284.20	805.6
235.20	717.4	294.00	823.2
249.90	741.9	303.80	828.1

4. 色泽特征 亚麻纤维的色泽是决定纤维用途的重要标志，一般以银白色、淡黄色、或灰色为最佳；以暗褐色、赤色为最差。根据我国亚麻品质情况，把打成麻色分为浅灰色、烟草色、深灰色和杂色四种。

5. 打成麻的分号 打成麻的号，标志着打成麻的各项质量的综合水平，表示纤维的纺纱性能。我国现行打成麻分为 3 ~ 20tex 共 18 个等级，并且新的国家标准建议采用 8、10、12、14、16 和 18 共 6 个等级。打成麻号的规定，主要依据有长 270mm、重 420mg 的束纤维条的断裂强力；打成麻经栉梳后得到的梳成纤维长度（mm）；纤维的细度（即分裂度）；含杂率；纤维颜色。在实际评定中，是将实物与打成麻麻号的标准样品进行对照。

6. 其他性质 亚麻纤维的标准回潮率为 8 ~ 12%，比重为 1.46 ~ 1.54g/cm^3。亚麻纤维因有较高的结晶度，染色性能较差。

（四）亚麻的应用

亚麻织物主要有以下品种。

1. 亚麻细布 亚麻细布泛指由细、中特亚麻纱织造的纯麻织物及与之相当的毛麻混纺织物、亚麻与化学纤维混纺织物等。绢丝、亚麻的混纺交织布具有细而不糯、粗而不糙、吸湿透气、穿着舒适、美观耐用等特点。毛麻精纺混纺花呢具有羊毛的弹性和手感，有亚麻的身骨和滑爽感，外观有麻的质感。毛麻粗纺混纺花呢具有羊毛的弹性和亚麻的身骨和滑爽感，呢面柔软、松而不烂，光泽自然柔和，风格粗犷。亚麻与化学纤维（粘胶纤维、涤纶等）混纺织物具有良好的身骨和滑爽感。亚麻细布穿着凉爽、舒适透气，不易吸附尘埃，易洗易烫，吸汗后不黏皮肤，并且外观粗犷挺括、洒脱而豪放，故常用于制作外衣。

2. 装饰用织物 装饰用织物有工艺装饰饰织物和一般装饰织物。前者用中特半漂纱中较细者织造，也有与中特棉纱交织的，并且均为平纹织物；后者常用中特纱以提花、绉纹等组织织造。该类织物具有滑爽、卫生、易洗、快干的特点。

3. 帆布 帆布是亚麻的传统产品之一。根据对产品的要求，可用长、短麻纱织造，也有采用棉纱为经纱的棉麻交织帆布。亚麻帆布的种类很多，有帐篷布、油画布、工业衬布、服装衬布、地毯布和包装布等。

4. 其他用途 亚麻还可用作水龙带和工业包装布等。

三、黄麻、洋麻的形态特征、性能与应用

（一）黄麻、洋麻的形态特征

黄麻单纤维的横截面大致呈五角形或六角形，而洋麻为不规则多角形，或呈圆形。细胞中腔呈圆形及卵圆形，大小不一，细胞厚薄不规则。纤维纵向外部光滑无转曲，有光泽，连接处无突起，偶有横断的痕迹。

黄麻、洋麻纤维束的横断面是由数十根单纤维集合在一起构成，在各个单纤维间靠胶质相联，纤维束的纵向由纤维互相交错连接成网状，结构紧密，不易分开。

（二）黄麻、洋麻的初步加工

黄麻、洋麻的初步加工包括剥制、脱胶精洗、晒干、整理分级和打包。

黄麻、洋麻从田间拔取麻株后，即剥下鲜皮进行精洗而成为熟麻的称为“鲜剥”，又称鲜皮剥皮精洗法；如果采用干皮，称为干皮剥皮精洗法。将麻株拔下后即带杆清洗，待麻脱胶适度时再取韧皮纤维的称为“沤剥”，又称鲜茎带杆精洗法；如果采用干茎剥，称为干茎带杆精洗法。

剥皮精洗过程：

鲜皮（剥皮、干皮）→选麻与扎把→浸麻→洗麻（机械洗麻或手工洗麻）→收麻→整理与分级→打包成件

带杆精洗过程：

麻茎→选麻成捆→浸麻→压榨→碎根剥洗→晒麻与收麻→整理与分级→打包成件

剥皮精洗与带杆精洗法都是利用天然的河道、湖泊、池塘、地沟或麻田筑坝灌水，把麻皮或麻茎浸渍其中，利用天然细菌进行脱胶。由于鲜皮精洗法花费工时少，精洗率较干皮精洗高，精洗品质易于掌握，是目前主要采用的精洗方式。带杆精洗法由于在收获时可不必剥皮，因而可加快收获速度，对下季作物及时播种较有利，但精洗率较鲜皮精洗高（高约5%），脱胶均匀，纤维光洁完整，麻纤维杂质少，强度高，可提高熟麻平均等级，因此部分地区使用带杆精洗，但带杆精洗的熟麻色泽较暗，浸麻操作麻烦，且麻秆不能很好利用。

除了以上所述的天然精洗法以外，亦可采用人工细菌脱胶法或化学脱胶法，由于成本较高，采用较少。

在黄麻、洋麻的韧皮纤维中，果胶含量较多，黄麻、洋麻韧皮纤维中的单纤维借不溶性的果胶酸盐类所具有的黏合功能，相互交错连接而成为纤维束，由于这些单纤维长度甚短，不宜采用单纤维纺纱，故在脱胶处理中，要求除去纤维束之间的果胶类物质和单纤维束外部的非纤维性物质，但不能破坏单纤维之间的胶层，所以脱胶不能过度，否则纤维束将离解成单纤维而失去纺纱价值。原麻浸水至脱胶适度所需时间见表2-12。

表2-12　黄、洋麻不同原麻的精洗浸渍时间

原麻情况	原麻浸水至脱胶适度所需时间（天）	原麻情况	原麻浸水至脱胶适度所需时间（天）
鲜皮精洗	6~8	鲜茎带杆精洗	8~15
干皮精洗	12~20	干茎带杆精洗	12~20

精洗后所得熟麻纤维量与原麻量之比的百分率称为精洗率，一般黄麻的精洗率为3.7%~55.4%，洋麻的精洗率为3.2%~53.5%。

（三）黄麻、洋麻的主要性能

1. 长度　黄麻与洋麻的单纤维长度很短，纺织上利用工艺纤维进行纺纱。所谓工艺纤维是指经过脱胶和梳麻机处理后，符合纺纱要求的具有一定细度、长度的束纤维。工艺纤维的长度，一般在二梳后取样进行测定。测定一般采用分组方法，将各组分长度计算加权平均长度及不匀率。

工艺纤维的长度及其不匀率与细纱的强度、条干均匀度有密切关系。工艺纤维的长度与细纱的强度成正比，而工艺纤维的长度不匀率则与细纱的强度成反比，与细纱的条干均匀度成

正比。

2. 细度　工艺纤维的细度用公制支数来表示，黄麻细度为300～500公支；洋麻较黄麻粗，细度一般为250～280公支，低的仅为180公支左右。

工艺纤维支数是黄、洋麻纤维品质的重要指标，它对纺织工艺与成品质量有很大影响。洋麻纤维由于细度较粗，柔软度差，因此与细度较细的黄麻纤维同一支数的细纱比较，洋麻纺的细纱截面中纤维根数相对较少，纺纱时断头率较高。

工艺纤维的细度与原料品种、生长情况有关。如黄麻圆果种的细度比长果种的粗一些，洋麻又较黄麻粗一些；麻株生长高而粗大的，工艺纤维亦粗；收获迟的较收获早的粗，因而留种麻的细度较粗。另外，脱胶程度亦影响工艺纤维的粗细。脱胶偏生时，工艺纤维的支数较低；脱胶偏熟时，工艺纤维的支数较高。梳麻机的梳理次数，也在一定程度上影响工艺纤维的细度。因此，试验数据必须在同一工序中取出的试样上得出，否则数据无可比性。

3. 强力　黄、洋麻纤维的强力，是用经过脱胶的熟麻的束纤维强力来表示的，一般是将30cm长、1g重的束纤维用夹持长度为20cm的强力机测得的强力（N）来表示。黄、洋麻的束纤维强力为245～490N，洋麻强度较黄麻略高。黄、洋麻的束纤维强力与强力不匀率见表2－13。

表2－13　黄、洋麻的束纤维强力与强力不匀率

黄麻			洋麻		
项目 产地	纤维强度（N）	强度不匀率（%）	项目 产地	纤维强度（N）	强度不匀率（%）
广东	247.6～579.4	11.32～39.87	广西	408.0～492.2	20.47～29.74
浙江	226.4～442.0	19.71～35.80	河南	299.2～495.4	15.33～28.92
江苏	171.8～480.2	12.26～39.95	安徽	244.8～618.0	10.90～23.60

黄、洋麻的束纤维强力与纺纱工艺、成品质量都有关系。束纤维强力是黄、洋麻分等的重要依据之一。它与原料的品种及生长情况有关，如圆果种黄麻的束纤维强力较长果种高；适时播种、适时收获的束纤维强力较高；洋麻纤维受炭疽病感染后强力严重下降。束纤维强力还与脱胶方法、脱胶程度有关。如带杆精洗的较剥皮精洗的束纤维强力高且均匀，脱胶偏生的强力较高。麻纤维吸湿后强力升高，湿强较干强提高20%～30%。

麻纤维从根部到梢部的束纤维强力值有较大差异，一般中部纤维的强力比较稳定，故一般讲的束纤维强力实际上是指麻茎去梢后对折取样测得的强力。

4. 柔软度　黄、洋麻纤维的柔软度与麻的品种、栽培和生长环境密切相关，并与脱胶程度也有关系。纤维的柔软度高，可纺性能就好，断头率就低。一般洋麻纤维比较粗硬，柔软度差，因此洋麻纺纱中断头率高，可纺性不及黄麻。黄麻中长果种的纤维柔软度要好一些。在麻茎的不同部位测得的纤维柔软度亦有差异，一般梢部最柔软，中部次之，根部最差。不同粗细的纤维，细的柔软，粗的较硬。回潮率大小也对柔软度有影响，麻纤维在回潮率高时比较柔软。

麻纤维的柔软度，一般可在纱线捻度试验机上进行，以平直的一束麻纤维加捻到断裂所需

的回转数来表示。回转数越高,表示纤维越柔软。

5. 色泽、杂质与斑疵 麻纤维的色泽,除受品种的本质影响外,还受脱胶、精洗及水质的影响。圆果种黄麻为乳白色,部分为灰白色;长果种黄麻为乳黄色,部分为棕黄色。洋麻为银白色,部分为灰白色。黄、洋麻纤维都富有光泽,黄麻的光泽比洋麻好。

正常成熟的麻纤维,光泽好的品质好,强度也高。生长较嫩的麻纤维,光泽虽好,强度欠佳,品质亦差。在麻纤维分等分级中,可以从麻纤维的色泽来鉴定麻纤维的强度。

麻纤维中的杂质,是指附在纤维中的麻骨、麻秆、枝叶、皮屑、尘埃等,以及混入的石块、铁块等。麻纤维的斑疵,是由于病虫害而脱胶不尽所造成的疵点。杂质与斑疵大部分可在梳麻工艺中去除,去除不尽的部分则会影响各道工序的正常进行和最后成纱的均匀度。

6. 其他性质 黄麻纤维密度为 1.21g/cm^3,洋麻纤维的密度为 1.27 g/cm^3。两种纤维的吸湿都很强,黄麻纤维的含水率常年平均为 12% ~14.5%,洋麻为 10% ~13%。由于黄麻和洋麻的燃点很低,纤维吸湿后产生膨胀并放热,当温度升高到 150 ~ 200℃时会自燃,因此在储存过程要特别注意。

(四)黄麻、洋麻的应用

用黄麻纤维纺制的黄麻纱线主要用于制作麻袋、麻布、地毯底布及电缆的防护层和填充层、麻袋包线、捆扎用绳,还可制作登山鞋和编制工艺品(如挂毯)等。

黄麻织物主要用作包装材料,如包装各种食品、农副产品及金属制品等,还可以用于制作坐垫、油画布,以及人造革、铺地材料和地毯的底布等。

洋麻是黄麻的主要代用品,其产品基本上与黄麻产品相同。由于洋麻的耐水、耐盐能力高于黄麻,故其特别适宜制作食盐包装袋,还可作为家用和产业用粗织布及非织造布的原料。

四、其他麻纤维的形态特征、性能与应用

(一)大麻

大麻纤维呈淡灰带黄色,漂白较困难。可将麻皮用硫磺烟熏漂白,也有直接用麻茎熏白后再剥制的。

大麻单纤维呈圆管形,表面有龟裂条痕和纵纹,无扭曲,纤维的横截面略呈不规则椭圆形和多角形,角隅钝圆,胞壁较厚,内腔呈线形、椭圆形或扁平形。其单纤维长度差异较大,一般为 15 ~25mm,宽度一般为 15 ~30μm。大麻纤维长而坚韧,但弹性差,纤维的断裂强度为 5.2 ~ 6.1cN/dtex,干态断裂伸长率为 1.5%,密度为 1.49g/cm^3。

大麻是麻类纤维中最细软的一种,单纤维纤细而且末端分叉呈钝角绒毛状,其制品无需经特殊处理就可避免其他麻类产品对皮肤的刺痒感和粗硬感。大麻纤维含有十多种对人体十分有益的微量元素,其制品未经任何药物处理,对金黄葡萄球菌、绿脓杆菌、大肠杆菌、白色念珠菌等都有不同程度的抑菌效果,具有良好的防腐、防菌、防臭、防霉功能。

大麻的吸湿性好,在标准大气条件下的回潮率为 12.7%。且散湿速率大于吸湿速率,能使人体的汗液较快排出,降低人体温度。因而由大麻制成的衣物凉爽,不黏身,是制作运动服、运动帽、练功服、劳动服、内衣和凉席等的理想材料。

大麻纤维具有较好的耐热、耐晒功能，在370℃高温时也不改色，在1000℃时仅炭化而不燃烧，用它做篷盖布，晴天能防晒透气，雨天吸湿膨胀能起到防水作用。

经测试，大麻织物无需特别的整理，即可屏蔽95%以上的紫外线，用大麻制作的篷布则能100%地阻挡强紫外线辐射。干燥的大麻纤维是电的不良导体，其抗电击穿能力比棉纤维高30%左右，是良好的绝缘材料。

由于大麻纱条干不匀，有粗细变化，因而大麻织物的风格粗犷、美观豪放，其中厚型织物可用作装饰织物、油画布、牛仔装、西服、车船飞机坐椅、地毯等。

（二）罗布麻

罗布麻是一种韧皮纤维，生长于罗布麻植物茎秆上的韧皮组织内，其纤维细长而有光泽，呈非常松散的纤维束，个别纤维单独存在。罗布麻单纤维两端封闭、中间有胞腔、中部粗而两端细，截面呈明显不规则的腰子形，中腔较小，纤维纵向无扭转，表面有许多竖纹并有横节存在。罗布麻单纤维的细度为0.3～0.4tex，长度较短且差异较大，平均长度为20～25mm，宽度为10～20μm。罗布麻纤维洁白，手感柔软而带丝光，断裂强度为2.9～4.2cN/dtex，断裂伸长率为3.4%，标准回潮率为6.98%，密度为1.55g/cm^3。由于罗布麻纤维表面光滑无转曲，抱合力小，在纺织加工中容易散落，制成率较低，从而影响到成纱质量，故采用与其他纤维混纺，效果较好。

罗布麻纤维品质优良，除了具有一般麻类纤维的吸湿性好，透气、透湿性好，强力高等共同特性外，还具有丝的光泽、麻的风格和棉的舒适性。罗布麻最为突出的性能是具有一定的医疗保健功能，纤维中含有强心苷、蒽醌、黄酮类化合物、氨基酸等化学成分，对降低穿着者的血压和清火、强心、利尿等具有显著的效果，并对金黄色葡萄球菌、白色念菌和大肠杆菌有明显抑制作用，其织物水洗30次后的无菌率仍高于一般织物10～20倍。

罗布麻与其他纤维混纺得到的混纺纱可加工成呢绒、罗绢、棉麻等机织物，也可加工成针织物。经烧毛上光的呢绒型罗布麻服装，手感较苎麻服装柔软，吸湿透气性较佳。由罗布麻与绢丝混纺加工成的织物，柔软挺爽，风格独特。罗布麻与羊毛、涤纶、棉混纺后，可加工成华达呢、凡立丁、法兰绒、派力司、花呢、海军呢等织物，风格独特，穿着舒适，是优良的夏装面料。罗布麻与其他纤维的混纺纱，可加工成内衣裤、护肩、护腰、护膝、袜子等，是优良的医疗保健产品。

（三）剑麻

剑麻纤维是来自其叶片中的纤维束，此纤维束有两种。一种纤维束位于叶片边缘，具有增强叶片的作用，称为强化纤维束，每一个强化纤维束截面由100多个纤维细胞组成；另一种纤维束位于叶片中部，形成一条带，称为带状纤维束，细胞数目较少。一个成熟的剑麻叶片含有1000～1200个纤维束。剑麻纤维一般只占鲜叶片重的3.5%～6%。

剑麻纤维长度为120～150cm，随叶片长度和加工情况而变化。纤维细胞纵向略呈圆筒形，中间略宽，两端钝而厚，有时呈尖形或分叉；纤维细胞的横截面呈多角形，有明显的中腔，且中腔大小不一，呈卵圆形或较圆的多边形。细胞具有狭的节结和明显的细孔，细胞长度（叶中部）为2.7～4.4mm，宽度为20～32μm，在次生细胞中微原纤呈螺旋形排列并有反向。从叶片基部到梢部取下的纤维的内部结构有规律地发生变化。相邻细胞一般横向结合较牢固，成纤维束状，不易分离成单细胞。

剑麻纤维质优者呈乳白色，有光泽；质差者呈浅黄、黄综，甚至浅灰而无光泽。剑麻纤维粗硬，断裂伸长率较低，强力高（纤维束断裂强力达784～921.2N），在水中的强力比在干燥环境中大10%～15%，密度为1.25g/cm^{3}左右，吸水快，标准回潮率为11.3%，耐碱不耐酸，耐磨，耐低温，在海水中的耐腐力特别强，在0.5%盐水中浸渍50日，其强度尚有原强度的81.2%，因此适宜于制造舰艇和渔船的绳索、缆绳、绳网等。此外，剑麻还可用作铺地材料、抛光轮、地毯、贴墙纸、特种纸、衬垫、门毡、包装材料，光缆内的屏蔽材料，电子工业中的绝缘层、特种布、纸币，以及与塑料压成建筑板材等。

（四）蕉麻

蕉麻是多年生草本植物的叶鞘纤维，纤维长为1～3m，最长的可达5m以上，并随叶鞘长度和加工工艺而不同。蕉麻纤维富于光泽，颜色可为白色、乳白色、棕色、紫黑色，随品种和叶鞘在麻茎上的部位不同。每根纤维由15000～20000个细胞组成，纤维细胞长3～12mm，一般为6～7mm，宽度为12～40μm，多为24～25μm。纤维胞壁的表面光滑，直径均匀，纵向呈圆筒形，末端尖形，横截面呈不规则的椭圆形或多边形，与剑麻相似，角隅钝圆，中腔圆大，纤维胞壁较薄。

蕉麻纤维粗硬坚韧，强度很高，湿强为干强的1.2倍左右，断裂伸长率为2%～4%，纤维的含水率约为10%，密度约为1.45g/cm^3，纤维的耐水性强。蕉麻可制成绳索、船缆、渔网、刷子、包装袋等，还可编织帽子、包装用布，以及供纺织和造纸用。

思考题

1. 试述常用麻纤维的截面和纵面形态。
2. 试述苎麻和亚麻的性能。
3. 与其他麻纤维相比，罗布麻纤维有哪些特殊性能？
4. 什么是工艺纤维？麻纤维纺纱是否都是工艺纤维纺纱？

第三章　毛纤维

本章知识点

1. 特种动物毛的分类与性能简介。
2. 绵羊毛的种类、形态特征及结构。
3. 绵羊毛的性能与检验。
4. 羊毛处理新技术。

第一节　特种动物毛简介

一、特种动物毛的分类

特种动物毛是指除了绵羊毛以外可以用于纺织的其他动物毛纤维。天然动物毛的种类很多，按其性质和来源，纺织工业用天然动物毛的分类见表3-1。

表3-1　天然动物毛的分类

动物种类	绵羊	山羊	兔	牦牛	骆驼	羊驼	其他动物
动物毛名称	绵羊毛	山羊绒	安哥拉兔毛	牦牛绒	驼绒	羊驼绒	藏羚羊羊绒
		马海毛	其他兔毛	牦牛毛	驼毛	羊驼毛	鹿绒等

由于特种动物毛的产量与绵羊毛相比数量较少，所以又称之为“稀有动物纤维”。其中绒山羊、牦牛、骆驼、羊驼等所产的毛集合体中既有很粗的发毛又有很细的绒毛，经加工以后所得的绒毛是优良的纺织原料，所以又称这些毛集合体为“绒类纤维”。

（一）山羊绒

根据被饲养山羊的主要用途，可以将其分为绒、肉兼用山羊（图3-1）和肉用山羊（图3-2）。

从山羊身上抓剪下来的绒纤维，称为山羊绒，简称为羊绒。它是山羊在严冬时，为抵御寒冷而在山羊毛根处生长的一层细密而丰厚的绒毛，入冬寒冷时长出，抵御风寒，开春转暖后脱落，自然适应气候。气候越寒冷，羊绒越丰厚，纤维越细长。

山羊绒在国际市场上被称为“开司米”（Cashmere），这是因为过去曾以克什米尔作为山羊原

(a) 内蒙古绒山羊

(b) 西藏山羊(公羊)

图 3－1　绒、肉兼用山羊

图 3－2　四川建昌黑山羊(公羊)

绒的集散地,于是它就以克什米尔名称流行世界各地。山羊绒是高档服饰原料,故又被称为“软黄金”“白色的金子”等美誉。优质山羊绒是指直径在16μm 以下的无毛绒。

羊绒有白绒、紫绒、青绒、红绒之分,其中以白绒最珍贵,仅占世界羊绒产量的 30% 左右,但中国山羊绒白绒的比例较高,约占 40%。羊绒产量极其有限,一只绒山羊每年产无毛绒(除去粗毛及杂质后的净绒)200～500g(改良型绒山羊的羊绒产量可以达到 750g 左右,绒山羊的品种不同,产量会有所不同,上述数据是统计概念)。

(二)马海毛

安哥拉山羊(图 3－3)所产的毛称为“马海毛”(Mohair)。当今国际上已公认以马海毛作为

图 3－3　安哥拉山羊(公羊)

有光山羊毛的专称。马海毛属珍稀的特种动物纤维，它以其独具的类似蚕丝般的光泽，光滑的表面，柔软的手感而傲立于纺织纤维的家族中。马海毛以白色为主，也有少量棕色与驼色。马海毛制品外观高雅、华贵，色深且鲜艳，洗后不像羊毛那样容易毡缩，不易沾染灰尘，属高档夏季或冬季面料原料。南非、美国、土耳其是当今世界安哥拉山羊毛的三大主要生产国。

（三）安哥拉兔毛

长毛兔是在安哥拉兔（图 3－4）的基础上发展起来的，现已发展成中国系安哥拉兔、英系安哥拉兔、法系安哥拉兔、德系安哥拉兔、日系安哥拉兔和丹麦系安哥拉兔。我国饲养安哥拉兔的历史相对较短，但发展非常迅速。

我国根据国际市场对兔毛的需求，由德系兔与法系兔、德系兔与土种兔杂交的方法培育出新的长毛兔种，这是一种含粗毛多的粗毛类兔毛（含粗毛 10%～15%），专供日本、香港市场的需要，由于兔毛中含粗毛比例高，可使兔毛针织衫枪毛外露、具有立体感，以迎合时装潮流；繁育纯德系兔种和德系兔与中国长毛兔杂交所形成的中国毛兔种群，生产细毛类兔毛（含粗毛 2%～5%），专供以意大利为主的西欧市场，以细毛比例高的兔毛生产适应于精纺呢料风格的织物。这两类毛兔的存在与发展，为满足不同风格的兔毛纺织品及产品开发打下了良好的原料基础。

图 3－4　安哥拉兔

彩色长毛兔是美国加州动物专家利用 DNA 转基因法培育成的新毛兔品种，毛色有黑、褐、黄、灰、棕五种。我国于 1993 年引进该品种，经过七、八年的风土驯化和选育，已可小规模批量供应原种及仔兔。彩色长毛兔属“天然有色特种纤维”，它的毛织品手感柔和细腻、滑爽舒适，吸湿性强、透气性高、弹性好，保暖性比羊毛、牛毛强 3 倍。用彩色长毛兔毛织成的服装穿着舒适、别致、典雅、雍容华贵，并对神经痛、风湿病有医疗保健作用。除上述优点外，还具有不用化工原料染色的优点，并且色调柔和持久，适应 21 世纪服装行业“无污染绿色工程”的要求。

世界上生产兔毛的国家，除了我国以外，还有韩国、阿根廷、印度以及非洲的部分国家。法、英、德、日等国家虽有长毛兔饲养，但主要是培育优良品种，并未大面积饲养，这些国家生产的兔毛产量仅占世界总产量的 10% 左右。

（四）牦牛绒

牦牛是我国青藏高原特有的珍贵动物，已被列为国家一级保护动物，如图 3－5 所示。牦牛的体型较大，肩高超过150cm，体重达500 kg以上，全身长有蓬松浓密的长毛。野牦牛生活在4000～6000m的高山上。它的毛可做衣服或帐篷，皮是制革的好材料。我国是世界牦牛数量最多的国家，占世界牦牛总数的90%以上。我国牦牛主要分布在海拔3000m以上的西藏、青海、新疆、甘肃、四川、云南等省区。蒙古是世界上第二个牦牛较多的国家，占世界牦牛总数的5%，其余5%分布在吉尔吉斯斯坦、哈萨克斯坦、尼泊尔、印度等；此外，不丹、锡金、阿富汗、巴基斯坦等国也有少量牦牛分布。白牦牛被誉为祁连“雪牡丹”，产于我国甘肃省天祝，如图3－6所示。

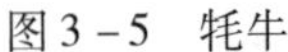

图3－5　牦牛

图3－6　白牦牛

牦牛的被毛浓密粗长，内层生有细而短的绒毛，即牦牛绒，是高档毛纺原料。我国标准规定，直径3 5μm以下的牦牛绒毛称为牦牛绒。牦牛绒直径最细的可达7.5μm，平均直径在18μm左右，长度为340～450mm，其强度高（单纤维平均断裂强力为5.15cN，断裂伸长率为45.86%），光泽柔和，弹性强，可与山羊绒相媲美，但它是有色毛，限制了其产品的花色。牦牛绒的抱合力较好，产品丰满柔软，缩绒性较强，抗弯曲疲劳较差。牦牛绒可以纯纺或与羊毛混纺制成花呢、针织绒衫、内衣裤、护肩、护腰、护膝，围巾等，这类产品手感柔软、滑糯，保暖性强，色泽素雅，且具有保健功能等；而粗一点的牦牛毛则是制造黑炭衬的理想原料，毛色黑，强韧光滑，富于弹性；牦牛的尾毛更是制作假发的上好原料。牦牛绒的精细开发利用历史较短，所以应该加大开发应用的力度，以更好、更有效地利用这一珍贵的纺织资源。

（五）骆驼绒

骆驼属哺乳纲骆驼科反刍家畜，分为单峰驼与双峰驼两大类。单峰驼产于热带的荒漠地区，如阿拉伯国家、印度及北非等地，则称之为南方种；双峰驼则分布于温带及亚寒带的荒漠地区，如中国、蒙古国、独联体及巴基斯坦等地，则称之为北方种。由于单峰驼所处的地区炎热，所以身上绒层薄，毛短而稀，故无纺织价值；而双峰驼的绒层厚密，保护毛也较多，平均年单产毛绒4kg左右，其中的绒毛为优良的纺织原料。驼绒的颜色有白色、黄色、杏黄色、褐色和紫红色等，以白色质量最高，但数量很少，黄色和杏黄色次之，其中以杏黄色最多。颜色越深，质量越差。

我国的骆驼主要是双峰驼，约占世界总双峰驼数量的2/3。主要分布在内蒙、新疆、青海、甘肃、宁夏，以及山西省北部和陕西、河北北部等干旱荒漠或草原上。

（六）羊驼绒

羊驼又名为骆马、驼羊，属哺乳纲骆驼科家畜，如图3－7所示。体型比骆驼小，背无肉峰，肩高0.9m左右，耳朵尖长，脸似绵羊，故称"羊驼"。因其绒毛具有山羊绒的细度和马海毛的光泽，加之产量稀少，故极为名贵。如果织物边字上注有"羊绒及维口纳"字样的，系指含羊驼绒95%以上的混纺产品。

图3－7　羊驼

羊驼有骆马、阿尔帕卡、维口纳和干纳柯四个纯种。骆马与阿尔帕卡杂交后，又产生两个杂交种，即由骆马公羊驼与阿尔帕卡母羊驼杂交后生育的后代叫华里查（Huarizo）；由骆马母羊驼与阿尔帕卡公羊驼杂交后生育的后代叫密司梯（Misti）。

羊驼主要生长于海拔4500m的安第斯山脉，那里昼夜温差极大，夜间－20～－18℃，而白天15～18℃，阳光辐射强烈、大气稀薄、寒风凛冽。在这样恶劣的环境下生活的羊驼，其毛发能抵御极端的温度变化，并且能够保湿，而且还能有效地抵御日光辐射，以其制织的织物的保暖性能优于羊毛、羊绒或马海毛织物。

羊驼毛纤维的另一个非常独特的特点是具有22种天然色泽，即从白到黑一系列不同深浅的棕色、灰色，它是特种动物纤维中天然色彩最丰富的纤维。在市场上见到的"阿尔巴卡"即是指羊驼毛；而"苏力"则是羊驼毛中的一种，且多指成年羊驼毛，纤维较长，色泽靓丽；常说的"贝贝"为羊驼幼仔毛，相对纤维较细、较软。羊驼毛面料手感光滑，保暖性极佳。

美洲羊驼是一种高产绒用动物，平均每只羊驼年产绒量为3～4kg，是每头山羊绒的十几倍，并且其净绒率为87%～95%，远高于山羊绒的43%～76%。

（七）藏羚羊羊绒

藏羚羊如图3－8所示，因其角很长，又名长角羊，属偶蹄目、牛科、藏羚属。雄羊肩高80～85cm，雌羊为70～75cm；雄羊体重为35～40kg、雌羊为24～28kg；雄羊的毛色为从黄褐色到灰色，腹部白色，额面和四条腿有醒目黑斑记，雌羊为纯黄褐，腹部白色；成年雄羊角长50～60cm，雌羊无角。寿命一般不超过8岁。集成十几到上千只不等的种群，生活在海拔3250～5500m的高山草原和高寒荒漠上。

图3－8　藏羚羊

藏羚羊的羊绒在国际市场上称为“沙图什(hahtoosh)”该词来自波斯语，“ah”意为皇帝，“oosh”则是羊绒，所以“hahtoosh”意为“羊绒之王”。织成的一条长为1～2m、宽为1～1.5m的沙图什披肩，重量仅有百克左右，可以轻易地穿过一个戒指，所以该披肩又有“戒指披肩”之称。

二、特种动物毛的结构与性能简介

(一)特种动物毛(绒)的形态结构

动物毛纤维可以分为包覆在毛干外部的鳞片层、组成毛纤维实体主要部分的皮质层和在毛干中心不透明毛髓组成的髓质层三个组成部分。多数细绒毛无髓质层。

1. 鳞片层　鳞片层由角质化了的扁平状角蛋白细胞组成，这些薄片状细胞似鱼鳞状重叠覆盖，包覆在毛干的外部，根部附着于毛干，梢部伸出毛干并指向毛尖，按不同的程度突出于纤维表面并向外张开，形成一个陡面阶梯结构。

鳞片的形态有环状覆盖(含斜条状覆盖)、瓦状覆盖(有的呈镶嵌状)、龟裂状三种。细毛多呈环状覆盖。鳞片在毛干上排列的密度、可见高度、鳞片厚度和毛纤维类型，因动物种类和品种的不同而不同。鳞片是毛纤维独具的表面结构，其主要作用是保护毛纤维不受外界条件的影响，以免引起性质变化。鳞片的形态、排列疏密和附着程度，对纤维性质有明显影响。它赋予毛纤维特殊的摩擦性能、毡缩性、拒水性、吸湿性、染色性和化学可及性，以及不同于其他纤维的光泽和手感。

2. 皮质层　皮质层在鳞片层的里面，是动物毛纤维的主要组成部分，也是决定它们物理化学性质的基本物质。从横截面观察，皮质层主要由两种不同的皮质细胞组成，一种为正皮质细胞，另一种为偏(负)皮质细胞。两种皮质细胞的性质存在差异。在羊毛皮质细胞中，还有性质介于正、偏皮质细胞之间的另一类型细胞，称为间皮质细胞。

正、偏皮质细胞在毛纤维中分布的偏倚程度，对纤维卷曲形态有影响。两种皮质细胞沿截面长轴对半分布时，正皮质细胞位于卷曲波形的外侧，偏皮质细胞位于卷曲波形的内侧，这种特殊的结构称为双侧结构，纤维呈正常卷曲，如山羊绒、牦牛绒等；呈皮芯结构时，毛纤维几乎没有卷曲，如山羊属的马海毛，其皮层是以偏皮质细胞为主的混合型，芯层为正皮质细胞。

在皮质层中，有的细胞还存在有天然色素，这就是有的毛纤维（如羊驼毛）呈现不同颜色的原因。

3. 髓质层 髓质层由结构松散和充满空气的角蛋白细胞组成，细胞间相互联系较差。髓质层含量多少，视毛纤维的类型不同而不同。细毛无髓质层；较粗毛中的髓质层呈点状、线状、连续或不连续分布，分布的宽窄程度也不一样。

几种毛纤维组成结构见表3－2，形态如图3－9～图3－14所示。

表3－2 几种毛纤维组成结构

纤维组成 / 纤维名称	鳞片层	皮质层	髓质层
山羊绒	斜条环状	双侧结构	无
马海毛	较整齐的平阔瓦状	皮芯结构	有
兔 毛	环形、菱形、斜条状	不均匀混杂结构	单列或多列方格状
牦牛绒	斜条环状	双侧结构	多数无、个别有断续髓质
骆驼绒	斜条环状	双侧结构	多数无
羊驼绒	斜条环状	双侧结构（霍加耶种）、皮芯结构（苏力种）	无

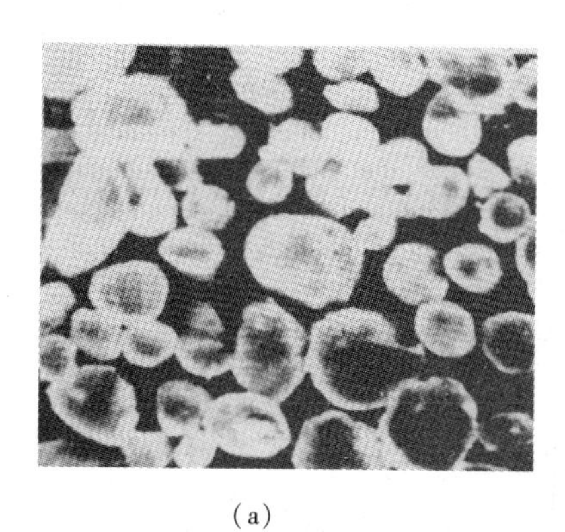
（a）

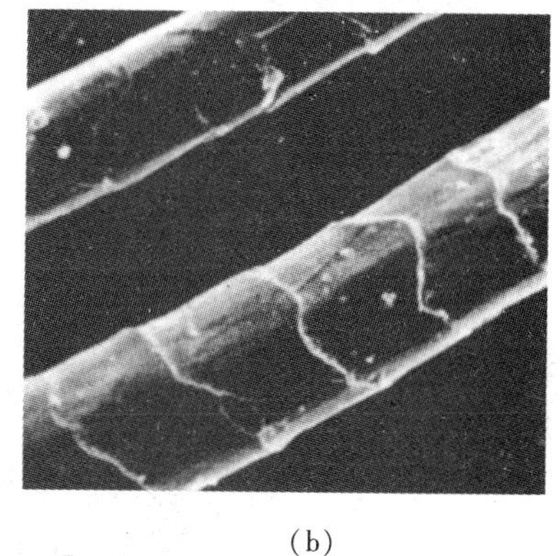
（b）

图3－9 山羊绒纤维

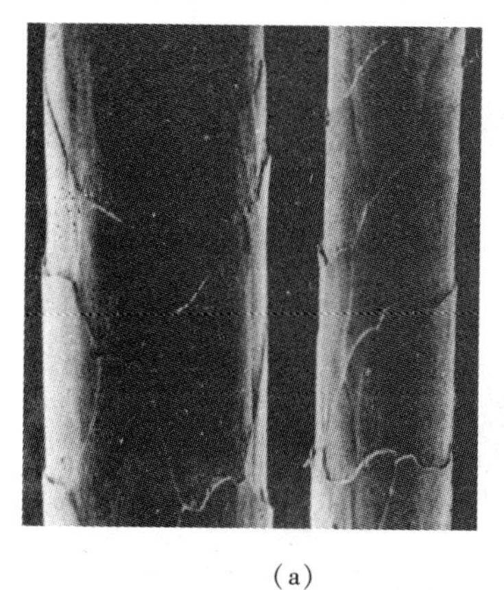
（a）

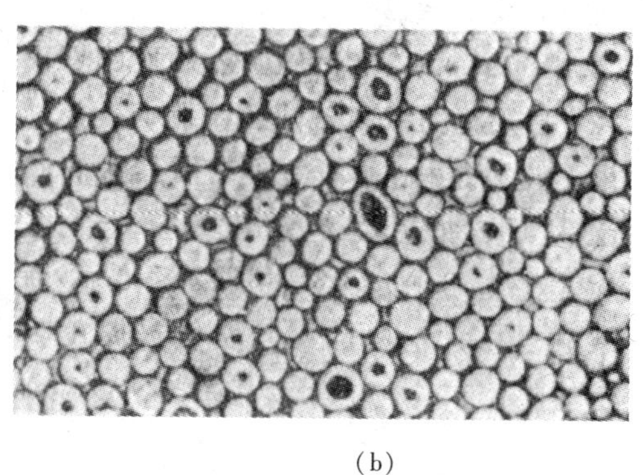
（b）

图3－10 马海毛

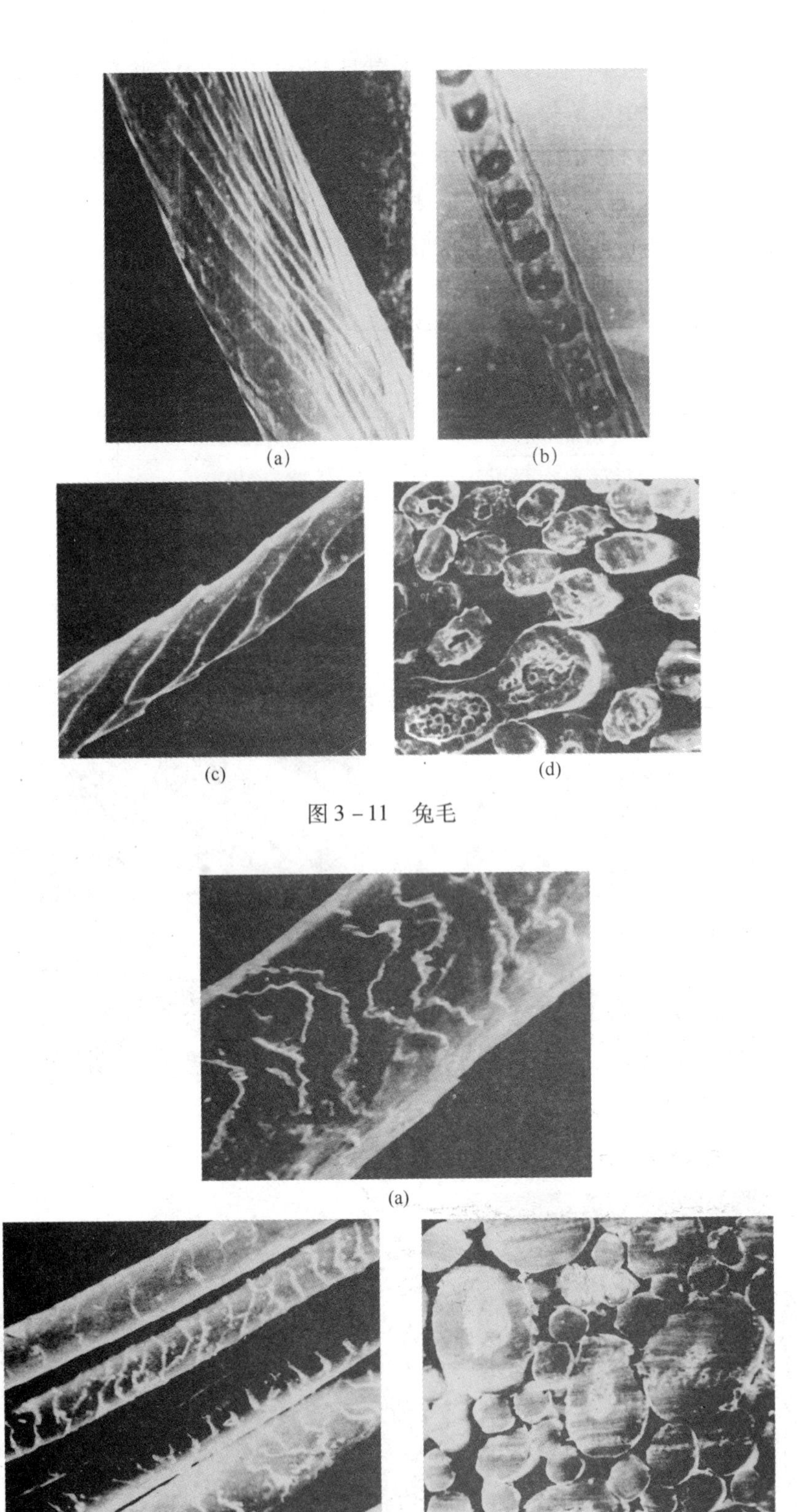

图 3 - 11　兔毛

图 3 - 12　牦牛绒

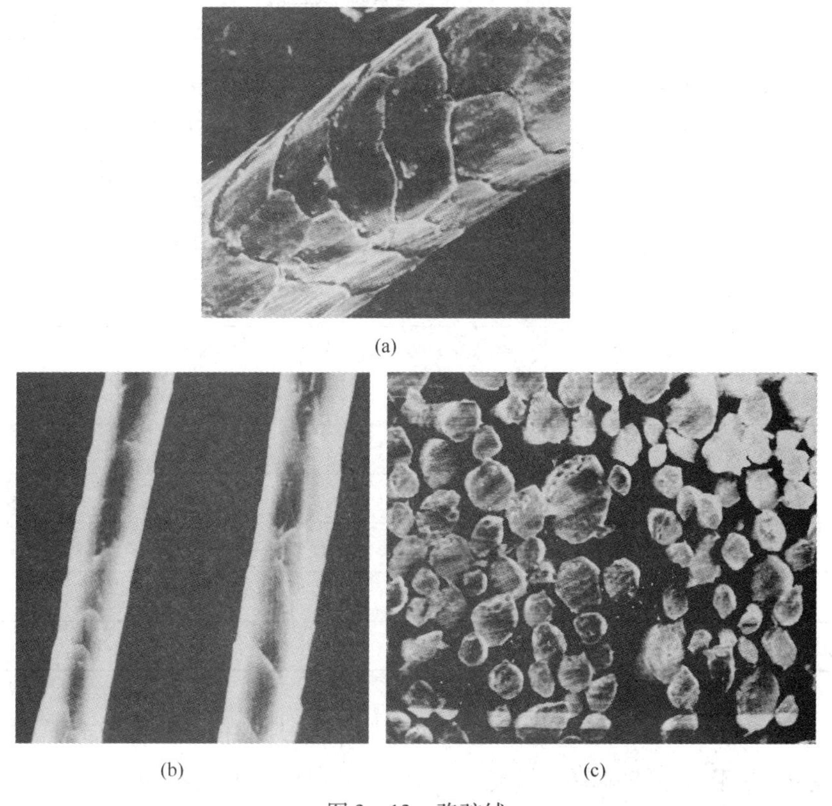

图3－13　骆驼绒

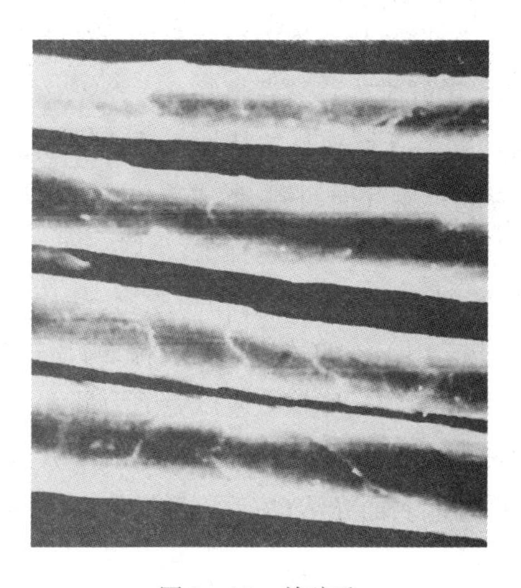

图3－14　羊驼毛

（二）特种动物毛的性能

动物毛纤维的组成和组织结构相近，它们具有许多优异性能和共同特性。

1. 细度、长度　细度、长度是纺织纤维最重要的工艺性能，它们直接关系到纺纱的线密度、加工的难易及最终产品的手感等风格特征。特种动物毛纤维的细度、长度等随动物品种、生长地域等条件的不同而异。几种毛纤维的性能见表3－3。

表3-3 几种毛纤维的性能

项目 纤维名称	细度(μm)	长度(mm)	卷曲数(个/cm)	卷曲率(%)
山羊绒	14~17	30~40	4~5	11
马海毛(半年剪)	10~90	100~150	0.2~4	1.9~3
兔细毛	5~30	20~90	2~3	2.6
兔粗毛	30~100	20~90	2~3	2.6
牦牛绒	14~35	26~60	3~4	10.7
牦牛毛	35~100	100~450	2~3	10
骆驼绒	14~40	5~115	3~7	7.6
骆驼毛	40~200	100~500	0~3	—
羊驼绒	10~35	8~12	0~4	—
羊驼毛	75~150	50~300	0~3	—
藏羚绒毛	9~12	—	—	—

2. 摩擦性能和缩绒特性 动物毛纤维表面有鳞片,鳞片的根部附着于毛干,末端伸出毛干的表面指向毛尖,基于这一结构特征,当毛纤维沿长度方向滑动时,顺鳞片方向运动的摩擦因数小于逆鳞片方向运动的摩擦因数。毛纤维的这种顺逆向摩擦差异现象称之为摩擦效应,常用逆鳞片与顺鳞片摩擦因数之差与逆、顺鳞片摩擦因数之和的比值来描述毛纤维这一特性,该指标也叫摩擦效应。摩擦效应越大,毛纤维的缩绒性越好。

缩绒性(又称毡缩性)是动物毛纤维独具的特性。毛纤维集合体在较湿环境下,经机械外力反复挤压,常会逐渐收缩紧密,纤维穿插纠缠,形成毡化块体,这种特性称之为缩绒性。在实践中,毛纤维缩绒性的大小常用毡缩小球密度来标示,小球密度越大,纤维毡缩性就越好。兔毛的鳞片大多呈斜条状,排列密度大,鳞片与毛干包覆得紧密,鳞片之间黏合得也较紧密,所以兔毛的摩擦因数小,纤维手感光滑。山羊绒的鳞片排列较稀,鳞片较薄,边缘光滑,鳞片与毛干的包覆紧密,因此纤维的摩擦因数也较小。摩擦效应以兔毛为最大,澳毛、山羊绒、牦牛绒次之,最小的是骆驼绒。毡缩小球的密度也是兔毛最大,牦牛绒、山羊绒、澳毛次之,最小的是骆驼绒。小球成形以山羊绒、澳毛最好,球园表面光洁;兔毛成形最差,大量粗毛端头伸出表面,相互纠结成瓣状。

3. 天然卷曲 天然卷曲是动物毛纤维所特有的一种性质,它对毛纤维的缩绒性能起积极作用,同时也影响毛纱的弹性和手感,从而影响其纺织品的服用性能。几种动物毛纤维的卷曲数与卷曲率见表3-3。山羊绒、牦牛绒、骆驼绒的卷曲相近;兔毛的卷曲少,纤维呈浅波状;细羊毛的卷曲比较多。

4. 光泽 毛纤维的光泽与纤维表面形态和结构有关。纤维越细,其表面的曲率越大,对光线的正反射比较少,大量反射光为内部反射和外部反射综合形成的漫反射,因而光泽柔和,近似银光。光泽与毛纤维表面鳞片排列疏密程度、鳞片厚度和贴附毛干的状态有关。马海毛因具有丝一般的光泽而独占有光山羊毛之首。山羊绒纤维细，其表面鳞片排列规整、密度小、鳞片紧贴毛干、厚度薄、边缘光滑，因而光泽柔和优雅。

5. 吸湿性　毛纤维从空气中吸收和放出水分的性质，称为毛纤维的吸湿性。动物毛纤维的主要组成物质角蛋白中含有大量亲水基因，因此都具有好的吸湿性，通常其回潮率均在10%以上。山羊绒、牦牛绒、骆驼绒和品质支数为70支的澳毛的吸湿性相近。兔毛纤维含有大量髓腔，水蒸气分子易于渗透，吸湿性最好。

6. 拉伸特性与抱合性　拉伸性能与抱合性的好坏，直接影响纤维的加工工艺性和服用性。兔毛纤维的强力最小，伸长率也低，同时兔毛的摩擦因数小、卷曲少、纤维间抱合力差，这就是其纤维可纺性差、易掉毛的原因。

第二节　绵羊毛的种类及质量特征

一、按产毛区分类

按大的产毛区可将羊毛分为国毛与外毛两大类。

（一）国产羊毛

我国饲养的羊有绵羊和山羊两种类型。绵羊和山羊在动物分类上是不同属、不同种的两类羊。它们分别属于绵羊属、绵羊种与山羊属、山羊种，所以绵羊和山羊是有区别的。

我国绵羊主要分布在新疆、内蒙、东北、西北、西藏等地，由于各个地区自然条件、饲养条件不同，因而绵羊毛品种较多，这些品种主要分为改良毛与土种毛两大类。

国产羊毛的基本特点有净毛率差异大，自然条件好的牧场和部分饲养管理好的牧场净毛率能控制在60%～70%，差的一般在35%左右；长度差异大，条件好的牧场的平均毛丛长度能达到75mm以上，条件差的牧场和散户一般只能达到65mm左右，有的更短；羊毛品质差异大，羊毛质量不稳定，好的质量基本指标接近外毛，分选用毛的支数率可达在98%以上，差的只能在60%左右。中国美利奴羊如图3－15所示。

（二）国外羊毛

世界上产毛量最高的国家为澳大利亚，产毛量约占世界总产量的30%，其次为新西兰、俄罗斯、阿根廷、乌拉圭、南非、美国、英国等。

世界羊毛的产量一直在变化波动之中，自1990年达到高峰后开始持续下降，2007年全球羊毛产量又一次下降，降幅为2.5%，最新的预测显示了2008年世界羊毛产量将下降1.6%，至118万吨，此为自20世纪40年代以来的最低值。羊毛产量逐年下降的原因首先是羊毛和其他天然纤维受到了日益增产的低成本化学纤维取代，市场需求减少；其次是主要产毛国的牧民饲养其他畜牧品种效益比生产羊毛好；还有近两年来发生在澳大利亚、新西兰等国的干旱影响了羊毛的质量和单产，从而加剧了羊毛产量的下降。全球主要纤维产量见表3－4。

(a)公羊

(b)母羊

图3-15　中国美利奴羊

表3-4　全球主要纤维产量统计表　　单位:万吨

年　度	所有纤维	化　学　纤　维			棉	羊毛	蚕丝
		合成纤维	纤维素纤维	合计			
1997	4627.4	2265.3	228.6	2493.9	1984.6	141.1	7.5
1998	4542.4	2314.3	225.4	2539.7	1855.1	140.0	7.7
1999	4658.7	2414.6	209.5	2624.1	1888.7	137.6	8.3
2000	4850.9	2566.1	223.3	2789.3	1917.3	135.7	8.6
2001	5056.1	2557.8	206.7	2764.5	2151.8	131.6	8.2
2002	4985.6	2715.7	212.3	2928.0	1919.0	130.4	8.2
2002/01(%)	-1.4	6.2	2.7	5.9	-10.8	-0.9	0
构成比(%)	100	54.5	4.3	58.7	38.5	2.6	0.2

1. 澳大利亚毛　澳大利亚羊占世界总量的1/4以上,羊皮年出口量达到500万张,素有“骑在羊背上的国家”的美誉。澳大利亚是世界上拥有美利奴羊最多的国家。美利奴羊主要用来提供细羊毛,也用于与其他羊杂交,改良羊种,细毛产量占总产毛量的3/4。澳大利亚是生产细毛的主要国家。毛纤维质量较好,品质支数多为64~70支,近年来超细绵羊毛也有了显著进展。澳大利亚毛(简称为澳毛)的卷曲多,卷曲形态正常,手感弹性较好。毛丛长度较整齐,一般均为7.5~8cm,也有长达10cm以上的。含油率多为12%~20%,杂质少,洗净率为60%~75%。

澳大利亚产毛地区较广,除中部沙漠及北部热带地区外,大部分地区都适合牧羊业的发展。由于各地区气候及饲养条件不一致,因而毛的质量也有差异。在国际市场上常用型号表示质量指标,型号越小,表示质量越高。澳大利亚美利奴羊如图3-16所示。

2. 新西兰毛　新西兰羊种由美利奴羊种与英国长毛羊种交配培育而成。纤维多属半细毛类型,品质支数多为36~58支,其中以46~58支为最多,羊毛的长度长,毛丛长度可达12~20cm,毛的强力和光泽均好,油汗呈浅色,易于洗除,羊毛脂含量为8%~18%,含杂少,净毛率高。这种毛是毛线、工业用呢的理想原料。我国进口的半细毛主要是新西兰毛。

3. 南美毛　南美毛的主要产地为乌拉圭和阿根廷。其主要特点是长度和细度的离散系数

(a)公羊

(b)母羊

图3-16 澳大利亚美利奴羊

偏高,疵点毛较多,草刺多。其中乌拉圭毛属于改良种羊毛,毛丛长度较短,为7~8cm,细度偏粗,长度差异大,有短毛及二剪毛,草刺和黄残毛较多,原毛色泽乳黄,不易清洗,净毛率较低。

阿根廷毛一部分属于改良种羊毛,其质量与乌拉圭毛相同;另一部分属于美利奴羊种,毛丛长度较短,细度好,但离散系数大,常含有弱节毛,原毛色泽灰白,较难洗,含土杂率也高,净毛率低,为50%~60%,毛的手感较好,但强度差。

4. 南非毛 南非是世界第三大羊毛出口国。毛的质量较澳毛差,毛丛长度为7.5~8.5cm,最短的仅7cm左右,毛的细度较均匀,手感好,但强力较差,含脂量多为16%~20%,含杂较多,洗净率低,但洗净毛色泽洁白。南非大部分地区都产羊毛,其中以美利奴羊毛产量最大,平均直径可达24μm以下。此外,南非也是世界上最大的马海毛生产国。

二、按纤维组织结构分

1. 细绒毛 细度较细(如直径在30μm以下的绵羊毛),一般无毛髓,富于卷曲。

2. 粗绒毛 较细绒毛粗,直径为30~52.5μm,一般无髓质层,卷曲较细绒毛少。

3. 粗毛 有髓质层,直径为52.5~75μm,卷曲很少。

4. 两型毛 一根毛纤维有显著的粗细不匀,兼有绒毛和粗毛的特征,有断续的髓质层的,称为两型毛,如图3-17所示。

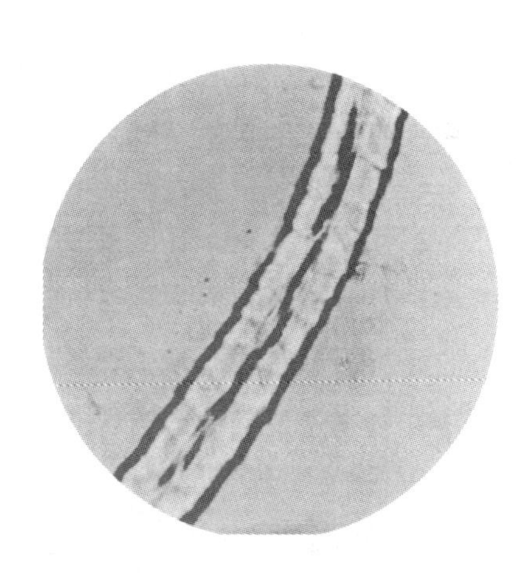

图3-17 两型毛

5. 发毛 有髓质层,直径大于75μm,纤维粗长,无卷曲,在毛丛中常形成毛辫。

6. 腔毛 国产绵羊毛中,髓腔长50μm及以上,髓腔宽为纤维直径1/3及以上的毛纤维称为腔毛。上述的粗毛、发毛和腔毛统称为粗腔毛。

7. 死毛 除鳞片层外,几乎全是髓质层者,称为死毛。其色泽呆白,纤维粗而脆弱易断,无纺织价值。

三、按纤维类型分

1. 同质毛 羊体各毛丛由同一类型毛纤维组成,称为同质毛。纤维的细度,长度基本一致,同质毛一般按细度分成各种支数毛。

(1)细毛:品质支数为 60 支及以上的羊毛(平均直径在 25μm 以下),称为细毛。

(2)半细毛:品质支数在 46 ~ 58 支(平均直径为 25.1 ~ 37μm)的羊毛,称为半细毛。

(3)粗长毛:品质支数在 46 支以下(平均直径在 63μm 以上)、长度在 10cm 以上的羊毛,称为粗长毛。

2. 异质毛 羊体的各毛丛由两种及以上类型毛纤维组成,即同一毛被上的羊毛不属于同一类型的毛纤维,同时含有细毛,两型毛,粗毛、死毛等,称为异质毛。异质毛一般按粗腔毛含量进行分级。

四、按剪毛季节分

1. 春毛 春季从羊身上剪得的毛。春毛生长时间较长,且经过冬季,故纤维较长,底绒较厚,品质较优。但因经寒风侵蚀,毛尖较粗糙,含土杂也较多,净毛率较低。

2. 伏毛 夏季从羊身上剪得的毛为伏毛。纤维粗短,含死毛较多,品质较差。

3. 秋毛 秋季从羊身上剪得的毛。因上季剪毛后到秋季,羊毛生长时间短,所以纤维也短,但因夏季水草丰盛,羊只营养好,故细度比较均匀,羊毛洁净,光泽好,但颜色较黄。

五、其他分类

除上述外,还有其他很多种分类方法,不再一一列举。现就分类后所得的一些常用名称解释如下。

1. 土种毛 土种毛为从土种羊身上取得的毛。

2. 改良毛 改良毛为从改良土种羊过程中的杂种羊身上取得的羊毛。

3. 羔羊毛 羔羊毛为从羔羊身上初次剪得的毛。其梢部较尖,纤维较柔软,但强力差。

4. 花毛 花毛为从花羊身上取得的有色羊毛或白色毛中夹有其他颜色的毛。按所夹颜色毛多少分为黑花毛、白花毛等。

5. 套毛 套毛为从羊身上剪下,毛丛相互连接成一整张的毛。

6. 散毛 散毛为从羊身上剪下,不连成一整张呈散乱团块的毛。

7. 边肷毛 边肷毛为从套毛周边部除下的与正身毛有明显差别的毛。一般品质较差。

8. 正身毛 正身毛为套毛经除去边肷毛以后的毛。

9. 重剪毛 重剪毛为剪毛所留底茬过长,经再次剪下来的短毛。

10. 抓毛 抓毛为用梳状工具从某些动物身上抓下的毛。大部分为绒毛。

11. 统毛 统毛为未经拣选,优劣品质混在一起的羊毛。

12. 原毛 原毛为含有汗脂尘污,未经洗涤、除杂等初步加工的毛。

13. 拣清毛(择成毛) 拣清毛为按照毛的品质特征或生长部位拣选后的毛。

14. 碳化毛　碳化毛为经过碳化处理，去除植物性杂质后的羊毛。

15. 洗净毛　洗净毛为经洗涤去除汗脂、尘杂后的羊毛（并非绝对干净，仍含有很少量的脂汗、杂质）。

16. 水洗毛　水洗毛为用清水初步洗过的毛。

17. 精梳短毛　精梳短毛为精梳机排除下来的短毛。多用于粗梳毛纺及制毡。

18. 回毛　回毛为纺织生产过程中产生的毛条头、粗纱头、吹风毛、地脚毛等，再作为纺织原料回用的毛纤维。

19. 再用毛　再用毛为纺织生产过程中产生的硬回丝，或旧的毛纺织品，经开松等加工后再用于纺织的毛纤维。

20. 有髓毛　有髓毛为具有髓质层的毛纤维，如两型毛、粗毛、腔毛、死毛等。

21. 无髓毛　无髓毛为无髓质层的毛纤维，如细羊毛。

22. 支数毛（分支毛）　支数毛为按照品质支数进行分类的毛，属于同质毛。

23. 级数毛（分级毛）　级数毛为按照粗腔毛含量进行分级的毛，属于异质毛。

24. 彩色羊毛　彩色羊毛为在生长时就具有色彩的羊毛。给绵羊饲喂不同的微量金属元素，能够改变绵羊的毛色，如铁元素可使绵羊毛变成浅红色，铜元素可使它变成浅蓝色等。最近科学家们又研究出具有浅红色、浅蓝色、金黄色及浅灰色等颜色的彩色绵羊。

25. 剥鳞羊毛　剥鳞羊毛为剥除了鳞片的羊毛，如图 3－18 所示。

26. 弱节毛　弱节毛为因疾病或生长时营养不良等因素，导致纤维的一部分直径变细、强力降低的毛。

27. 疵点毛　疵点毛为沥青毛、黄残毛、粪污毛、草疵毛、硬毡片毛、疥癣毛及弱节毛的统称。

另外，羊毛的品质随绵羊的品种、养羊地区气候条件以及饲养条件的不同而不同，即使在同一只羊身上，不同部位羊毛的品质也不相同。国产细羊毛、改良毛的套毛上各部位毛的质量优劣次序一般为肩、背、体侧、腹、股等部位，如图 3－19 所示。图中各部位羊毛的品质情况见表 3－5。

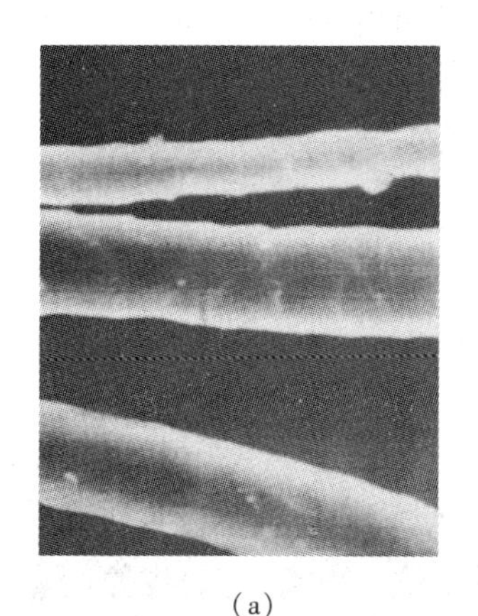

(a)　　(b)

图 3－18　剥鳞羊毛

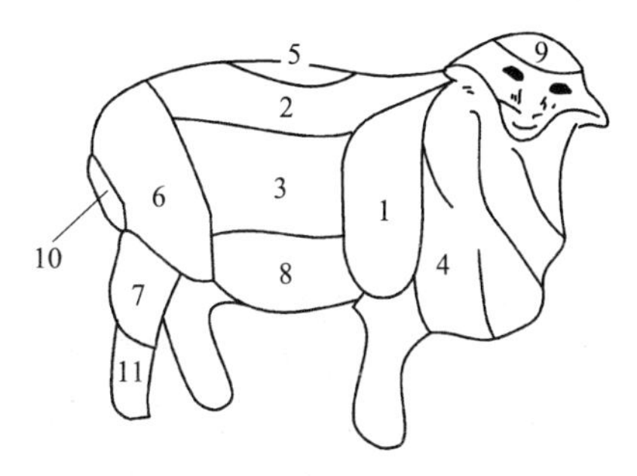

图 3－19　羊体上羊毛的品质分布图

表 3－5　羊毛的品质情况

代　号	名　称	羊　毛　品　质　情　况
1	肩部毛	全身最好的毛,细而长,生长密度大,鉴定羊毛品质常以这部分为标准
2	背部毛	毛较粗,品质一般
3	体侧毛	毛的质量与肩部毛近似,油杂略多
4	颈部毛	油杂少,纤维长,结辫,有粗毛
5	脊　毛	松散,有粗腔毛
6	胯部毛	较粗,有粗腔毛,有草刺,有缠结
7	上腿毛	毛短,草刺较多
8	腹部毛	细而短,柔软,毛丛不整齐,近前腿部毛质较好
9	顶盖毛	含油少,草杂多,毛短质次
10	臀部毛	带尿渍粪块,脏毛,油杂重
11	胫部毛	全是发毛和死毛

第三节　绵羊毛的形成与结构

一、羊毛纤维的形成

毛纤维的形成始于胚胎时期,要经历一个复杂的生物学过程。从毛囊原始体的发生,到形成一套能够不断生长羊毛纤维的完整的毛囊组织,是伴随着羊胎儿的皮肤细胞同时发育的。羊胎儿在 57～70 天时,在皮肤上将要生长毛纤维的地方会出现一个原始体。这个原始体以后逐步形成毛囊和它的一整套附属物。初生毛囊与毛纤维的生长发育过程大致可分为 8 个时期,如图 3－20 所示。

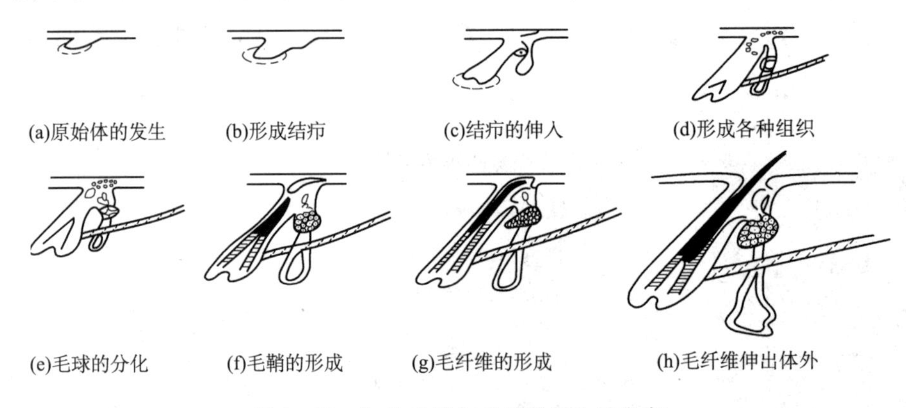

图 3－20　初生毛囊与毛纤维的生长发育

由于新生的角质化细胞不断增长,生长成的羊毛纤维便越来越向上,加上毛囊的周期性规律的运动,毛纤维最后穿过表皮伸出体外,也即形成了毛孔。毛纤维的整个发育,从表皮原始点起,到突出胎儿体表止,共持续 30～40 天。羊皮肤上羊毛纤维的发育及周围组织见图 3－21。

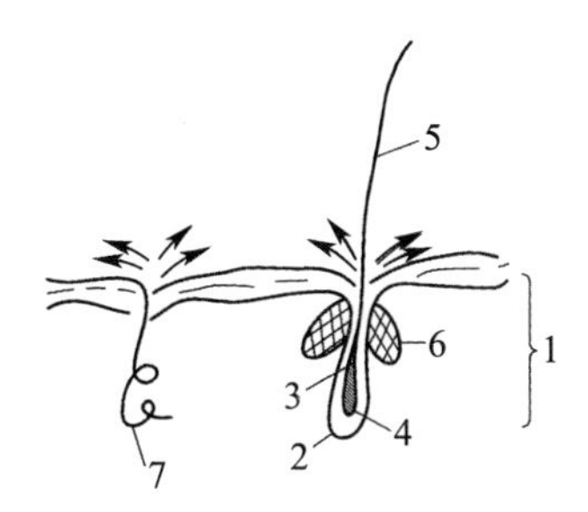

图3-21　羊皮肤上羊毛纤维的发育及周围组织

1—皮肤　2—毛囊　3—毛根　4—毛乳头　5—羊毛纤维　6—脂肪腺　7—汗腺

脂肪腺分泌油脂性物质称为羊脂，汗腺分泌出汗液称为羊汗。羊脂和羊汗混合在一起包覆在羊毛纤维表面称脂汗。

羊毛纤维是天然蛋白质纤维，它的主要组成物质是角朊蛋白质（简称为角蛋白质），组成其大分子的单基是 α-氨基酸剩基。α-氨基酸的通式为：

$$
\begin{array}{c}
\mathrm{H} \\
| \\
\mathrm{H_2N—C—COOH} \\
| \\
\mathrm{R}
\end{array}
$$

基团 R 不同，则形成不同的氨基酸。羊毛角朊蛋白由二十多种 α-氨基酸组成，其中以二氨基酸（精氨酸）、松氨酸、二羟基酸（谷氨酸）、天冬氨酸和含硫氨酸（胱氨酸）的含量较高。多种 α-氨基酸剩基通过肽键—CO—NH—联结成羊毛大分子。

羊毛分子结构的特点是具有网状结构，这是因为其大分子之间除了依靠范德华力、氢键结合外，还有盐式键和二硫键相结合，其中二硫键是关键，如图3-22所示。羊毛角朊蛋白大分子的空间结构可以是直线状的曲折链（β 型），也可以是螺旋链（α 型）。在一定条件下，拉伸羊毛纤维，可使螺旋链伸展成曲折链，去除外力后仍可能回复。如果在拉伸的同时，结合一定的湿热条件，使二硫键拆开，大分子之间的结合力减弱，α 型、β 型的转变就较充分，再回复到常温条件时，形成新的结合点，外力去除后不会回复。羊毛的这种性能称为热塑性，这一处理过程就是热定形。

二、羊毛纤维的结构

（一）羊毛毛丛的形态

羊毛纤维在羊皮肤上并非均匀分布，而是成簇生长的。在一小簇羊毛中，有一根直径较粗的毛称为导向毛，围绕着导向毛生长的较细的羊毛称为簇生毛。这样形成一个个毛丛，并且各毛丛之间有一定距离，由于羊毛的卷曲和脂汗等因素，它们互相粘连在一起，因此从羊身上剪下的羊毛是一片完整的羊毛集合体，称为毛被，又称套毛。

羊毛毛丛的形态可分为平顶毛丛和尖顶毛丛（又称毛辫形毛丛）。如果毛丛中纤维的形态相同，细度、长度等性质差异较小，毛丛的底部到顶部具有同样的体积，顶端没有长毛突出，从外部看呈平顶状的，称平顶毛丛；如果毛丛中纤维粗细混杂，长短不一，细短的毛生在毛丛的底部，粗长的毛突出在毛丛尖端并扭结成辫，形成底部大、顶部小的尖顶形，则称为尖顶毛

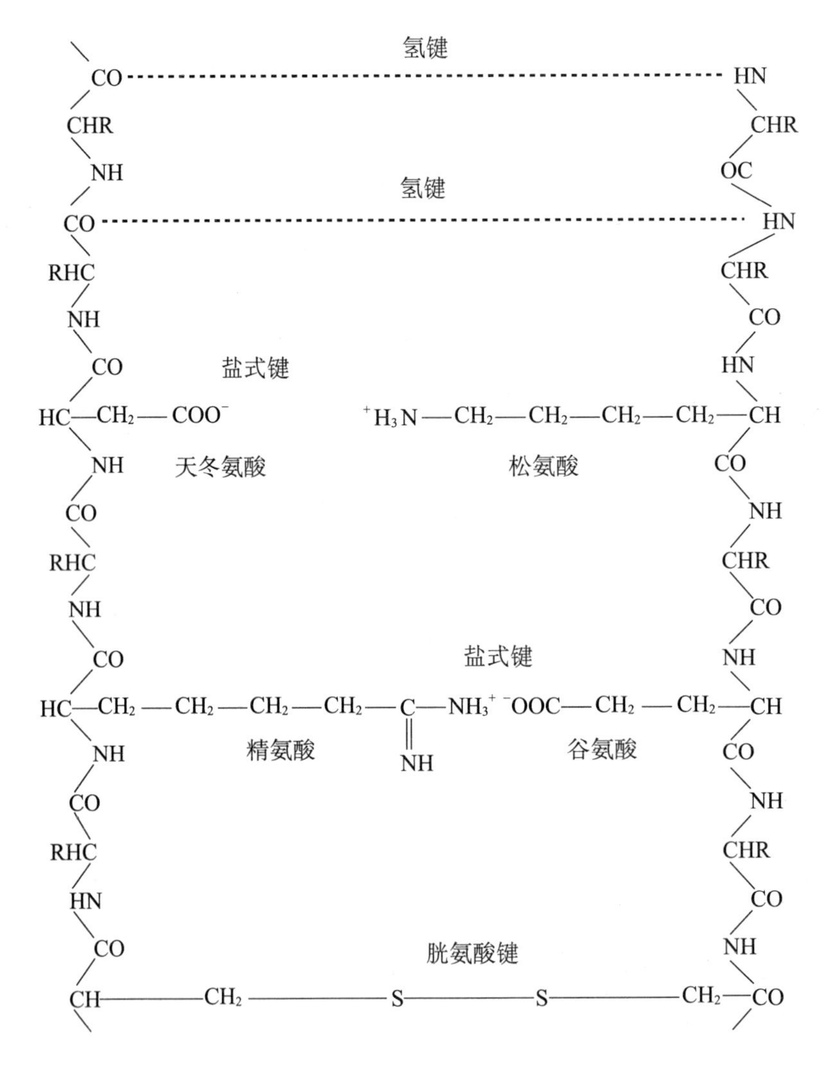

图 3－22　羊毛纤维大分子结构示意图

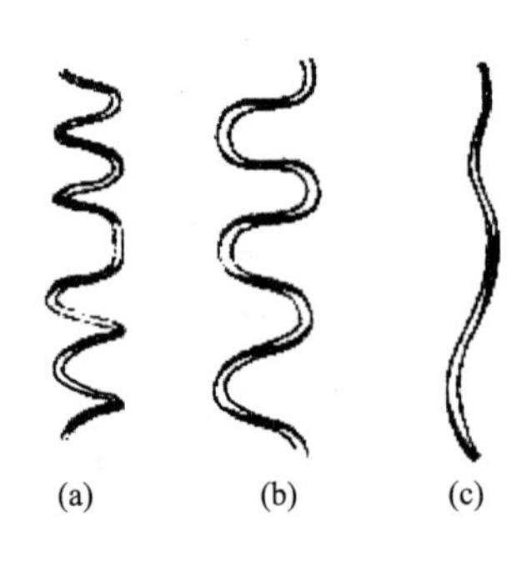

图 3－23　羊毛纤维的天然卷曲

丛。观察羊毛毛丛的形态,在一定程度上可以判断羊毛品质的好坏。平顶毛丛的羊毛品质较好,同质细羊毛多属这一类型。

(二)羊毛纤维的形态结构

1. 羊毛纤维的纵面形态　羊毛纤维具有天然卷曲,纵面有鳞片覆盖,如图 3－23～图 3－26 所示。

2. 羊毛纤维的截面形态　羊毛纤维的截面形态如图 3－27所示,其形态会因细度变化而变化,越细越圆。细羊毛的截面近似圆形,长短径之比为 1～1.2;粗羊毛的截面呈椭圆形,长短径之比为 1.1～2.5;死毛截面呈扁圆形,长短径之比达 3 以上。

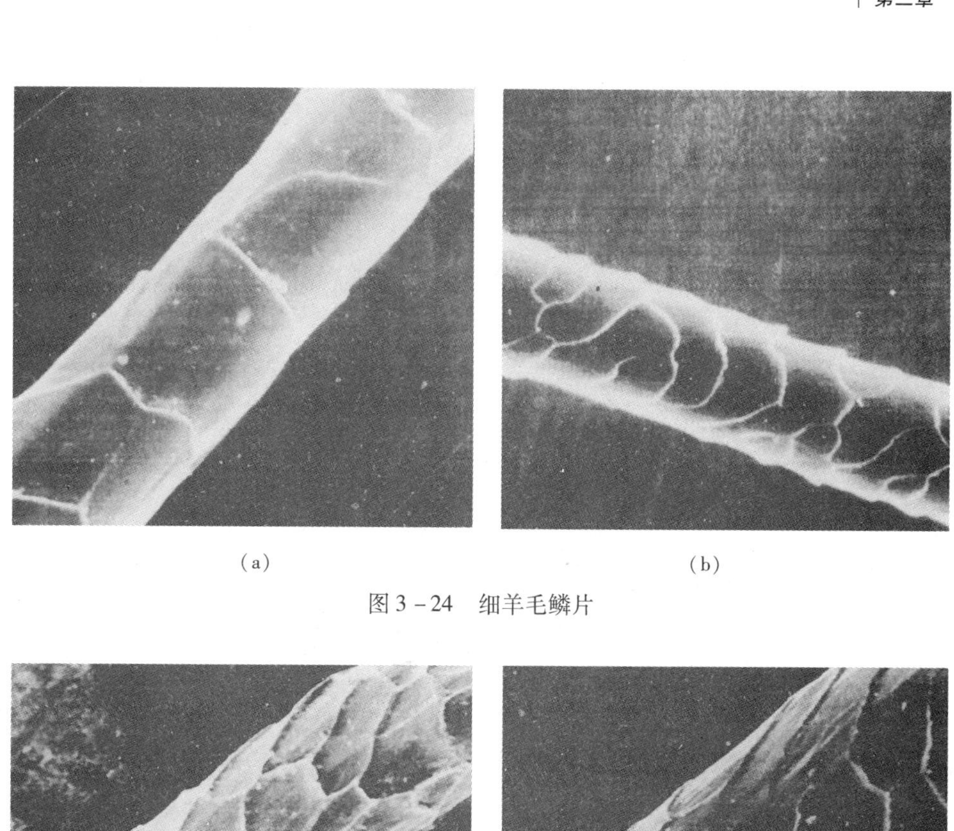

（a）　　　　　　　　（b）

图3－24　细羊毛鳞片

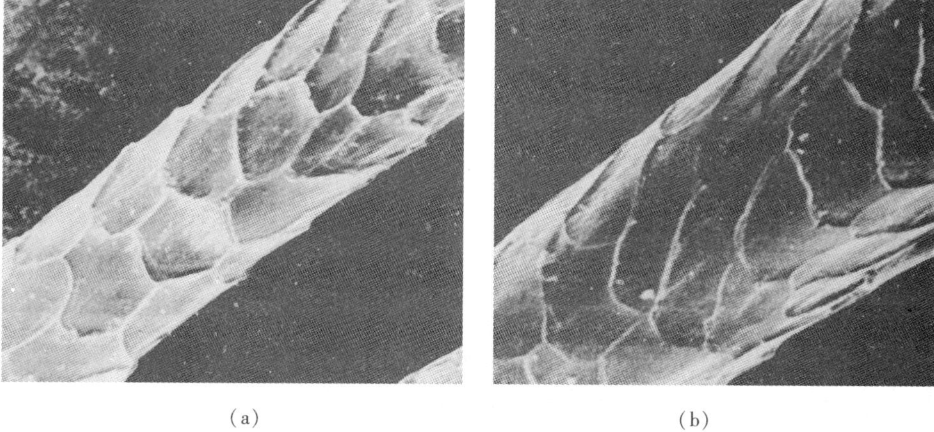

（a）　　　　　　　　（b）

图3－25　半细羊毛鳞片

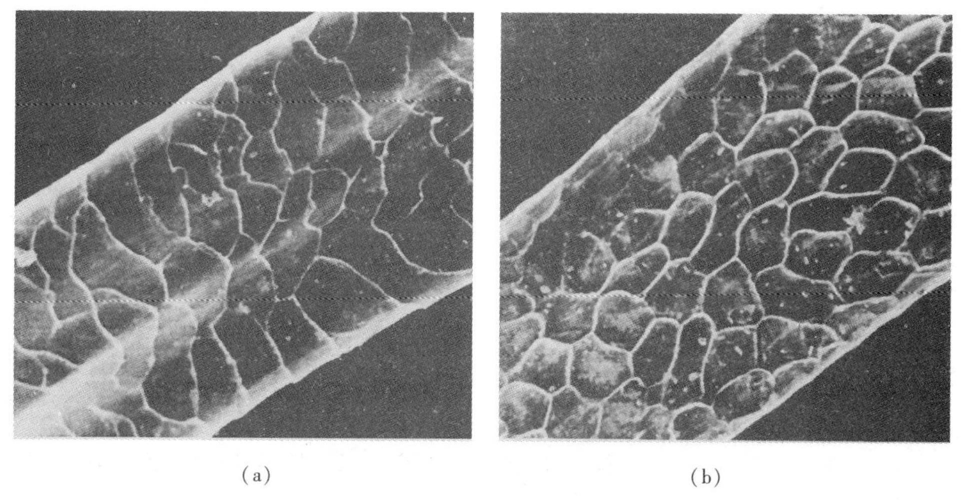

（a）　　　　　　　　（b）

图3－26　粗羊毛鳞片

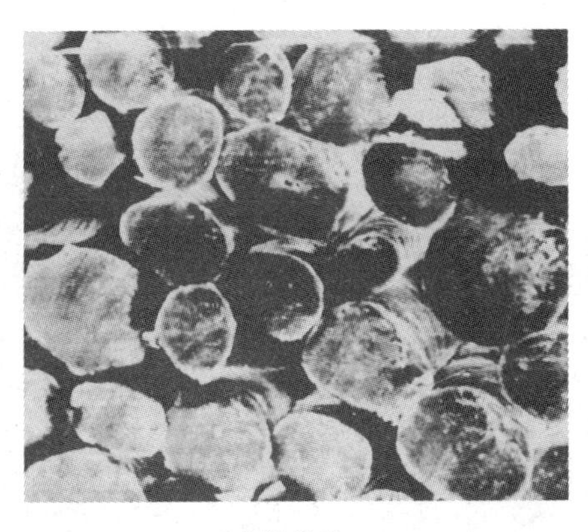
(a)细羊毛

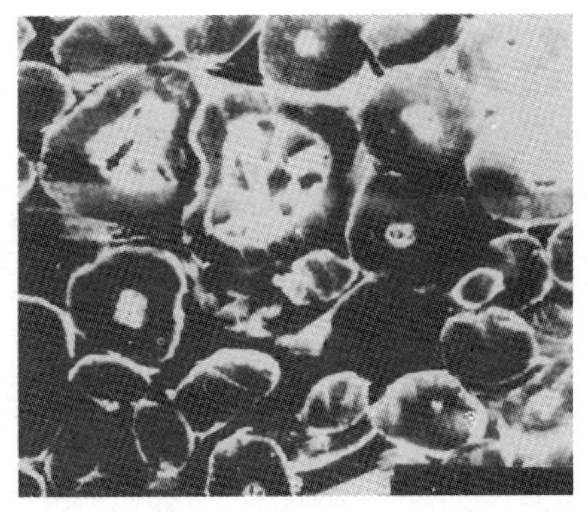
(b)粗羊毛

图3－27 羊毛纤维的截面形态

(三)羊毛纤维的组织结构

羊毛纤维截面从外向里由鳞片层、皮质层和髓质层组成。细羊毛无髓质层,其结构如图3－28所示。

1. 羊毛纤维的鳞片层结构 羊毛纤维随绵羊品种的不同而有很大差异,但是它们的鳞片层差异并不很大。每一鳞片细胞是一个长宽各30～70μm、厚2～6μm的不规则四边形薄片。它的细胞腔很小,一般为0.2～2.3μm,其中还包含着已经干缩的细胞核。鳞片细胞一层一层地叠合包围在羊毛纤维毛干的外层。每片鳞片的内表面依靠胞间物质与其内的细胞表面黏合。每个鳞片细胞的内半层(靠近毛干)的蛋白质大分子堆砌比较疏松,具有较好的弹性;而外半层的蛋白质堆砌比较紧密,比较硬,具有更强的抵抗外部理化作用的能力。鳞片细胞的外表层即生物膜,它和一般生物膜基本相同,是由磷脂分子和甾醇分子按1:1比例排列堆砌成的双分子层。磷脂分子的磷酸根头部分别在双分子的两侧外面,磷脂分子的双烯烃链尾部分别指向双分子层的中间,如图3－29所示。

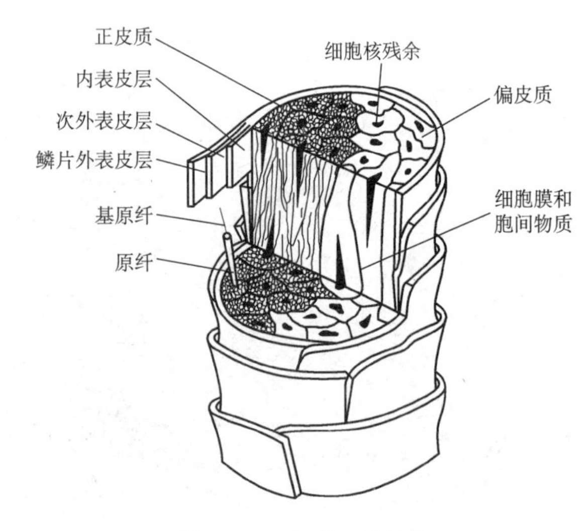

图3－28 细羊毛的结构

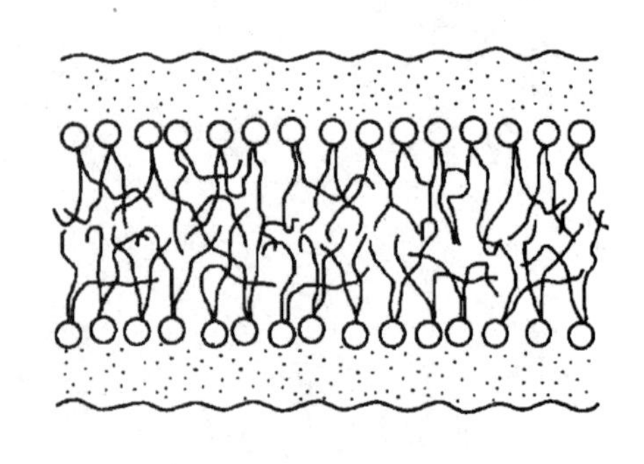
图3－29 鳞片表层膜结构示意图

双分子层原是活细胞膜的最外层,它有很强大的伸缩能力,并对化学药剂有非常强的抵抗能力及选择性通过的能力。双分子层内表面与蛋白质分子紧密联结;外表面则吸附有相当数量的蛋白质分子。

鳞片细胞在羊毛纤维毛干外的包围排列,基本上都是由毛根向毛梢一层一层包覆的。细羊毛纤维的鳞片呈圈节状排列,粗羊毛纤维的鳞片呈瓦块状或龟裂状排列。

不同品种的羊毛纤维,沿着毛干轴向单位长度排列的鳞片层数有很大差异。如粗羊毛鳞片纵轴向排列密度不大,1mm 长度内约有 50 层鳞片,常呈一片一片连续排列的形态,如图 3 - 26 所示;而细羊毛鳞片层排列较密,重叠层数较多,1mm 长度内约有 100 层鳞片,外观可见鳞片高度较短,如图 3 - 24 所示。另外,鳞片轴向覆盖程度,沿着毛干四周而有所不同,通常一侧覆盖程度大,另一侧则小。

鳞片的形态和排列密度,对羊毛的光泽和表面性质有很大的影响。粗羊毛上鳞片较稀,易紧贴于毛干上,使纤维表面光滑,光泽强,如林肯毛;细羊毛的鳞片呈环状覆盖,排列紧密,对外来光线反射小,因而光泽柔和、近似银光,如美利奴细羊毛。

鳞片层的主要作用是保护羊毛不受外界条件的影响而引起性质变化。另外,鳞片层的存在,使羊毛纤维具有了特殊的缩绒性。

2. 羊毛纤维的皮质层结构 羊毛纤维的皮质层在鳞片层的里面,是羊毛的主要组成部分,也是决定羊毛物理化学性质的基本物质。皮质层是由细胞堆砌而成的。各种羊毛纤维的皮质细胞外形相差不大,都是中间宽厚、两端细尖的枣核形态。皮质细胞的组成物质是由多种氨基酸缩合形成的 α 型直链大分子。这些大分子在没有胱氨酸的区段,在空间形成整齐规整的螺旋结构,相邻的螺旋链平行紧密排列成直径 8nm 的准结晶状态分子束,称之为微原纤;相邻的微原纤略有螺旋趋势的平行排列,形成直径约 30nm 的分子束,称之为原纤;相邻的原纤平行排列形成直径 0.2 ~ 0.4μm 的集合束,称之为巨原纤,并由巨原纤堆砌成羊毛纤维的皮质层细胞。

根据皮质细胞中大分子排列形态和密度,可以分为正皮质细胞、偏皮质细胞和间皮质细胞。正皮质细胞含硫量比偏皮质细胞少,对酶及其他化学试剂反应活泼,盐基性染料易着色,吸湿性较大;偏皮质细胞含有较多的二硫键,使羊毛分子联结成稳定的交联结构,对酸性染料有亲合力,对化学试剂的反应较差;间皮质细胞的结构界于正皮质细胞和偏皮质细胞之间。由于间皮质细胞含量很少,所以主要讨论正、偏皮质。

正、偏皮质细胞在羊毛中的分布情况,随羊毛品种而异。绵羊细毛中正皮质细胞和偏皮质细胞常分布在截面的两侧即双侧结构,并在纤维纵轴方向略有螺旋旋转。由于两种皮质细胞的性质不同而引起不平衡,形成了羊毛的天然卷曲。双侧分布中,正皮质总在卷曲的外侧,偏皮质在卷曲的内侧,如美利奴毛。当正、偏皮质层的比例差异很大或呈皮芯分布时,则卷曲就不明显甚至无卷曲,如安哥拉山羊毛(即马海毛)正皮质细胞分布在截面的四周,偏皮质细胞分布在截面的中心即皮芯分布,所以其纤维卷曲极少;黑面绵羊毛纤维的偏皮质细胞分布在截面的四周,正皮质细胞分布在截面的中心,与马海毛相反,但也是皮芯分布,所以其纤维卷曲也很少。

有色羊毛纤维的皮质细胞壁中分布有色素颗粒,它是毛囊中毛乳头基底膜中细胞内色素颗粒,在棘状细胞阶段转移入皮质细胞的细胞质中,并在皮质细胞角质化过程中分布到细胞壁内的。

3. 羊毛纤维的髓质层结构 羊毛纤维的是由结构松散和充满空气的角朊细胞组成，该细胞是由毛囊的毛乳头尖部基底层分裂生长形成的。由于纤维髓质细胞中腔一般充填空气，故保暖性较好。光学显微镜观察时，因细胞壁与中腔相对折射率为1.3，而呈现不透明形态，但当髓质细胞壁有破损使水浸入后，髓质部分在光学显微镜下仍呈透明形态。髓质层的存在使羊毛纤维强度、弹性、卷曲、染色性等变差，纺纱工艺性能也随之降低。

第四节 绵羊毛的性能与检验

一、细度

（一）羊毛细度的指标

羊毛纤维的细度指标主要有线密度、品质支数、平均直径和公制支数四种表示方法。其中品质支数为毛纺工业所独有，线密度为法定单位。可用于毛纤维细度测量的方法主要有显微镜投影法、气流仪法、电子式测量仪（计算机图像法，激光式细度仪法）、中段切断称重法（测长称重法）等。由于毛纤维截面比较圆，所以显微镜投影法应用较多，但随着技术进步和成本降低，基于计算机图像分析的纤维细度仪开始有了较多的应用，以 LaserScan 为代表的激光扫描式细度仪也有了少量应用，这两种电子式测量仪都是计算机化的快速测量仪，具有数据稳定精度高的优点，代表着细度检测的方向。

1. 平均直径 羊毛纤维横截面近似圆形，因此用直径表示其细度，测量计算方便，单位为微米（μm）。

2. 品质支数 品质支数是羊毛业中表示羊毛细度的一个指标。目前，商业上交易、毛纺工业中的分级、制条工艺的制订等，都是以品质支数作为重要依据的。品质支数原意为在19世纪的纺纱工艺技术条件下，各种细度的羊毛实际能纺制毛纱的最细支数，以此表示羊毛品质的优劣。随着科学技术的进步，生产工艺的改进，羊毛品质支数已逐渐失去它原来的意义。目前，羊毛的品质支数仅表示平均直径在某一范围内的羊毛细度指标。羊毛的品质支数与平均直径之间的关系见表3－6。

表3－6 羊毛的品质支数与平均直径之间的关系

品质支数	平均直径（μm）	品质支数	平均直径（μm）
70	18.1～20.0	48	31.1～34.0
66	20.1～21.5	46	34.1～37.0
64	21.6～23.0	44	37.1～40.0
60	23.1～25.0	40	40.1～43.0
58	25.1～27.0	36	43.1～55.0
56	27.1～29.0	32	55.1～67.0
50	29.1～31.0		

3. 公制支数　羊毛纤维的法定细度指标是线密度 Tt(tex)，但在毛纺行业中习惯使用公制支数，它是指在公定回潮率下，单位质量(g)的纤维所具有的长度(m)。

$$N_m = \frac{L}{G_0(1 + W_k)} \tag{3-1}$$

式中：N_m——公制支数；

L——纤维长度，m；

G_0——纤维干重，g；

W_k——公定回潮率。

(二)羊毛纤维细度与其他性质的关系

1. 羊毛纤维细度与纤维自身其他性质的关系　在一般情况下，羊毛越细，它的细度越均匀，相对强度越高，卷曲越多，鳞片越密，光泽越柔和，脂汗含量越高，但纤维长度越偏短。另外，细羊毛缩绒性能一般比粗羊毛好。可见，细度是决定羊毛品质好坏的重要指标。

2. 羊毛纤维细度与纺纱特数的关系　在精纺工艺中，如果用百分数来表示毛纤维的细度、长度、强度、卷曲等各种性质对所成毛纱强度和条干均匀度的影响，细度约占80%或以上，长度占15%～20%。因此，羊毛的纺纱性能，主要取决于羊毛的细度。

在纱线品质要求一定时，细纤维可纺细特纱，或者说在其他条件相同的情况下，纤维细度小时，成纱强度大。这是因为在同样细度的纱线截面内，细度小的纤维根数多，纤维之间的接触面积较大，摩擦力较大，在拉伸外力作用下纤维之间不易滑脱。但过细的羊毛纺纱时容易产生疵点。

在其他条件相同的情况下，纤维细度小且纤维细度均匀时，成纱条干较均匀。这是因为在成纱截面中，细的纤维随机排列对成纱粗细的影响较小，成纱条干均匀对纱线的强度有利。

3. 羊毛纤维的细度与产品性能的关系　要求手感丰满柔软、质地紧密的高级粗纺织物，多选用品质支数为60～64支的细羊毛或一级改良毛；一般轻薄精纺织物，要求织物表面光洁，纹路清晰，手感滑糯，大都选用同质细羊毛和改良毛；要求手感丰满，富有弹性，耐穿耐磨、耐拆洗的粗绒线，最好是选用46～58支半细毛或二、三级改良毛、土种毛；作为内衣穿的羊毛衫则需很细的羊毛原料。

二、长度

由于羊毛天然卷曲的存在，所以毛纤维长度可分为自然长度和伸直长度。

(一)自然长度

在羊毛自然卷曲的状态下，两端间的直线距离称为自然长度，又称为毛丛长度(在商业上，习惯称为羊毛高度)。毛丛长度常在畜牧育种、羊毛收购、选毛及羊毛检验过程中广泛使用。

(二)伸直长度

羊毛消除卷曲以后的长度称为伸直长度(即伸直而不伸长时的长度)。在毛纺厂生产中，一般使用伸直长度来评价羊毛的品质。由于一批羊毛是一个数量极其庞大的纤维集合体，而毛纤维间的个体差异又较大，所以为了较全面地反映一批羊毛的性质，通常需要使用一系列的指标集体表达。

绵羊品种、性别、年龄、饲养条件及剪毛次数等均影响毛纤维的长度。我国几个品种毛纤维的毛丛长度见表3－4,伸直长度见表3－7。

表3－7 羊毛纤维的伸直长度 单位:mm

品种		长度范围	细毛平均长度	粗毛平均长度
绵羊毛	细毛种	35～140	55～140	—
	半细毛种	70～300	90～270	—
	粗毛种	35～160	50～80	80～130
山羊毛	绒山羊	30～100	34～65	75～80
	肉用山羊	30～110	35～60	75～80
	安哥拉山羊(羔羊)	45～100	50～90	—
	安哥拉山羊(成年羊)	90～350	80～90	130～300

羊毛伸直长度比自然长度要长,主要是由于卷曲数和卷曲形态来决定的,一般细毛的伸直长度比自然长度长约20%,而半细毛的伸直长度比自然长度长10%～20%。

(三)测量方法与长度指标

不同的测量方法及不同的测量对象,得到不同的长度指标,作不同的用途。

1. 自然长度类

(1)手工法测毛丛长度:用1mm刻度的不锈钢尺子,测量一定数量的毛丛(国产羊毛100束,国外羊毛300束,原则上应该按变异程度来确定),从而可以求出平均长度,长度均方差和变异系数。

(2)仪器法:利用光电传感器原理的专用毛丛长度测量仪,可以进行快速测量。

2. 伸直长度类

(1)单根纤维测量:将纤维逐根拉直,量其长度,可得根数加权的系列指标。可用手工法,也可以用半自动仪器法。此类测量在商业和工业上应用不多,主要用于科研。

(2)手工排图法(手摆法):将纤维试样通过手工操作,排列成由长到短、一端平齐的纤维长度分布图,然后用图解法求出纤维长度的各项指标。该方法也适用于苎麻的散纤维及其落毛、落麻、化学短纤维的长度测量。指标有最长长度、交叉长度、最短长度、长度差异率、整齐度和短毛率。

(3)梳片式长度仪法(梳片分组称重法):将一定量的纤维试样用梳架梳理,并在另一个梳片架上排列成一端平齐、有一定宽度和厚度的纤维束,利用落下梳片抽拔纤维获得一定组距(长度组)内的分组纤维,完成从长到短的分组,分别称出各组质量,得到一个长度—重量分布曲线,按公式计算出有关长度指标。这是国家标准规定的测量方法。

①质量(重量)加权平均长度L_g:各组长度和质量的加权平均,单位为mm。

$$L_g = \frac{\sum L_i g_i}{\sum g_i} \tag{3-2}$$

式中：L_i——各组毛纤维的代表长度，即每组长度上限与下限的中间值，mm；

g_i——各组毛纤维的质量，mg。

②加权主体长度 L_m：在分组称重时，连续最重四组的加权平均长度。

$$L_m = \frac{L_1g_1 + L_2g_2 + L_3g_3 + L_4g_4}{g_1 + g_2 + g_3 + g_4} \tag{3-3}$$

式中：g_1, g_2, g_3, g_4——连续最重四组纤维的质量，mg；

L_1, L_2, L_3, L_4——连续最重四组纤维的长度，mm。

③加权主体基数 S_m：连续最重四组纤维质量的总和占全部试样质量的百分率。

$$S_m = \frac{g_1 + g_2 + g_3 + g_4}{\sum g_i} \times 100\% \tag{3-4}$$

S_m 数值越大，接近加权主体长度部分的纤维越多，纤维长度就越均匀。

④长度标准差 δ_g 和变异系数 CV：为了进一步研究和分析羊毛纤维的离散程度，可计算长度标准差和变异系数，其计算式为式(3－5)和式(3－6)。

$$\delta_g = \sqrt{\frac{\sum (L_i - L_g)^2 g_i}{\sum g_i}} = \sqrt{\frac{\sum g_i L_i^2}{\sum g_i} - L_g^2} \tag{3-5}$$

$$CV = \frac{\delta_g}{L_g} \times 100\% \tag{3-6}$$

⑤短毛率 U：30mm 以下长度纤维的质量占总质量的百分率。

$$U = \frac{\sum F_i}{\sum F} \times 100\% \tag{3-7}$$

式中：F_i——30mm 以下长度纤维的质量，g；

F——各组长度纤维的质量，g。

⑥巴布长度 L_B 和豪特长度 L_H：巴布长度是质量加权计算的系列长度指标的统称；豪特长度是根数或截面面积加权计算的系列长度指标的统称。通常在狭义应用中指的是各自的平均长度。在国际标准 ISO 92—1976《关于用羊毛梳片式分析仪分析羊毛纤维长度的方法》中，推荐用梳片法分析测定羊毛纤维的巴布长度 L_B（Barbe 长度），用梳片法数据也可以计算出豪特长度 L_H（Hauter 长度）的平均长度及变异系数。

$$L_B = \frac{\sum RL'}{100} = \frac{A}{100} \tag{3-8}$$

$$CV_B = \sqrt{\frac{100C}{A^2} - 1} \times 100\% \tag{3-9}$$

式中：L_B——巴布长度，mm；

CV_B——巴布长度变异系数；

R——每组的质量百分率；

L'——每组的纤维长度，即组中间值，mm；

A——RL'的累积数，即$\sum RL'$；

C——RL'^2 的累积数，即$\sum RL'^2$。

$$L_H = \frac{100}{\sum \frac{R}{L'}} = \frac{100}{B} \qquad (3-10)$$

$$CV_H = \sqrt{(A \cdot B) - 1000} \times 100\% \qquad (3-11)$$

式中：L_H—— 豪特长度，mm；

CV_H—— 豪特长度变异系数；

B—— $\frac{R}{L'}$的累积数，即$\frac{\sum R}{L'}$。

(4)全自动电容式羊毛长度仪法：该仪器利用排样器制备出一段整齐，且具有一定重量、一定厚度、一定宽度的试样，再将此试样移入测试主机的试样夹中，仪器在恒速运行条件下测得电容区纤维量和纤维长度的关系曲线，根据曲线数据，计算机可以计算出豪特长度、巴布长度、长短纤维含量和跨距长度等指标，并可打印出长度排列图。在实际应用中，以豪特长度为主。重量加权与截面加权两者也可用 $L_g = L_H(1 + C_H^2)$ 来换算。

（四）羊毛纤维长度与其他性质的关系

羊毛长度对毛纱品质有较大影响。细度相同的毛，纤维长的可纺细特纱；当纺纱特数一定时，长纤维纺出的纱强度高、条干好、纺纱断头率低。羊毛长度与成纱品质的关系见表 3-8。虽然表中的数据会因工艺等的不同而异，但其规律性是一致的。影响成纱条干的另一个重要因素，是 30mm 以下的短纤维含量，因为短纤维在牵伸过程中不易被牵伸机构所控制，而易形成“浮游纤维”，从而造成毛纱粗细节、大肚纱等纱疵，为此在精梳毛条中对短纤维含量有严格控制。

表 3-8 羊毛长度与成纱品质的关系

毛别	羊毛品质			19.2tex×2(52 公支/2)		CV(%)	细纱断头率[根/(千锭·h)]	毛粒(个/450m)
	羊毛直径(μm)	毛丛长度(cm)	伸直长度(cm)	强力(cN)	断裂长度(km)			
澳毛	20.4	8.27	8.64	312.3	8.3	10.50	28.6	26
吉林毛	20.38	6.86	7.78	293.0	7.7	11.91	94.0	35
河北毛	20.53	6.27	7.22	252.2	6.8	12.23	120.0	39
新疆毛	21.38	6.36	7.13	247.3	6.6	12.15	231.0	46

羊毛的长度在工艺上的意义仅次于细度。它不仅影响毛织物的品质，还决定纺纱系统和工艺参数的选择依据。按工艺特点，毛纺系统一般分粗梳毛纺系统和精梳毛纺系统，精梳毛纺系统又分长毛纺纱系统和短毛纺纱系统，其主要依据就是毛纤维的长度。长毛纺纱系统中毛纤维长度必须在 9cm 以上，而粗梳毛纺系统中毛纤维长度在 5.5cm 以上即可。

三、天然卷曲

羊毛的自然形态，并非直线，而是沿长度方向有自然的周期性卷曲。一般以 1cm 单根羊毛的卷曲数来表示羊毛卷曲的程度，叫卷曲度。也可以采用另外两种指标来描述羊毛的卷曲特征，即毛纤维直径乘以卷曲数，再除以长度，这一指标可以较全面地概括不同粗细羊毛的卷曲形状；另一个指标是卷曲波宽与波高的比值，即波高比，这一指标可以较好地反映羊毛卷曲弧的高低深浅。

按卷曲波的深浅，羊毛卷曲形状可分为弱卷曲、常卷曲和强卷曲三类。常卷曲为近似半圆的弧形相对连接，略呈正弦曲线形状，细毛的卷曲大部分属于这种类型；强卷曲的卷曲波幅高深，细毛型的腹毛多属这种类型；弱卷曲的卷曲波幅较浅平，半细毛卷曲多属这种类型，如图 3-23 和图 3-30 所示。

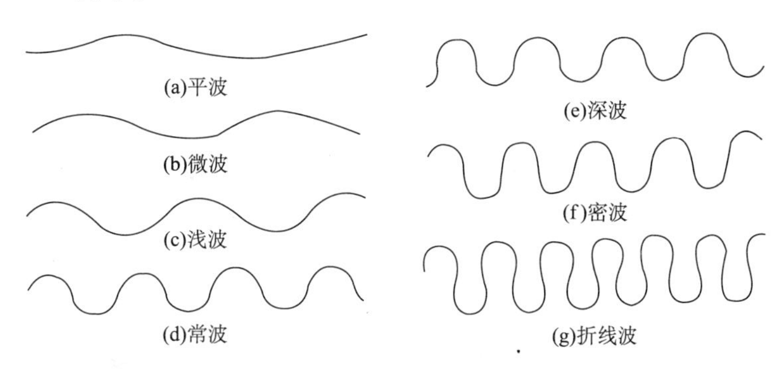

图 3-30 羊毛卷曲形状示意

美利奴毛卷曲类型与波高比情况见表 3-9。卷曲度与绵羊品种和羊毛细度有关，同时也随着毛丛在绵羊身上的部位不同而有差异。因此，卷曲度的多少，对判断羊毛细度，同质性和均匀性有较大的参考价值。

表 3-9 美利奴毛卷曲类型与波高比情况

卷曲类型	波高比	羊毛品质支数
强 波	≤3	56~60
正常波	3~4	58~70
弱 波	4~5	—

羊毛卷曲形态如前面皮质层内容所述那样，与羊毛正、偏皮质细胞的分布情况有关。优良品种的细羊毛，两种皮质细胞沿截面长轴对半分布，并且在羊毛轴间相互缠绕。这样的羊毛在一般温湿度条件下，正皮质始终位于卷曲波形的外侧，偏皮质位于卷曲波形的内侧，羊毛呈卷曲双侧结构，如图 3-23 所示。在粗羊毛中，绝大多数羊毛呈皮芯结构。粗毛的皮芯结构，因品种而有差异，如绵羊属中的林肯毛，皮层是以正皮质细胞为主的混合型，芯层为偏皮质细胞；山羊属的马海毛，皮层则是大量的偏皮质细胞，混有正皮质细胞，芯层为正皮质细胞。它们之间的比例和偏心程度不同，卷曲形状也不相同。马海毛卷曲形状如图 3-31 所示。

卷曲是羊毛的重要工艺特征。羊毛卷曲排列越整齐，越能使毛被形成紧密的毛丛结构，可以更好地预防外来杂质和气候影响，羊毛品质也越好。细绵羊毛的卷曲度与纤维细度有密切关系，纤维越细，卷曲度越大，即卷曲越密。羊毛纤维在湿热条件下的缩绒性与卷曲形态也有一定关系。

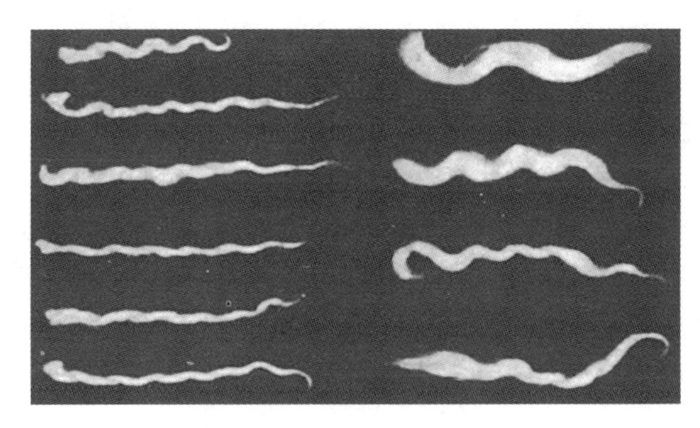

图 3－31　马海毛的卷曲形状

四、含杂与净毛率

（一）羊毛纤维集合体的含杂

羊毛原毛纤维集合体是一种含杂较多的天然纤维集合体。其中来自羊体的杂质，主要有脂、汗和皮屑；来自外界的杂质，主要有沙土和植物质；来自人为的杂质主要是油漆、沥青和包装袋纤维等。

1. 脂蜡　羊毛脂是羊体脂肪腺的分泌物，它随着羊毛的生长黏附在羊毛的表面。羊毛脂不同于一般的动植物的油脂。一般的动植物油脂都是甘油和脂肪酸的混合物，但羊毛脂中并不含有甘油，所以它的正确名称应是“羊毛蜡”，但习惯上仍称为羊毛脂。羊毛脂的主要成分是高级脂肪酸和高级一元醇。酸和醇既有结合成酯的状态存在，也有以游离状态存在的。所以，羊毛脂是高级脂肪酸、酯和高级一元醇的复杂混合物，其中高级脂肪酸类占 45% ～55%，高级一元醇类占 45% ～55%。羊毛脂的组分很复杂，是数千种化合物的混合物。

羊毛脂黏结羊毛形成毛束，可以减少羊毛对外界的暴露面积，防止尘砂进入，并且可以保护羊毛的物理化学性质。所以在羊种培育中要注意使羊毛具有一定含脂量。含脂量过小，影响羊毛的物理化学性质，含脂量过高，则影响净毛率。一般细毛羊羊毛含脂量较高，最高的可达 30% 以上；粗毛羊羊毛含脂较低；土种羊毛的含脂率则更低。我国几个主要绵羊毛品种及常用外毛品种的含脂率见表 3－10。

表 3－10　羊毛含脂率

羊毛种类	羊毛含脂率（%）	羊毛种类	羊毛含脂率（%）
我国新疆细羊毛	9～18	我国土种羊毛	3～9
我国内蒙改良羊毛	3～10	澳洲美利奴羊毛	14～25
我国东北改良羊毛	8～15	新西兰杂交种羊毛	8～18

羊毛纤维脂的颜色随羊毛品种和含脂成分不同而有很大差异，一般以白色和浅黄色等浅色的质量最好，其他还有黄色、橙色、黄褐色和茶褐色。不同色泽的羊毛脂对羊毛品质的影响不同，白色和浅黄色脂对羊毛纤维的耐风蚀性要比黄色脂要好。

羊毛脂含量多少与羊毛纤维耐风蚀性有明显关系，油脂多，则纤维的耐风蚀能力强。纯净的羊毛脂是乳白色到淡黄色无臭固体，熔点为37～45℃，所以在常温下羊毛脂为黏稠状物质，洗毛温度应高于羊毛脂的熔点。羊毛脂比水轻，密度为0.94～0.97g/cm³。羊毛脂在医药、化妆品、皮革制造等方面有广泛应用。

羊毛纤维中的脂蜡受大气、紫外线、细菌等作用氧化后会变质。变质后的脂蜡呈黄褐色，熔点很高，不能乳化和洗去，对羊毛纤维品质有高度恶化影响。特别是受细菌作用后，细菌繁殖会损及纤维的角蛋白使之受破坏而分解，从而影响羊毛纤维质量。

羊毛脂性质稳定，不溶于水，易溶于苯、二甲苯、乙醚、石油醚、丙酮、二氯甲烷和四氯化碳等有机溶剂，一般情况下能被较好地乳化洗涤，这种性质是溶剂洗毛的依据。羊毛脂中的高级脂肪酸遇碱能起皂化作用，生成肥皂溶于水中。但是，高级一元醇遇碱不能皂化。所以洗毛时单纯用碱不能将羊毛脂洗净，还必须采用乳化的办法才能去除羊毛脂。

2. 汗质 羊汗是羊体汗腺的分泌物，它的含量随羊的品种、年龄等不同而不同。一般细羊毛含汗量低，粗羊毛含汗量高。如美利奴细毛含汗量为4%～8%，新西兰杂交种毛含汗量为7%～10%，我国蒙古种羊毛含汗量为8%～9.6%。羊汗的主要组成成分见表3－11。

表3－11 羊汗的主要成分及含量

羊汗的主要成分	含量(%)	羊汗的主要成分	含量(%)
碳酸钾	75～85	硫酸钠	3～5
硫酸钾	3～5	有机物质	3～5
氯化钾	3～5	不溶性物质(铁、锰等)	3～5

这些物质大部分都溶于水，羊汗遇水以后有氢氧化钾生成，可以皂化羊毛脂中的脂肪酸，生成肥皂，有助于羊毛脂的洗涤和溶解，有利于洗毛。近年也见有用羊汗作为主要洗涤剂的研究报道，即羊汗洗毛法。

3. 羊皮屑 羊皮肤的表皮在过成熟后会脱落，有的甚至环套于羊毛纤维上。由于它的主要组织也是角蛋白，因而在毛纺加工中完全去除它非常困难。

4. 羊毛纤维中的植物性杂质 羊毛纤维中的植物性杂质主要是牧场上的草籽、草叶和草屑等。其中危害较大的是带钩刺的草籽，如苍耳籽、苜蓿籽、牛蒡等，与羊毛纤维纠缠钩挂，不易分离。为除去草籽，毛纺粗纺加工中常采用炭化法，精纺中则用了很多的除草设备，这使羊毛的加工成本增加了不少。

5. 矿物质 羊毛纤维外的矿物质主要是黏附的许多泥沙、尘土、粪块等杂质，脂汗多的羊毛更易黏附尘杂。一般地说，细羊毛的含砂土率比粗羊毛高。砂土给以后的工艺加工带来不少困难。

羊毛纤维内还有一些矿物质存在于纤维细胞内。氨基酸缩合的角蛋白大分子在形成微原纤、原纤、巨原纤过程中需要一部分金属原子作为络合中心而排列成合理的结构，这些金属包括铜、钼、锌、镉等。这是羊毛纤维生长必需的成分。因此，纯净羊毛纤维洗净外部黏附的所有杂质后，在高温灼烧后仍能得到一定的灰分，就是这些金属的氧化物。这些纤维内含的矿物质在纺织加工中不用去除，但是灰分的含量在净毛率计算时需要考虑。

6. 人为杂质 为了区分不同羊群，部分牧民用油漆或沥青给羊体做标记，从而形成人为杂质。另外，包装羊毛的包装袋纤维，冬季“羊穿衣”的羊衣纤维都有可能形成羊毛集合体的人为杂质。

（二）净毛率

1. 内销国毛净毛率 净毛率是将原毛经过净洗，在公定回潮率和标准羊毛成分下，除去油脂、植物杂质、沙土、灰分等以后，所剩余纯净毛公定重量占原毛重量的百分比。净毛率的计算公式如下。

$$净毛率=\frac{净毛毛样干重\times(1+公定回潮率)}{原毛毛样重}\times100\% \qquad (3-12)$$

式中：净毛毛样干重——指洗净毛样在100～105℃条件下烘至恒重的重量。

对于洗净毛，规定允许含有一定的回潮率（公定回潮率）、含脂率、植物性含杂率。普通净毛率允许净毛中剩余油脂含量允许范围，精纺为净毛重的0.4%～0.8%、粗纺为0.5%～1.5%，含土杂率一等品不超过净毛重的3%、二等品不超过净毛重的4%。洗净毛公定回潮率，同质毛为16%、异质毛为15%；洗净毛公定含油脂率为1%。在计算净毛率时，要按这些值加以修正。

净毛率是一项评定羊毛经济价值的重要指标，对工厂成本核算和纺织品的用毛量关系极为密切。羊毛的净毛率因绵羊品种、羊的个体及生产条件等综合因素变化而变化，由于我国地域和自然条件的影响，羊毛含杂率较高，净洗毛率普遍较低。但是，近年来我国净洗毛率有一定程度的提高。

2. 进出口含脂毛净毛率 在国际贸易中，进出口含脂毛检验方法与国产原毛净毛率检验方法有所不同。它必须进行洗净毛的乙醇抽出物、灰分、植物性杂质和碱不溶物的测试。

该净毛率指以全批毛基百分率加全批植物性杂质百分率为基础，用标准灰分和乙醇抽出物进行修正并折算到公定回潮率时的净毛量百分率。净毛率的计算公式如下。

$$Y=\frac{(B+V_{MB})(1+R)}{0.9773}\times100\% \qquad (3-13)$$

式中：Y——净毛率；

B——毛基百分率；

V_{MB}——全批植物性杂质基百分率；

R——公定回潮率；

0.9773——系数，指按2.27%的标准羊毛成分［即标准灰分（0.57%）和标准乙醇抽出物（1.7%）的和］计算的（1－0.0227＝0.9773）。

毛基百分率B的计算公式如下。

$$B=\frac{W_B}{W}\times\frac{\sum(B_iW_i)}{\sum W_i} \qquad (3-14)$$

式中：W_B——分取实验室样品的总重量加余样重量，g；

W——样品的总重量，g；

B_i——各子样的毛基百分率；

W_i——各子样的重量，g。

全批植物性杂质基 V_{MB} 的计算公式如下。

$$V_{MB} = \frac{W_B}{W} \times \frac{\sum (P_i V_i)}{\sum W_i} \quad (3-15)$$

式中：P_i——各洗净子样烘干后的重量，g；

V_i——各洗净子样植物性杂质的干重百分率。

五、摩擦特性

羊毛表面有鳞片，鳞片的根部附着于毛干，尖端伸出毛干的表面而指向毛尖。由于鳞片的指向这一特点，羊毛沿长度方向的摩擦，因滑动方向不同致使摩擦因数不同。滑动方向从毛尖到毛根，为逆鳞片摩擦，反之为顺鳞片摩擦。逆鳞片摩擦因数比顺鳞片摩擦因数要大。反复挤压时，羊毛纤维总是根部容易向前运动，这种性能又叫羊毛的向根性。顺、逆鳞片摩擦因数的差异是羊毛集合体产生缩绒的基础。一般用摩擦效应 δ_μ 和鳞片度 d_μ 等指标来表示羊毛的这种摩擦特性。

$$\delta_\mu = \frac{\mu_a - \mu_s}{\mu_a + \mu_s} \times 100\% \quad (3-16)$$

$$d_\mu = \frac{\mu_a - \mu_s}{\mu_s} \times 100\% \quad (3-17)$$

式中：μ_a——逆鳞片摩擦因数；

μ_s——顺鳞片摩擦因数。

顺、逆鳞片摩擦因数差异越大，毛纤维的缩绒性越好。几种毛纤维摩擦性能的比较分析见表3－12与表3－13。

表3－12 羊毛与牛角的静摩擦因数

羊毛类型	摩擦因数		摩擦效应 δ_μ（%）
	μ_s	μ_a	
澳毛66/64	0.2182	0.3332	20.83
一级毛	0.2207	0.3156	17.77
二级黑龙江改良毛	0.2079	0.2923	16.87
三级黑龙江改良毛	0.2146	0.2826	11.39
四级西宁毛	0.2289	0.2867	11.21
四级和田毛	0.1856	0.2319	11.08
马海毛	0.1954	0.2340	19.01

表 3-13 羊毛的摩擦效应与缩绒性能

羊毛类型	摩擦因数		摩擦效应 δ_μ(%)	毛球密度		成球所需时间(min)
	μ_a	μ_s		直径(mm)	密度(mg/mm^2)	
55 型澳毛 66/64	0.2788	0.1815	21.14	24 ± 0.6	0.1166 ~ 0.1283	46
河北改良 66/64	0.2459	0.1880	13.34	24 ± 0.6	0.1166 ~ 0.1283	76
内蒙改良 66/64	0.2434	0.1844	13.79	24 ± 0.6	0.1166 ~ 0.1283	80
东北改良 66/64	0.1691	0.1377	11.03	24 ± 0.6	0.1166 ~ 0.1283	94
新疆改良 66/64	0.1454	0.1165	10.23	24 ± 0.6	0.1166 ~ 0.1283	99

当毛织物或散纤维受到外力作用时,纤维之间产生相对移动,由于表面鳞片的运动具有定向性摩擦效应,纤维始终保持根端向前蠕动,致使集合体中纤维紧密纠缠。高度的回缩弹性是羊毛纤维的重要特性,也是促进羊毛缩绒的因素。由于外力作用,纤维受到反复挤压,羊毛时而蠕动伸展,时而回缩恢复,形成相对移动,有利于纤维纠缠,导致纤维集体密集。羊毛的双侧结构,使纤维具有稳定的空间卷曲,卷曲导致纤维根端无规则地向前蠕动。这些无规则的纤维交叉穿插,形成空间致密交编体。羊毛缩绒性是纤维各项性能的综合反映。定向摩擦效应、高度恢复弹性和卷曲是缩绒的内在原因,它们与毛纤维其他性能如细度等有密切关系。较细的羊毛,摩擦效应越大(逆鳞片和顺鳞片的摩擦因数差异越大),羊毛毡缩性能越好。平面或弧面卷曲的羊毛毡合性能比螺旋卷曲的羊毛好。

温湿度、化学试剂和外力作用是促进羊毛缩绒的外因。缩绒分酸性缩绒和碱性缩绒两种,常用方法是碱性缩绒,如皂液,pH 值为 8 ~ 9,温度在 35 ~ 45℃时,缩绒效果较好。

简言之,羊毛集合体在湿热和化学试剂作用下,经机械外力反复挤压,该集合体中的纤维相互穿插纠缠,集合体慢慢收缩紧密,并交编毡化,这一性能,称为羊毛的缩绒性。

缩绒使毛织物具有独特的风格,显示了羊毛的优良特性。毛织物整理过程中,经过缩绒工艺(又称缩呢),织物长度收缩,厚度和紧度增加。表面露出一层绒毛,外观优美,手感丰厚柔软,并具有良好的保暖效果。利用羊毛的缩绒性,把松散的短纤维结合成具有一定机械强度、一定形状、一定密度的毛毡片,这一作用称为毡合。毡帽、毡靴等就是通过毡合制成的。

另一方面,缩绒使毛织物在穿用中容易产生尺寸收缩和变形。这种收缩和变形不是一次完成的,每当织物洗涤时,收缩继续发生,只是收缩比例逐渐减小。在洗涤过程中,揉搓、水、温度及洗涤剂等都能促进羊毛的缩绒。绒线针织物在穿用过程中,汗渍和受摩擦较多的部位,易产生毡合、起毛、起球等现象,从而影响了穿用的舒适性及美观。大多数精纺毛织物和针织物,经过染整工艺,要求纹路清晰,形状稳定,这些都要求减小羊毛的缩绒性。

羊毛防缩处理的方法中常见的有氧化法和树脂法两种。氧化法又称降解法,通常使用的化学试剂有次氯酸钠、氯气、氯胺、氢氧化钾、高锰酸钾等。使羊毛鳞片变形,以降低摩擦效应,减少纤维单向运动和纠缠的能力,其中以含氯氧化剂用得最多,又称为氯化。树脂法又称添加法,是在羊毛上涂以树脂薄膜,减少或消除羊毛纤维之间的摩擦效应,或使纤维的相互交叉处黏结,限制纤维的相互移动,失去缩绒性。使用的树脂有尿醛、密胺甲醛、硅酮、聚丙烯酸酯等。

对羊毛的处理,现在又发展了很多新技术。详见羊毛处理新技术。

六、化学特性

在前面第三节羊毛纤维的形成中,介绍了羊毛纤维的主要组成物质是角朊蛋白质,组成其大分子的单基是 α－氨基酸剩基,由于同时存在酸性基和碱性基,所以羊毛是酸碱两性的,它既能与酸反应又能与碱反应。组成羊毛角蛋白的化学元素有碳、氢、氧、氮、硫,各元素占羊毛角蛋白百分比含量为碳 49.0% ~52.0%、氧 17.8% ~23.7%、氮 14.4% ~21.3%、氢 6.0% ~8.8%、硫 2.2% ~5.4%。因此,羊毛纤维具有如下一系列化学特性。

(一)羊毛与水

在常温下,水不能溶解羊毛,但高温下的水,可以使羊毛裂解。如将羊毛放在蒸馏水中,煮沸 2h,羊毛将损失 0.25% 的重量;毛织物在水中煮沸 12h,强度降低 29%。各种温度的水对羊毛的影响不一,在 80 ~110℃时煮羊毛,羊毛将发生显著的变化;在 121℃有压力的水中,羊毛即发生分解。因此,在羊毛染色时,对水的温度、压力和时间必须严格控制,若随意升温升压或延长煮沸时间,都会对毛织品的质量造成不利的影响。羊毛在热水中进行处理后,再以冷水迅速冷却,可以增加羊毛的可塑性,在毛纺整理中称之为热定型。注意,如果冷却过缓,会使羊毛的弹性变差,从而影响羊毛的其他相关性质。另外,羊毛在热水中处理,可以增加羊毛对染料的亲和力,但在毛织物染色中,升温不能过快,升温快,会造成染色不匀。

(二)羊毛与有机溶剂

羊毛对各种有机溶剂的化学稳定性很好。甲醇、乙醇、乙醚、石油醚、丙醇、异丙醇、丁醇、苯、甲苯、二甲苯等都对羊毛纤维不起作用,不仅不会溶解,而且不会溶胀,但这些有机溶剂却可以溶去羊毛纤维外面的脂蜡和汗质。其中甲醇、乙醇、丙醇、丁醇、异丙醇溶剂可同时溶去脂蜡和汗质,而其余的溶剂只能溶去脂蜡,不能溶去汗质。正因如此,在羊毛纤维含有杂质的分析测试中,通常用后面的有机溶剂先溶去脂蜡,再用前面的有机溶剂溶去汗质,从而分别测出脂蜡含量和汗质含。

(三)羊毛与酸

羊毛的等电点偏酸性,所以它是一种比较耐酸的物质。羊毛如浸泡在含 10% 的硫酸溶液中(相当羊毛重量的 1%),羊毛的强度不仅不受损伤,反而会增加;在浓度达 80% 的硫酸溶液中短时间处理,不加热,羊毛的强度几乎不受损害。硫酸对羊毛产生的损害主要取决于处理时间和温度。有机酸对羊毛的作用较无机酸弱。

1. 羊毛与稀硫酸 羊毛在稀硫酸中,虽然温度升到沸点,煮沸数小时,并没有大的损害。在采用酸性染料染色时,每百千克羊毛放入 3% 的硫酸,经过高温煮沸,并不发生明显的影响。羊毛经稀硫酸处理,并经 100℃烘干后,也不受影响,但植物在同样条件下,则全部炭化。所以,在毛纺工业羊毛的初步加工中常采用这种方法去掉羊毛中所含的植物性杂质。

2. 羊毛与硝酸 硝酸在相当浓度下，可以使羊毛变为黄色，在染料工业不发达时，常采用此方法把羊毛变为黄色。在当时，这是一种染色的方法。硝酸又可作为一种褪色剂，有些染料的颜色，可用稀硝酸处理3～4min，从而使颜色褪去。

3. 羊毛与稀盐酸 稀盐酸对羊毛影响不显著，但羊毛染色很少使用盐酸，而使用硫酸，这是因为硫酸价钱便宜，并且效果也比盐酸好。

4. 羊毛与亚硫酸 亚硫酸有去掉羊毛所带的天然黄色的能力，因而被作为最普通的羊毛增白剂加以利用。

5. 羊毛与有机酸 有机酸中的醋酸和蚁酸是羊毛染色工程的主要化工材料。它的作用和硫酸相同，但有机酸对羊毛作用温和，醋酸对羊毛的损害较硫酸更小，又因为其价格更便宜，所以在日常生产中被广泛采用。

（四）羊毛与碱

羊毛对碱的反应非常敏感，很容易被碱溶解，这是羊毛重要的化学性质。主要是因为羊毛中胱氨酸的二硫键被碱破坏，分裂形成新键。

1. 羊毛与碳酸钠 碱对羊毛的影响远超过酸。在毛纺工业上，在把原毛洗净、毛条复洗和染色前洗呢工程中，都要使用洗涤剂和适量的碱。一般用碳酸钠有助于洗去羊毛脂和油污，但不能用苛性碱，这是因为苛性碱对羊毛损害强烈。同时，碱液对羊毛的破坏作用还取决于碱液的浓度、温度和时间。

2. 羊毛与氢氧化钠 氢氧化钠在任何情况下，对羊毛都有损害，所以不能用作洗涤剂。将羊毛放在5%的氢氧化钠的浴液中，煮沸5min，羊毛即全部溶解，因此可用来作鉴别羊毛混纺纱和羊毛混纺织物的定性分析。

羊毛纤维在碱溶液中，溶解度与碱液浓度的关系是非常复杂的。在碱液浓度大于0.02mol/L以上时，才显著增加，并且与时间大致成正比，因此掌握羊毛与碱的反应特性，对纤维的加工是极为重要的。

3. 羊毛与氢氧化铵 氢氧化铵是对羊毛作用最为缓和的碱。羊毛在10%氢氧化铵溶液中煮沸，不受损害。羊毛采用酸性染料染色时，可用氢氧化铵来脱色。

碱使羊毛含硫量降低的问题，有人认为含硫量下降意味着羊毛角质蛋白的破坏。事实并非完全如此，在稀碱和不太激烈的条件下，肽链间不稳定的二硫键会转化为较稳定的单硫键，并且随溶液的pH值上升即碱浓度提高，而以更快的速度增加，从而使整个分子结构变得更稳定，而不是全部破坏。所以，在一定条件下用稀碱处理羊毛纤维，对其化学稳定性具有一定的积极作用。

（五）羊毛与氧化剂

羊毛对氧化剂非常敏感，过氧化氢、高锰酸钾及重铬酸钾等溶液对羊毛有影响，但损害的程度一般都取决于温度、浓度和时间。

（六）羊毛与还原剂

还原剂对羊毛的破坏较小，在酸性条件下破坏更小。还原剂有漂白作用，但漂白后仍然会泛黄。亚硫酸氢钠等主要可使羊毛膨胀，胱氨酸键（二硫键）受到破坏，生成氢硫酸。

（七）羊毛与盐类

羊毛在金属盐类如食盐、芒硝、氯化钾等溶液中煮沸，对羊毛无影响，因为羊毛对这些溶液难于吸收，所以染色时采用元明粉作为缓染剂，洗毛时作为助洗剂。

（八）羊毛与活性有机物（酶）

某些专门分解蛋白质的活性有机化合物（酶）会破坏羊毛纤维，如胃蛋白分解酶、胰蛋白分解酶、枯草杆菌酶等都会破坏毛绒纤维。其作用的剧烈程度依次为胞间物质、鳞片、皮质层。因此，细菌霉蚀也会对毛绒纤维有明显的损伤。

（九）羊毛与日光

日光对羊毛的影响称为风蚀。光照使鳞片端受损，易于膨化和溶解，使毛尖发黄，手感粗糙，弹性下降。光照使胱氨酸键水解，生成亚磺酸并氧化为 $R—SO_2H$ 和 $R—SO_3H$（磺酸氨丙酸）类型的化合物。光照的结果，使羊毛的化学组成和结构、羊毛的物理性能和染料亲和力等都发生变化。

日光对羊毛的影响有两种，即波长较长的光对羊毛有漂白作用；波长较短的紫外光会引起羊毛发黄。羊毛如果经常受到紫外线特别是波长短于 340nm 的紫外线、雨水、羊汗及双硫键氧化后的酸性产物侵蚀，会使羊毛纤维的物理化学性能发生变化。再加以油脂的挥发，又加剧了这一作用。首先是外层薄膜受到破坏，接着引起角质层（鳞片层）产生裂痕，造成手感粗糙，毛尖发黄变脆，外膜疏水性减弱，浸透快，上色不匀。并且在角质层受到损伤后，皮质层就完全暴露，会继续受到损伤。结果强度降低，化学组成发生变化，定形性、缩绒性改变。因此，在烈日下，绵羊应有适当的遮阴，这对羊毛有良好的保护作用。已剪下的羊毛也应避免在烈日下长时间的暴晒，以免影响品质。

羊毛纤维含油脂量也影响羊毛风蚀后物理化学性能的减弱程度。有试验表明，含油 25% 较含油 10% 的羊毛，在风蚀后其性能减弱程度要低得多。含油 18% 以下的毛纤维，风蚀后性能有较显著的改变，如磺基丙氨酸的提高，强度降低，断裂功降低，断裂伸长降低，其他氨基酸降低等都说明含油 18% 是分界线。

（十）羊毛与卤素

卤素对羊毛有特殊的影响，可增强光泽，使羊毛失去缩绒性能；可增加染色速率，使羊毛变得粗糙发黄。在干燥环境中，卤素对羊毛无破坏作用，但卤素水溶液对羊毛作用明显，只有其中碘溶液的作用较缓慢。饱和溴水可使鳞片表面膜胀，并使羊毛产生明显膨胀。

从各种化学因素对羊毛纤维影响得知，羊毛纤维在未受损伤时有较强的化学稳定性，但在鳞片受到损伤后，其化学稳定性将下降。羊毛较耐酸，但易被碱破坏；5% 沸碱溶液即可使羊毛全部溶解；遇碱时羊毛含硫量降低，并且泛黄。所以，一般都强调羊毛纤维在 pH 值大于 10 的碱溶液中的温度不应超过 50℃；在沸水中即使 pH 值为 8 ~ 9，也会使羊毛纤维受到一定的破坏。

无论是氧化剂、还原剂、还是碱，总是首先破坏羊毛角质分子中的二硫键。通常羊毛蛀虫也是专门蛀食羊毛角质的二硫键。二硫键是形成羊毛各种优良特性的关键之一，而且在鳞片层中更为集中，因此应注意保护二硫键。

七、羊毛处理新技术

(一)羊毛拉细技术

拉细羊毛(Optim)是纺织原料生产近几年来取得的重要成果之一。随着毛纺产品轻薄化的发展趋势和适应四季皆可穿的要求,消费者对细羊毛、超细羊毛需求日益增长。羊毛可纺线密度取决于羊毛细度,纺低线密度或超低线密度毛纱需要的细于18μm的羊毛仅澳大利亚能供应,但产量极少。鉴于这种情况,澳大利亚联邦工业与科学研究院(CSIRO)研制成功羊毛拉细技术,1998年投入工业化生产并在日本推广。拉细处理的羊毛长度伸长、细度变细约20%,如细度21μm羊毛经拉细处理可细化至17μm左右;19μm羊毛可拉细至16μm左右。拉细羊毛具有丝光、柔软效果,其价值成倍提高,但是拉细羊毛的断裂伸长率下降,针对纤维性能的改变需配套研究新的加工工艺技术。

这种拉细羊毛在日本、澳大利亚已经分别试投产,虽然它们的技术路线不尽相同,但基本原理均是毛纤维在高温蒸汽湿透条件下拉伸、拉细,改变羊毛纤维的超分子结构,使其有序区大分子由α螺旋链转变为β曲折链,由原来的三股大分子捻成基原纤、多根基原纤捻成微原纤、原纤结晶结构转变成平行曲折链的整齐结晶结构,使无定形区大分子无规线团结构转变成大分子伸直的曲折链的基本平行结构,并借分子间范德华力、氢键、盐式键等横向结合定形。由于分子间结合能增大,定形效果较好,即使在水蒸气中也不会解定形而保持平行伸直链结构,羊毛形态也变成伸直细长无卷曲的纤维,改变了羊毛纤维原有的卷曲弹性和低模量特征,提高了弹性模量、刚性,减少了直径,增加了光泽,本身提高了丝绸感,加之直径变细,可纺线密度降低,也适于生产更轻薄型接近丝绸的面料。拉细技术羊毛技术指标见表3-14,截面形状如图3-32所示。

表3-14 拉细羊毛技术指标

原料	细度			长度					强度			断裂伸长		
	平均值(μm)	标准差(μm)	变异系数(%)	加权平均(mm)	主体基数(%)	标准差(mm)	变异系数(%)	短毛率(%)	平均值(cN/dtex)	标准差(cN/dtex)	变异系数(%)	平均值(%)	标准差(%)	变异系数(%)
原毛	23.70	5.11	24.57	74.3	40.5	38.1	51.2	8.9	1.76	0.71	40.1	48.0	9.9	21.6
拉细毛条	20.65	5.43	26.6	84.8	43.5	36.8	43.3	12.1	1.80	0.84	46.8	38.0	8.2	21.6

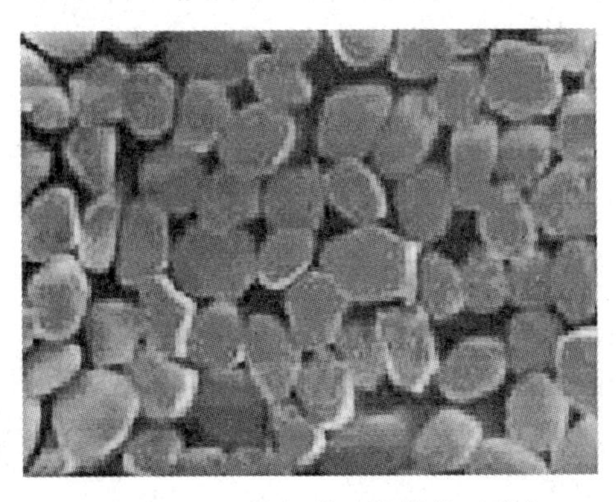

图3-32 拉细羊毛的横截面形态

我国兰州三毛纺织集团公司和内蒙古鹿王集团合作,通过对拉细羊毛与新型纤维混纺产品的开发,使羊毛制品更具特色、品质更优、服用性能更佳。兰州三毛应用新技术,开发出了以拉细羊毛为主及其他特殊新型纤维混合的高支轻薄系列面料。

拉细羊毛是新一代超细羊毛纤维,其结构和理化性能类似丝纤维,这为毛精纺产品的开发提供了一种新的原料,也为开发细特、轻薄、超柔软等新型毛织物创造了有利条件。用拉细羊毛生产的织物轻薄、滑爽、挺括、悬垂性良好、有飘逸感、呢面细腻、光泽明亮、反光带有一定色度。穿着无刺扎、刺痒感、无粘贴感,成为新型高档服装面料。拉细羊毛新技术使全球羊毛纺织工业向前迈进了一步,这项技术将会随消费者对细特轻薄产品的青睐而加快进入市场,并将成为21世纪的主流。

(二)表面变性羊毛

羊毛变性处理主要是使羊毛纤维直径能变细0.5~1μm,手感变得柔软、细腻,吸湿性、耐磨性、保温性、染色性能等均有提高,光泽变亮。这种羊毛又称丝光羊毛和防缩羊毛。丝光羊毛与防缩羊毛同属一个家族,两者都是通过化学处理将羊毛的鳞片剥除,而丝光羊毛比防缩羊毛剥取的鳞片更为彻底,两种羊毛生产的毛纺产品均有防缩、机可洗效果,丝光羊毛的产品有丝般光泽,手感更滑糯,被誉为仿羊绒的羊毛。剥除鳞片后的羊毛纤维外观如图3-18所示。

变性改善了染色性能,还为低温染色创造了条件,但纤维强力伸长略有下降,缩绒性减少。羊毛变性有氧化/氯化、氯化/酶处理等多种方法,近年来优选处理工艺,研制开发了一系列产品,并在不少企业推广应用,收到了很好的社会经济效益。羊毛(品质支数为70支)经过变性后获得具有羊绒风格的优质纤维,可以用于仿羊绒高档产品。一般羊毛变性后其线密度也可升档使用,具有实际增值作用。

如前所述,绵羊毛通常由鳞片层、皮质层和髓质层三部分组成。由于表层鳞片的存在,使羊毛具有特殊的定向摩擦效应,即纤维摩擦时逆鳞片方向的摩擦因数总大于顺鳞片方向的摩擦因数,这是造成羊毛加工、洗涤时缩绒的主要原因。消除羊毛缩绒性可以从改变羊毛的定向摩擦效应和变动羊毛的伸缩性能两方面入手,为此可采用多种处理方法。但剥除和破坏羊毛鳞片是最直接也是最根本的一种方法。这种方法通常采用氧化剂或碱剂,如次氯酸钠、氯气、氯胺、亚氯酸钠、氢氧化钠、氯氧化钾、高锰酸钾等,使羊毛鳞片变质或损伤,羊毛失去缩绒性,但羊毛内部结构及纤维机械性质没有太大改变。由于这种处理方法以含氯氧化剂用得最多,而且该法在使羊毛失去缩绒性的同时,羊毛吸收染料或化学反应的能力也有所提高。因此,通常把这种处理羊毛的方法统称为羊毛的氯化。在羊毛用氯及氯制剂处理时,可以使反应只局限在羊毛表层——鳞片层发生。

由于人们对绿色纺织品的要求越来越高,所以也出现了无氯或低氯化学改性处理技术、低温等离子体处理技术和生物酶处理技术。低温等离子体处理技术是利用无污染的低温等离子体处理对羊毛表面腐蚀作用,降低羊毛细度,增加纤维抱合力,从而降低可纺特数(相当于羊毛等级提高一档以上),改善可纺性(纺纱断头可减少20%以上)。生物酶处理技术是利用生物酶可对羊毛纤维进行剥鳞减量处理,对于改善手感、光泽和染色性能,以及防起球有显著效果,经过适当的预处理,还可达到防毡缩的要求。该技术不会造成环境污染,有良好的发展前景。

羊毛的表面变性处理极大地提高了羊毛的应用价值和产品档次,如以常规羊毛进行变性处理,能使羊毛品质在很大程度上得到提高,纤维细度明显变细,手感变得更加柔软,如直径19μm的羊毛处理后就有相当于17μm或更细羊毛的手感。纤维光泽增强,纤维表面变得很光滑,在一定程度上具有了类似山羊绒的风格。用它制成毛针织品和羊毛衬衫,除了具有羊绒制品柔软、滑糯的风格手感外,变性羊毛制品还有羊绒制品不可比拟的优点,如它有丝光般的光泽且持久,抗起球效果好,耐水洗,能达到手洗、机可洗,甚至超级耐洗的要求;服用舒适无刺痒感,纱线强度好而产品比羊绒制品更耐穿。此外,它还有白度提高,染色性好,染色和印花更鲜艳等优点。

(三)超卷曲羊毛

对于纺纱和产品风格而言,纤维卷曲是一项重要的性质。相当一部分的杂种毛、粗羊毛卷曲很少甚至没有卷曲。缺乏卷曲的羊毛纺纱性能相对较差,这种不足很大程度上限制了这些羊毛产品质量档次的提高。为此,希望通过对羊毛纤维外观卷曲形态的变化,改进羊毛及其产品的相关性能,使羊毛可纺性提高,可纺特数降低,成纱品质更好,故其又称膨化羊毛。

羊毛膨化的改性技术是将羊毛条经拉伸、加热(非永久定型)、松弛后收缩,与常规羊毛混纺可开发膨松或超膨毛及其针织品。膨化羊毛编织成衣在同等规格的情况下可节省羊毛约20%,并提高服装的保暖性,手感更膨松柔软、服用更舒适,为毛纺产品轻量化及开发休闲服装、运动服装创造条件。我国已有毛纺企业引进这项专利设备与技术投入工业化生产。

工业化增加羊毛卷曲的方法可分为机械方法和化学方法两大类。化学方法是采用液氨,使之渗入具有双侧结构的毛纤维内部,引起纤维超收缩而产生卷曲,再经过定形作用使羊毛卷曲状态稳定下来。机械方法就是羊毛超卷曲加工法,它是先将毛条经过一种罗拉牵伸装置进行拉伸,然后让它在自由状态下松弛。经过松弛后再在蒸汽中定型使加工产生的卷曲稳定下来,这种处理只适用于像美利奴羊毛那样具有双侧结构的细羊毛,否则将不能产生满意的效果。这是因为,在羊毛进行拉伸时,具有双侧结构的羊毛正偏皮质层同时受到拉力作用,并在允许的范围内使一部分二硫键、盐式键发生断裂,但由于正偏皮质细胞中二硫键的交联密度不同,因此正偏皮质层产生了不同的内应力。当拉伸纤维放松后,由于正偏皮质层内应力不同,在不受约束的情况下,为了重新达到力学平衡就自己形成了更多的卷曲。最后通过定形作用在卷曲状态下重新建立被破坏的大分子间连接,这样就保持住了更多的卷曲。

(四)超细绵羊毛

随着人们物质条件的变化和全球气候的变暖,毛纺织品在更轻薄的同时向更柔软、滑糯、爽脆、弹性、悬垂、挺括、细腻、透气和透湿方向发展。在此趋势导引下,超细毛绵羊育种工作迅猛发展。以澳大利亚为首,培育了平均直径 16.5 ~ 19.5μm 的超细绵羊毛纤维,接着又发展了平均直径 13 ~ 16μm 的特超细绵羊毛,最细的毛用型绵羊毛平均直径达到了 12μm,有的甚至达到了 10.9μm。

澳大利亚于 21 世纪初,对不同细度的绵羊毛进行了定义,见表 3 – 15。我国尚未正式讨论,表 3 – 15 中的中文译名只是暂用名。

澳大利亚“美利奴”超细毛羊被称为澳大利亚“国宝”,原产地西班牙,1786 年引入澳大利亚,经 200 多年的研究发展,已成为一致公认的全球最佳绵羊品种。

我国培育的超细毛绵羊的一岁龄羊毛纤维精梳毛条的品质情况见表 3 – 16,两岁龄超细毛绵羊体侧纤维直径分布见表 3 – 17。

表 3－15 澳大利亚不同细度的绵羊毛定义

平均直径范围(μm)	中文暂用名	英文术语
20～25	中细绵羊毛	mid-micro wool
18.6～19.5	细绵羊毛	fine wool
17.0～18.5	超细绵羊毛	superfine wool
15.0～16.9	特细绵羊毛	extrafine wool
14.9 及以下	极细绵羊毛	ultrafine wool

表 3－16 我国一岁龄超细毛绵羊纤维精梳毛条的品质情况

批号	平均直径(μm)	直径标准差(μm)	直径变异系数(%)	平均长度(mm)	长度变异系数(%)	短毛率(%)	回潮率(%)	含油率(%)	毛条线密度(g/m)	线密度不匀率(%)	毛粒(只/g)	毛片(只/g)	草屑(只/g)
1	16.8	3.468	20.6	86.0	37.7	3.6	13.80	0.824	20.00	1.2	2.7	0.3	0.50
2	16.4	3.066	18.7	88.8	36.6	2.9	13.55	0.782	20.02	1.5	2.6	0.1	0.59
3	16.3	3.293	20.2	90.0	36.6	3.2	13.85	0.975	20.33	1.1	2.7	0.2	0.50
4	15.9	3.291	20.7	85.4	35.4	2.4	13.39	0.843	19.81	1.4	2.0	0.0	0.53

表 3－17 我国两岁龄超细毛绵羊体侧纤维直径分布

体侧平均直径组限(μm)	体侧平均直径组中值(μm)	绵羊只数	频率(%)
13.00～13.99	13.50	2	0.32
14.00～14.99	14.50	19	3.09
15.00～15.99	15.50	88	14.31
16.00～16.99	16.50	181	29.43
17.00～17.99	17.50	178	28.94
18.00～18.99	18.50	114	18.54
19.00～19.99	19.50	33	5.37
合 计	115.5	615	100.00

思考题

一、名词解释

毛纤维、细羊毛、套毛、粗长羊毛、植物质率、同质毛、半细毛、抓毛、平顶毛丛、普通净毛率、异质毛、支数毛、绒毛、圆锥毛丛、毛基净毛率、导向毛、级数毛、粗毛、带辫毛丛、封闭式毛被、边坎毛、两型毛、死毛、摩擦效应、原毛(污毛)、鳞片度、弱节毛、腔毛、品质支数、簇生毛、缩绒性、洗净毛、春毛、油汗高度、毛丛长度、伏毛、秋毛。

二、简答题

1. 我国绵羊品种有哪几大类？各品种毛的主要用途是什么？

2. 羊毛单根纤维的宏观形态特征是怎样的？羊毛纤维由外向内由哪几层组成？各层的一般分布规律如何？各层对纤维性质有什么影响？

3. 评定毛条中羊毛细度的指标有哪几项？概述毛纤维细度与毛纤维其他性质的关系。

4. 在羊毛长度分布的一次累计曲线上用作图法可测得几项长度指标？

5. 评定毛条中羊毛长度的指标有几项？

6. 原毛分级中长度用什么指标表示？如何测量？

7. 羊毛纤维为什么会有卷曲？卷曲指标是什么？卷曲与纺纱性能、成品品质有什么关系？

8. 羊毛纤维的化学组成及化学性质足怎样的？

9. 毛纤维中常有哪些杂质疵点？有何特点？怎样表达？

10. 羊毛的品质评定包含哪几方面的内容？其核心指标是什么？

11. 什么叫缩绒？毛纤维缩绒的实质和机理是什么？基本条件有哪些？对后道加工及产品有何影响？

12. 摩擦效应和鳞片度的物理概念是什么？其大小说明了什么？

三、问答题

1. 列举纺织用毛类纤维的品种，其中以那类数量最多？特种动物毛各有哪些主要特点？

2. 毛丛长度与伸直长度的差异大小反映原毛的什么特征？

3. 油汗高度是反映什么内容的指标？它的大小说明了什么？

4. 毛纤维工艺性质包含哪几项？其中哪两项对纺纱工艺最重要？分别说明它们与产品质量及加工工艺的关系。

四、计算题

1. 某批羊毛梳片式长度仪测得的原始数据见表3－18，计算：

表3－18 梳片式长度仪测得的原始数据

长度组距(mm)	组中值(mm)	各组纤维重量(mg)	长度组距(mm)	组中值(mm)	各组纤维重量(mg)
0～10	5	10	90～100	95	183
10～20	15	32	100～110	105	143
20～30	25	79	110～120	115	101
30～40	35	137	120～130	125	66
40～50	45	207	130～140	135	25
50～60	55	258	140～150	145	9
60～70	65	352	150～160	155	4
70～80	75	305	160～170	165	1
80～90	85	228	$\sum$		2140

(1)以重量为权(Barbe 系列)的平均长度、长度均方差、长度变异系数及短毛率。

(2)换算出以截面为权(Hauteur 系列)的平均长度、均方差及变异系数。

(3)画小长度—重量频率分布曲线、一次累积曲线和一次累积曲线。

(4)画出长度—单位长度重量频率分布曲线及其一次累积曲线和二次累积曲线。

(5)在长度—单位长度重量频率分布曲线上,用四分位作图法求得最长长度、交叉长度、有效长度、中间长度、短纤维率和长度差异率六项指标。

2. 某批羊毛的直径原始数据见表3-19,计算:

表3-19　羊毛直径原始数据

直径组距(mm)	组中值(mm)	各组根数	直径组距(mm)	组中值(mm)	各组根数
7.5~10.0	8.75	2	27.5~30.0	28.75	28
10.0~12.5	11.25	6	30.0~32.5	31.5	13
12.5~15.0	13.75	20	32.5~35.0	33.75	8
15 0~17.5	16.25	53	35.0~37.5	36.25	2
17.5~20.0	18.75	66	37.5~40.0	38.75	1
20.0~22.5	21.25	90	40.0~42.5	41.25	0
22.5~25.0	23.75	67			
25.0~27.5	26.25	44	总计		400

(1)平均直径、直径均方差及变异系数、粗腔毛率,并画出细度分布曲线。

(2)查知品质支数低。

(3)由平均直径换算出线密度和公制支数。

(4)求该批纤维在保证纱线品质和良好纺纱状态下的最低可纺特数是多少?该纱的理论不匀是多少?

第四章 蚕 丝

本章知识点

1. 蚕丝的种类、形成及形态结构。
2. 蚕茧的性状。
3. 蚕丝的主要性能与检测。

第一节 蚕丝的种类

蚕丝的品种视蚕或茧的品种而异,蚕分为家蚕与野蚕两类。家蚕以桑叶为饲料,也称桑蚕。桑蚕茧制成的丝称桑蚕丝,因为是在室内饲养的,所以也叫家蚕丝,桑蚕丝质量最好,是天然丝的主要来源,俗称真丝、厂丝。野蚕有柞蚕、蓖麻蚕、天蚕、樟蚕和柳蚕等数种,有的可在室外放养,所食饲料亦各不相同,其中以在柞树上放养的柞蚕为主,柞蚕茧可以制成柞蚕丝,是天然丝的第二来源。其次还有天蚕茧可以缫制成天蚕丝,天蚕丝较为昂贵,可作为高档的绣花线。其他野蚕结的茧不易缫丝,一般切成短纤维用作绢纺原料或拉制丝绵。

桑蚕与桑蚕丝的分类如下。

1. 根据产地分 桑蚕有中国种、日本种、欧洲种三个系统。

2. 根据化性分 化性是指蚕在一年内孵化的次数,在自然温度下一年孵化一次的为一化性,孵化两次的为二化性,其余以此类推,其中以一化性的丝质量最佳。

3. 根据脱皮回数分 桑蚕可分为三眠蚕、四眠蚕和五眠蚕等。

4. 根据饲养季节分 桑蚕可分为春蚕、夏蚕、秋蚕。

5. 根据茧色分 桑蚕茧可分为白茧、黄茧和肉色茧等。

6. 根据亲本纯杂分 桑蚕有纯种与杂交种,现行普通种大多为中日交杂种。

上述分类方法虽有多种,但在工业应用中主要是根据所食饲料与饲养方法的不同分为家蚕丝和野蚕丝。由于野蚕丝中可以用长丝形式作为丝织原料的只有柞蚕丝,因此一般把桑蚕丝和柞蚕丝称为天然丝的两大部分,而其中又以桑蚕丝为主。柞蚕丝可按煮、漂茧的方法及使用化学药剂的不同分为药水丝和灰丝。柞蚕茧主要产自我国东北,柞蚕丝亦是一种珍贵的天然纤维,具有天然淡黄色和珠宝光泽,用它织造成的丝织品平滑挺爽、坚牢耐用、粗犷豪迈。

第二节 蚕丝的形成、形态结构

一、茧丝的形成

(一) 绢丝腺

蚕的一生由卵、幼虫、蛹和成虫四个阶段组成。幼虫一般称为“蚕儿”。蚕儿的一生要脱皮四次,即有五个龄期。一龄的小蚕儿又称蚁蚕,五龄结束时称熟蚕,在蚕儿的食管下面有一对用以形成蚕丝的半透明的管状腺体分别在蚕体的两侧,称为绢丝腺。当蚕儿成为熟蚕时,蚕体内的一对绢丝腺已发育成熟。绢丝腺的后端是闭塞的,整个腺体由后部丝腺、中部丝腺、前部丝腺和吐丝部(包括回合部、压丝部和吐丝口)等几部分组成,如图 4 -1 所示。

桑蚕的饲料是桑叶(柞蚕的饲料是柞树叶),桑叶在许多植物中是最富含蛋白质的,约含 6%,蚕儿能吸收其中的 60%,并把 1/4 供于形成绢丝腺中的丝腺细胞,也就是说在桑叶中大概有 0.9% 的蛋白质进入卷丝腺成为成丝物质,或称为绢物质。后期蚕儿成熟的最后一周内,其生长已达极度,蚕体本身对蛋白质的需要已经减少,这样随着大量食桑而吸进的氨基酸便逐渐过剩,因而促使绢丝腺能在这一环境条件下迅速生长,并通过血液把大量吸进的氨基酸合成为蛋白质。这种在绢丝腺中生成的蛋白——成丝物质,是一种黏性强的胶状液,因此常称之为液状绢,它包含着丝素和丝胶两部分物质。

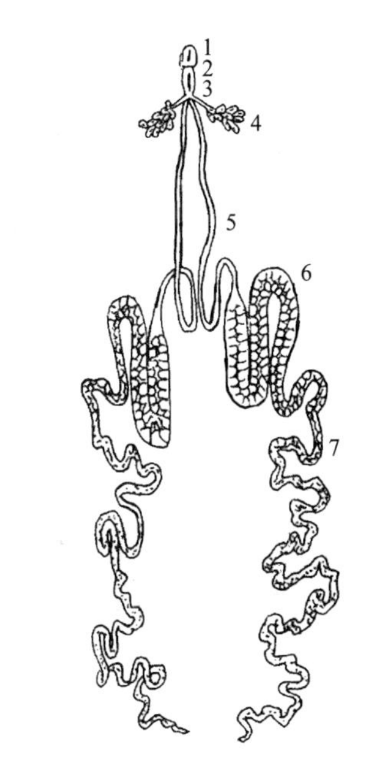

图 4 -1 家蚕绢丝腺

1—吐丝部 2—压丝部 3—会合部 4—黏液部 5—前部丝腺 6—中部丝腺 7—后部丝腺

(二) 茧丝的形成过程

绢丝腺的各个部分在将储存于腺体中的液状绢转变成蚕丝的过程中起着不同的作用。后部丝腺分泌丝素物质,并由蚕儿体壁肌肉的收缩向前推进至中部丝腺,中部丝腺分泌丝胶,包覆于丝素的表面。达到前部丝腺时,丝素在内,丝胶在外,在经过黏液腺、回合部,使左右两侧的两组绢丝液汇合,由于吐丝部的压缩作用及蚕儿头部摆动的牵引力,液状绢丝液从蚕儿口中排出体外时,在前部空气中凝固硬化成一根蚕丝。

蚕儿老熟吐丝结茧时,先在蚕族上寻找适当的位置,吐出一些丝缕攀绕在蚕族上,作为结茧的骨架,然后吐出一些零乱的丝圈,做成初步具有茧子轮廓的茧衣。接着开始以有规划的形式进行吐丝,每吐出 15 ~ 20 个丝圈,更换一次吐丝位置,很多丝圈的相互重叠。构成茧层。吐丝终了时,吐丝形式变得无规则,丝缕细弱而排列紊乱,构成蛹衣(或蛹衬),这样,吐丝结茧就完成。

(三) 茧丝的排列形式

茧丝在茧层中的排列形式,分为 S 字形和 8 字形两种,如图 4 -2 所示。茧层的外层大部分是S字形排列，小部分是8字形；趋向中内层，S字形逐渐减少，而8字形逐渐增多；到接近蛹衬部分，几乎完全是8字形。就成茧时的胶着效果来说，8字形胜于S字形，就缫丝时的离解效果而言，则S字形优于8字形。一般说来，圆形和椭圆形的蚕茧多取S字形，束腰形多为8字形；中国种多为S字形，日本种多为8字形；上蔟成茧时温湿度适中的多为S字形，高温、低湿的多为8字形。

茧丝在蚕茧上的排布规律可用振幅和开角两个参数来表示。吐丝时蚕儿头部左右摇摆的幅度称为振幅，丝环的短径称为纵幅。开角的意义如图4－3所示，它可被用来综合表示振幅和纵幅间的关系，说明丝环的形状特点。环形大的蚕茧由于重叠少、丝长长、干燥快，缫丝效率高。一般中国种蚕的环形大、振幅大、开角大而累重少。在上蔟时高温则环形大、振幅广而开角小、累重多；低温则环形小、振幅狭而开角适中、累重少。

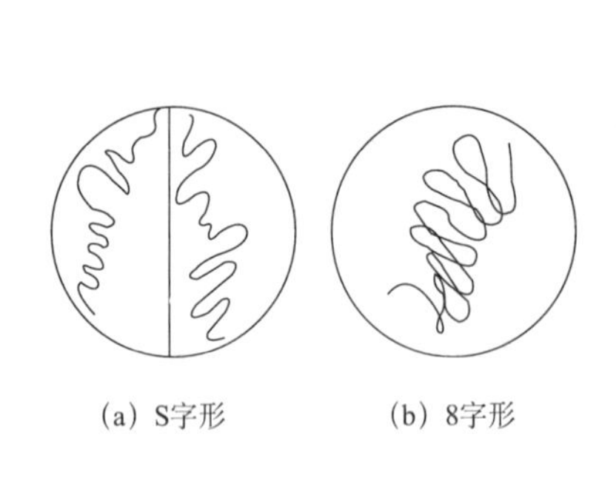

图4－2 茧层上茧丝排列示意图

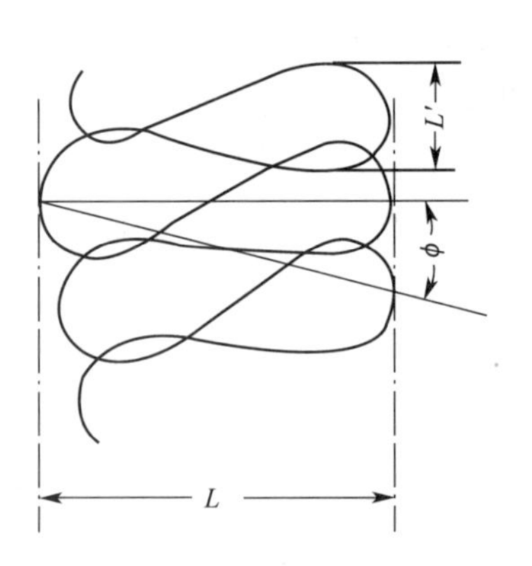

图4－3 吐丝时的振幅与开角

L—振幅 L'—纵幅 ϕ—开角

二、茧丝的形态结构

由茧丝的形成过程可知，每根茧丝中包含有来自两侧绢丝腺的两根丝素纤维，在光学显微镜下观察，茧丝的断面好似一副眼镜，它包含有两根外形接近于三角形的丝素纤维，而包覆在它周围的则是一层非纤维状的丝胶。茧丝截面形态如图4－4所示，一粒茧上的整根茧丝素的三

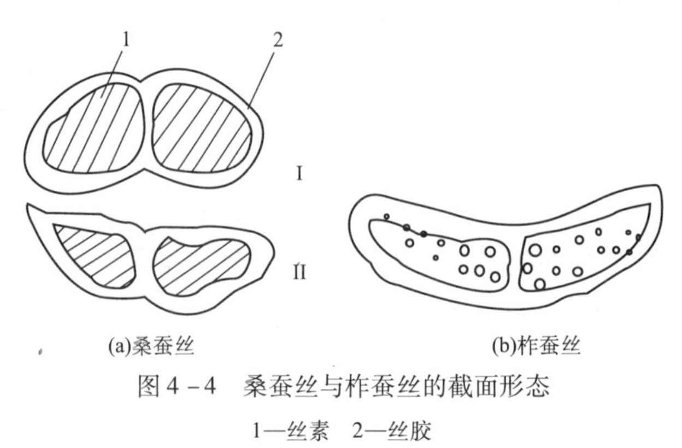

图4－4 桑蚕丝与柞蚕丝的截面形态

1—丝素 2—丝胶

Ⅰ—桑蚕丝外层 Ⅱ—桑蚕丝内层

角形由外层到内层逐渐由比较圆钝变为扁平。一根丝素的平均截面积约为80μm^2。通过电子显微镜可以观察到,每一根丝素大约由2000根直径为0.1~0.4μm(100~400nm)的巨原纤构成。

由于茧丝的截面形状近似椭圆形,一般采用扁平度、充实度指标来描述其截面形状。

(一)扁平度

扁平度亦称直径比,是茧丝截面的短径与长径之比,用字母C表示。一般桑茧丝的短径为11.11~12.93μm,长径为15.33~16.98μm,扁平度为0.82~0.76。

$$C = \frac{a}{b} \tag{4-1}$$

式中:a——短径;

b——长径。

(二)充实度(完整度)

充实度是茧丝截面的实际截面积与以长径为直径所作外接圆面积之比的百分数,用字母F表示。一般桑蚕丝的截面充实度为50%~70%。

$$F = \frac{S}{S_0} \times 100\% \tag{4-2}$$

式中:S——实际截面积,μm^2;

S_0——以长径为直径所作外接圆面积,μm^2。

茧丝是一种非常细而长的纤维,其线密度平均为3.39~4.05dtex(3.05~3.65旦),茧丝的线密度随蚕的品种、饲养季节而不同。一般春茧较粗,中、晚秋茧次之,夏茧及早秋茧最细。茧与茧之间、一粒茧内线密度也有差异,如一粒茧内,外层茧丝逐渐变粗,然后到中层、内层又逐渐变细。茧丝的长度是指一粒茧所能缫得的丝长,一般春茧丝长为1000~1200m,夏秋茧丝长为700~900m。

三、生丝的缫制

单根茧丝,其线密度和强度等方面不能满足加工和使用的要求,必须将若干根茧丝并合在一起使之成为具有一定的加工和使用性能的复合丝。把茧丝缫制成为复合丝的工艺过程称为制丝。桑蚕丝制成的复合丝成为生丝。生丝上仍残留着部分丝胶,起着保护丝素在加工织造中不被磨损以及把若干根茧丝黏在一起以利于加工织造的作用。有的产品需要在织造前将丝胶脱去,如需漂白、染色的丝,脱去丝胶的丝称为熟丝。

缫丝工艺过程从混、剥、选茧开始,经过煮茧、缫丝、复摇、整理等工序。

(一)混茧

用混茧机将符合混合条件的来自不同产地的蚕茧按一定比例混合,达到扩大茧批,平衡茧质,稳定操作,大量缫制品质统一的生丝的目的。

(二)剥茧

用剥茧机剥掉蚕茧外面一层松乱的茧衣。剥去茧衣容易选茧,称量准确,煮熟较匀且容易鉴别煮熟程度,有利于提高生丝质量。剥下的茧衣纤维细而脆弱,丝胶含量又多,不能用于缫丝,可作为绢纺原料。

(三)选茧

从原料茧中将不能缫丝的茧选除,如双宫茧、畸形茧等。分选茧形大小和色泽不同的茧子。

(四)煮茧

利用水、热和一些化学助剂的作用,使茧丝上的丝胶适当膨润和溶解,使缫丝时茧丝能连续不断地从茧层上依次离解下来。

(五)缫丝

根据生丝规格要求,将经索绪和理绪的数粒茧子的茧丝离解下来并合在一起,并借丝胶的黏着作用而相互黏合制成生丝卷绕在小筒子上。

生丝的常用规格是22.2/24.4dtex(20/22 旦)、21.1/23.3dtex(19/21 旦),一般14.4/16.7dtex(13/15 旦)及以下的称为细规格,30/32.2dtex(27/29 旦)及以上的称为粗规格。由于每根茧丝线密度的变化,缫丝时几粒茧子需外、中、内层搭配使用。

缫丝机按机械化程度分有立缫和自动缫两种,后者主要是将某些手工操作改为由机械所代替;按生丝卷绕形式可分为小筒缫丝和筒子缫丝等,目前在生产中使用小筒缫丝,而筒子缫丝尚在实验中。

(六)复摇

用复摇机把经过平衡给湿的小筒丝片卷绕成大筒丝片并适当干燥,使丝片整形正常,减少切断、硬筒角等疵点。丝片周长(丝织厂使用绞丝周长)为1.5m。

(七)整理

整理是经过把丝片成绞、配色、打包、成件等步骤,达到使丝片保持一定的外形,便于运输和储藏,同时可使丝品质统一的目的。成绞丝有大绞、小绞、长绞之分。每绞丝的重量分别为125g、67g、180g;大绞丝每包16绞,小绞丝每包30绞,重量均为2kg;长绞丝每包28校,重5kg。然后分别由30包和12包成一件,每件重60kg。

四、生丝的形态结构

生丝是由数根茧丝相互抱合并借丝胶黏合而成的。由于茧丝横截面形态为不规则的椭圆形,同时由于缫丝过程中茧粒数的变化等,因此使生丝的横截面有各种各样的形态,因此严格说来,生丝的横截面形状是异形的。将纤维切片在显微镜下观察,可发现生丝截面大部分是椭圆或近似椭圆形的,还有不规则圆形,而且其截面形状和截面积的大小也都是不断变化着的。生丝截面呈扁平状的极少,在丝织工艺上要求生丝应具有圆整的横截面。

采用一粒染色茧混入白色茧缫丝,或用其他方法,观察茧丝在生丝中的排列状况。据研究,茧丝在生丝中沿长度方向基本呈现平行排列的形态;茧丝在生丝中的位置有变化,茧丝之间相互扭转,彼此靠紧又分散;茧丝在生丝中有些部位有规律,有些地方无规律,实际是以不规则的圆锥螺旋线排列而成;茧丝以轻微的曲折的形状固着于生丝中。

生丝形态上的疵点叫生丝颣节。按颣节的形态与大小的不同可分为特大颣节、大颣节、中颣节和小颣节四种。前三种统称为清洁,主要是由于缫丝过程中操作疏忽造成的。小颣节称为洁净,主要是因茧的品种、饲养条件、茧的初步加工不当及缫丝中煮茧、索绪等某些方法不当所至。丝条上存在颣节,织造中容易产生浮经、浮纬、跳花、绸面起毛、急经、急纬等病疵,特别是大中颣节可直接影响到丝织各道工序的断头率,严重时,甚至可能造成飞梭和轧梭。因此,生丝颣节是生丝分级的主要检验项目。

第三节 蚕丝的组成与聚集态结构

一、蚕丝的组成

(一)蚕丝的物质组成

每一根茧丝都是由两种主要物质——丝素与丝胶组成,丝素是纤维的主体,丝胶包覆在丝素外面起保护作用。其次还有少量的蜡质和脂肪,可以保护茧丝免受大气的侵蚀,此外还包含少量的色素和灰分等。以上这些物质的含量并不固定,常随茧的品种以及饲养的情况而有变化。一般桑蚕丝和柞蚕丝的物质组成情况见表4-1。

表4-1 桑蚕丝物质组成

物质组成	桑茧丝(%)	柞蚕丝(%)
丝素	70~75	80~85
丝胶	25~30	12~16
蜡质、脂肪	0.70~1.50	0.50~1.30
灰分	0.50~0.80	2.50~3.20

在这些组成物质中,只有丝素是丝织物所需要的,丝胶以及组成蚕丝的其他成分在加工过程中均需逐步除去。因为丝胶有保护丝素的作用,因此一般织物都要到最后染色与整理时才脱去丝胶。在制丝过程中,应尽量使茧丝中的丝胶少溶失,以便于保护丝素,从而有利于增强生丝在织造加工中的耐磨性,这种带丝胶织造加工的丝织物称为生织物或生货。也有部分是用生丝脱去丝胶(称精练丝)后再进行织造加工的织物,叫熟织物或熟货。一般采用精炼丝这一工艺的都是要求有多种颜色的织物,因其所需颜色的种类无法在织物染色中得到满足。

每一根茧丝内外层的丝胶含量是不等的,一般从内层往外层,茧丝中丝胶的含量是逐渐增加的。因此缫丝时应注意采用内外层茧子的搭配并合来使生丝的线密度稳定。柞蚕丝的丝胶含量比桑蚕丝要少得多,所以柞蚕丝在加工中要特别注意丝素纤维的抱合问题。

(二)蚕丝的化学组成

蚕丝是蛋白质纤维,是一种天然含氮的高分子化合物。组成大分子的基本结构单元(单基)是α-氨基酸,氨基酸是一种既有氨基,又有羧基具有两性性质的有机化合物,它的结构通式如下。

$$NH_2-\underset{R}{\overset{H}{\underset{|}{\overset{|}{C}}}}-COOH$$

每两个相邻的α-氨基酸通过缩聚反应失去一个水分子而连接在一起，把这两个单基键接在一起的是肽键（ $-\underset{O}{\underset{\|}{C}}-\underset{H}{\underset{|}{N}}-$ ），因此有时也把这种氨基酸的残基称为肽基，而形成的分子长链称为肽链或多肽链。氨基酸肽链的联结形式如下。

$$\cdots NH-\underset{R_1}{\underset{|}{CH}}-CO-NH-\underset{R_2}{\underset{|}{CH}}-CO-NH-\underset{R_3}{\underset{|}{CH}}-CO\cdots$$

蚕丝蛋白大分子的肽基上所连接的侧基R是不同的，这是天然蛋白质纤维的一个重要特征，这些带有不同侧基的肽基实际上是各种不同的氨基酸，现在已经知道组成蚕丝丝素（包括丝胶）的氨基酸共有18种之多，但对各种氨基酸的比例尚无十分肯定的结论，需视测定的方法、蚕的品种而异，蚕丝氨基酸组成测定数据见表4-2。

表4-2 蚕丝的氨基酸组成（100g不同品种蚕丝中各种氨基酸含量） 单位：g

氨基酸名称	侧基R结构	苏17×苏16蚕桑茧	日本桑蚕茧		柞蚕茧		蓖麻蚕茧
		丝素	丝素	丝胶	丝素	丝胶	丝素
甘（乙）氨酸 Gly	H—	36.76	42.80	8.80	23.60	14.99	27.80
丙氨酸 Ala	CH_3-	28.61	32.40	4.00	50.50	2.78	50.50
缬氨酸 Val	$(CH_3)_2CH-$	2.76	3.03	3.10	0.95	1.19	0.58
亮氨酸 Leu	$(CH_3)_2CH-CH_2-$	0.68	0.68	0.90	0.51	0.99	0.50
异亮氨酸 ILeu	$(CH_3)(C_2H_5)CH-$	0.89	0.87	0.60	0.69	0.80	0.68
脯氨酸 Pro	H_2C-CH_2, H_2C, $CHCOOH$, N, H（五元环）	0.45	0.63	0.50	0.44	1.91	0.55
苯丙氨酸 Phe	$C_6H_5-CH_2-$	1.22	1.15	0.60	0.52	0.60	0.35
胱氨酸 Cys	$-CH_2-S-S-CH_2-$	0.13	0.03	0.30	0.04	0.18	0.01

续表

氨基酸名称	侧基 R 结构	苏 17 × 苏 16 蚕桑茧	日本桑蚕茧		柞蚕茧		蓖麻蚕茧
		丝素	丝素	丝胶	丝素	丝胶	丝素
色氨酸 Try	(吲哚环)—CH_2—	0.42	0.36	0.50	1.14	—	0.70
甲硫氨酸 Met	$CH_2—S—CH_2—CH_2—$	0.14	0.10	0.10	0.03	0.13	0.02
苏氨酸 Thr	$CH_3—CH(OH)—$	1.07	1.51	8.50	0.69	14.96	0.72
丝氨酸 Ser	$HO—CH_2—$	11.06	14.70	30.10	11.30	22.63	7.00
酪氨酸 Tyr	$HO—C_6H_4—CH_2—$	12.71	11.80	4.90	8.80	4.92	1.07
天门冬氨酸 Asp	$HOOC—CH_2—$	2.33	1.73	16.80	6.58	12.25	4.48
谷胱氨酸 Glu	$HOOC—CH_2—CH_2—$	1.82	1.74	10.10	1.34	6.74	1.23
精氨酸 Ary	$H_2C(HN=)C—N(H)—CH_2—CH_2—CH_2—$	0.93	0.90	4.20	6.06	5.45	3.81
组氨酸 His	(H—CH=, HC, C—CH_2—, N-H 咪唑环)	0.43	0.32	1.40	1.41	2.50	1.74
赖氨酸 Lys	$H_2N—CH_2—CH_2—CH_2—CH_2—$	0.51	0.45	5.50	0.26	1.47	0.46

（三）蚕丝的氨基酸性质

由表 4－2 所列氨基酸的组成情况，可以说明以下六点。

（1）按这些氨基酸中氨基和羧基的含量多少，可以把蚕丝的 18 种氨基酸区分为中性（氨基数等于羧基数）、酸性（氨基数少于羧基数）和碱性（氨基数多于羧基数）三种类型。具有酸碱反应能力的氨基酸，对工艺加工来说具有十分重要的意义。

①中性氨基酸：甘氨酸、丙氨酸、缬氨酸、亮氨酸、异亮氨酸、脯氨酸、苯丙氨酸、色氨酸、胱氨酸、蛋氨酸、丝氨酸、苏氨酸、酪氨酸 13 种。

②酸性氨基酸：天门冬氨酸和谷氨酸。

③碱性氨基酸：精氨酸、组氨酸和赖氨酸三种。

（2）按这些氨基酸所带的侧基 R 上是否含有极性基团，以及这些极性基团的极性大小来分，又可以把它们分为极性和非极性两种类型。在极性中可再分强极性和略带亲和性两种，这几类氨基酸和丝素纤维的聚集态结构有很密切的关系。

①非极性氨基酸：甘氨酸、丙氨酸、缬氨酸、亮氨酸、苯丙氨酸和胱氨酸等。

②略带亲和性的氨基酸:脯氨酸、色氨酸等。

③强极性氨基酸:丝氨酸、组氨酸、赖氨酸、精氨酸、天门冬氨酸、谷氨酸、苏氨酸、酪氨酸等。

(3)按侧基的族性,又可以把它们分为脂肪族、脂环族、芳香族和杂环族四族。按侧基R的大小分,属于侧基较大的氨基酸有脯氨酸、胱氨酸、精氨酸、组氨酸和赖氨酸等,属于小的则有甘氨酸、丙氨酸、丝氨酸等。

(4)组成桑蚕丝丝素的氨基酸虽有18种之多,但每种氨基酸占据的比例是不一样的,其中侧基小的甘氨酸、丙氨酸、丝氨酸占总量的79%,再加上酪氨酸,比例则上升到89%,其余14种氨基酸之和只占11%。这两种比例数字对液状丝素的纤维化以及纤维的加工性能有很重要的意义。因此,丝素大分子的多肽链是由甘氨酸、丙氨酸、丝氨酸、酪氨酸残基按一定规则排列的部分和其他氨基酸残基无规则排列部分交错嵌段聚合而成的。

(5)丝胶中所含有的氨基酸种类虽然和丝素一样,但各种氨基酸所占比例则相差很大。丝胶中丝氨酸、天门冬氨酸和谷氨酸等侧基较小的氨基酸占总量的60%;性能活泼的氨基酸在丝胶中占有很大比例,其中含量最多的是极性氨基酸,其次是酸性和碱性氨基酸;侧基含羟基的氨基酸比例达43%,导致丝胶分子排列的松散和具有良好的水溶性。

(6)与桑蚕丝比较,柞蚕丝的化学组成的最大特点是丙氨酸多于甘氨酸,而桑蚕丝是甘氨酸多于丙氨酸;作为主要成分的酪氨酸和丝氨酸仍然占有较大的比例,但比桑蚕丝要小。此外,在较大侧基的氨基酸中的天门冬氨酸、精氨酸和色氨酸的含量也都要比桑蚕丝多几倍。总的来讲,在柞蚕丝的氨基酸组成中,侧基比较大的氨基酸所占比例要比桑蚕丝大。

二、蚕丝的聚集态结构

蚕丝多肽大分子之间的结合力有范德华力、氢键、双硫键、酯键、盐式键等,在大分子的各种结合力中,氢键结合力起着主要作用,这种氢键无论在大分子之间或各分子链段之间均可形成。通过大分子间的作用力就形成了具有一定空间结构的蛋白质大分子。

(一)丝素的聚集态结构

1. 丝素大分子的形态结构 采用先进的测试技术对桑丝丝素测定,结果发现丝素大分子的空间结构主要以β型结构为主。β型结构是一种基本伸展同时略带折曲的长链结构,分子链上相邻两个肽基在空间的方向恰好相反,其键长、键角及大分子空间构型如图4-5所示。经计算,两个肽基间的理论长度应为0.727nm,而实测只有0.645~0.697nm,这说明大分子在空间存在着垂直于图示方向的轻微折曲。

这种充分伸展的β型分子链之间,以反平行排列的形式由氢键将它们紧密地结合起来,形成丝素分子的片状折叠结构,如图4-6~图4-8所示。

2. 丝素的晶区和非晶区 β型构象为主的丝素大分子在空间呈片状折叠结构,一般认为包括结晶区和非结晶区,整条肽链同时贯穿结晶区和非结晶区。结晶区是由侧基小的氨基酸排列成比较紧密整齐有序的结构,非晶区由侧基大的氨基酸聚合成比较疏松无序的结构。

在丝素的晶区,主要是由乙氨酸、丙氨酸和丝氨酸等侧基简单的氨基酸残基组成排列紧密的带有轻微折曲的“薄片”,这种“薄片”依靠分子间的范德华力再进一步重叠形成晶体结构。

丝素的非晶区是由所有的氨基酸残基组成的大分子，侧基大而含有大量的极性基团，妨碍肽链整齐紧密的排列而形成无定形状态。

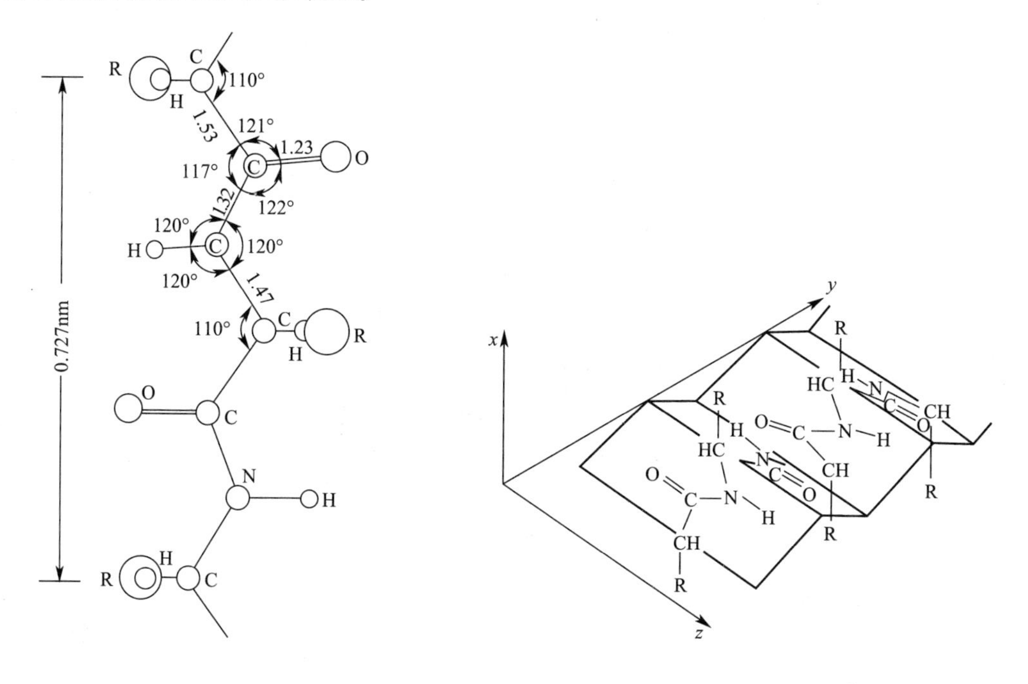

图 4－5　丝素的 β 型多肽长链分子

图 4－6　丝素大分子的片状折叠结构

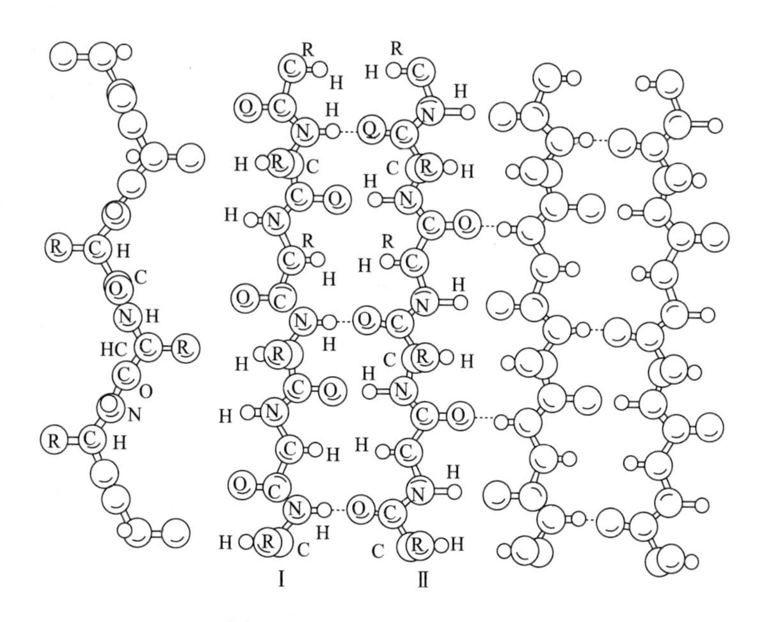

图 4－7　反平行排列示意图

丝素纤维的聚集台结构，属于樱状原纤结构。丝素的结晶度，不同测定方法所得结构有些差异，一般为 40% ~60%。

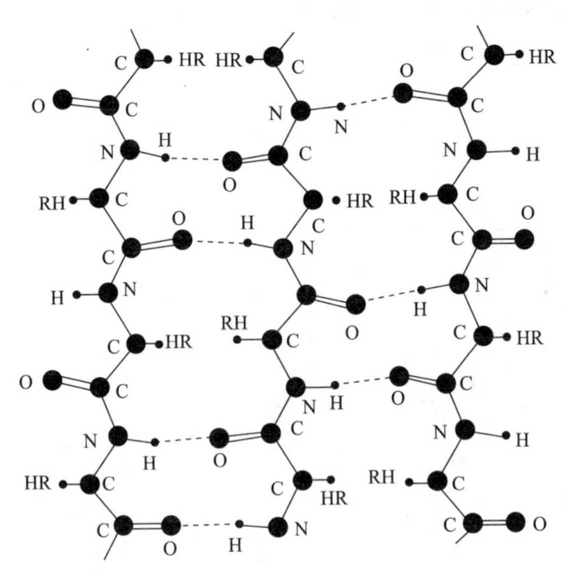

图 4-8 多肽分子间的连接方式

(二)丝胶的聚集态结构

1. 丝胶的层状结构 丝胶中各种氨基酸的含量与丝素相比有很大的不同,侧基较大的氨基酸以及侧基中含羟基的氨基酸在丝胶中占多数,导致丝胶分子排列的松散和具有良好的水溶性。近年来,随着实验技术的进步,人们逐渐认识到丝胶是一种复合蛋白。按此观点,包覆在丝素周围的丝胶可分成四层,自外向内分别被称为丝胶Ⅰ、Ⅱ、Ⅲ、Ⅳ,丝胶的这种层状结构又称为丝胶的复合性。这四种丝胶的溶解性能依次减弱,这主要是因为由外层到内层,丝胶中反应性能较活泼的极性氨基酸含量在递减,而结晶度却在递增,故最里层的丝胶Ⅳ最难溶解。结晶度提高以后,丝胶分子空间结构的密实程度必定要提高,同时长链分子可能和水分子接触的极性基团数也会相应减少。在热水中溶解后所得丝胶组分的结晶度百分比为3.0∶18.2∶32.5∶37.6。各层丝胶的含量见表4-3。

表4-3 四种丝胶的含量

材 料	溶解条件	丝胶组分(%)			
		丝胶Ⅰ	丝胶Ⅱ	丝胶Ⅲ	丝胶Ⅳ
茧丝	热水(98℃)	41.2	38.1	17.9	2.8
茧丝	pH=9 硼酸盐缓冲液	42.3	37.2	17.8	2.7

从表4-3中可以看出,四种丝胶组分的比例关系大致为丝胶Ⅰ∶丝胶Ⅱ∶(丝胶Ⅲ+丝胶Ⅳ)=4∶4∶2。内层丝胶的含量较少。丝胶Ⅰ和丝胶Ⅱ中极性氨基酸的含量较高水溶性好,而丝胶Ⅳ中的极性氨基酸含量极低,故溶解性差。

2. 丝胶的分子形态 丝胶蛋白质分子的形态结构,主要有充分伸展的β型(占60%~70%)和无规线团型(占35%~25%),其大分子在空间盘曲成球状或椭圆状。

3. 丝胶的变性　丝胶的变性是因多肽长链的空间结构发生变化的结果。丝胶在受到温度、湿度、射线和化学药剂等外界重要条件的作用下，其空间结构的改变导致丝胶的膨润和溶解性能的下降，称为变性。变性主要发生在丝胶Ⅰ和丝胶Ⅱ中，因为这两类丝胶中的分子基本都是无规线团的构象，在湿热条件下，这种无规线团型的丝胶分子一旦吸湿，吸着的水分子会切断分子内的氢键等次价键，解开弯曲结构为伸展结构，从而变成β型。如果把原有的湿热条件解除，重新放湿除去水分子，只能使已取得β型构象的分子链部分回复为无规线团型，则整个丝胶分子的空间结构形态发生了变化。在加热条件下，这种变化将加速进行，从而导致丝胶的溶解性下降。生产中，在高温多湿下结的茧子或收烘茧中处理不当，保管中反复吸、放湿等都会使丝胶变性，致使茧的解舒性能变差，最终导致坯绸精炼时丝胶不易脱去而造成疵点。

第四节　蚕茧的性状

一、蚕茧的外形质量

（一）蚕茧的形态

通常将桑蚕茧的形态分成球形、卵形、椭圆形、榧子形和束腰形五种。中国种多球形与椭圆形，如图4－9所示。日本种多深束腰形，欧洲种多浅束腰形，杂交种的茧形则多介于二者之间。柞蚕茧常见为椭圆形，带茧柄，如图4－10所示。球形与椭圆形的蚕茧，茧层厚薄均匀，茧丝的分布也比较均匀，所以加工效率较高；束腰形茧由于束腰部分茧层较厚、茧丝间胶着重和组织紧密，所以加工效率不及前两种茧，但束腰程度浅的影响不大；加工效率，最差的是两端尖锐的蚕

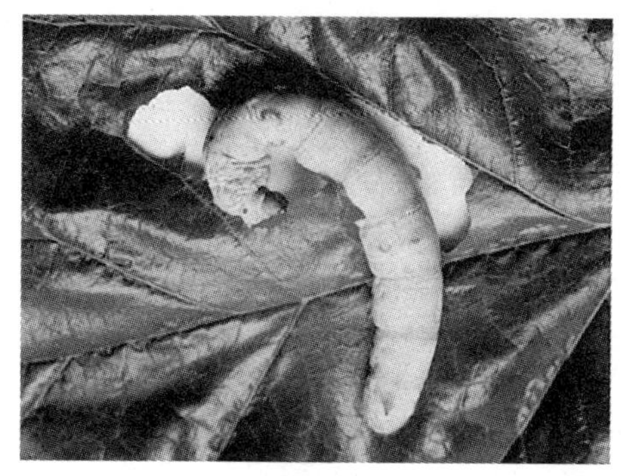

(a)桑蚕

(b)成茧

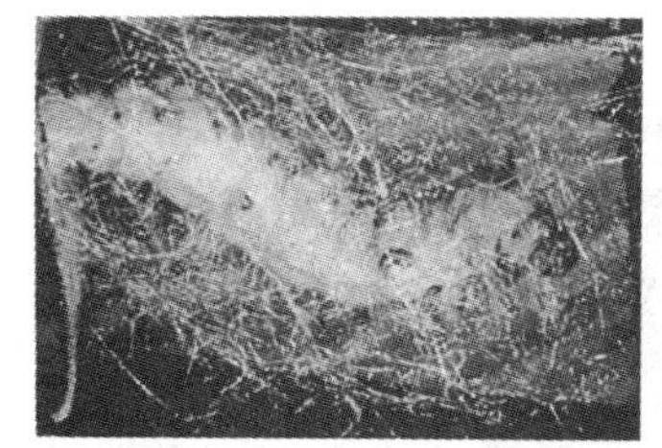

(c)开始结茧

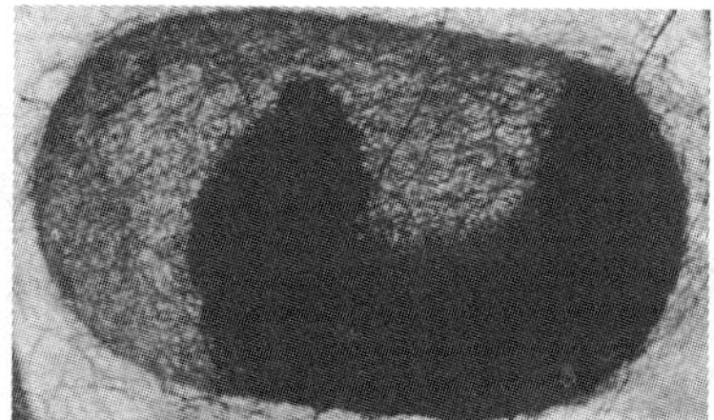

(d)出现雏形

(e)结成茧

图4－9　桑蚕及其成茧

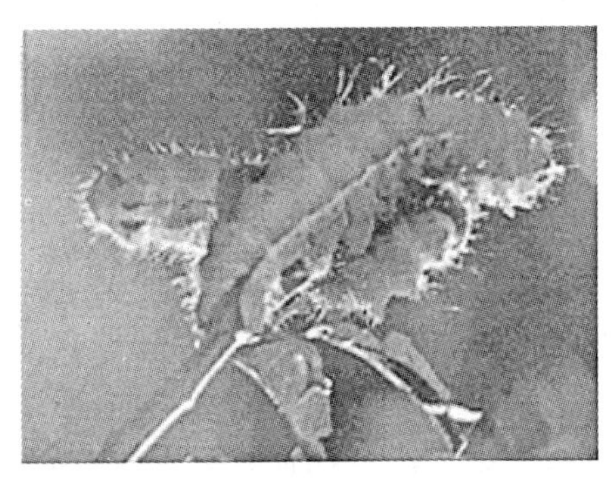

(a) 柞蚕

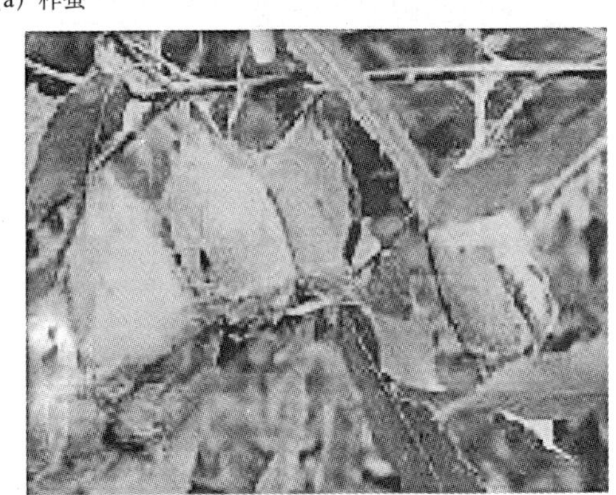

(b) 柞蚕茧

图 4-10 柞蚕及其成茧

茧,这是因为尖头部分较薄,组织松懈,易于穿孔。

刻画茧形特征的指标主要是狭隘度和束腰度。前者用长短径之比来表示;后者则用平均宽度和平均束腰程度之比来表示。

$$狭隘度 = \frac{b}{a} \tag{4-3}$$

$$束腰度 = \frac{d}{\frac{1}{2}(d_1 - d_2)} \tag{4-4}$$

式中:a,b——椭圆的长径和短径;

d,d_1,d_2——束腰部直径和上、下两个半球的直径。

(二)茧形的大小

表示茧形大小的方法有两种,即一种是单位体积(或面积、重量)中的茧粒数来表示,常见的是每升粒数,称为集体表示法;另一种是通过测量蚕茧的长短径,即茧长和茧幅来表示的,称为个体表示法。我国现行桑蚕茧品种的每升粒数为 70~100 粒,茧长为 25~33mm,茧幅为15~23mm。柞蚕茧茧长为 42~47mm,茧幅为 22~24mm。

工厂为充分掌握茧质情况,常抽取定量样茧(桑蚕茧 100~150 粒),量取茧幅计算平均茧幅等指标,以方便工艺设计。

茧形大小主要决定于品种，桑蚕茧欧洲种大；日本种小，中国种居中。茧形大而短的，纤维粗、茧丝长、粗细不均匀程度大；反之则茧丝短、纤维细、粗细不均匀程度小。

（三）茧的色泽

桑蚕茧的颜色大致分白色和黄色，亦有淡红色、米色、淡绿色、嫩竹色等。柞蚕茧则以黄褐色居多。蚕茧的色素主要含于丝胶中，因此通过精练一般可褪去。茧色与蚕的品种及饲养条件有关，其中遗传因素是主要的，如蚕的消食管和绢丝腺对色素的通过性能和合成能力即可因蚕的品种不同而有差异，所以有时即使食同一种桑叶也会结成不同颜色的蚕茧。其次饲育及蚕茧堆放的条件也会对茧色产生重要影响，如在多湿的环境条件下饲育或堆放时，由于这一环境有利于能分泌酪氨酸酶的细菌繁殖，而这种酶能和丝胶中的酪氨酸起氧化作用生成黑色素，使茧色变暗。有色茧的色素对加工效率的影响不一，它们中有的是酯溶性色素（如黄、红茧），有的是小溶性色素（如绿、白茧），前者对加工不利，后者则恰恰相反。蚕茧的光泽与茧层及茧丝的特征有一定的联系，它主要表现在以下两个方面。

（1）可根据镜面反射和漫反射在整个反射光中所占比重来判明茧层表面的平滑与粗糙程度。前者以镜面反射为主，后者以漫反射为主。

（2）茧层的颜色不同，反射光的能量必也不相同，因为色深的易吸收，色浅的易反射。

（四）蚕茧的缩皱

蚕茧表面的凹凸皱纹称为缩皱。形成缩皱的原因是由于蚕儿营茧的顺序是由外至内，因此丝缕的干燥也是由外至内，这样当内层干燥时，已干燥的外层就会因内层的干燥收缩而被牵引成缩皱状，这也是缩皱为什么呈逐层分布的原因。不过当干燥到最内层以后，由于此时外层已十分厚了，内层干燥收缩的牵引力已不足以将它拉动，所以这几层应是比较平滑的，并无缩皱现象。缩皱的程度可以用一定面积中凹凸皱纹的突起个数来表示。

（五）茧层的厚度

茧层的厚度除可以用厚度计直接测量外，也可用单位面积的重量来间接衡量。每粒桑蚕茧各个部位的厚度并不一样，一般是两头薄中间厚，无束腰形的蚕茧是膨大部最厚。一般桑蚕茧的茧层厚度为0.36～0.80mm，茧层厚时丝量多，薄时丝量少。厚薄不匀的蚕茧，加工效率和成品质量都不会好。

二、蚕茧的工艺性状

（一）全茧量、茧层量与茧层率

全茧量即茧重，包括茧层、蛹、脱皮三部分重量之和，实际是指剥掉茧衣后的光茧重量。鲜桑蚕茧一般1.5～2.5g/粒，柞蚕茧为8g/粒左右。茧层量则是指茧层的绝对重量，桑蚕茧一般为0.3～0.8g/粒，柞蚕茧为0.75g/粒左右。茧层量对全茧量的百分比为茧层率，桑蚕茧鲜茧的茧层率一般为18%～25%，干茧为45%～52%；柞蚕茧一般为10%左右。

（二）茧丝量

茧丝量是指一粒茧所能缫得的丝量。丝量越多，茧质越好。优良的桑蚕茧一般能缫得茧层量的85%，柞蚕茧为60%。表示茧丝量的指标有以下三种形式。

1. 茧层缫丝率 茧层缫丝率指缫得的丝量占蚕层总量的百分率。鲜桑蚕茧的茧层缫丝率为71%～88%，干桑蚕茧为68%～85%。

2. 出丝率 出丝率又称丝量率，是指缫得的丝量和全茧量之比。鲜桑蚕茧的出丝率为10%～18%，干桑蚕茧的出丝率，春茧为35%～43%，夏秋茧为26%～34%。根据定义，出丝率、茧层率和茧层缫丝率这三个指标之间应有如下的关系。

$$出丝率 = 茧层率 \times 茧层缫丝率$$

3. 缫折 缫折指每缫100kg生丝所需的原料茧量，有两种表示方法，如303kg的茧可缫100kg的生丝，则缫折可以表示为303（直接法），或表示为3.03（比值法）。其实后一种的表示方法已经将概念变为3.03kg的原料茧可缫1kg生丝。该指标又因用以比较的基础是光茧（指经过选剥加工的茧）还是毛茧而分为光折和毛折两种指标，光折是指缫制100kg生丝所需的光茧量，毛折为毛茧量。毛茧经过选剥后能上车缫丝的光茧称为上车茧，上车光茧量与毛茧量的百分比称为上车率。

根据定义可知，缫折与出丝率的乘积是一个常量，其实也是一个问题的两种表示方法。缫折与出丝率之间应有如下关系。

$$缫折(直接) \times 出丝率 = 1000$$

$$缫折(比值) \times 出丝率 = 100$$

目前，缫折（毛折）桑蚕茧为275～307kg，光折比毛折为10%～12%。

（三）茧丝长

茧丝长是指实际能从蚕茧上缫解出来的有效茧丝长度，通常用来测定这一长度的方法是一粒缫法，即从一粒煮熟的蚕茧上缫解出来的有效茧丝长度，此外还有一种定粒缫法也可用来测定这一长度，此法亦称定绪定粒缫，一般是定绪10绪、定粒8粒，然后按下式计算茧丝长。

$$茧丝长 = \frac{生丝总长 \times 定粒数}{供试茧粒数} \qquad (4-5)$$

茧丝长与茧形、茧重和茧层量等指标有关，茧丝长越长，加工效率越高。

（四）茧丝颣节

茧丝的颣节系指茧丝上固有的缺点，故亦称质颣，即茧丝上的异常纤维部分（瑕疵），也可统称为小颣，有环颣、微粒颣、微毛颣、微尘颣、裂颣、茸毛颣等，其中以环颣为最多。

1. 环颣 环颣又称小圈，是常见的一种颣节，主要是由于8字形环处胶着的丝未能充分离解所致。

2. 微粒颣 微粒颣亦称块状颣，是指茧丝上特别膨大的部分，外形是瘤状。它可分两种类型，一种是由于丝胶膨大堆积而形成的颣节，这是因为在吐丝牵引时，丝胶未能在丝素纤维上形成有规则的排列所致，这类颣节经温水处理即可溶掉；另一种是因丝素纤维突然变粗突出成块状所致，这主要是由于蚕儿吐丝时，内压力因环境条件变化突然增大到超出牵引力范围所致。

3. 微毛颣 微毛颣亦称羽毛颣，或称“发毛”。这是指茧丝中单根纤维发生断裂与干丝分离并披浮在干丝之外形成的一种颣节。这一般是吐丝时牵引力出现异常变化所致。

4. 微尘颣　微尘颣亦称小康颣或雪糙。这是指吐出的蚕丝中有一根纤维长一根纤维短，长的一根呈弓形开裂状包附在另一根纤维上。这一般是由于蚕儿的两根绢丝腺发育不正常所致。

5. 裂颣　裂颣为由于茧丝中的两根纤维有部分开裂形成的颣节，目视为一白色斑点。一般是丝胶密合不良所致。

6. 茸毛颣　茸毛颣亦称微茸，是在丝素主干上分布有分离的微细纤维所造成的颣节，通常它被埋在丝胶中，要经精练染色后才显现，故又称染斑（主要呈染色变淡）。但如利用得当，也能成为一种风格，如砂洗真丝绸。

根据茸毛的特点，凡需要用药品除去一定量丝胶以后才会出现的茸毛称分裂纤维；若未经加药处理即能发现的茸毛称分离纤维。茸毛额的直径大致为0.05～5μm。

造成茸毛颣的原因主要是由于分泌的丝素细胞和丝胶细胞之间没有形成有规律的排列所致。不正常的饲养条件也有一定影响，此外加工时（特别是染色加工）的煮练条件激烈，如压力高、温度高，浓度高、时间长和摩擦多等，也会使茸毛颣急剧增加。

（五）茧的解舒

解舒是指蚕茧在缫丝中被离解的难易程度，它对提高加工效率与成品质量有十分重要的作用。生产中常用三个指标来衡量解舒。

1. 解舒丝长度　解舒丝长度指每添绪一次所缫得的茧丝长度。

2. 解舒率　解舒率指解舒丝长度与茧丝长度的百分比。

3. 解舒丝量　解舒丝量指根据解舒丝长度计算得到的丝重。

蚕茧的解舒能力和蚕儿上蔟时的蔟中环境有很大关系。一般来说，高温高湿的上蔟条件对解舒指标是不利的，其中又以湿度影响最显著，通常要比温度的影响大几倍以上。此外，通风状况良好，即气流速度越高，解舒越好。

第五节　蚕丝的性能与检验

一、蚕丝的主要性能

（一）形态尺寸

桑蚕和柞蚕的茧丝长度和直径的变化范围（内含两根丝素纤维）见表4－4。由表可见，虽然柞蚕茧的茧层量和茧形均大于桑蚕，但因茧丝直径比桑蚕大，所以茧丝长度还是比桑蚕短。茧丝直径的大小主要和蚕儿吐丝口的大小，以及吐丝时的牵伸倍数有关，一般速度越快茧丝越细。

表4－4　茧丝的长度与直径

纤维种类	长度（m）	直径（径向投影宽度）（μm）
桑蚕茧丝	1200～1500	13～18
柞蚕茧丝	500～600	21～30

(二)密度

生丝的密度为1.30~1.37g/cm³,熟丝为1.25~1.30 g/cm³,生丝的密度大于熟丝的原因是丝胶的密度大于丝素。同理,由于一粒茧中,外层丝胶含量最多,因此外层茧丝的密度最大。外层茧丝密度为1.442 g/cm³,中层为1.440 g/cm³,内层为1.320 g/cm³。柞水缫丝密度略小于生丝,为1.315 g/cm³ 左右,这是因为其丝胶含量小于生丝;而柞熟丝密度略大于桑熟丝,为1.305 g/cm³ 左右,这是因为柞丝丝胶难以全部炼除。丝胶的密度大与其吸湿能力强有密切关系。

在天然纤维中桑蚕丝的密度与羊毛接近,比棉、麻纤维小;与化学纤维比,其密度比涤纶、粘胶小,但比锦纶、腈纶、丙纶纤维大。

(三)吸湿性

蚕丝具有很好的吸湿性,柞蚕丝因本身内部结构较疏松,故其吸湿性高于桑蚕丝。在温度为20℃、相对湿度为65%的标准条件下,桑蚕丝的回潮率为11%左右,柞蚕丝达12%左右,其吸湿性在天然纤维中的比羊毛低,比棉纤维高。蚕丝吸湿性好的原因是因为蛋白质分子链中含有大量的极性基因,如—NH_2、—COOH、—OH等,这是蚕丝类产品穿着舒适的重要原因。丝胶中由于极性基因和非结晶区的比例高于丝素,故吸湿性高于丝素。

蚕丝在水中虽不溶解,但浸湿后吸水量还是很大的,一般重量增加30%~35%,而体积膨胀度增加30%~40%。吸湿的多少直接影响到丝的重量,因此为贸易往来公平起见,国际上规定生丝公定回潮率为11%、柞丝为12%,重量是以换算成公定回潮率下的公量来计算的(干燥丝重量加上公定回潮率的水分)。

柞蚕丝的湿强度虽高于干强度10%,但湿伸长要高于干伸长72%左右(桑蚕丝的湿伸长高于干伸长45%),特别是它的吸湿本领又高于桑蚕丝,因此柞水缫丝在湿态极易变形。这是丝织生产中,梅雨季节易出现"明丝紧纬"等疵点的原因,因而必须注意控制车间湿度。

(四)强伸度

生丝的强伸度较好,相对强度为2.6~3.5cN/dtex,在纺织纤维中属于上乘,断裂伸长率在20%左右。生丝的强伸度除与其内部结构有关外,还加工条件有关,如煮茧工艺、缫丝张力、缫丝速度、丝鞘长度等都会影响生丝强伸力。熟丝因脱去丝胶使单丝之间的黏着能力降低,相对强度及断裂伸长率都有所下降。

柞水缫丝的相对强度略低于生丝,而断裂伸长率(25%)则略高于生丝。吸湿后,桑蚕丝强度下降而柞蚕丝强度上升,这些差别因柞蚕丝所含氨基酸的化学组成及聚集态结构与桑蚕丝不同所致。

(五)色泽

生丝的色泽是指生丝的颜色与光泽。丝的颜色随原料茧的不同而有差异,其中最常见的是白色和淡黄色。生丝的色泽在很大程度上体现了它本身的内在质量,如一般春茧丝丝身洁白则表明丝身柔软、表面清洁、含胶量少、强力和耐磨性较差;而秋茧丝丝身略黄、光泽柔和,表明含胶量多、强力和耐磨性较好。

光泽是纤维反射光线所引起的一种视觉效果。纺织纤维的光泽很重要。生丝经精炼后具有其他纤维所不能比拟的柔和与优雅的独特光泽。这与丝素具有近似三角形截面形状，丝纤维的原纤结构，以及丝胶包覆丝素的层状结构、单丝表层的排列状态及单丝纤度细等因素有关。

柞蚕丝的颜色一般呈淡黄、淡黄褐色，这种天然的淡黄色赋予柞蚕丝产品一种更加华丽富贵的外观。柞蚕丝的光泽也别具一格，它虽然不及桑蚕丝那样柔和优雅，但却有一种隐隐闪光的效应，人称珠宝光泽。这与柞蚕丝素更为扁平的三角形截面有关。

（六）抱合性

生丝是由几粒茧子的茧丝缫制并合而成，由于丝胶的胶着作用，虽经摩擦茧丝也不易分散开来，此为生丝的抱合力。若生丝抱合力不良，则丝条黏着不牢、裂丝多、强力差、不耐磨，在准备与织造过程中，易发生切断、飘丝、钩挂缠结，因此抱合力是需要经常检测的生丝重要品质之一。生丝的抱合性是指这种丝条抵抗摩擦而不产生披裂的性能。丝胶的存在是生丝具有抱合力的主要原因。生丝的抱合性良好，做经丝的抱合力在 90 次以上时，可不浆丝，整经后直接织造。煮茧时丝胶膨润不足或溶失过多，缫丝中丝鞘的长短都会影响生丝的抱合力。柞水缫丝由于含胶量少，其抱合力远不及生丝，其抱合次数一般为 15 ~ 25 次。因此，柞水缫丝做经丝时，也需上浆方能顺利织造。

（七）酸碱的作用

蚕丝对酸的抵抗能力不如纤维素纤维强，对碱的抵抗能力也比纤维素纤维弱。但不论是酸还是碱都会促使丝素纤维膨润溶解，从而被破坏。蚕丝对碱的抵抗力很弱，较稀的碱液也能侵蚀丝素，并且浓度越大，水解越烈。强酸溶液会损伤丝胶和丝素，但弱酸溶液特别是当 pH = 4.0 时，对丝胶和丝素无损害作用。这主要是因为丝、羊毛等蛋白质纤维的等电点都在 pH = 4.0 左右，从而使它们较耐酸而不耐碱。柞蚕丝也是耐酸大于耐碱，且柞蚕丝对酸碱的抵抗能力均比桑蚕丝强，特别是在有机酸中很稳定。

（八）柞绸水迹

柞绸存在滴水干燥后残留水迹的现象。据分析，这主要是因为柞蚕丝有一定的卷曲性（约 4%），同时柞蚕丝又极易吸湿，且吸湿后产生很大的变形量所致。当柞绸沾上水滴，沾水部分的丝素纤维便会很快吸湿而膨胀，并发生由卷曲至伸直的蠕动，从而表现出较大的局部变形。干燥以后，因收缩力不足以使它回到原来的排列状态，结果就使织物表面造成了光线反射特征的改变、再加上柞蚕丝本身有较强闪光效应，于是便形成了水迹印。

目前克服水迹印的有效办法是采用热固性树脂处理，通过降低柞丝的变形能力来减少光线反射的差异，这样就可以消除或减少水迹印。

（九）其他性能

蚕丝的耐光性差，在光的长时间作用下，不仅丝纤维中的氢键会发生断裂，引起机械性能的恶化，而且白光中的紫外线部分会在有氧和水存在的条件下，通过在酪氨酸和色氨酸残基的氧化而使丝泛黄，如再强烈地加热或加入中性盐等参与作用，泛黄变色就会加剧，如人体发汗引起的泛黄即为一例。试验表明，生丝在日光下曝晒 20 天，强力降低 45%，断裂伸长率减少 50%。

因此在穿着、保管过程中应避免曝晒。

生丝的耐热性较好，比合成纤维好，但比棉、麻差，在 80 ~ 130℃的温度作用下，生丝的强力不受损伤，伸长无明显变化，但生丝硬度增加、色泽泛黄。如加热到 140 ~ 150℃以上，生丝中的氨基酸开始分解，不仅颜色变化，强伸度亦显著下降。

蚕丝是电的不良导体，可以用作电器绝缘材料，如绝缘绸、防弹绸等，用于工业、国防、军事等方面。蚕丝的绝缘性随回潮率的增加而下降。

二、生丝与柞蚕丝的检验

(一)概述

1. 品质检验

(1)主要检验项目：线密度偏差、线密度最大偏差、均匀二度变化、清洁、洁净。

(2)补助检验项目：均匀三度变化、切断次数、断裂强度、断裂伸长断率、抱合次数。

(3)外观检验项目：疵点和性状。

(4)委托检验项目：均匀一度变化、茸毛、单根生丝断裂强度和断裂伸长率。

2. 重量检验 检测毛重、净重、回潮率和公量。

按以上项目进行检验，分别得出各项的结果。再根据生丝分级标准，确定所检丝的等级。生丝品质分级标准见表 4 – 5 ~ 表 4 – 7。

表 4 – 5 生丝品质技术指标规定

主要检验项目	级别 / 指标水平 / 名义线密度	6A	5A	4A	3A	2A	A	B	C
线密度偏差[dtex(旦)]	13.3dtex(12 旦)及以下	1.00(0.9)	1.11(1.00)	1.28(1.15)	1.44(1.30)	1.61(1.45)	1.83(1.65)	2.11(1.90)	2.39(2.15)
	14.4 ~ 16.7 dtex(13 ~ 15 旦)	1.11(1.00)	1.22(1.10)	1.39(1.25)	1.55(1.40)	1.72(1.55)	1.94(1.75)	2.16(1.95)	2.44(2.20)
	17.8 ~ 20.0 dtex(16 ~ 18 旦)	1.17(1.05)	1.33(1.20)	1.50(1.35)	1.72(1.55)	2.00(1.80)	2.28(2.05)	2.61(2.35)	3.00(2.70)
	21.1 ~ 24.4 dtex(19 ~ 22 旦)	1.28(1.15)	1.44(1.30)	1.67(1.50)	1.89(1.70)	2.16(1.95)	2.44(2.20)	2.72(2.45)	3.11(2.80)
	25.6 ~ 27.8 dtex(23 ~ 25 旦)	1.44(1.30)	1.61(1.45)	1.83(1.65)	2.05(1.85)	2.28(2.05)	2.55(2.30)	2.87(2.60)	3.27(2.95)
	28.9 ~ 32.2 dtex(26 ~ 29 旦)	1.55(1.40)	1.72(1.55)	1.94(1.75)	2.16(1.95)	2.39(2.15)	2.66(2.40)	3.00(2.70)	3.33(3.00)
	33.3 ~ 36.7 dtex(30 ~ 33 旦)	1.61(1.45)	1.83(1.65)	2.05(1.85)	2.33(2.10)	2.66(2.40)	3.00(2.70)	3.39(3.05)	3.89(3.50)
	37.8 ~ 54.4 dtex(34 ~ 49 旦)	1.89(1.70)	2.11(1.90)	2.39(2.15)	2.66(2.40)	3.00(2.70)	3.33(3.00)	3.72(3.35)	4.16(3.75)
	55.6 ~ 76.7 dtex(50 ~ 69 旦)	2.16(1.95)	2.50(2.25)	2.83(2.55)	3.22(2.90)	3.66(3.30)	4.16(3.75)	4.72(4.25)	5.38(4.85)

续表

主要检验项目	级别 指标水平 名义线密度	6A	5A	4A	3A	2A	A	B	C
线密度最大偏差[dtex(旦)]	13.3dtex (12旦)及以下	2.87 (2.60)	3.27 (2.95)	3.72 (3.35)	4.16 (3.75)	4.72 (4.25)	5.33 (4.80)	6.05 (5.45)	7.16 (6.45)
	14.4~16.7 dtex (13~15旦)	3.22 (2.90)	3.61 (3.25)	4.00 (3.60)	4.50 (4.05)	5.05 (4.55)	5.66 (5.10)	6.33 (5.70)	7.10 (6.40)
	17.8~20.0 dtex (16~18旦)	3.33 (3.00)	3.77 (3.40)	4.33 (3.90)	5.00 (4.50)	5.72 (5.15)	6.55 (5.90)	7.55 (6.80)	8.66 (7.80)
	21.4~24.4 dtex (19~22旦)	3.72 (3.35)	4.22 (3.80)	4.83 (4.35)	5.49 (4.95)	6.22 (5.60)	7.05 (6.35)	7.94 (7.15)	9.05 (8.15)
	25.6~27.8 dtex (23~25旦)	4.22 (3.80)	4.75 (4.25)	5.33 (4.80)	5.94 (5.35)	6.66 (6.00)	7.49 (6.75)	8.38 (7.55)	9.44 (8.50)
	28.9~32.2 dtex (26~29旦)	4.50 (4.05)	5.05 (4.55)	5.61 (5.05)	6.27 (5.65)	6.99 (6.30)	7.77 (7.00)	8.66 (7.80)	9.66 (8.70)
	33.3~36.7 dtex (30~33旦)	4.61 (4.15)	5.22 (4.70)	5.94 (5.35)	6.77 (6.10)	7.66 (6.90)	8.71 (7.85)	9.33 (8.90)	11.21 (10.10)
线密度最大偏差[dtex(旦)]	37.8~54.4 dtex (34~49旦)	5.55 (5.00)	6.22 (5.60)	6.94 (6.25)	7.71 (6.95)	8.60 (7.75)	9.60 (8.65)	10.77 (9.70)	11.99 (10.80)
	55.6~76.7 dtex (50~69旦)	6.33 (5.70)	7.22 (6.50)	8.21 (7.40)	9.32 (8.40)	10.60 (9.55)	12.04 (10.85)	13.71 (12.35)	15.60 (14.05)
均匀二度变化(条)	20.0 dtex (18旦)及以下	4	8	14	22	32	44	58	74
	21.1~36.7 dtex (19~33旦)	2	4	8	14	22	32	44	58
	37.8~76.7 dtex (34~69旦)	0	2	4	8	14	22	32	44
清洁(分)		98.0	97.5	96.5	95.0	93.0	90.0	87.0	84.0
洁净(分)		95.00	94.00	92.00	90.00	88.00	96.00	84.00	82.0

附级 补助检验项目	(一)	(二)	(三)	(四)
均匀三度变化(条)	0	2	4	4以上

补助检验项目	附级	(一)	(二)	(三)	(四)
切断(次)	13.3 dtex (12旦)及以下	12	18	24	24以上
	14.4~20.0 dtex (13~18旦)	8	14	20	20以上

续表

补助检验项目 \ 附级	(一)		(二)	(三)	(四)
均匀三度变化(条)	0	2		4	4 以上

补助检验项目 \ 附级		(一)	(二)	(三)	(四)
切断(次)	21.1～36.7 dtex (19～33 旦)	6	10	16	16 以上
	37.8～76.7 dtex (34～69 旦)	2	4	8	8 以上

补助检验项目 \ 附级		(一)		(二)	(三)
断裂强度 [cN/dtex(gf/旦)]	CRE	3.44 (3.90)		3.35 (3.80)	3.35 以下 (3.80 以下)
	CRT	3.26 (3.70)		3.18 (3.60)	3.18 以下 (3.60 以下)
断裂伸长率(%)	CRE	21.0		20.0	20.0 以下
	CRT	19.0		18.0	18.0 以下
抱合(次)	20.0 dtex(18 旦)及以下	60		50	50 以下
	21.1～36.7 dtex (19～33 旦)	90	80	70	70 以下

表 4-6　绞装丝的疵点分类及批注规定

疵点名称		疵点说明	批注数量		
			整批(把)	拆把(绞)	样丝(绞)
主要疵点	霉丝	生丝光泽变异,能嗅到霉味或发现灰色或微绿色的霉点	10 以上		
	丝把硬化	绞把发并,手感糙硬呈僵直状	10 以上		
	筐角硬胶黏条	筐角部位有胶着硬块,手指直捏后不能松散,或丝条黏固,手指捻揉后,左右横展部分丝条不能拉散者		6	2
	附着物(黑点)	杂物附着于丝条、块状(粒状)黑点,长度在 1mm 及以上;散布性黑点,丝条上有断续相连分散而细小的黑点		12	6
	污染丝	丝条被异物污染		16	8
	线密度混杂	同一批丝内混有不同规格的丝胶			1
	水渍	生丝遭受水湿,有渍印,光泽呆滞	10 以上		
一般疵点	颜色不整齐	对照标准样丝,把与把、绞与绞之间颜色程度或颜色种类差异较明显	10 以上		
	夹花	对照标准样丝,同一绞丝内颜色程度或颜色种类差异较明显		16	8

续表

疵点名称		疵点说明	批注数量		
			整批(把)	拆把(绞)	样丝(绞)
一般疵点	白斑	丝绞表面呈现光泽呆滞的白色斑，长度10mm及以上者	10以上		
	绞重不匀	丝绞大小重量相差在25%以上者，即：$\frac{\text{大绞重量}-\text{小绞重量}}{\text{大绞重量}}\times 100\% > 25\%$			4
一般疵点	双丝	丝绞中部分丝条卷取两根及以上，长度在3m以上者			1
	重片丝	两片丝及重叠一绞者			1
	切丝	丝绞存在一根及以上的断丝		16	
	飞入毛丝	卷入丝绞内的废丝			8
	凌乱丝	丝片层次不清，络交紊乱，切断检验难于卷取者			6

注 达不到一般疵点者，为轻微疵点。

表4-7 筒装丝的疵点分类及批注规定表

疵点名称		疵点说明	整批、批注数量、筒		
			小菠萝形	大菠萝形	圆柱形
主要疵点	霉丝	生丝光泽变异，能嗅到霉味或发现灰色或微绿色的霉点	10以上		
	丝把硬化	丝筒发并，手感糙硬呈僵直状	20以上		
	附着物（黑点）	杂物附着于丝条、块状（粒状）黑点，长度在1mm及以上；散布性黑点，丝条上有断续相连分散而细小的黑点	20以上		
	污染丝	丝条被异物污染	15以上		
	线密度混杂	同一批丝内混有不同规格的丝筒	1		
	水渍	生丝遭受水湿，有渍印，光泽呆滞	10以上		
	成形不良	丝筒两端不平整，高低差3mm者或两端塌边或有松紧丝层	20以上		
一般疵点	颜色不整齐	对照标准样丝，筒与筒之间颜色程度或颜色种类差异较明显	10以上		
	色圈（夹花）	对照标准样丝，同一筒内颜色程度或颜色种类差异较明显	20以上		
	绞重不匀	丝绞大小重量相差在25%以上者。即：$\frac{\text{大筒重量}-\text{小筒重量}}{\text{大筒重量}}\times 100\% > 25\%$	20以上		
	双丝	丝筒中部分丝条卷取两根及以上，长度在3m以上者	1		

续表

<table>
<tr><th colspan="2" rowspan="2">疵点名称</th><th rowspan="2">疵点说明</th><th colspan="3">整批、批注数量、筒</th></tr>
<tr><th>小菠萝形</th><th>大菠萝形</th><th>圆柱形</th></tr>
<tr><td rowspan="3">一般疵点</td><td>切丝</td><td>丝筒存在一根及以上的断丝</td><td colspan="3">20 以上</td></tr>
<tr><td>飞入毛丝</td><td>卷入丝筒内的废丝</td><td colspan="3">8 以上</td></tr>
<tr><td>跳丝</td><td>丝筒下端丝条跳出。其弦：大、小菠萝形的为 30mm，圆柱形的为 15mm</td><td colspan="3">10 以上</td></tr>
</table>

注　达不到一般疵点者，为轻微疵点。

生丝的公定回潮率为 11.0%，生丝的实测回潮率为 8.0% ~13.0%；生丝的实测平均公量线密度超出该批生丝报验规格的线密度上限或下限时，在检验证书的备注栏上注明“线密度规格不符”。

（二）外观检验

外观检验是将全批受验的包纸拆开，排列于光照度为 450 ~ 500lx 的检验台上，再用目光、手感对整批丝进行全面性的观察，鉴定全批丝的外观质量。

生丝外观检验包括整齐检验和整理检验。整齐是指整批生丝的颜色、光泽和手感的整齐程度，整理是指整批生丝的丝包包装、丝绞式样等一切整理成形状况是否良好、疵点丝的有无及多少。分良、普通，稍劣和级外品。外观检验不是决定生丝等级的主要依据，但外观检验成绩不合要求时，等级也要降低。

柞蚕丝外观检验包括色差、沾污丝、伤丝、缩丝、双丝、硬角丝等项，按含上述各疵点的绞数，确定等级。

（三）重量检验

重量检验包括净重、湿重、干重、回潮率和公量检验。净重是指除去包装后净丝重量。湿重是指包含水分在内的生丝重量。干重是指除去所含水分以后的丝重量。将同批样丝的总湿重减去总干重，再除以总干重乘以 100% 为该批丝的回潮率。公量是干重按规定的公定回潮率（11%）折算的重量作为计价的重量。

（四）品质检验

生丝品质的各项检验均需在标准条件下进行[温度为（20 ±2）℃，相对湿度为（65 ±3）%]，检验之前必须将样丝放在标准条件下平衡 12h。

1. 切断检验　切断检验（又称再缫检验）是检验在一定时间内，一定的卷取速度下，丝条产生断头的次数，又称切断次数。其检验原理与丝织生产中的络丝相似，因此切断次数既是确定生丝等级的数据，又为丝织生产中合理使用生丝提供了依据。同时，切断检验卷绕成的丝锭又是其他各项器械检验所必要的试验材料。

2. 细度检验　细度检验又称条份检验。是将切断检验所卷取的样丝锭在纤度机上摇取一定长度（一定回数）的小绞样丝（又称纤度丝、小丝）。然后用旦尼尔秤（纤度秤）测出其线密度，并计算出各小绞样丝线密度与平均线密度的偏差程度。柞蚕丝为公量中心条份差异和条份偏差率检验。

线密度检验结果的表示方法，生丝和柞蚕丝略有不同。生丝需计算出线密度偏差和线密度最大偏差。柞蚕丝需计算出条份偏差率和公量中心条份差异。结果均取小数点后两位。

为了了解整批丝的平均粗细，并作为计算其他线密度指标的依据、首先需计算出平均线密度。平均线密度按下式计算。

$$\mathrm{Tt} = \frac{\sum_{i=1}^{n} f_i \mathrm{Tt}_i}{N} \tag{4-6}$$

式中:Tt——平均线密度,dtex;

Tt_i——各组小绞样丝的线密度,dtex;

f_i——各组小绞样丝的绞数;

N——小绞样丝总绞数;

n——小绞样丝的组数。

在不同的温湿度条件下,生丝和柞蚕丝的平均线密度是不同的,因此必须以平均公量线密度为准。先将受验的小绞样丝用烘箱烘到恒重得出干重,再按下式计算平均公量线密度。

$$\mathrm{Tt_k} = \frac{G_0 \times 1.11 \times 10000}{N \times T \times 1.125} \tag{4-7}$$

式中:$\mathrm{Tt_k}$——平均公量线密度,dtex;

G_0——样丝的干重,g;

N——样丝总绞数;

T——每绞样丝的回数。

线密度偏差是指整批各绞样丝偏离平均线密度的程度。丝条线密度的差异是由原料茧本身的粗细不一和缫丝操作等因素造成的。丝条线密度的差异程度对织物的质量影响很大,因此线密度偏差是表示生丝质量的主要项目之一。线密度偏差按下式计算。

$$\sigma = \sqrt{\frac{\sum_{i=1}^{n} f_i (\mathrm{Tt}_i - \mathrm{Tt})^2}{N}} \tag{4-8}$$

式中:σ——线密度偏差,dtex;

Tt——平均线密度,dtex;

Tt_i——各组样丝的线密度,dtex;

f_i——各组样丝的绞数;

N——小绞样丝总绞数;

n——小绞样丝的组数。

如果某些样丝偏离平均线密度偏差的数值很大,则在织物表面会出现明显的档子等疵点,因此除线密度偏差外,还采用线密度最大偏差这一指标来表示生丝的粗细均匀情况。全批样丝中最细或最粗样丝,以总绞数的2%,分别求其线密度平均值,再与平均线密度比较,取其大的差数值为该丝批的"线密度最大偏差"。

表示样丝线密度均匀情况的线密度偏差率也是指整批各绞样丝偏离平均线密度的程度。

$$线密度偏差率 = \frac{各绞线密度与平均线密度之差的总和}{逐绞线密度之和} \times 100\% \tag{4-9}$$

公量中心线密度差异是表示公量平均线密度偏离目的线密度的情况。

公量中心线密度差异(dtex) = 公量平均线密度(dtex) - 目的线密度(dtex)

3. 匀度检验 匀度检验是从另一角度检验生丝和柞蚕丝的粗细均匀程度。将一定长度的生丝和柞蚕丝按规定的排距连续并列卷取在黑板上,在特定灯光下,以肉眼来观察丝条粗细的均匀程度。若丝条粗、则直径大,在黑板上占据的位区也大;反之,在黑板上占据的位区也小。因此在规定的同一照度下,丝条的粗细变化可在黑板上形成清晰可辨的、不同深浅程度的、不同变化幅度的条斑,并对照标准照片进行均匀评定。线密度偏差所描述的是生丝和柞蚕丝长片段不均匀性。而匀度检验则是描述短片段的不均匀性,因此纤度偏差检验和匀度检验可以相互补充,使检验更精确。

评定均匀的方法有两种。一种是批分法(黑板条干法),系根据每片丝的条斑数目、幅度和深浅变化程度目测评定,即将丝片逐一与均匀标准照片对照,分别记录均匀各度(一度、二度、三度)变化的条数;另一种是电子检测法,但尚需进一步研究。目前,国际上并没有统一的生丝检测标准,意大利等欧洲国家也没有自己的生丝检测标准,而是采用国际丝绸协会 1995 年以 USTER 电子条干均匀度仪为检测设备制定的《生丝遍览 1995》。我国目前采用 GB 1797—2001《生丝》国家标准,由于检测方法与国际上的不同,因此与国际丝协的《生丝便览 1995》相比,在线密度偏差,清洁、洁净、条干均匀度、断裂强度、等级评定方法等方面都存在差异。近年来,为了适应市场需求,推动生丝检测技术革新,我国各有关检验及丝绸研究机构经过几年来对检测仪器和实验方法的研究和大量的实样试验,于 2006 年推出了《生丝电子检测标准草案》。

4. 生丝清洁、洁净和柞蚕丝的颣节检验 生丝的清洁、洁净和柞蚕丝的颣节检验是检验丝片上各种颣节的数量及分布情况。生丝的清洁是指丝片上大、中颣节的个数及其种类;洁净是指丝片上小颣节的数量、类型及分布状态。丝片上颣节的大小和多少直接影响到丝织品的顺利织造和成品质量,因而也是生丝和柞蚕丝质量定级的主要项目之一。

检验时,利用均匀度检验黑板,逐块检验黑板两面的颣节数量和种类,对照标准照片,记录数量,最后以 100 分减去各类颣节的扣分总和,即得到该批丝的清洁、洁净或颣节检验结果。

5. 强伸度检验 强伸度检验是检验丝条的强力伸长能力。是对一定数量的生丝和柞蚕丝,给予逐渐增加的外力牵引直到拉断为止,来测定生丝和柞蚕丝的断裂强力和伸长率。生丝和柞蚕丝的强伸度与织造加工的顺利进行和丝织品的坚牢度密切相关,故丝织生产选用原料时对强伸度指标特别重视。用电子强力仪即可测得所需指标。

在历史习惯上曾用 gf/旦表示强度,其换算关系如下。

1gf/旦 = 0.882cN/dtex

6. 抱合力检验 抱合力检验是检验生丝和柞蚕丝中的茧丝之间相互胶着撤合的牢固程度。抱合不良的生丝和柞蚕丝,在织造和使用中易摩擦起毛,严重时使织造难以进行,因此丝织厂对抱合指标极为重视。

检验时,将丝条连续往复置于抱合机框架两边的 10 个挂钩之间,在恒定和均匀的张力下,使丝条的不同部位同时受到摩擦,摩擦速度约为 130 次/min,一般在摩擦到 45 次左右时,应作第一次观察,以后每摩擦一定次数应停车仔细观察丝条分裂程度。如半数以上丝条有 6mm 及以上分裂时,记录摩擦次数,并另取新试样检验。以20只丝锭的平均值取其整数即为该批丝的抱合次数。

柞丝还有除胶检验和茸毛检验两项选择检验项目。除胶检验是检验柞蚕丝含胶量的多少,目前未列入分级项目,必要时才进行检验;茸毛检验是检验生丝中茧丝纤维分裂出的极细纤丝的多少、形状大小和分布情况,对照标准片评定茸毛的成绩。由于茸毛影响丝织物的染色性能,所以在必要时需进行茸毛检验。茸毛检验目前也未列入分级项目。

(五)生丝和柞蚕丝的分级

生丝的品质,根据受检生丝的品质技术指标和外观质量的综合结果,分为6A、5A、4A、3A、2A、A、B、C级和级外品。柞蚕丝品质分为4A、3A、2A、A、B、C、D级和级外品。

1. 基本级的评定 根据线密度偏差、线密度最大偏差,均匀二度变化、清洁及洁净五项主要检验项目中的最低一项测试结果确定基本级。主要检验项目中任何一项低于最低级时,就作为级外品。在黑板卷绕过程中,出现有10只及以上丝锭不能正常卷取者,一律定为最低级,并在检验证书的备注栏上注明"丝条脆弱"。

2. 补助检验的降级规定 补助检验项目中任何一项低于基本级所属的附级允许范围者,应予降级。按各项补助检验结果的附级低于基本级所属附级的级差数降级。附级相差一级者,则基本级降一级;相差二级者,降二级;以此类推。补助检验项目中有二项以上低于基本级者,以最低一级降级。切断次数超过表4-8规定,一律降为最低级。

表4-8 切断次数的降级规定

名义线密度[dtex(旦)]	切断数(次)	名义线密度[dtex(旦)]	切断数(次)
13.3(12)及以下	60	21.1~36.7(19~33)	40
14.4~20.0(13~18)	50	37.8~76.7(34~69)	20

3. 外观检验的评等及降级规定 外观评等分为良、普通、稍劣和级外品。外观的降级规定如下。

(1)外观检验评为"稍劣"者,按基本级的评定和补助检验的降级规定来评定的等级再降一级;如基本级的评定和补助检验的降级规定已定为最低级时,则作级外品。

(2)外观检验评为"级外品"者,一律作级外品。

柞蚕丝品质评定,按分级规定表中最低一项确定该批丝的等级。

第六节 蚕丝开发利用

一、绢丝(绢纱)

不能缫丝的下脚茧、野蚕茧和缫丝产生的下脚丝、丝织加工中的废丝和化学短纤维等都可作为绢纺原料,纺制而成的纱线称绢丝。绢丝是一种名贵的丝织原料。

绢纺生产工艺较为复杂,主要工序与毛纱线生产相似。

原料→筛选分类→煮熟→清洗、烘干→开松、混合→梳棉→并条→粗纺→精纺→烧毛→绢丝

绢丝是一种短纤维纱线，其物理机械性能除与纤维本身的性能有关外，还取决于它的纱线结构。如绢丝的回潮率、伸长率、强度都比生丝低。常用绢丝的细度为70.1dtex（140公支）双股并合、47.6dtex（210公支）双股并合以及41.7dtex（240公支）双股并合等。为了得到特殊的外观效应，有时还手工纺制条份很粗且粗细不匀的大条丝等。

二、双宫丝

双宫茧的茧层完整，它是缫制双宫丝的原料。双宫丝由于在外观上带有雪花般的糙类，织成的织物有天然的“雪花”，独具风格。

双宫丝的缫制工序有选茧、混茧、煮茧、缫丝和复整。

三、生丝性能改良

生丝虽然性能优异，素有纤维皇后的美称，但是也有不耐日晒、易皱、不耐洗涤等缺点。为了克服这些缺点，则需要改善生丝性能。如生丝的复合、生丝的抗皱整理等。

（一）生丝的复合

生丝可与各种纤维进行复合来提高它的服用性能，如丝/锦纶、丝/涤纶、丝/棉、丝/麻、丝/氨纶等复合丝。

1. 复合工艺 采用缫丝—复合一步法。在缫丝过程中将芯纱（棉、毛、麻、化纤等）预上浆，经回转汤盆将一定数量的桑蚕丝包覆在芯纱外，再经高速回转的复合器产生假捻，使其与芯纱紧密抱合，从而形成紧密的复合丝。几种复合生丝产品及规格见表4-9。

表4-9 几种复合生丝产品及规格

原料组成	规格（dtex）	芯纱组成（dtex）	丝含量（%）
丝/棉	132、165、187、242	61~97棉纱	30~71
丝/毛	253、330、440	167×1（167×2）毛	33~83
丝/涤纶	165	75涤	50
丝/棉/氨纶	280	棉、氨纶（5%）	50

2. 复合生丝的特点

（1）复合生丝面料比生丝面料更富有膨松性、抗皱性，具良好的服用性能。

（2）机织复合生丝面料透湿透气性好、穿着舒适、悬垂性好、外观挺括，可制作西服、风衣、牛仔、裙子等服装。针织面料适宜做T恤衫、文化衫、睡衣及内衣。

（3）复合生丝是一种粗线密度、多品种、多规格的原料，应用范围广，特别适宜开发中厚或厚型面料，适应了丝绸服装向外衣发展的趋势，改变了传统丝绸局限于单一的薄型面料的局面。

(二)生丝的抗皱整理

传统真丝服装抗皱性差、不耐洗涤。面对以洗可穿著称的新合纤,加强丝绸的抗皱整理是很有必要的。

1. 丝绸抗皱加工的方法 丝绸抗皱一般是通过化学改性的方法赋予其抗皱性。一般采用如下方法。

(1)用高分子树脂整理剂嵌入蚕丝纤维内部的间隙,加以填充,通过赋予纤维以弹力和膨松性,使丝绸具有抗皱性。

(2)用化学整理剂使纤维分子间交联结合,形成网状的化学构造,阻止纤维分子链的滑动,以达到抗皱的目的。

(3)将上述两种方法结合起来,即将起填充作用的树脂与起交联作用的整理剂相结合,赋予丝绸以抗皱性。

2. 常用抗皱整理剂 以往的丝绸抗皱剂含有一定量的甲醛,由于甲醛对人体皮肤有刺激作用,所以各国已对纺织品所含甲醛量作了限制或禁用的规定。目前,开发和采用无甲醛整理剂成为当务之急。

常用的抗皱整理剂有环状乙烯脲系树脂、水溶性聚氨酯、有机硅系树脂、环氧化合物、多羧酸化合物等。其中多羧酸化合物中的1,2,3,4-丁四羧酸(BTCA)是一种优良的无甲醛整理剂,已发现生丝中的氨基和羟基可与其产生交联,整理后的丝绸甚至在170次家庭洗涤试验后仍有非常优良的耐久压烫性能。

四、生丝开发

(一)丝素蛋白

丝素的化学成分是蛋白质,利用一定的方法把它制成丝素蛋白溶液,可用于食品、保健药品、化妆品等生产。

丝素蛋白溶液(丝素肽溶液)的制法是将茧层或废丝用碱液进行脱胶处理,得到精炼丝素,然后用中性盐[如$CaCl_2$、$Ca(NO_3)_2$、LiBr]等溶解,再用半透膜透析,除去溶剂离子即得丝素肽溶液。另一种办法是将精炼丝素采用超级粉碎办法变成丝素粉,可用于护肤、美容化妆品的生产原料。

(二)丝胶的再开发

蚕丝的精炼废液中含有大量的丝胶,从中分离出的丝胶可再开发利用。目前,国外已开发的主要是两类。一种是作为化妆品原料,因为丝胶中的氨基酸组成与皮肤的天然保湿因子(NMF)的组成相类似,所以其具有天然的保湿功能,另外还有抗氧化和皮肤癌的抑制作用。另一种是将提取的丝胶作为化纤的涂层。把丝胶固着在化纤表面,或将丝胶贯穿、充填在中空丝的微孔内,并成膜,可提高吸水性和透湿、透气性,穿着舒适,并抗静电。

(三)作为医用材料

由于蚕丝是一种蛋白质纤维,与人体具有天然的亲和性,与血液的相容性良好,故可作为医用材料,如织造成一定的管状结构,可用作人造血管、人造胆管等。经过一定处理的蚕丝可作为医用可吸收生物缝合线,其特点是拉力强、柔软、易打结、吸收降解完全、无需拆线,广泛用于外科、骨科、泌尿科等。

思考题

1. 茧丝、生丝的形态结构有何区别？
2. 丝素和丝胶的结构怎样？两者有何区别？
3. 什么叫丝胶的变性？其对茧的性能有何影响？
4. 桑茧丝的主要性能如何？柞蚕丝的性能与桑蚕丝相比有哪些主要不同？
5. 绢丝是如何生产的？
6. 生丝的服用性能有哪些不足之处？其性能改良有哪些方法？
7. 再列举出三四种不同的天然丝纤维。
8. 生丝可有哪些开发利用途径？

第五章 化学纤维

本章知识点

1. 化学纤维的分类，及其相应的制造简介。
2. 化学纤维的性能与检验。
3. 常用化学纤维的特性。
4. 纺织纤维的鉴别。

第一节 化学纤维概述

化学纤维可简称为化纤，它是用天然的或合成的高聚物为原料，经过化学方法和机械加工制成的纤维。化学纤维的问世使纺织工业出现了突飞猛进的发展，目前它的品种和总产量都已超过天然纤维。按照化学纤维天然化、功能化和绿色环保的发展思路，它的新品种、差别化纤维和功能化纤维的层出不穷，从而大大改善了化学纤维的使用性能，以及扩大了化学纤维的应用领域，并为纺织工业的发展开创了广阔的前景。

一、化学纤维的分类

化学纤维的种类繁多，分类方法也有很多种，以下根据原料来源、形态结构和纤维性能差别分类如下。

（一）按原料来源分

1. 再生纤维 再生纤维是以天然的高聚物为原料制成的、化学组成与原高聚物基本相同的化学纤维。它又可分为再生纤维素纤维和再生蛋白质纤维两种。再生纤维素纤维是指用棉短绒、木材、甘蔗渣、芦苇等天然纤维素为原料制成的纤维，或以醋酸纤维素酯为原料制成的纤维。如粘胶纤维、醋酯纤维、绿塞（Lyocell）纤维、竹浆纤维、铜氨纤维等。再生蛋白质纤维是指用大豆、牛奶、花生等天然蛋白质为原料制成的、组成成分仍为蛋白质的纤维。如大豆纤维、酪素纤维、花生纤维等。

2. 合成纤维 合成纤维是以煤、石油、一些农副产品等天然的低分子化合物为原料，制成单体后，经过化学聚合或缩聚成高聚物，然后再制成纺织纤腈维。传统的合成纤维有七大类品种，即聚酯纤维（涤纶）、聚酰胺纤维（锦纶）、聚丙烯腈纤维（腈纶）、聚乙烯醇缩甲醛纤维（维纶）、聚丙烯纤维（丙纶）、聚氯乙烯纤维（氯纶）和聚氨酯纤维（氨纶）。现代又研制出了很多新的合成纤维，如聚乳酸纤维（PLA）、聚对苯二甲酸丙二酯纤维等。此外，还有很多特种合成纤维，如耐高温的芳纶、芳砜纶、聚苯并咪唑纤维和耐腐蚀的氟纶等。

3. 无机纤维 以矿物质为原料制成的化学纤维。主要品种有玻璃纤维、石英玻璃纤维、硼纤维、陶瓷纤维和金属纤维等。

（二）按形态结构分

按照化学纤维的形态结构特征，通常分成长丝和短纤维两大类。

1. 长丝 化学纤维长丝为长度无限长的单根或多根连续的化学纤维丝条。化学长丝可分为单丝、复丝、捻丝、复捻丝和变形丝。单丝是指长度很长的连续单根纤维；复丝是指两根或两根以上的单丝并合在一起；复丝加捻成为捻丝；两根或两根以上的捻丝再并合加捻就成为复合捻丝。化学纤维原丝经过变形加工使之具有卷曲、螺旋、环圈等外观特性，而呈现膨松性、伸缩性的长丝称为变形丝。变形丝又分弹力丝、膨松丝和低弹丝，其中最多的是弹力丝。变形丝具有蓬松性和较好的柔软性，提高了织物的覆盖能力，此外它还具有较好的尺寸稳定性、外观保形性、耐磨性、强度、柔韧性和耐用性。目前，加工变形丝的方法主要有假捻加工法、刀口变形法、填塞箱变形法和喷气变形法等。

2. 短纤维 化学纤维的长度和线密度可以根据纺纱工艺加工的要求，将其制成棉型、毛型和中长型。棉型化纤的长度为30～40mm，线密度为1.67dtex左右。毛型化纤长度为70～150mm，线密度为3.3dtex以上。中长型化纤长度为51～65mm，线密度为2.78～3.33dtex。中长型化纤是指长度与线密度介于棉型与毛型之间，可以在棉纺机台或稍加改造的棉纺机台上加工仿毛型产品的这类纤维。同时，短纤维还可以用牵切的方法得到不等长纤维。

（三）按纤维性能差别分

近年来，随着化学纤维的天然化、功能化进程的加快以及绿色环保的迫切要求，具有特殊结构、形态和性能的化学纤维已逐渐得到发展与普遍使用。这一类化学纤维主要有差别化纤维、功能纤维和高性能纤维三类。

1. 差别化纤维 一般是指经过化学或物理变化从而不同于常规纤维的化学纤维。其主要目的是改进常规纤维的服用性能，所以差别纤维主要用于服装和服饰，如着色纤维、超细纤维、异形纤维、复合纤维等。此分类中的超细纤维、异形纤维、复合纤维、中空纤维等也可归于形态结构类。

（1）异形纤维：异形纤维是指截面不是圆形的纤维，通常采用特殊形状的喷丝孔来获得各种截面的异形纤维，如图5－1所示。由于纤维的截面形状直接影响最终产品的光泽、耐污性、蓬松性、耐磨性、导湿性等特性，因此人们可以通过选用不同截面来获得不同外观和性能的产品。横截面成扁平状的异形纤维所织制织物的表面丰满、光滑，具有干爽感。十字形和H形截面的异形纤维分别有4条和2条沟槽，沟槽具有毛细作用，以其织制的织物可迅速导湿排汗。三角形截面的异形纤维具有蚕丝般闪耀的光泽。再如五角形截面的异形短纤维光泽柔和，以其织制的织物具有毛型感，用于绒类织物，其绒毛蓬松竖立，手感丰满，光泽别致。又如中空截面异形纤维，质轻蓬松、保暖性好，将其制成各种长度的短纤维再与粘胶纤维或棉纤维混纺制成的织物，无论手感、弹性、保暖性都与毛织物类似，穿着舒适。

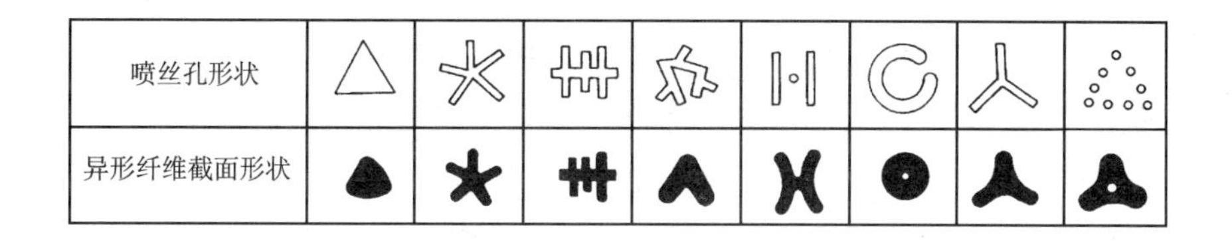

图 5－1　异形喷丝孔形状与纤维的截面形状

（2）复合纤维：复合纤维又称共轭纤维，也有人称之为聚合物的“合金”，是指在同一纤维截面上存在两种或两种以上的聚合物或者性能不同的同种聚合物的纤维。复合纤维按所含组分的多少分为双组分和多组分复合纤维。按各组分在纤维中的分布形式可分为并列型、皮芯型、多层型、放射型和海岛型等如图 5－2 所示。由于构成复合纤维的各组分高聚物的性能差异，使复合纤维具有很多优良的性能。如利用不同组分的收缩性不同，形成具有稳定的三维立体卷曲的纤维，这种纤维用于纺纱具有蓬松性好、弹性好、纤维间抱合好等优点，产品具有一定的毛型感；再如锦纶为皮层，涤纶为芯层的复合纤维，既有锦纶的染色性和耐磨性，又有涤纶模量高、弹性好的优点。此外，还可以通过不同的复合加工制成超细纤长丝纱和具有阻燃性、导电性、高吸水性合成纤维、热塑性纤维等具有特殊功能的复合纤维。

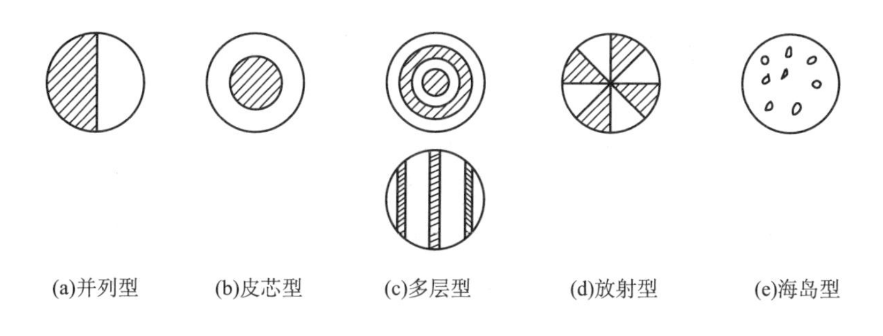

图 5－2　复合纤维截面结构图

（3）超细纤维：细特纤维通常指单丝线密度较小的纤维，又称微细纤维。其单丝线密度在 0.33～1.1dtex 的称为细特纤维；单丝线密度在 0.33dtex 以下的称为超细特纤维（超细纤维）。细特和超细纤维质地柔软抱合力好，光泽柔和，织物的悬垂性好，纤维比表面积大，纤维表面黏附的静止空气层较多，形成的织物较丰满、保暖性好、吸湿性能好。细特和超细纤维用于生产仿真丝产品、桃皮绒织物、仿麂皮织物、防水防风防寒的高密织物，还广泛用于高性能的清洁布、合成皮革基布等产品。如近两年，海岛纤维在化纤行业的知名度日渐升温，这里所说的海岛纤维就是超细纤维家族一员，它是用复合纺丝技术生产出来的超细纤维。

（4）易染纤维：所谓易染纤维是指它可以用不同类型的染料染色，且在采用染料染色时，染色条件温和，色谱齐全，染出颜色色泽均匀并坚牢度好。为此，对大多数不易染色的合成纤维采用单体共聚、聚合物共混或嵌段共聚的方法得到易染合成纤维。现已开发的易染纤维有常温常压无载体可染聚酯纤维、阳离染料可染聚酯纤维、常压阳离染料可染聚酯纤维、酸性染料可染聚酯纤维、酸性染料可染聚丙烯腈纤维、可染深色的聚酯纤维和易染聚丙烯纤维等。

(5)亲水性合成纤维:由于合成纤维一般是疏水性的,因此在贴身衣服、床单等领域内,合成纤维使用甚少。合成纤维如要在纺织品中扩大其使用范围,提高其亲水性是非常重要的。提高合成纤维的亲水性,主要强调的是液相水分的迁移能力及气相水分的放湿能力。亲水性合成纤维的研制有调整分子结构亲水性、和亲水性的组分共混纺丝、由接枝聚合赋予纤维亲水性、由后加工赋予纤维亲水性和改变纤维的物理结构赋予其亲水性四种途径。

(6)着色纤维:在合成纤维生产过程中,加入染料、颜料或荧光剂等进行原液染色的纤维称为着色纤维,亦称为有色纤维。着色纤维色泽牢度好,可解决合成纤维不易染色的缺点。着色涤纶、丙纶、锦纶、腈纶、维纶、粘胶纤维等用于加工色织布、绒线、各种混纺织物、地毯、装饰织物等。

(7)抗起球纤维:聚酯等合成纤维具有许多优良品质,但在使用过程中,纤维易被拉出织物表面形成毛羽,毛羽再互相扭卷形成小球,又因聚酯纤维强度高,小球不易脱落,为此研制出多种抗起球纤维,它们的基本点在于最终降低纤维的强度和伸度,以使形成的小球脱落。生产方法大致有低黏度树脂直接纺丝法、普通树脂制备法、复合纺丝法、低黏度树脂共混增黏法、共缩聚法和织物表面处理法等几类。

(8)其他差别化纤维:如抗静电纤维、高收缩性纤维、新一代再生纤维素纤维等。

2. 功能纤维 一般是指在纤维现有的性能之外,再同时附加上某些特殊功能的纤维。如导电纤维、光导纤维、陶瓷粒子纤维、调温保温纤维、生物活性纤维、阻燃纤维、高发射率远红外纤维、可产生负离子纤维、抗菌除臭纤维、香味纤维、变色纤维、防辐射纤维等。

(1)导电纤维:导电纤维是指在标准状态(温度为20℃、相对湿度为65%)下,质量比电阻小于$10^8\Omega \cdot g/cm^2$ 纤维。纤维导电纤维具有优秀的消除和防止静电的性能,并远高于抗静电纤维,导电的原理在于纤维内部含有自由电子,因此无湿度依赖性,即使在低湿度条件也不会改变导电的性能。目前,国内外制备导电纤维常用的方法是通过将无导电性的有机纤维和导体复合来制成导电的复合纤维。导电纤维通常用于织制抗静电织物,以制成防爆型工作服和防尘工作服。

(2)光导纤维:光导纤维也称导光纤维、光学纤维,即能传导光的纤维。光导纤维是两种不同折射率的透明材料通过特殊复合技术制成的复合纤维。用光导纤维可以制成各种光导线、光导杆和光导纤维面板。这些制品广泛地应用在工业、国防、交通、医学、宇航等领域。光导纤维最广泛的应用是在通信领域,而采用光导纤维作为信号传输介质的通信方式即为光导通信。

(3)含陶瓷粒子纤维:含陶瓷粒子纤维是在合成纤维的纺丝液中加入超细的陶瓷粒子粉末或是将超细的陶瓷粉末、分散剂、黏合剂等配成涂层液,通过喷涂、浸渍和辊轧等方式均匀涂层在纤维表面而制得的。陶瓷粒子都具有热效应,能辐射远红外线,使织物具有较好的保暖效果,因此常用于冬季保暖制品。此外,由于所含陶瓷粒子种类不同,纤维具有的功能也不同。如很多陶瓷粒子具有保健作用,其纤维与棉纤维混纺常用于保健织物,能改善人体微循环,促进新陈代谢,对风湿病、关节炎、肩周炎、冠心病、心脑血管疾病等慢性病有一定的治疗保健作用。选用不同的陶瓷粒子还可得到防紫外线、抗菌防臭等功能。

(4)调温、保温纤维:调温、保温纤维分为单向温度调节纤维和双向温度调节纤维。双向温度调节纤维具有随环境温度高低自动吸收和放出热量的功能。而单向温度调节纤维的纤维只具有升温保暖的作用或降温凉爽的作用。单向温度调节纤维有电热纤维、化学反应放热纤维、阳光吸收放热纤维、远红外纤维、吸湿放热纤维及紫外线和热屏蔽纤维等。双向温度调节的纤维有介质溶解析出调温纤维、介质相变调温纤维等。

(5)防辐射纤维:各种辐射已对人们构成威胁,防辐射日显重要,因而防辐射纤维应运而生。目前的防辐射纤维有抗紫外线纤维、防X射线纤维、防微波辐射纤维、防中子辐射纤维等。

(6)生物活性纤维:生物活性纤维是指能保护人体不受微生物侵害或具有某种保健效果的纤维。生物活性纤维品种很多,根据这些纤维具有的生物活性特点,它可以分为抗细菌纤维、止血纤维、抗凝血纤维、抗炎症纤维、抗肿瘤纤维、麻醉纤维和含酶纤维等。

(7)阻燃纤维:所谓阻燃是指降低纤维材料在火焰中的可燃性,减缓火焰的蔓延速度,使它在离开火焰后能很快地自熄,并且不再阴燃。赋予纤维阻燃性能的方法是将阻燃剂与成纤高聚物共混、共聚、嵌段生产阻燃纤维共聚或对纤维进行后处理改性。现已开发的阻燃纤维有阻燃粘胶纤维、阻燃聚丙烯腈纤维、阻燃聚酯纤维、阻燃聚丙烯纤维、阻燃聚乙烯醇纤维。

(8)碳纤维:碳纤维是以聚丙烯腈、粘胶纤维、沥青等原料,通过高温处理除去碳以外的其他一切元素制得的一种高强度、高模量纤维。它有很高的化学稳定性和耐高温性能,是高性能增强复合材料中的优良结构材料。根据碳化温度不同,碳纤维分为三种类型。

① 普通型(A型)碳纤维:这种碳纤维强度和弹性模量都较低,一般强度小于107.7 cN/tex,模量小于13462 cN/tex。

② 高强度型(C型)碳纤维:这种碳纤维强度很高,一般强度在138.4 cN/tex以上,模量为13842 cN/tex以上。

③ 高模量型(I型或B型)碳纤维:这种碳纤维又称石墨纤维,具有较高强度,为97.8~122.2 cN/tex,但它的模量很高,一般可达17107 cN/tex以上,有的甚至高达31786cN/tex。

碳纤维具有高强度、高模量,还具有很好的耐高、低温性。碳纤维除能被强氧化剂氧化外,一般的酸碱对它不起作用。碳纤维具有自润滑性。碳纤维的密度虽比一般的纤维大,但远比一般金属小。用碳纤维做高速飞机、导弹、火箭、宇宙飞船等的骨架材料,不仅质轻、耐高温,而且有很高的抗拉强度和弹性模量;用碳纤维制成的复合材料还在原子能、机电、化工、冶金、运输等工业部门,以及容器和体育用品等方面有广泛的用途。

(9)其他功能性纤维:如水溶性纤维、黏合纤维、变色纤维、发光纤维、香味纤维等。

二、化学纤维制造概述

化学纤维的制造一般经过成纤高聚物的提纯或聚合、纺丝流体的制备、纺丝和纺丝后加工四个过程。

(一)成纤高聚物的提纯或聚合

化学纤维一般是高分子聚合物,此高分子聚合物可直接取自于自然界,也可以由自然界中的低分子量物质经化学聚合而得。作为成纤高聚物应具有线性或小支链型分子结构、合适的分子量或聚合度、一定的化学物理稳定性及对人体的无侵害性。

再生纤维是由天然高分子聚合物经化学加工制造而成。对于天然高分子聚合物需要提纯去除杂质。如制造粘胶纤维用的原料是棉短绒、木材、芦苇或甘蔗渣,它们的主要成分是纤维素,而其已是高分子聚合物,对于它们就是将纤维素除杂提纯后,再制成纺丝流体。

合成纤维则以煤、石油、天然气及一些农副产品等低分子物为原料制成单体后,将单体经化学聚合或缩聚成高分子聚合物,然后再制成纤维。合成纤维的学名基本上就是根据高聚物的单体前面加“聚”命名的。

(二)纺丝流体(液)的制备

将成纤高聚物加工成纤维,首先要制备纺丝液。纺丝液的制备有熔体法和溶液法两种方法。凡高聚物的熔点低于其分解温度的,多采用将高聚物加热熔融成流动的熔体进行纺丝,此法称为熔体法;对于熔点高于分解温度的,需借用适当的溶剂将高聚物溶解成具有一定黏度的纺丝液,此法称为溶液法。无论那种方法制备纺丝,为了保证纺丝的顺利进行,并制得优质纤维,纺丝流体必须黏度适当,不含气泡和杂质,所以纺丝流体须经过过滤、脱泡等处理。

一般化学纤维的光泽较强,为使纤维光泽柔和,在纺丝液中加入二氧化钛消光剂,而控制消光剂的含量,则可制成消光(无光)纤维、半消光(半光)纤维和有光纤维。在纺丝液中通过添加色素、香料、抗菌、导电材料等可以加工出功能性纤维。

(三)纺丝成形

将纺丝流体从喷丝头的喷丝孔中压出,呈细丝状液体,再在适当介质中固化成细丝,这一过程称为纺丝。常用的纺丝方法根据纺丝流体制备的方法和液体细丝固化的方法不同分为熔体纺丝和溶液纺丝两类。

1. *熔体纺丝* 熔体纺丝是将熔融的成纤高聚熔体从喷丝头的喷丝孔中压出,液体细丝在周围空气(或水)中冷却凝固成丝的方法,如涤纶、丙纶、锦纶、乙纶等就是采用熔体纺丝方法制得。此法优点是流程短、纺丝速度高、成本低,但喷丝头上的喷丝孔数少。若用常规的圆形喷丝孔,则纺得的纤维截面大多为圆形;若要想得到非圆形截面的纤维,就要用非圆形喷丝孔,这就是异形纤维纺丝了。

2. *溶液纺丝* 根据凝固方法的不同分为湿法纺丝和干法纺丝,两种纺丝方法比较见表5-1。

表5-1 湿法纺丝和干法纺丝比较

纺丝方法	概　念	特　点	常纺的纤维
湿法纺丝	将高聚物溶解所制得的纺丝液从喷丝孔中压出,在凝固液中固化成丝的方法	速度较低,但喷丝孔数较多(可达5万孔以上)。由于液体凝固剂的固化作用,虽然仍是常规的圆形喷丝孔,但纤维截面大多不呈圆形,且有较明显的皮芯结构	腈纶、维纶、氯纶、粘胶纤维等
干法纺丝	将用溶液法所制得的纺丝液从喷孔中压出,形成细流,在热空气中溶剂迅速挥发而凝固成丝的方法	纺速度较高,且可纺得较细的长丝。喷丝孔较少。由于溶剂挥发易污染环境,需回收溶剂,设备工艺复杂,成本高	醋酯纤维、腈纶、氯纶、维纶、氨纶等

除了上述三种经典纺丝方法以外,现在出现了化学反应纺丝、干湿法纺丝、乳液纺丝、悬浮纺丝、冻胶纺丝、液晶纺丝、相分离纺丝等新方法。如氨纶可以将预聚物溶液在甲苯、乙二胺反应浴中进行反应成形,纤维出纺丝浴时,完成聚合反应;绿塞纤维就是用干法和湿法结合的干湿法纺丝。另外,为了改善纤维的某些性能和仿制某些具有特殊性能的纤维,而通过改进推出了复合纤维纺丝、异形纤维纺丝、有色纤纤维纺丝、超细纤维纺丝和特种纤维纺丝等方法。

(四)纺丝后加工

将纺丝流体从喷丝孔中喷出刚固化的丝称为初生纤维。虽已成丝状,但其内部结构不完善、质量差、强度低、伸长大、沸水收缩率高、纤维硬而脆,没有使用价值,不能直接用于纺织加工。为了完善纤维的结构和性能,得到性能优良的纺织用纤维,还必须经过一系列的后加工。如为了使化纤能与天然纤维混纺,需将化学纤维加工成和棉、毛相近的长度、细度和卷曲等。因此,为适应纺织加工和使用的要求,必须对初生纤维进行一系列的后加工。后加工的工序因短纤维、长丝而有所差异,所以后加工分为短纤维的后加工和长丝的后加工。

1. 短纤维的后加工 短纤维的后加工主要包括集束、拉伸、水洗、上油、卷曲、干燥、热定型、切断、打包等。

(1)集束:将几个喷丝头喷出的丝束以均匀的张力集合成规定粗细的大股丝束,以便于后加工。集束时必须张力均匀,否则经拉伸后会引起纤维的粗细不匀。

(2)拉伸:集束后的大股丝束被引入拉伸机进行拉伸,经过拉伸,改变了纤维的大分子排列,使纤维大分子沿纤维轴向伸直而有序地排列(取向度提高),大分子间的作用力得到加强,从而提高了纤维的强度,降低了纤维的伸长度。所以,拉伸的主要作用是改善纤维的力学性质。改变拉伸倍数可使纤维大分子排列状态不同,从而制得不同强、伸度的纤维。如涤纶采用拉伸倍数小,制得的纤维强度较低,伸长率较大,属低强高伸型;采用拉伸倍数大,制得的纤维强度较高而伸长率较小,属高强低伸型。

(3)水洗:除去纤维在制造过程中被沾污或积聚的杂质及低分子化合物,以改善纤维的外观及服用性能。采用湿法纺丝的纤维需要立即水洗。

(4)上油:天然纤维表面有一层棉蜡、羊脂等保护层。它们能减少纤维与纤维、纤维与机件之间的摩擦及其他不良影响。为了改善化学纤维的工艺性能,需要对化学纤维上油。上油一方面是纺丝工艺本身的需要,另一方面是化学纤维纺织加工的需要。因此,化纤油剂有纺丝油剂和纺织油剂。纺织油剂主要是为了使纤维柔软平滑,减小纤维的摩擦因数,增强纤维的抗静电能力和改善手感。

含油率的高低与纤维在纺织工艺加工中的可纺性有着十分密切的关系。含油低的纤维易产生静电;而含油过高的纤维在加工中易产生缠绕纺纱器件的现象,直接影响着纺织工艺加工的正常进行。因此在合成纤维制造过程中要经过一次或多次的上油加工,上油后纤维的表面附着有一层油膜,从而提高了纤维间的抱合力、抗静电性能和平滑柔软性。化学纤维油剂的成分基本上是表面活性剂,表面活性剂在纤维表面的亲水基向着空气定向排列,使纤维表面形成易吸湿的薄膜而使纤维易于导电,将产生的静电逸散到空气中去。另一方面表面活性剂的润滑作用,能降低纤维表面的摩擦因数,减少静电的产生。

按纤维品种不同，所在油剂品种和量也有所不同，所以按纤维品种不同有涤纶油剂、锦纶油剂、粘胶纤维油剂等，由于上油的多少对纺织加工能否正常进行有着密切关系。通常棉型涤纶、丙纶短纤维的上油率为0.1%～0.2%，维纶为0.15%～0.25%，腈纶为0.3%～0.5%，锦纶为0.3%～0.4%。毛型化学纤维的含油率要求稍高一些，如毛型涤纶的含油率以0.2%～0.3%为宜，长丝以0.8%～1.2%为宜。

(5)卷曲：卷曲是用机械方法或化学方法加工而成的。化学纤维的表面比较光滑，不像天然纤维具有天然转曲或卷曲，因此它们之间的抱合力很差，从而影响成纱强力，甚至使纺纱工程不能正常进行。卷曲可以增强纤维的抱合力，以使纺纱工程得以正常进行，并保证成纱强力，同时使纤维的外观与毛、棉等天然纤维相似，以利于混纺。卷曲还对织物的柔软性、膨松性、弹性、冷暖感等影响很大。

(6)干燥、热定形：干燥可除去纤维中多余的水分，以达到规定的含水量。热定形目的是消除纤维在纺丝、拉伸和卷曲时产生的内应力，重建结构，提高结晶度。经过定形可保持卷曲效果，降低纤维的沸水收缩率，提高尺寸的稳定性，改善纤维的使用性能。热定形可分为松弛热定形和紧张热定形两类。

(7)切断：按照纤维的使用要求，将纤维切断成规定长度的短纤维，以适用于纯纺或混纺的要求。切断时要求刀口锋利，张力均匀，以免产生超长纤维和倍长纤维。

(8)打包：将加工好的纤维打成包，以便于运输和存储。

2. 长丝的后加工 长丝的后加工比短纤维复杂，下面以粘胶长丝、涤纶、锦纶6为例给出加工流程。

(1)粘胶长丝：其后加工包括水洗、脱硫、漂白、酸洗、上油、脱水、烘干、络筒(络绞)等工序。

(2)涤纶和锦纶6长丝：其后加工包括拉伸加捻、后加捻、压洗(涤纶不需压洗)、干燥、热定型、平衡、倒筒、检验分等、包装等工序。

①拉伸加捻：长丝拉伸的目的与短纤维目的相同，由于长丝一般为复丝，加有一定的捻度后，可以增强丝的抱合力，减少使用时的抽丝，并提高复丝的强度。

②压洗：长丝的压洗是在热水锅中对卷绕在网眼筒管上的丝条循环洗涤，以除去丝条上的单体等低分子物。

③热定形：是在热定型锅内用蒸气进行，以消除前段工序中产生的内应力，改善纤维的物理性能，并稳定捻度。

④平衡、络筒：是将定形后的丝筒在一定温度的房是内放置24h左右，使内外层丝含湿均匀，然后通过倒筒机将丝倒成宝塔形筒子。倒筒时可根据要求上油。

⑤最后经过检验分等、包装出厂。

第二节　化学纤维的性能与检验

随着高分子科学的发展，化学纤维的品种越来越多。不同的化学纤维的有着不同的性能和相应的国家检验标准。但化学短纤维主要根据物理、化学性能与外观疵点来进行品质评定，并将化学短纤维一般分为3～4个等级。物理、化学性能一般都包括断裂强度、断裂伸长率、线密度偏差、长度偏差率、超长纤维、倍长纤维、卷曲率、疵点含量等。根据化学纤维不同品种的特点增加一些其他指标，如粘胶纤维增加湿断裂强度、残硫量和白度；对合成纤维则常要检验卷曲度、含油率、比电阻等性能；其他如涤纶、丙纶、腈纶还须检验干热收缩率；腈纶要检验上色率、硫氰酸钠含量；锦纶要检验单体含量。此外，还要检验成包回潮率。外观疵点是指生产过程中形成的不正常疵点，包括硬丝、僵丝、未拉伸丝、并丝、胶块、注头丝、硬块丝等。

化学短纤维按批抽样进行品质检验。批是指用同一种原料、同一设备条件、同一工艺过程在一定时间内连续生产的同一品种。抽样数量随批量大小按标准规定进行。化学纤维物理性能检验，规定在标准温湿度条件[温度为(20±2)℃，相对湿度为(65±3)%]下进行。试样须先经一定时间的调湿平衡(预调湿用标准大气，温度不超过50℃，相对湿度为10%～25%)，对粘胶纤维来说如果试样含湿太高，还须经预干燥处理后再行调湿平衡。现就一些常规检验项目介绍如下。

一、化学纤维长度检验

化学纤维长度有等长和不等长(异长)之分。化学短纤维的长度有三种规格，即棉型纤维长度为31～38mm，中长型纤维长度为51～76mm，毛型纤维用于粗梳长度为64～76mm，用于毛纺精梳的长度为76～114mm。不等长化学短纤维主要用于毛纺，其长度测定和羊毛纤维长度测定法一样。对于等长化学短纤维的长度检验，除手扯法外，使用仪器的主要方法有中段切断称重法、单根纤维测量法和长度测试仪法三种方法，其中中段切断称重法是最常用的方法。

(一)中段切断称重法测纤维长度

在经过调湿平衡的试样中取出50g纤维，再从该样品中均匀地取出并称取一定重的纤维作平均长度和超长分析用(棉型称取30～40mg，中长称取50～70mg，毛型称取100～150mg)。将剩余的试样用手扯松，在黑绒板上用手拣法将倍长纤维挑出。将平均长度和超长分析用的纤维用手扯和限制器绒板整理成一端平齐的纤维束。用夹子夹住纤维束，梳去一定长度以下的短纤维，然后对长度在短纤维界限下的纤维取出整理，量出最短纤维的长度 L_{ss}。整理纤维束时，从中取出超长纤维，称得超长纤维重量 G_{ov}后，仍归入纤维束。在整理过程中发现倍长纤维时，拣出后并入倍长纤维一起称重。最后用中段切取器在离纤维束平齐端10mm处切取中段纤维，切取时，纤维要伸直但不伸长，且纤维束必须与刀口垂直。切下的中段和两端纤维、过短纤维经平衡后，分别称得中段纤维重量 G_c、两端纤维重量 G_t 和短纤维重量 G_s。中段切断长度、短纤维界限和超长纤维界限的规定见表5－2。

表5－2 化学短纤维的中断切断长度、短纤维界限和超长纤维界限

中断切断长度	短纤维界限	超长纤维界限
过短纤维时棉型和中长型10mm	棉型小于20mm	棉型大于名义长度5mm
棉型和中长型20mm	中长型小于30mm	中长型大于名义长度10mm
毛型30mm	—	—

根据测试所得数据,可用下面的公式计算各项长度指标。

1. 平均长度

$$L_n = \frac{G}{\frac{G_c}{L_c} + \frac{2G_s}{L_s + L_{ss}}} \tag{5-1}$$

式中:L_n——纤维平均长度,mm;

G——纤维总重量,mg,其中 $G = G_s + G_c + G_t$;

G_s——短纤维重量,mg;

G_c——中段纤维重量,mg;

G_t——两端纤维重量,mg;

L_s——短纤维界限,mm;

L_{ss}——最短纤维长度,mm;

L_c——中段纤维长度,mm。

当化纤中不含或极少含短纤维时,式(5-1)可简化为:

$$L_n = \frac{L_c G}{G_c} = \frac{L_c(G_c + G_t)}{G_c} \tag{5-2}$$

合成纤维一般都属于这一情况。如果不将超长纤维归入主体纤维束切断称重,用式(5-2)求得的是不包括超长纤维和短纤维在内的主体纤维平均长度,或称有用纤维平均长度。粘胶纤维常采用这个平均长度。

2. 长度偏差 长度偏差是指实测平均长度和纤维名义长度的差异百分率。

$$长度偏差 = \frac{L_a - L_b}{L_b} \times 100\% \tag{5-3}$$

式中:L_a——实测平均长度,mm;

L_b——名义长度,mm。

长度偏差可为正值或负值,要求其绝对值越小越好。

3. 超长纤维率 超长纤维率是指超长纤维重量占总重量的百分率。

$$超长纤维率 = \frac{G_{ov}}{G} \times 100\% \tag{5-4}$$

式中:G_{ov}——超长纤维重量,mg。

4. 短纤维率 短纤维率是指短纤维重量占总重量的百分率。

$$短纤维率 = \frac{G_s}{G} \times 100\% \tag{5-5}$$

短纤维的存在会影响成纱条干不匀、毛茸多、断头多,因此要求短纤维率越小越好。

5. 倍长纤维含量 倍长纤维含量以100g 纤维所含倍长纤维质量的毫克数表示。超长纤维和倍长纤维的存在,会使纺纱过程中发生绕打手、绕锡林、绕罗拉、出橡皮纱等现象,引起断头增多,纱的条干不匀,严重影响正常生产和成纱质量,其危害性更甚于短纤维。因此要求超长纤维率和倍长纤维含量越小越好。超长纤维、倍长纤维和短纤维率是作为化纤中的疵点被检测和考核的。

（二）单根纤维长度测量法

它是测量长度的最基本的方法，即把试样逐根拉直，放在一合适的标尺上直接测量，测试结果较全面准确。它是将玻璃板放在黑绒板上，并在上面涂上一层石蜡油或凡士林油；再将准备好的试样，用镊子将纤维一根根平放在玻璃板上，并使纤维借石蜡油的作用黏附在玻璃上，保持平直而不伸长；最后将已排好的纤维逐根量取其长度，并记录，将各根纤维长度之和除以测定的纤维根数，得纤维平均长度。也可以使用半自动单纤维长度分布分析仪测试。

（三）长度测试仪法

目前，化学短纤维长度的测试基本上采用切断称重法，但是由于螺旋形三维中空立体卷曲纤维的立体卷曲特点，使得在用中段切断称重法测试长度时，由于卷曲不能完全伸直而使实验结果偏短，则此时应采用立体卷曲纤维长度试仪法测试。

二、化学纤维细度检验

目前，化学短纤维的细度检验方法有直接法和间接法两种。直接法用得最广的是中段切取称重法，圆形截面的化学纤维也可直接量出纤维的直径，求得单根纤维的纤度；间接法利用振动仪或气流仪测定纤维的细度。

（一）中段切取称重法

从试样样品中取出10g左右作为细度的测定样品，在标准大气条件下，经预调湿和调湿，达到平衡后，取出1500根到2000根纤维，手扯整理几次使之成为一端整齐、伸直的纤维束，依次取5束试样。在消除卷曲所需要的最小张力下，用切断器从经整理的纤维束的中部切下20mm长度的纤维束中断（名义长度为51mm以上，可切取30mm），切下的中段纤维中不得有游离纤维。用镊子夹取中段纤维，平行地排列在载玻片上，盖上盖玻片后，在投影仪中点数纤维根数。也可以用其它方法准确计数。切20 mm时数350根，切30mm时数300根，共测五片。数好的纤维放在试验用标准大气下再进行调湿，达到平衡后将纤维逐束称重。按下面式（5－6）与式（5－7）计算出化纤的线密度和线密度偏差。

1. 线密度

$$\mathrm{Tt} = \frac{10000G_c}{n_c L_c} \tag{5-6}$$

式中：Tt——纤维线密度，dtex；

G_c——中段纤维质量，mg；

L_c——中段纤维长度，mm；

n_c——中段纤维根数。

2. 线密度偏差 线密度偏差是指实测纤维线密度（dtex）与纤维名义线密度（dtex）的差异百分率。

$$细度偏差 = \frac{\mathrm{Tt}_1 - \mathrm{Tt}_2}{\mathrm{Tt}_2} \times 100\% \tag{5-7}$$

式中：Tt_1——实测纤维线密度，dtex；

Tt_2——纤维名义线密度，dtex。

线密度偏差可为正值或负值，要求其绝对值越小越好。

（二）其他方法

1. 单纤维法 单纤维法有称重法和直径测量法两种方法。

（1）称重法：是将单根纤维逐根测量纤维长度，并逐根称重，精确至1%，然后计算。此方法需要高精度的天平。

（2）直径测量法：此方法适用于纤维截面接近圆形的化学纤维。在显微镜或投影仪上进行，类似羊毛粗细测量。

2. 气流式细度仪法 化学短纤维的细度也可用气流式细度仪来测定，其原理同棉纤维气流式细度仪。

3. 振动仪法 国际标准中推荐用振动仪法测定纤维细度。由于束纤维法只能得到纤维的平均细度，而不能测得单纤维细度，不能得到纤维细度不匀情况，而振动仪测得单纤维的细度，由于振动仪测定是非破坏性的，这根纤维还可以用于强力试验，这样一来就可以求得这根纤维的单位细度下的强力——强度。线密度可用下面的公式计算。

$$\mathrm{Tt} = \frac{2.5 \times 10^5 P}{L^2 f^2} \qquad (5-8)$$

式中：Tt——纤维的线密度，tex；

P——纤维的强力，cN；

L——纤维的长度，mm；

f——共振频率，Hz。

此外，还有利用激光和光电测纤维细度的仪器。

三、化学纤维强伸度检验

化学纤维强、伸度检验是测试化学纤维的拉伸性能。反映化学纤维强、伸度最常用的指标是断裂强力、断裂强度和断裂伸长率。

1. 断裂强力 断裂强力是纤维拉伸试验中，纤维试样被拉断时，纤维所能量承受的最大的力。

2. 断裂强度 断裂强度是用纤维单位截面积上所能承受的最大负荷表示。因为测量纤维的截面积很不方便，所以常使用单位细度纤维所具有的强力表示。根据我国法定计量单位对力和线密度的规定，强度单位采用牛每特（N/tex）、厘牛每特（cN/tex）或厘牛每分特（cN/dtex）表示。断裂强度的计算式为：

$$P_D = \frac{P}{\mathrm{Tt}} \qquad (5-9)$$

式中：P_D——断裂强度，N/tex（cN/ dtex）；

P——单纤维强力，N（cN）；

Tt——纤维的线密度，tex(dtex)。

3. 伸长率　伸长率是纤维拉伸时产生的伸长占原来长度的百分率称为伸长率。其计算式为：

$$\varepsilon = \frac{L_a - L_o}{L_o} \times 100\% \quad (5-10)$$

式中：ε——伸长率，%；

L_o——纤维拉伸前的长度，mm；

L_a——纤维拉伸后的长度，mm。

4. 断裂伸长率　断裂伸长率是指纤维拉伸至断裂时的伸长率，它表示纤维承受拉伸变形的能力。

将测试所得的一组纤维的强力和伸长数据（一般为50根）分别代入标准差公式(5-11)和变异系数（不匀率）公式(5-12)求得强力不匀和伸长不匀的离散程度。

$$s = \sqrt{\frac{\sum_{i=1}^{n}(x_i - \bar{x})^2}{n-1}} \quad (5-11)$$

$$CV = \frac{s}{\bar{x}} \times 100\% \quad (5-12)$$

式中：s——标准差；

n——测试所得一组纤维的根数；

x_i——测试所得一组纤维的强力或伸长数据；

$\bar{x}$——测试所得一组纤维的平均强力或平均伸长；

CV——变异系数。

变异系数CV值大表示不匀率大。不匀率大，表示强力（强度）和伸长率数据分布范围大，反之则小。纤维强力（强度）和伸长率的不匀率以小为好，太大会影响成纱强力。

化学纤维的强、伸度检验是在单纤维强力机上进行的。YG001N型单纤维电子强力仪结构如图5-3所示，它是一款智能化程度较高的测试仪器，具有良好的人机界面，可以完成定速拉

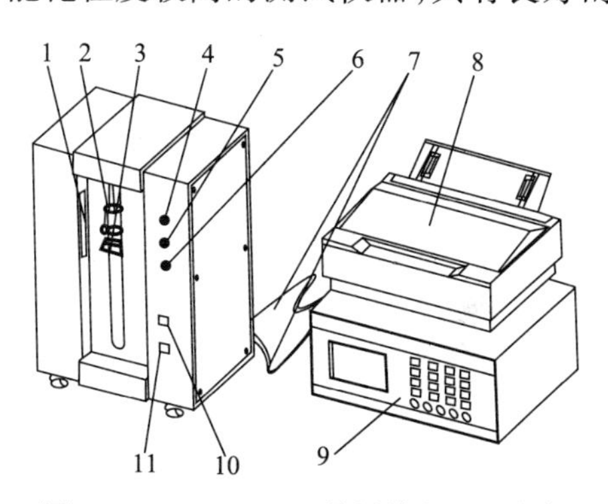

图5-3　YG001N型单纤维电子强力仪

1—日光灯　2—上夹持器　3—下夹持器　4—电源指示　5—上行指示　6—下行指示
7—连接电缆　8—打印机　9—控制箱　10—照明按钮　11—启动按钮

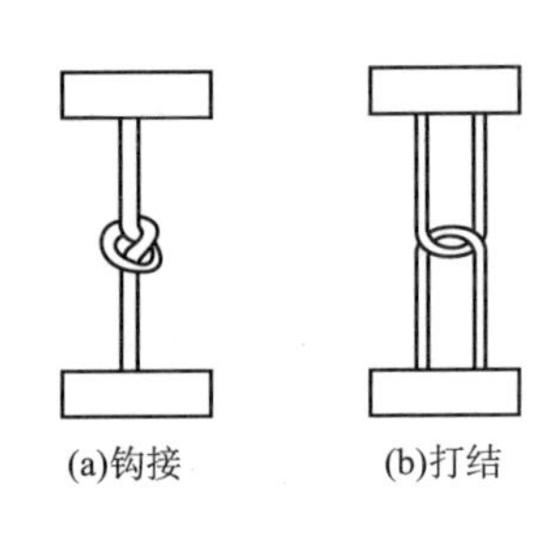

图5－4　纤维在仪器上的钩接和打结方式

伸、定伸长负荷、定负荷伸长和蠕变实验，同时可以打印拉伸曲线，同时还可以自动计算输出强力、强度、伸长、伸长率和断裂功平均值，自动计算输出强力、伸长、断裂功的 CV 值。

为了测定纤维的耐弯曲性、脆性，有时还在单纤维强力机上测定纤维的钩接强度和打结（结节）强度。钩接强度是指两根纤维相互勾接套成环形，然后将其在勾接处断裂时测量得的强度；打结强度是把纤维打成结，拉伸至打结处断裂的强度。测试钩接强度和打结（结节）强度时，纤维在仪器上的钩接和打结方式如图 5－4 所示，其他测试方法与前相同。常用钩接强度率和打结强度率来表示纤维抗弯曲破坏的能力，可按式（5－13）计算。

$$接、结强度率 = \frac{钩接强力或打结强力}{拉伸强力} \times 100\% \qquad (5-13)$$

纤维的钩接强度和打结强度一般均较断裂强度为小。钩接强度、打结强度小的纤维不耐弯曲，并且较脆。

四、化学纤维卷曲检验

纺织上通常把沿着纤维纵向形成的规则或不规则的弯曲称为卷曲。化学纤维的卷曲检验是在卷曲弹性仪上进行的。在卷曲弹性测定仪上，根据纤维的粗细，在规定的张力条件下，在一定的受力时间内，测定纤维的长度变化，测算纤维的卷曲数 J_n、卷曲率 J、卷曲回复率 J_w 和卷曲弹性回复率 J_d 等指标（具体测试方法见光盘中的相应试验）。使用纤维卷曲弹性测定仪可以测得上述指标。

（1）卷曲数：指纤维单位长度上的卷曲个数（个/25mm）。卷曲数太少会发生清花时纤维卷成形困难，黏卷严重，梳理纤维网下坠，成条差等弊病，甚至无法纺纱。如棉型涤纶纤维的卷曲数不宜低于 10 个/25mm，以 13～18 个/25mm 为佳；毛型涤纶纤维的卷曲数以 8～13 个/25mm 为佳；一般化纤的卷曲数为 12～14 个/25mm。

（2）卷曲率：指卷曲纤维拉至伸直时的伸长量占伸直后长度的百分率。卷曲率越大表示卷曲波纹越深，卷曲数多的卷曲率也大。一般化学纤维的卷曲率不宜在 10%～15%。

（3）卷曲回复率：指卷曲纤维拉至伸直后卸掉负荷而回复的长度占伸直后长度的百分率。卷曲回复率越大，表示回缩后剩余的波纹越深，即波纹不易消失，卷曲耐久。其值一般在 10%左右。

（4）卷曲弹性回复率：指卷曲纤维拉至伸直后卸掉负荷而回复的长度占拉至伸直时伸长量的百分率。卷曲弹性回复率越大，表示卷曲容易恢复，卷曲弹性越好，卷曲耐久牢度也越好。一般在 70%～80%。

五、化学纤维含油检验

化学纤维的含油量是以含油率来表示的。含油率是指化纤上含油干重占纤维干重的百分率。含油率的高低与纤维的可纺性能关系密切。含油率低的纤维容易产生静电现象;含油率过高则容易产生黏缠现象。一般掌握在满足抗静电性、平滑性等要求的情况下,含油率以少些为宜。此外,含油必须均匀。

含油率检验是用一定的有机溶剂处理化纤,使其上面的油剂溶解,称得试样去油干重和油脂干重,或称得试样含油干重和试样去油干重来求得含油率。

含油率检验要求所用的有机溶剂的沸点要低,对油剂的溶解性能要好,并应无毒或少毒。各种化纤含油率检验常用的有机溶剂见表5-3。

表5-3 化纤含油率检验所用溶剂

纤维种类	有机溶剂	纤维种类	有机溶剂
涤纶	乙醚,四氯化碳,甲醇	锦纶	四氯化碳
腈纶	苯、乙醇混合液(容量比为2:1),乙醚	维纶	苯、甲醇混合液(容量比为2:1)
氯纶	乙醚	粘胶纤维	苯、乙醇混合液(容量比为2:1),乙醚

目前,用有机溶剂溶解化纤上油剂的方法中常采用的有萃取法和振荡法,其中萃取法与羊毛油脂测定的方法一样。

振荡法是称取一定重量的试样,烘干冷却后称重,即为试样含油干重。将烘干后的试样放入三角烧瓶,注入一定量的有机溶剂,振荡一定时间后取出,再用溶剂洗涤,然后烘干、冷却后称重,即为试样去油干重。根据所测重量可以求出该试样的含油率。

六、外观疵点检验

化学短纤维的外观疵点包括纤维的含杂和疵点两项内容。含杂是指纤维以外夹杂物;疵点是指生产过程中形成的不正常异状纤维。疵点包括僵丝(脆而硬的丝)、并丝(黏合在一起不易分开的数根纤维)、硬丝(由于纺丝不正常而产生的比未牵伸丝更粗的丝)、注头丝(由于纺线不正常,中段或一端呈硬块的丝)、未牵伸丝(未经牵伸或牵伸不足而产生的粗而硬的丝)、胶块(没有形成纤维的小块聚合体)、硬板丝(因卷曲机挤压形成的纤维硬块)、粗纤维(直径为正常纤维4倍及以上的单纤维)等异状纤维。

外观疵点检验的测试原理是称取一定量的试样,在原棉分析机将疵点与正常纤维分离,折算出每100g纤维的疵点量的毫克数。原棉分析机是由梳棉机和清花机组成。根据空气动力学原理,利用风扇高速旋转,产生负压,也就是试样受到分梳疏松后,在气流离心力和机械的作用下,由于纤维和疵点比重不同,使纤维与疵点分离。试验前先开空车运转,检查仪器有无异常声响及气流是否正常,同时驱散仪器中的潮湿空气。

从实验室试验样品中随机均匀地取出100g纤维(精确至0.1g)。把试样稍加扯松,均匀平铺在给棉板上。经二次分析后将二次落棉放在黑绒板上,按标准样照要求,用镊子把各种疵点拣出,并在天平上称重(精确至0.1g),代入下式计算疵点含量。

$$Q = \frac{W_1}{W} \times 100 \tag{5-14}$$

式中：Q—— 疵点含量，mg/100g；

W_1—— 疵点质量，mg；

W——试样质量，g。

七、其他一些性质的检验

化学纤维其他一些性质的检验，如回潮率、比电阻、摩擦因数、沸水收缩率等方面的内容概念，将在以后有关章节中阐述。

第三节　常见化学纤维的特性

一、再生纤维的特性

（一）再生纤维素纤维

再生纤维素纤维是以棉短绒、木材、甘蔗渣、芦苇等天然纤维素为原料，经过化学处理和机械加工而制成。国际人造丝及合成纤维标准局（BISFA）对再生纤维素纤维命名见表5－4。

表5－4　再生纤维素纤维的名称和缩写

纤　　维	英文名	缩　　写
粘胶纤维	Viscose	CV
莫代尔纤维（高湿模量）	Modal	CMD
波里诺西克纤维（高湿模量）	Polynosic	CMD
铜氨纤维	Cupro	CUP
醋酯纤维（二醋酯）	Acetate	CA
三醋酯纤维	Triacetate	CTA
绿塞（莱赛尔）纤维	Lyocell	CLY
天丝	Tencel	Tel
竹浆纤维	—	—

1. 粘胶纤维　粘胶纤维是以天然纤维素高聚物为原料，采用二硫化碳（CS_2）溶液作溶剂生成可溶性纤维素纺丝原液，经过一系列加工制得的纤维。由于采用不同的原料和纺丝工艺，可分别制得普通粘胶纤维、高湿模量粘胶纤维、高强力粘胶纤维和改性粘胶纤维等。普通粘胶纤维又可分为棉型（人造棉）、毛型（人造毛）、中长型、高卷曲和长丝型（人造丝）。高湿模量粘胶纤维具有较高的强力、湿模量，湿态下强度为22cN/tex，伸长率不超过15%，其代表产品为富强纤维。强力粘胶纤维具有较高的强力和耐疲劳性能。改性粘胶纤维有接枝纤维、阻燃纤维、中空纤维、导电纤维等。

粘胶纤维的主要特性如下。

(1)粘胶纤维是湿法纺丝生产,其截面形状为锯齿形,并有皮芯结构,纵向平直有沟槽。

(2)粘胶纤维的基本组成是纤维素 $-(C_6H_{10}O_5)-_n$,与棉纤维相同。粘胶纤维的耐碱性较好,但不耐酸。其耐酸碱性均较棉纤维差。

(3)普通粘胶纤维大分子的聚合度为250~500,大分子结晶度较棉纤维低,一般在30%左右,结构较为松散,使其断裂强度较棉纤维小,为16~27cN/tex;其断裂伸长率比棉纤维大,为16%~22%;其湿态时的强力下降很大,仅为干强的50%左右,并且其湿态伸长增加约50%左右;其模量较棉低,弹性恢复力差,尺寸稳定性差,织物易伸长,耐磨性差。富强纤维对粘胶纤维的以上缺点有较大的改善,特别是湿态时的强力有较大的提高。

(4)粘胶纤维的密度略小于棉纤维而大于毛纤维,为1.50~1.52g/cm³。

(5)粘胶纤维的结构松散,其吸湿能力优于棉,是常见化学纤维中吸湿能力最强的纤维。吸湿后显著膨胀,以其织制的织物下水收缩大、发硬。

(6)粘胶纤维的染色性很好,染色的色谱很全,可以染成各种鲜艳的颜色。

(7)粘胶纤维的耐热性和热稳定性较好。

(8)因粘胶纤维的吸湿能力很强,比电阻较低,抗静电性能很好。

(9)粘胶纤维的耐光性与棉纤维相近。

粘胶纤维因其吸湿好,穿着舒适,可纺性好,常与棉、毛及其他合成纤维混纺、交织,用于各类服装及家纺产品。高强力粘胶纤维还用作轮胎帘子线、运输带等工业用品。粘胶纤维是一种应用十分广泛的化学纤维。为了改善普通粘胶纤维强度、湿强度低的缺点,先后出现了高强力粘胶纤维和高湿模量粘胶纤维,如富强纤维、莫代尔纤维、波里诺西克纤维就属于高湿模量粘胶纤维,它们是采用优良原料,并改变纺丝工艺而制得的。

2. 醋酯纤维 醋酯纤维是以纤维素为原料,经乙酰化处理使纤维素上的羟基与醋酐作用生成醋酸纤维素酯,再经干法或湿法纺丝制得的。醋酯纤维根据乙酰化处理的程度不同,可分为二醋酯纤维和三醋酯纤维。

醋酯纤维截面多为瓣形、片状或耳状,无皮芯结构。与粘胶纤维相比,醋酯纤维的强度小、断裂伸长率大、吸湿能力差、染色性能差。

醋酯纤维虽然吸湿较低,但比电阻较小,抗静电性能较好。醋酯纤维手感柔软,弹性好,不易起皱,故较适合于制作妇女的服装面料、衬里料、贴身女衣裤等。也可与其他纤维交织生产各种绸缎制品。

3. 绿塞纤维(Lyocell) 绿塞纤维是以天然纤维素高聚物为原料,是一种人造纤维素纤维。生产过程中使用的有机溶剂NMMO在生产系统中回收率可达99%以上,对环境没有污染,且绿塞纤维易于生物降解,焚烧也不会产生有害气体污染环境,所以绿塞纤维是一种符合环保要求的再生纤维素纤维。1993年底,绿塞纤维由英国化学纤维生产商Courtaulds公司在美国Mobile生产,纤维的商品名称为天丝(Tencel),其后世界各国纷纷投资生产该纤维。目前,生产绿塞纤维的公司、商品名和纤维类型见表5-5。

表 5-5 绿塞纤维主要生产情况

生产国家和地区	商品名称	纤维种类
美国(Mobile)	Tencel	纺织和工业用短纤维
英国(Grimsby)	Courtaulds,Lyocell	
奥地利(Heiligenkrenuz)	Lenzing,Lyocell	短纤维
德国(Obernburg)	Newcell	长丝
德国(Rudolstalt)	Alceru	短纤维
韩国(Masan)	Cocel	短纤维
俄罗斯(Mytishi)	Orcel	试验产品
中国台湾(聚隆纤维股份有限公司)	Acell	短纤维

绿塞纤维与粘胶纤维相比有如下特性。

(1)绿塞纤维与粘胶纤维一样耐碱性较好,但不耐酸,其耐酸碱性均较棉纤维差。

(2)绿塞纤维大分子的聚合度和结晶度远高于普通粘胶纤维,所以绿塞纤维断裂强度远远大于普通粘胶纤维,其强度可达 40~42cN/tex,比棉的强度还高;绿塞纤维在湿态时的强度下降,但湿强值仍在 30cN/tex 以上。绿塞纤维断裂伸长率比普通粘胶纤维小,比棉纤维大,为 14%~16%;湿态的伸长率增加到 16%~18%。绿塞纤维有较高干湿模量。

(3)绿塞纤维横截面形状为近似圆形,也具有皮芯层结构,但皮层比例较小,在 5% 以下,皮层下面的纤维表面仍然光滑,没有粘胶纤维的纵向平直有沟槽。

(4)绿塞纤维的密度与棉纤维和普通粘胶纤维接近,可达 1.52g/cm^3。

(5)绿塞纤维的吸湿性较好,在通常大气条件下为 11% 左右。

(6)绿塞纤维染色性能好,尤其是活性染料可染的色谱很全,可以染成各种鲜艳的颜色。

(7)绿塞纤维的耐热性和热稳定性较好。

(8)绿塞纤维的吸湿能力很强,则其比电阻较低,抗静电性能很好。

(9)绿塞纤维的耐光性与棉纤维相近。

绿塞纤维因其吸湿好,穿着舒适,可纺性好,与棉、毛及其他合成纤维混纺、交织,用于各类服装及装饰用品。绿塞纤维具有天然纤维的舒适性,又有合成纤维的力学性质和尺寸稳定性,而且符合绿色环保要求,其应用前景非常广阔。

4. 竹浆纤维 竹浆纤维是由竹子经粉碎后采用水解、碱处理及多段漂白精制成浆粕,再使不溶性的浆粕变性,转变为可溶性粘竹浆粕,最后经过抽丝,纺制成竹子纤维素纤维,也称为竹子再生纤维素纤维。是继大豆蛋白纤维之后又一种我国自行研制并成功投入生产的化学纤维。

竹浆纤维纵向平直有沟槽,横截面类似普通粘胶纤维的锯齿形,如图 5-5 所示。竹浆纤维与粘胶纤维、莫代尔纤维和绿塞纤维等化学组成基本相同,其化学性能与棉、麻纤维相近。竹浆纤维强力高,韧性和耐磨性较好,可纺性好。竹浆纤维在标准状态下的回潮率可达 12%,与普通粘胶纤维的回潮率相接近,且吸、放湿速度是其他纤维所不及。竹浆纤维染色性好且不易褪色。竹浆纤维具有天然抗菌性能。

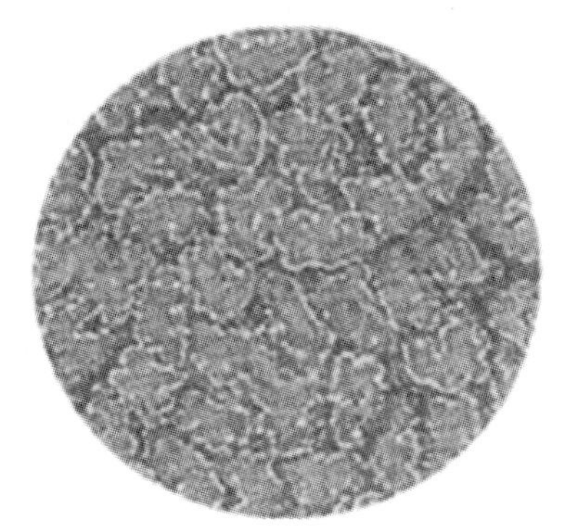
(a)横截面

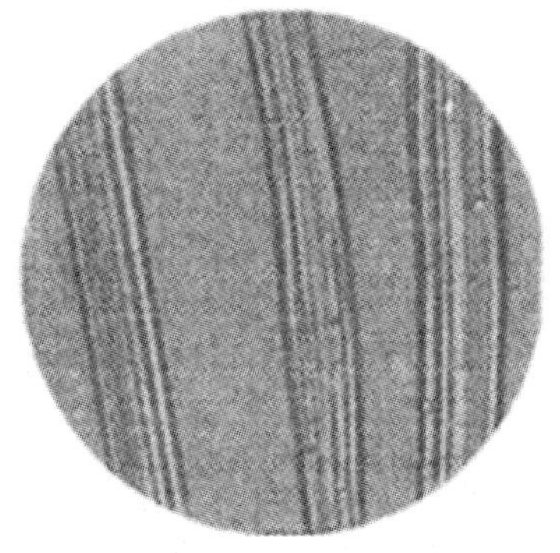
(b)纵截面

图5-5 竹浆纤维横、纵截面图

用竹浆纤维制成的织物吸湿性、透气性良好，具有滑爽、抗菌、防臭等特殊功能。竹浆纤维的各项物化指标都优于传统的粘胶纤维，其中特别是吸湿放湿性、透气性居各纤维之首，被人们美誉为“会呼吸的纤维”和“天然保健纤维”。

5. 甲壳素纤维 甲壳素又称几丁质(Chitin)，是一种特殊的纤维素。甲壳素经浓碱处理脱去其中的乙酰基，就变成可溶性甲壳素，叫做甲壳胺或壳聚糖，其化学结构很像植物纤维素，故可视为一种动物纤维素纤维。将甲壳素或壳聚糖粉末在适当的溶剂中溶解，配制成纺丝液，就可纺丝成甲壳素纤维。

由于制造甲壳素纤维的原料一般为虾、蟹类水产品的废弃物，这一方面利用废弃物减少了对环境的污染；另一方面甲壳素纤维的废弃物又可生物降解，不会污染环境。用甲壳素制成的纤维，具有抑菌、镇痛、吸湿、止痒等功能，可制成各种抑菌防臭纺织品，被称为甲壳素保健纺织品。它是新世纪开发的又一种绿色功能纤维。

甲壳素纤维的性能见表5-6。与棉纤维相比，甲壳素纤维线密偏大，强度偏低，在一定程度上影响成纱强度。在一般条件下，甲壳素纤维纯纺具有一定困难，通常采用甲壳素纤维与棉、毛、化纤混纺来改善其可纺性。此外，甲壳素纤维由于吸湿性良好，染色性优良，可采用直接、活性、还原及硫化等多种染料进行染色，且色泽鲜艳。

表5-6 甲壳素纤维的性能

密度(g/cm^3)	线密度(dtex)	回潮率(%)	断裂强度(cN/dtex)	断裂伸长率(%)
1.45	2.21~2.22	12.5	1.31~2.30	13.5

采用甲壳素纤维与棉、毛等纤维混纺织成的高级面料，具有坚挺、不皱不缩、色泽鲜艳、吸汗性能好，且不透色等特点。在医用方面主要用作甲壳素缝线和人造皮肤，以甲壳素纤维与超级淀粉吸水剂结合制成的妇女卫生巾、婴儿尿不湿等具有卫生和舒适的功效。

6. 竹炭纤维 竹炭纤维是将用高科技手段制成的纳米级竹炭微粒经特殊工艺均匀分布到粘胶纤维纺丝液(也可以是其他化纤的纺丝液)中纺制而成的。它是一种新型功能性纺织原料。竹炭纤维的优异性能源于竹炭内部的微多孔结构，如图 5－6 所示，其主要性能如下。

图 5－6　竹炭纤维纵向的表面微孔

(1)超强的吸附力：竹炭吸附能力是木炭的 5 倍以上，对甲醛、苯、甲苯、氨等有害物质和粉尘具有吸收、分解异味和消臭的作用。

(2)可发射远红外线，蓄热保暖：远红外线发射率高达 0.87，蓄热保暖，温升速度比普通棉面料快。

(3)可调湿，达到除湿与干燥的功效。高平衡回潮率和保水率高，赋予了竹炭调湿的本领。

(4)其织物的负离子发射浓度可高达 6800 个/cm^3，有益于身体健康。

(5)矿物质含量高，有特殊的保健功能

竹炭面料主要应用于内衣裤、贴身衣裤、运动休闲装及外套上；竹炭纤维用于袜子、毛巾及床上用品等。竹炭纤维的广泛应用充分发挥了其天然环保及优异的机能，并且满足人们对服装功能进一步需求。

(二)再生蛋白质纤维

再生蛋白质纤维以是指用酪素、大豆、花生、牛奶等天然蛋白质为原料制成的、组成成分仍为蛋白质的纤维。例如大豆纤维、酪素纤维、花生纤维、牛奶纤维等。

1. 大豆纤维　大豆纤维是由腈基、羟基等高聚物与大豆蛋白质接枝、共聚、共混制成一定浓度的纺丝液，用湿法纺丝生产的再生蛋白质纤维。大豆纤维的生产既利用了大豆废粕，生产过程又无污染，并且大豆纤维是一种易生物降解的再生纤维。其纵向、横截面如图 5－7 所示。

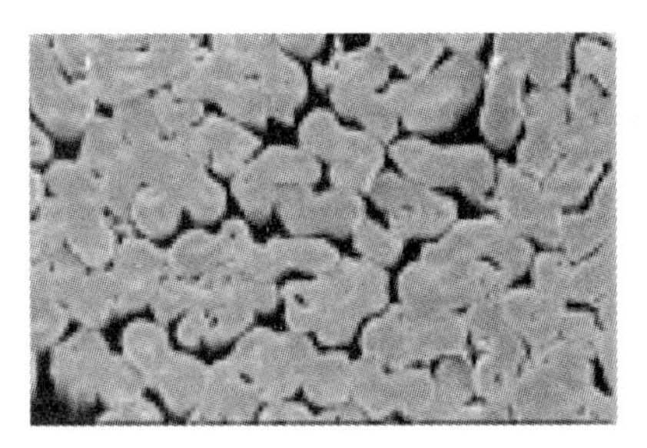

图 5－7　大豆纤维纵向、横截面图

大豆纤维密度小，单丝线密度低，强度与伸长率较高，耐酸碱性较好，具有羊绒般的柔软手感，棉纤维般的吸湿和导湿性能，有蚕丝般的柔和光泽，穿着舒适，对人体有一定保健作用。大豆纤维和常见纤维的性能比较见表 5－7。大豆纤维悬垂性优于蚕丝。染色性好，可用弱酸性、活性染料适用于大豆纤维染色。其缺点有摩擦因数小，弹性小，缩水变形较大，不耐热，易起毛，抗皱性差。

表5-7 大豆纤维和常见纤维的性能比较

性能	大豆纤维	棉纤维	粘胶纤维
密度(g/cm^3)	1.29	1.54	1.5~1.52
回潮率(dtex)	5~9	8	13~15
干态强度(cN/dtex)	3.8~4.0	2.6~4.3	1.5~2.0
湿态强度(cN/dtex)	2.5~3.0	2.9~5.6	0.7~1.1
断裂伸长率(%)	18~21	3.7	10~24
初始模量(cN/dtex)	53~98	60~82	57~75
钩接强度率(%)	75~85	70	30~65
打结强度率(%)	85	90~100	45~60
耐热性	差	较好	好
耐碱性	差	好	较好
耐酸性	好	差	差
耐磨性	较好	较好	差
耐霉蛀性	好	差	好
舒适性	好	好	一般
染色性	较好	较好	一般

大豆纤维可在棉纺、毛纺设备上进行纯纺和混纺，然后可通过机织、针织的方式加工成不同风格的新型高档面料，再经印染加工后，可获得外观华丽、色泽鲜艳、色感柔和、弹性好、舒适性好，具有保健作用的功能纺织品。纺织品具有细度细、质地轻、强伸度高、吸湿性好、柔软、光泽好、保暖性好等优良服用性能，被称为“人造羊绒”。

2. 酪素纤维 酪素纤维俗称牛奶纤维。20世纪40年代初期，美国、英国研制成了酪素纤维，商品名为Aralic(美国)、Fibralane(英国)。近年来，日本东洋公司开发了以新西兰牛奶为原料的再生蛋白质纤维“Chinon”，这是目前世界上唯一实现工业化生产的酪素纤维，它具有天然丝般的光泽和柔软的手感，有较好的吸湿、导湿性能，有极好的保湿性，穿着舒服。但由于100kg牛奶只能提取4kg蛋白质，制造成本高，至今无法大量推广使用。

二、合成纤维

合成纤维是以煤、石油、天然及一些农副产品等天然的低分子物经过一系列化学、物理加工而制成的纺织纤维。合成纤维具有生产效率高、原料丰富、品种多、服用性能好、用途广等优点，因此发展迅速。目前，常规的合成纤维有涤纶、锦纶、腈纶、维纶、丙纶、氯纶六大类，它们与天然纤维相比有着非常明显的共同特性见表5-8。

表 5-8　常规合成六大纶的纤维共同特性

性　能	优　点	缺　点
物理性能	断裂强度、伸长率高，弹性好，摩擦因数较大，耐磨性好。其中锦纶的强度最大、耐磨性最好；涤纶最挺括	易勾丝、易起球
纤维密度	都较小，其中丙纶的密度最小	
染色性	个别较好（锦纶）	大多对一般染料的染色性较差，涤纶需用分散染料，采用非常规染色；腈纶要用阳离子染料
化学稳定性	较好，不霉不蛀，保养方便	锦纶对无机酸的抵抗力很差
热学性质	有热塑性，热定形性好	易熔孔
光学性质	较好，其中腈纶的耐日光性最好	
吸湿性	吸湿性差导致织物易洗快干，且洗可穿性好，氯纶的织物产生的静电对治疗关节炎有辅助作用	丙纶、氯纶几乎不吸湿。吸湿性差导致纤维比电阻很高，导电差，易产生静电，易静电积累，易吸附灰尘

由表 5-8 可见，合成纤维在服用方面，保养性和耐用性优良，外观性较好，舒适性差，所以合成纤维适合制作外衣，不适合用于内衣。

（一）聚酯系纤维

聚酯系纤维目前有聚对苯二甲酸乙二酯（PET）纤维、聚对苯二甲酸丙二酯（PTT）纤维、聚对苯二甲酸丁二酯（PBT）纤维和聚萘二甲酸乙二酯（PEN）纤维四种。其中聚对苯二甲酸乙二酯（PET）纤维是聚酯系纤维中用途最广、产量最高的一种，我国商品名为涤纶。

1. 涤纶　它是由对苯二甲酸或对苯二甲酸二甲酯与乙二醇经缩聚反应得到的聚对苯二甲酸乙二酯高聚物，经纺丝加工制得的纤维，其分子式为：

$$\left[OC-C_6H_4-COO(CH_2)_2CO \right]_n$$

我国将聚对苯二甲酸乙二酯含量大于 85% 的纤维称为涤纶，俗称为“的确良”。国外的商品名称很多，美国称“达克纶”，日本称“帝特纶”，英国称“特丽纶”，苏联称“拉夫桑”等。涤纶主要特性如下。

（1）涤纶为熔体纺丝，故常见纤维的截面为圆形，纵向为圆棒状。同时还可以改变喷丝孔的形状纺制异形纤维。

（2）涤纶的大分子链段上有两个特殊链节酯基和苯环，使其大分子的柔曲性和吸湿能力较差。

（3）涤纶的大分子排列状态可通过初步加工来改变，即通过纺丝加工中的拉伸及丝条的冷却速度来改变其结晶度和大分子的取向度。一般涤纶的大分子结晶度为 50% ~60%，大分子与纤维轴向的夹角较小，取向度较高，但取向度的高低取决于初加工的拉伸倍数。大分子的聚合度为 130 左右。涤纶的拉伸断裂强力和拉伸断裂伸长率都比棉纤维高，普通型涤纶的强度为

35.2～52.8cN/tex，伸长率为30%～40%。但因纤维在加工过程中的拉伸倍数不同，可将纤维分为高强低伸型、中强中伸型和低强高伸型。涤纶在小负荷下的抗变形能力很强，即初始模量很高，在常见纤维中仅次于麻纤维。涤纶的弹性优良，在10%定伸长时的弹性恢复率可达90%以上，仅次于锦纶。因此涤纶织物的尺寸稳定性较好，挺括且抗皱，它的耐磨性也仅次于锦纶，但其易起毛起球，且不易脱落。

（4）涤纶的密度小于棉纤维，而高于毛纤维，约为1.39g/cm^3。

（5）涤纶分子吸湿基团极少，故吸湿能力很差，在通常大气条件下仅为0.4%左右。

（6）涤纶的染色性较差，染料分子难于进入纤维内部，一般染料在常温条件下很难上染，因此多采用分散染料进行高温高压染色、载体染色或热融法染色，也可以进行纺丝流体染色，生产有色涤纶。

（7）涤纶的耐碱性较差，仅对于弱碱有一定的耐久性，但对于酸的稳定性较好，特别是对有机酸有一定的耐久性。在100℃于5%的盐酸溶液中浸泡24h或40℃时在70%的硫酸溶液中浸泡72h后，其强度几乎不损失。

（8）涤纶有很好的耐热性和热稳定性。在150℃左右处理1000h，其色泽稍有变化，强力损失不超过50%。但涤纶织物遇火种易产生熔孔。

（9）因涤纶的吸湿能力很差，比电阻很高，导电能力极差，易产生静电，给纺织工艺的加工带来了不利的影响，同时由于静电电荷积累，易吸附灰尘，但可以利用其电阻高的特性加工成优良的绝缘材料。

（10）涤纶有较好的耐光性，其耐光性仅次于腈纶。

涤纶投入工业化生产较迟，但由于其有许多优良的性能，所以在服装、家纺还是工业中的应用十分广泛。其短纤维可与棉、毛、丝、麻或其他化学纤维混纺，加工不同性能的纺织制品，用于服装、装饰及各种不同的领域。涤纶长丝，特别是变形丝可用于针织、机织制成各种不同的仿真型内外衣。长丝也因其具有良好物理化学性能，广泛用于轮胎帘子线、工业绳索、传动带、滤布、绝缘材料、船帆、帐篷布等工业制品。随着新技术、新工艺的不断应用，对涤纶进行改性制得了抗静电、吸湿性强、抗起毛起球、阳离子可染等涤纶。涤纶以其发展速度快，产量高，应用广泛，被喻为化学纤维之冠。

2. 聚对苯二甲酸丙二酯（PTT）纤维　它是在20世纪90年代，由美国Shell Chemical（壳牌化学）公司首先研制成功的，并取名为Corterra。该纤维不仅兼具PET、PBT二者的优点，而且由于“奇碳效应”使其具有良好的回弹性和膨松性，耐磨性接近于聚酰纤维。杜邦公司相应的商品名为Sorona，旭日成公司的为Solo。PTT纤维具有比锦纶更好的柔软性和舒适的弹性、具有优异的拉伸恢复性、具有比涤纶更好的染色性能，除此以外，它还有抗氯、抗污性、抗紫外线性。PTT适合纯纺或与纤维素纤维及天然纤维、合成纤维复合，生产地毯、便衣、时装、内衣、运动衣、泳装及袜子。它是一个非常有前景的纤维。

3. 聚对苯二甲酸丁二酯（PBT）纤维　聚对苯二甲酸丁二酯纤维（PBT）是20世纪70年代问世的一种新型聚酯纤维，其商品名为Finecell。该纤维不仅具有涤纶（PET）的耐久性、尺寸稳定性、湿态强力，锦纶（PA）的柔软手感与耐磨性等性能，而且可染性优于涤纶和锦纶。近年来它也在弹力织物中得到就应用。

(二)聚酰胺系纤维(锦纶、芳纶)

聚酰胺纤维的种类很多,凡在分子主链中含有—CONH—的一类合成纤维,统称为聚酰胺纤维。其分子式为:

$$\left[NH—(CH_2)_x—CO \right]_n$$

$$\left[NH—(CH_2)_x—NHCO—(CH_2)_y—CO \right]_n$$

聚酰胺纤维的命名采用数字标号法,即以单元结构中所含有的碳原子数来命名。聚酰胺6为单元结构中含有6个碳原子$\left[NH—(CH_2)_6—CO \right]$的高聚物,而聚酰胺11为单元结构中含有11个碳原子$\left[NH—(CH_2)_{11}—CO \right]$的高聚物,所以从数字的标号上可以看出聚酰胺纤维的化学组成。由二元胺与二元酸所组成的聚酰胺,数字标号分别用二元胺和二元酸中的碳原子个数来表示,前一组数字表示二元胺的碳原子个数,后一组数字表示二元酸胺的碳原子个数。如聚酰胺66是由己二胺$\left[NH_2—(CH_2)_6—NH_2 \right]$和己二酸$\left[HOOC—(CH_2)_6—COOH \right]$制得。

近年来发展了不少具有特殊性能的新品种,如吸湿能力强的锦纶4和锦纶1010等。除脂肪族聚酰胺纤维外,还有芳香族聚酰胺纤维,它们是耐高温、耐辐射的聚对苯二甲酰对苯二胺(芳纶1414)、聚间二苯甲酰间苯二胺(芳纶1313)、聚对苯甲酰胺(芳纶14)和聚砜酰胺(芳砜纶)。

1. 锦纶 聚酰胺纤维的虽然种类很多,而常用的是聚酰胺6和聚酰胺66。我国的商品名称为锦纶。它的主要特性如下。

(1)锦纶与涤纶一样,采用熔体纺丝,所以锦纶的形态特征与涤纶相似,截面为圆形,纵向为圆棒状。异形纤维的截面形态因喷丝孔的形状不同而不同。

(2)锦纶的化学组成为聚酰胺类高聚物,其代表产品有锦纶6、锦纶66,大分子上含有酰胺键(—CONH—)和氨基($—NH_2$),大分子的柔曲性较好使织物的柔性较好,伸长能力较强。锦纶的耐碱性较好,但耐酸性较差,特别是对无机酸的抵抗力很差。

(3)锦纶与涤纶一样可以采用纺丝改变纤维大分子的结晶度和聚向度,从而改变纤维的强伸性和其他性能。锦纶的强力高、伸长能力强,锦纶6的断裂强度为38~84cN/tex,伸长率为16%~60%。锦纶66的断裂强度为31~84cN/tex,伸长率为16%~70%,且弹性很好。特别是锦纶的耐磨性是常见纤维中最好的,但锦纶在小负荷下易产生变形,初始模量较低,锦纶6为70~400cN/tex,锦纶66为44~510cN/tex。因此,锦纶织物的手感柔软,但其保形性和硬挺性很差。

(4)锦纶的密度小于涤纶,约为$1.14g/cm^3$。

(5)锦纶中含有酰胺键,故吸湿为合成纤维中较好的,在通常大气条件下为4.5%左右。锦纶4的吸湿能力可达7%左右。

(6)锦纶的染色性较好,色谱较全。

(7)由于锦纶的大分子柔顺性很好,其耐热性差。随温度的升高强力下降。锦纶6的安全使用温度为93℃以下,锦纶66的安全使用温度为130℃以下,该纤维遇火种易产生熔孔。

(8)锦纶的比电阻较高,但具有一定的吸湿能力,从而使其静电现象并不十分突出。

(9)锦纶的耐光性差。在长期的光照下强度降低,色泽发黄。

锦纶是工业化生产最早的合成纤维,虽然涤纶的产量已超过它,但锦纶仍是合成纤维的主要品种,且产量仅次于涤纶。锦纶生产以长丝为主,用于仿制丝绸型织物,还用于做袜子、围巾及刷子的丝,还可用于织制地毯等;用于工业的可制造轮胎帘子线、绳索、渔网等;国防上主要用于织制降落伞等。

2. 芳纶 芳香聚酰胺纤维是耐高温合成纤维,耐高温纤维一般是指可在200℃以上高温条件下连续使用几千小时以上,或者是可在400℃以上高温条件下短时间使用的合成纤维。目前,耐高温纤维中,最有代表性的是芳纶1313、芳纶1414。耐高温纤维一般还具有其他特殊性能,如耐化学腐蚀性、耐辐射性、防火性、高强力等。耐高温纤维广泛应用于航空、无线电技术、空间技术等部门。

(1)芳纶1313:它的商品名为Nomex,耐高温性能突出,熔点为430℃,能在260℃下持续使用1000h,强度仍保持原来的60%~70%。阻燃性好,在350~370℃时分解出少量气体,不易燃烧,离开火焰自动熄灭。耐化学药品性能强,长期受硝酸、盐酸和硫酸作用,强度下降很少。具有较强的耐辐射性能,耐老化性好。因此Nomex广泛应用于防火服、消防服、阻燃服等特种防护服装,还用于航天工业,如美国的宇航服中就有Nomex和无机纤维的混纺织物。

(2)芳纶1414:它的商品名为Kevlar,是一种超高强纤维,具有超高强度和超高模量。芳纶1414比芳纶1313的耐热性更高,到500℃才分解。其强度为钢丝的5~6倍,而重量仅为钢线的1/5。由于其耐高温性和耐化学腐蚀能力较强,则广泛应用于高级汽车轮胎帘子线、防弹衣、特种帆布等产品中。

(三)聚丙烯腈纤维(腈纶)

腈纶是由丙烯腈经过共聚所得到的聚丙烯腈,它是由85%的丙烯腈和不超过15%的第二、第三单体共聚而成,经纺丝加工得到所需规格的纤维。

(1)腈纶采用湿法纺丝,因此纤维的截面形体多为圆形或哑铃形,纵向平直有沟槽。

(2)腈纶的分子结构中无很大的侧基,但有极性很强的氰基(—C≡N)。其分子链段为不规则的螺旋构象,从而使其耐光性、大分子的结晶状态、热学性能等受到很大的影响。

(3)腈纶的大分子聚合度一般为1000~1500。腈纶的大分子排列状态与纤维中丙烯氰的含量有关,其丙烯氰的含量越高,纤维的结晶状态越好,纤维的脆性越高。因此在纺丝过程中加入第二、第三单体以改变纤维大分子的结晶状态。腈纶的强度较涤纶、锦纶低,断裂伸长与涤纶、锦纶相近,其断裂强度为25~40cN/tex,断裂伸长率为25%~50%。腈纶的弹性较差,在重复拉伸下弹性恢复较差,尺寸稳定性较差,它的耐磨性也为化学纤维中较差的一种。

(4)腈纶的密度与锦纶相接近,为1.14~1.17g/cm^3。

(5)腈纶的吸湿能力较涤纶好,但较锦纶差,在通常大气条件下为2%左右。

(6)由于空穴结构和第二、第三单体的引入,使纤维的染色性能较好,且色泽鲜艳。

(7)腈纶有较好的化学稳定性,但溶于浓硫酸、浓硝酸、浓磷酸等。在冷浓碱、热稀碱中会使其变黄,热浓碱能立即使其破坏。

(8)耐热性仅次于涤纶比锦纶好。具有良好的热弹性,使其可以加工膨体纱。

(9)腈纶的比电阻较高,较一般纤维易产生静电。

(10)腈纶大分子中含有—CN,使其耐光性与耐气候性特别好,是常见纤维中耐光性能最好的。腈纶经日晒1000h,强度损失不超过20%,因此特别适合于制作篷布、炮衣、窗帘等织物。

腈纶蓬松、柔软且外观酷似羊毛,从而有合成羊毛之美称,故常制成短纤维与羊毛、棉或其他化学纤维混纺,织制毛型织物或纺成绒线,还可以制成毛毯、人造毛皮、絮制品等。利用腈纶的热弹性可制成膨体纱。

(四)聚乙烯醇缩甲醛纤维(维纶)

维纶是采用酸酸乙烯醇水解方法制得的聚乙烯醇缩甲醛纤维。它的主要特性如下。

(1)维纶因采用溶液纺丝,故形态结构与腈纶相似。

(2)维纶的断裂强度为32.5~57.2cN/tex,高强纤维可达79.2cN/tex,断裂伸长率为12%~15%。弹性较其他合成纤维差,织物保形性较涤纶差,但较棉纤维高,且耐磨性较好。

(3)维纶的密度小于棉纤维,为1.26~1.30g/cm^3。

(4)维纶中含有部分—OH,故吸湿能力是常见合成纤维中最好的,在通常大气条件下为5%左右。

(5)维纶的染色性能较差,其色谱不全。湿法纺丝制得的维纶的色泽不够鲜艳,干法纺丝制得的较为鲜艳。

(6)吸湿能力较强,比电阻较小,因此抗静电能力较好。

(7)维纶的耐光、抗老化性较天然纤维好,但较涤纶、腈纶差。

维纶的生产主要以短纤维为主,维纶的性质接近于棉纤维,故有合成棉之美称。维纶织物的坚牢度优于棉织物,但无毛型感,故常与棉纤维进行混纺。由于纤维性能的限制,一般只制作低档的民用织物。但由于维纶与橡胶有很好的黏合性能,因而被大量用于工业制品,如绳索、水龙带、渔网、帆布、帐篷等。

(五)聚丙烯纤维(丙纶)

丙纶的主要特性如下。

(1)丙纶采用熔体纺丝,其形态结构与涤纶、锦纶相似。

(2)丙纶的化学名称为聚丙烯纤维,其断裂强度高,一般为26~70 cN/tex,断裂伸长率为20%~80%,可与中强中伸型涤纶相媲美。因其不吸湿,所以湿强基本与干强相等。丙纶的耐磨性、弹性较好,仅次于锦纶,在伸长率为3%时其弹性恢复率在96%~100%。

(3)丙纶是所有纺织纤维中密度最小的纤维,其密度为0.91g/cm^{3}左右。

(4)丙纶不吸湿,在通常大气条件下回潮率为0%,故比电阻很高,易产生静电。

(5)丙纶无亲水基团,故染色性很差。

(6)丙纶具有较稳定的化学性质,对酸碱的抵抗能力较强,有良好的耐腐蚀性。

(7)丙纶的耐热性较差,但耐湿热性能较好,其熔点为160~177℃,软化点为140~165℃,较其他纤维低,抗熔孔性很差。因其导热系数较小,因此保暖性较好。

(8)丙纶的耐光很差,在光照射下极易老化。因而制造时常常添加防老化剂。

丙纶短纤维可以纯纺或与棉纤维、粘胶纤维混纺,织制服装面料,丙纶可生产地毯等家用织物、土工布、过滤布、人造草坪等。

(六)聚氯乙烯纤维(氯纶)

氯纶的化学名称为聚氯乙烯纤维。它是由氯乙烯和其他烯烃聚合物组成的线性大分子结构。大分子链中至少含有50%以上的氯乙烯链节。

(1)氯纶采用湿法或干法纺丝制得,截面接近圆形,纵向平滑或有1~2道沟槽。

(2)氯纶的断裂强度与棉纤维相接近,为18~35 cN/tex;断裂伸长率为70%~90%,大于棉;弹性和耐磨性较棉纤维好,但在合成纤维中为较差的。

(3)氯纶的密度为1.38~1.40g/cm^3,与涤纶相近。

(4)氯纶的大分子链上无吸湿性基团,故在通常大气条件下几乎不吸湿。由于吸湿能力差,使纤维的绝缘性能较好,与人体相互摩擦时易产生阴离子负静电,有助于关节炎的防治。

(5)氯纶的染色性很差,这是由于它的耐热性很差,不适合于在较高温度下染色的缘故。染料难于进入氯纶内部。且色谱不全。对染料的选择性较窄,常用分散染料染色。

(6)氯纶具有较好的化学稳定性,耐酸、耐碱性能优良。

(7)氯纶上有难燃性,离开火焰即可自行熄灭。保暖性较好,但氯纶的热稳定性很差,在70℃时就会开始收缩,当温度达到100℃时收缩率达到50%左右。

(8)有较好的耐日晒性能,与涤纶相似,在日光照射下强度几乎不下降。

氯纶主要用于制作各种针织内衣、绒线、毯子、絮制品、阻燃装饰布等;还可制作鬃丝,用来编织窗纱、筛网、渔网、绳索;此外还可用作工业滤布、工作服、绝缘布、安全帐幕等。

(七)聚氨酯纤维(氨纶)

氨纶属于聚氨酯系纤维,是一种高弹性纤维。世界上通用的商品名为"斯潘德克斯"(Spandex),我国的商品名为氨纶。目前,世界工业化氨纶纺丝方法有熔融法、化学反应法纺丝、湿法纺丝和干法纺丝四种,其中干法纺丝约占氨纶总产量的87%。

(1)氨纶是聚氨基甲酸酯弹性纤维,与其他的高聚物嵌段共聚时,至少含有85%的氨基甲酸酯(或醚)的链节,组成线性大分子结构的高弹性纤维。它可以分为聚酯弹性纤维和聚醚弹性纤维两大类。氨纶的截面形态呈豆形、圆形,纵向表面有不十分清晰的骨形条纹。

(2)氨纶的断裂强度是橡胶丝的3倍以上,一般为0.9~1.1cN/dtex。其断裂伸长率为450%~700%。且在断裂伸长以内的弹性恢复率在95%~96%。纤维的耐磨性优良。

(3)氨纶的密度较一般纤维小,为1.0~1.3/cm^3。

(4)氨纶的吸湿能力较差,在通常的大气条件下为1%左右。

(5)因吸湿能力较差,其染色性能也差。

(6)氨纶有较好的化学稳定性。其耐酸、耐碱性能较好,耐油、耐汗水、不虫蛀、不霉、在阳光下不变黄等特性。

氨纶主要用于织制有弹性的织物,作运动服、游泳衣、紧身衣、内衣、弹力织物、衬衫、裙料、袜子等。除了织造针织罗口外,很少直接使用氨纶裸丝,一般将氨纶与其他纤维一起制成包芯纱、包覆纱、合股纱等。其特点是只需较少含量(2%~25%)的氨纶,就能充分发挥它的弹性作用,使人体有关部位的压迫感和活动的自由感获得改善。

(八)新品种合成纤维

随着科学技术的不断进步,人们不断研制生产出新品种的合成纤维,随着新品种合成纤维、尤其是环保型和高性能纤维的不断涌现,化学纤维的应用前景和领域更广宽。

1. 聚乳酸纤维 聚乳酸纤维是由聚乳酸酯(PLA)通过熔融纺丝生产出来的一种新型合成纤维。聚乳酸纤维最初原料是玉米,人们又称聚乳酸纤维为玉米纤维。其纵向、横截面如图5-8所示。

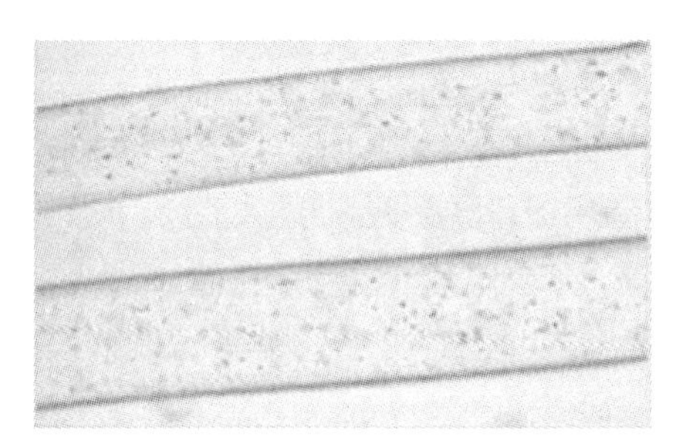

(a)纵向

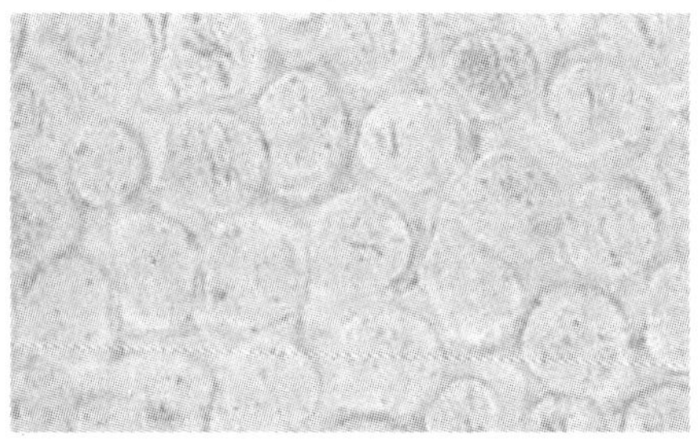

(b)横截面

图5-8 聚乳酸纤维的纵向、横截面图

聚乳酸酯纤维的物理机械性能见表5-9。它的物理性能介于聚酯纤维和聚酰胺纤维之间,拉伸强、伸度与聚酯纤维相近,密度小于聚酯纤维,模量较低,弹性回复率较高,玻璃化温度适宜,吸湿性略优于聚酯纤维,且具有较好的水扩散性能,能很快吸汗并迅速干燥。又由于它呈弱酸性,所以能抵抗细菌生长,是一种无臭、无毒、抗菌的纤维。聚乳酸纤维的原料全部来自植物,其生产过程也无毒,并且燃烧不会产生有毒有害物质,可以生物降解生成二氧化碳和水,所以它是一种理想的环保型新材料,是一种很有前途的新合成纤维。

表5-9 聚乳酸纤维与涤纶、锦纶6性能比较

性能指标	聚乳酸纤维	涤　纶	锦纶6
密度(g/cm^3)	1.27	1.38	1.14
熔点(℃)	175	265	215
玻璃化温度(℃)	57	70	40
标准回潮率(%)	0.6	0.4	4.5
沸水收缩率(%)	8~15	8~15	8~15
断裂强度(cN/dtex)	4.0~4.4	4.0~4.8	4.0~5.2
断裂伸长率(%)	25~35	19~25	40
初始模量(cN/dtex)	590~690	880~1100	200~390
结晶度	83.5	78.6	42.6
适用染料种类	分散染料	分散染料	酸性染料
染色温度(℃)	100	130	100

根据聚乳酸纤维的性能，可织造各种机织、针织和非织造产品。聚乳酸纤维可纯纺，也可和棉、毛、麻等混纺，其产品手感柔软，有丝质般的光泽和亮度，悬垂性、滑爽性、抗皱性、耐用性良好，穿着舒适。可用于内外衣、运动服及其他各领域。因其抗菌防毒，也适合用作垫子填充物、医用卫生用品、婴儿用品等。

2. 超高分子量聚乙烯纤维 超高分子量聚乙烯（UHMWPE）纤维是目前世界上强度最高的纤维之一，其单位质量的强度是钢丝的 15 倍，比芳纶还要高。这种纤维的密度小，只有 0.96g/cm^3，用它加工的绳缆及制品质轻，可以漂浮在水面上。其能量吸收性强，可制作防弹、防切割和耐冲击品的材料。该纤维的耐热性差，在 150℃ 时，就会熔化，但在 -150℃ 时，不会发脆。

3. 聚苯并双噁唑纤维 聚苯并双噁唑（PBO）纤维是目前所发现的有机纤维中性能最好的一种，其物理机械性能超过芳纶、碳纤维和超高分子量聚乙烯纤维。PBO 纤维是一种高强耐热的高性能维，其突出的四大特点是高强度、高模量、耐热性和阻燃性。其强度和模量约是芳纶 1414 的 2 倍，耐热性（指熔点或分解温度）比芳纶 1414 的高 100℃。其极限氧指数值为 68%，表明它只有在高浓度的氧气中才会燃烧，这在现有的有机纤维中其难燃性是属于最高等级的，点火时不燃，也不收缩。在 400℃ 的温度下，PBO 纤维的模量与性能基本没有变化，因此它可在 350℃ 以下长期使用。但该纤维的耐酸性和耐光性较差。

4. 聚四氟乙烯纤维 聚四氟乙烯 PTEE 纤维迄今为止最耐腐蚀的纤维，它的摩擦因数低，并具有不黏性、不吸水性。

聚四氟乙烯纤维具有非常优异的化学稳定性，其稳定性超过所有其他的天然纤维和化学纤维，如将这种纤维置于浓硫酸中，在 290℃ 下处理 1 天，继而在 100℃ 的浓硫酸中处理 1 天，再在 100℃、50% 烧碱中处理 1 天，其强度未见变化；对所有常用的强氧化剂也是稳定的。

聚四氟乙烯纤维还有良好的耐气候性，是现有各种化学纤维中耐气候性最好的一种，在室外暴露 15 年，其机械性能未发生明显变化；它既能在较高的温度下使用，也能在很低的温度下使用，其使用温度为 -180 ~ 260℃。

其极限氧指数值为 95%，即在氧浓度 95% 以上的气体中才能燃烧，因此它是目前化学纤维中最难燃烧的纤维，但在高温下会有少量有毒气体放出。

5. 聚苯并咪唑纤维 聚苯并咪唑（PBI）纤维是一种不燃的有机纤维，其耐高温性能比芳纶更优越。它有很好的绝缘性、阻燃性、化学稳定性和热稳定性。同时 PBI 纤维的吸湿性比棉纤维更好，能满足生理舒适要求。PBI 纤维织物可作为航天服、消防队员工作服的优良材料。PBI 纤维与芳纶 1414 混纺制成的防护服装，耐高温、耐火焰，在温度高达 450℃ 的环境中仍不燃烧，不熔化，并保持一定的强力。

三、无机纤维

以无机矿物质为原料制成的纤维称为无机纤维。无机纤维与有机纤维的区别在于无机纤维有极高的热稳定性和不燃性，而且耐腐蚀性极佳。其主要品种有碳纤维、玻璃纤维、金属纤维、陶瓷纤维及硼纤维等。本教材主要简单介绍玻璃纤维和金属纤维。

(一)玻璃纤维

玻璃纤维的主要成分是铝、钙、镁、硼等的硅酸盐的混合物。玻璃纤维的强度很高,在相同重量时,其断裂强度比钢丝高2~4倍。玻璃纤维尺寸稳定,其最大伸长率仅为3%。玻璃纤维的硬度较高,是锦纶的15倍。但抗弯性能差,易脆折;它的吸湿能力差,几乎不吸湿;密度高于有机纤维,低于金属纤维;化学稳定性好;电绝缘性优良;耐热和绝热性也好。玻璃纤维在工业中可用作绝缘、耐热和绝热及过滤等材料。玻璃纤维还可作为复合制品的骨架材料。民用中,玻璃纤维常用以织制贴墙布、窗纱等。

(二)金属纤维

金属纤维早期采用金属钢、铜、铅、钨或其他合金拉细成金属丝或延压成片,然后切成条状而制成。现已采用熔体纺丝法制取,可生产小于10μm的金属纤维。金属纤维具有优良的导热和导电性能,塑性和冲击韧性亦强于碳纤维。金属纤维因密度大、质硬、易生锈,一般不宜作衣着材料,但可将小于20%金属纤维与棉等混纺制成防辐射织物。在地毯上加入极少量的金属纤维,可大大改善其导电性,有效地防止静电的产生。在工业上金属纤维用作轮胎帘子线、带电工作服和电工材料,不锈钢丝多用作过滤材料。

第四节　纺织纤维的鉴别

纺织纤维鉴别是根据纺织纤维的外观形态、内部结构、物理与化学性能上的差异来进行的。纺织纤维鉴别的步骤,一般是先确定纤维的大类(天然纤维素纤维、天然蛋白质纤维、化学纤维等),再具体分析纤维的品种,最后作验证。纺织纤维鉴别先作定性分析(确定品种),后做定量分析(确定混比)。

鉴别纤维的方法很多,主要分物理和化学两大类方法。物理方法有手感目测法、密度法、熔点法、热分析仪、显微镜观察法、双折射率测定方法、电子显微镜法、分光光度法、气相色谱仪法、X光衍射仪法和荧光法等;化学方法有燃烧法、热失重分析法、化学溶解法、药品着色法等。纺织纤维鉴别的常用的有手感目测法、燃烧法、显微镜观察法、药品着色法、化学溶解法、荧光颜色法和含氯含氮呈色反应法。一般纺织品只要将常用方法进行适当的组合就能比较准确、方便地进行鉴别出纤维品种和比例。本节重点介绍纺织纤维鉴别的常用方法和将常用方法组合起来的系统法。

一、手感目测法

手感目测法是鉴别纺织纤维最简单的方法。所谓手感目测法就是用眼看手摸来鉴别纤维的方法。它是根据各种纤维的外观形态、色泽、长短、粗细、强力、弹性、手感和含杂情况等,依靠人的感觉器官来鉴别纤维。此法适宜于呈散状纤维状态的纺织原料。依据外观特征,对散纤维状态的棉、毛、麻、丝很易区别。棉、毛、麻、丝的特征见表5-10。

表 5－10　常见纤维的外观形态特征

纤维种类	外　观　形　态	共同特点
棉	比较柔软，纤维长度较短，常附有各种杂质和疵点	天然纤维的长度整齐度较差
麻	手感比较粗硬	
羊毛	纤维较长，有卷曲，柔软而富有弹性	
蚕丝	具有特殊的光泽，纤维细雨柔软	

化学纤维的长度整齐度一般较好。在化学纤维中，普通粘胶纤维的特点是湿强力特别低，可以浸湿后观察其强力变化以区别于其他纤维；氨纶为弹性纤维，它的最大特点是高伸长、高弹性，在室温下它的长度能拉伸至5倍以上，利用它的这一特性，可以区别于其他纤维。其他化学纤维的外观形态基本近似，且在一定程度上可以人为而定，所以用手感目测法是无法区别的。所以，手感目测法鉴别分散纤维状态的天然纤维、普通粘胶纤维和氨纶是比较容易的。

二、燃烧法

燃烧法是鉴别纺织纤维和一种快速而简便的方法。它是根据纺织纤维的化学组成不同，其燃烧特性也不相同来粗略地区分纤维的大类。燃烧试验时，将一小束待鉴定的纤维（或是一小段纱、一小块织物）用镊子挟住，缓慢地靠近火焰，此时要把握五个要点：第一观察试样在靠近火焰时的状态，看是否收缩、熔融，再将试样移入火焰中；第二观察其在火焰中的燃烧情况，看燃烧是否迅速或不燃烧，然后再使试样离开火焰；第三注意观察试样燃烧状态，看是否继续燃烧；第四要嗅闻火焰刚熄灭时的气味，待试样冷却后；第五观察残留灰烬的色泽、硬度、形态。如纤维素纤维（棉、麻、粘胶纤维等）与火焰接触时迅速燃烧，离开火焰后继续燃烧，有烧纸味，燃烧后留下少量灰白灰烬；蛋白质纤维（羊毛、蚕丝）接触火焰时徐徐燃烧，燃烧时有烧毛发的臭味，燃烧完毕留下黑色松脆的灰烬；合成纤维一般接近火焰时收缩，在火焰中熔融燃烧，不同品种不同的气味，灰烬呈硬块。几种常见纤维燃烧特征见表5－11。

表 5－11　几种常见纤维燃烧特征

纤　维	燃　烧　性　能			气　味	灰　烬
	靠近火焰	接触火焰	离开火焰		
棉、麻、粘胶	不缩不熔	迅速燃烧	继续燃烧	烧纸味	灰白色的灰
毛、蚕丝	收缩	渐渐燃烧	不易延燃	烧毛发味	松脆黑灰
大豆纤维	收缩、熔融	收缩、熔融燃烧	继续燃烧	烧毛发味	松脆黑色硬块
涤纶	收缩、熔融	先融后燃有熔液滴下	能延燃	特殊芳香味	玻璃状黑褐色硬球
锦纶	收缩、熔融	先融后燃有熔液滴下	能延燃	氨臭味	玻璃状黑褐色硬球
腈纶	收缩、微熔、发焦	熔融、燃烧、发光、有小火花	继续燃烧	辛辣味	黑色松脆硬块
维纶	收缩、熔融	燃烧	继续燃烧	特殊的甜味	黄褐色硬球
氯纶	收缩、熔融	熔融、燃烧	自行熄灭	刺鼻气味	深棕色硬块
丙纶	缓慢收缩	熔融、燃烧	继续燃烧	轻微的沥青味	黄褐色硬球

续表

纤 维	燃 烧 性 能			气 味	灰 烬
	靠近火焰	接触火焰	离开火焰		
氨纶	收缩、熔融	熔融、燃烧	自灭	特异气味	白色胶块

燃烧法是一种常用的纤维鉴别方法,此方法的优点是快速、简便,在纺织纤维系统鉴别中,常被首先使用。燃烧法的缺点是较粗糙,只能鉴别出纤维大类,如要在同一类纤维中细分就较困难;它只适用于单一成分的纤维、纱线和织物。此外,经防火、防燃处理的纤维或织物用此法也不合适,微量纤维的燃烧现象也较难观察。

三、显微镜观察法

显微镜观察法是广泛采用的一种方法,它是根据各种纤维的纵面和横截面形态特征来鉴别的。显微镜法能用于鉴别单一成分的纤维,也可用于鉴别多种成分混合而成的混纺产品。棉、麻、毛、丝的纤维纵面和横截面各具特征,羊毛有鳞片,棉有天然转曲,麻纤维有横节竖纹,蚕丝横截面呈不规则三角形。普通粘胶纤维截面为锯齿形、皮芯结构,维纶截面呈腰圆形、皮芯结构,以上纤维用显微镜法可有效地加以识别,但大多数合成纤维的纵向和横截面呈玻璃棒状和圆形断面,用此法不易区分。再者,化学纤维通常因制造方法不同可得到各种特殊截面,如类似蚕丝三角形的横截面。因此,不能单纯以显微镜观察结果来确定属于哪一种纤维,必须与其他方法结合进行鉴别,才能加以检验证明。几种常见纤维的纵面和横截面形态如图 5 -9 所示,相应的形态特征见表 5 -12。

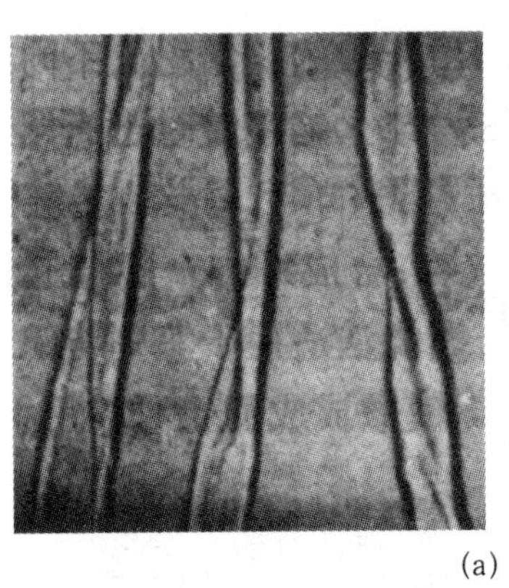
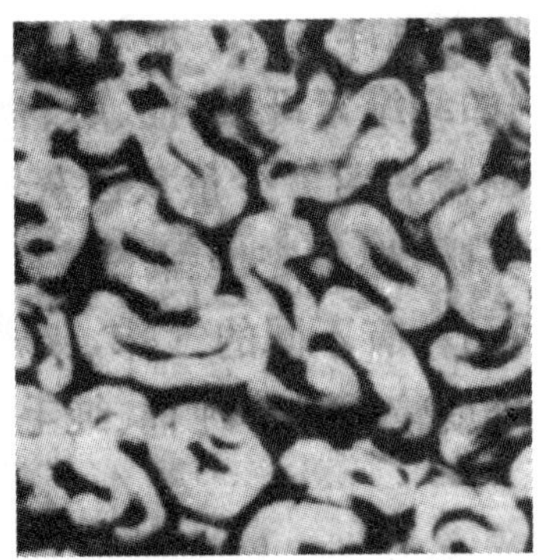

(a) 棉

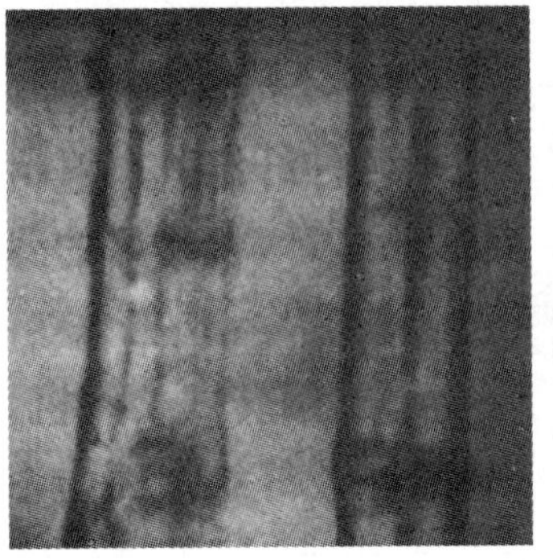
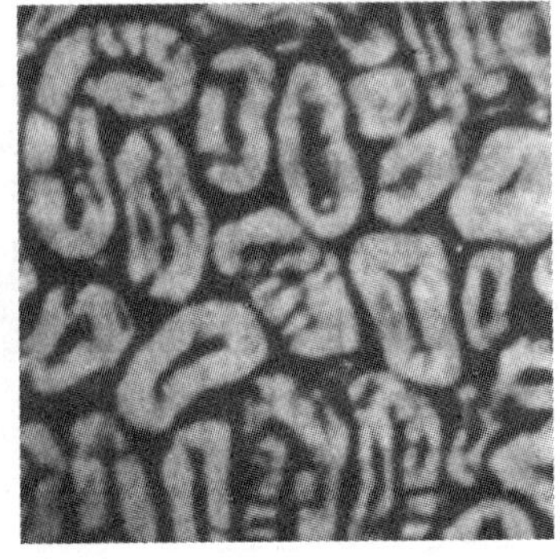

(b) 苎麻

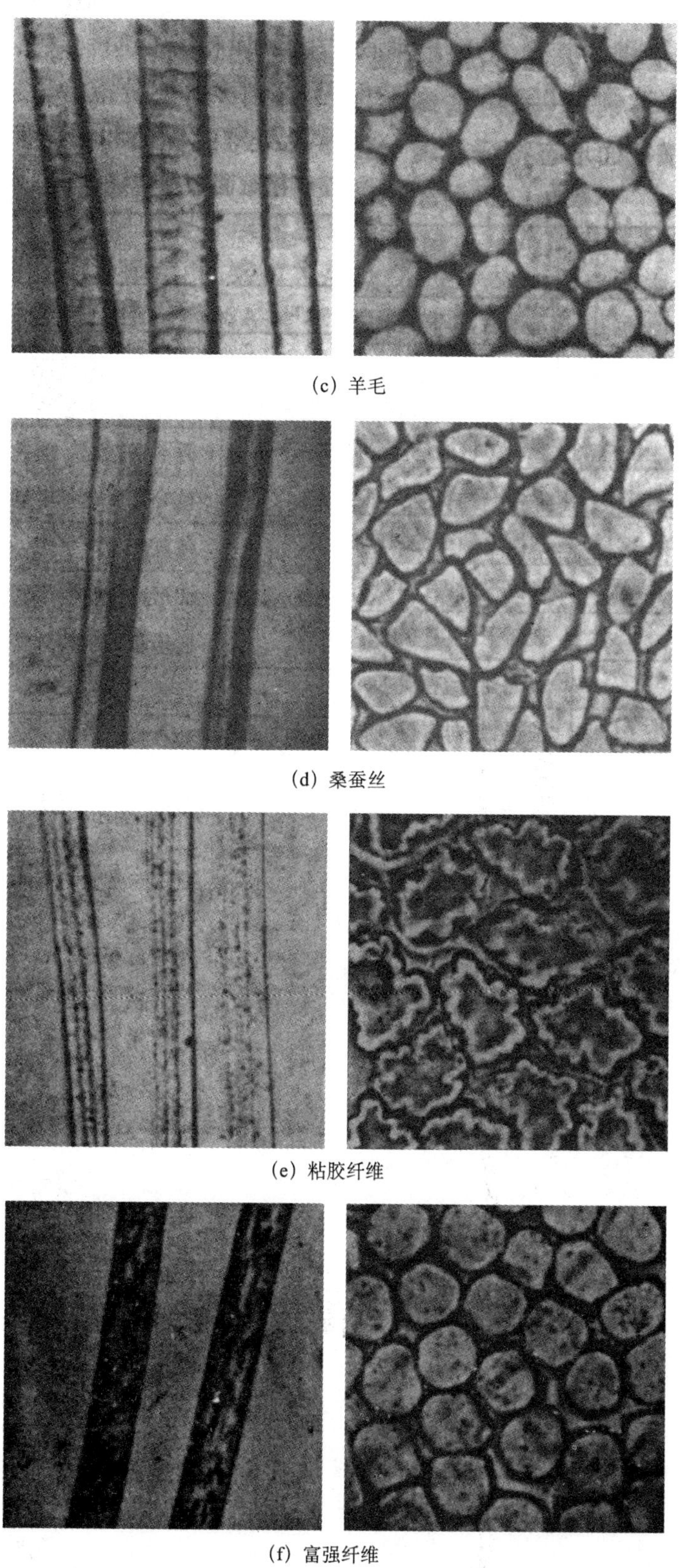

(c) 羊毛

(d) 桑蚕丝

(e) 粘胶纤维

(f) 富强纤维

图 5-9

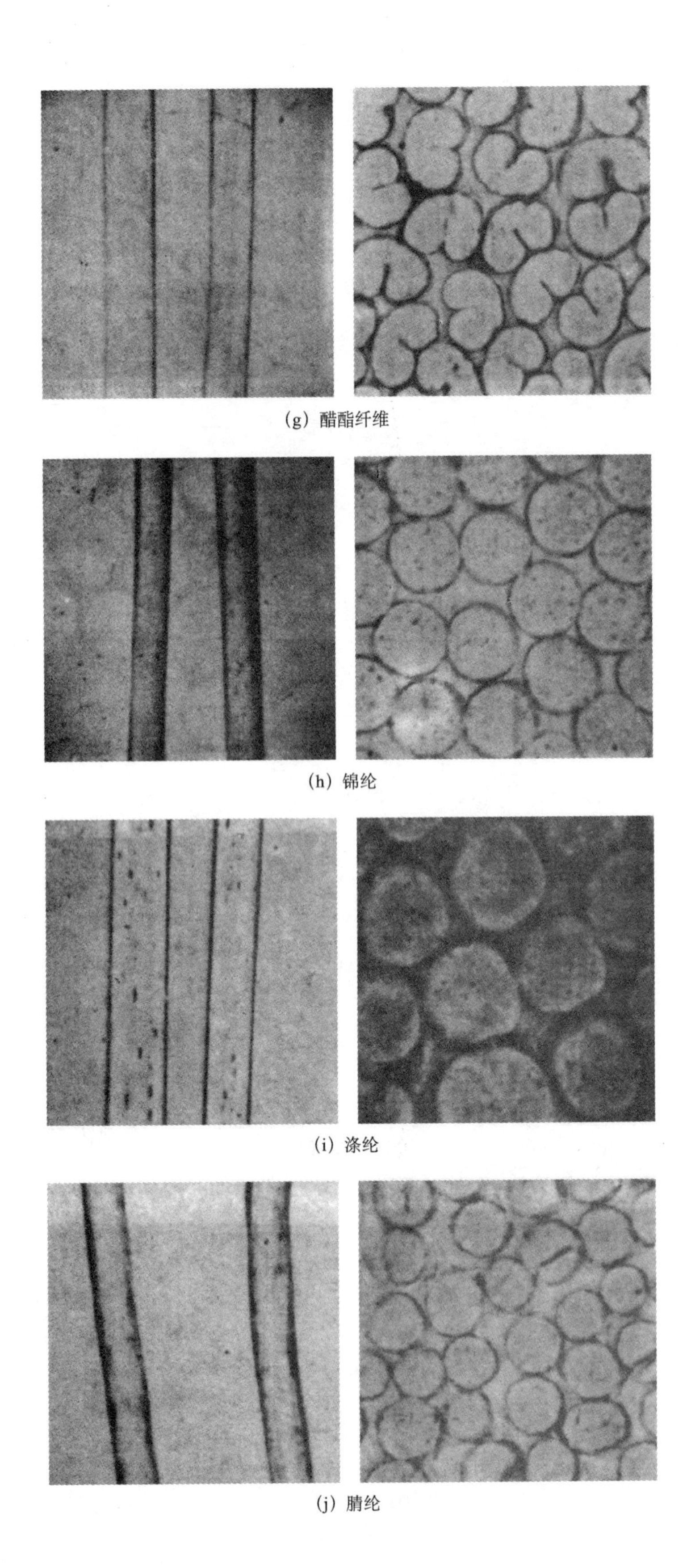

(g) 醋酯纤维

(h) 锦纶

(i) 涤纶

(j) 腈纶

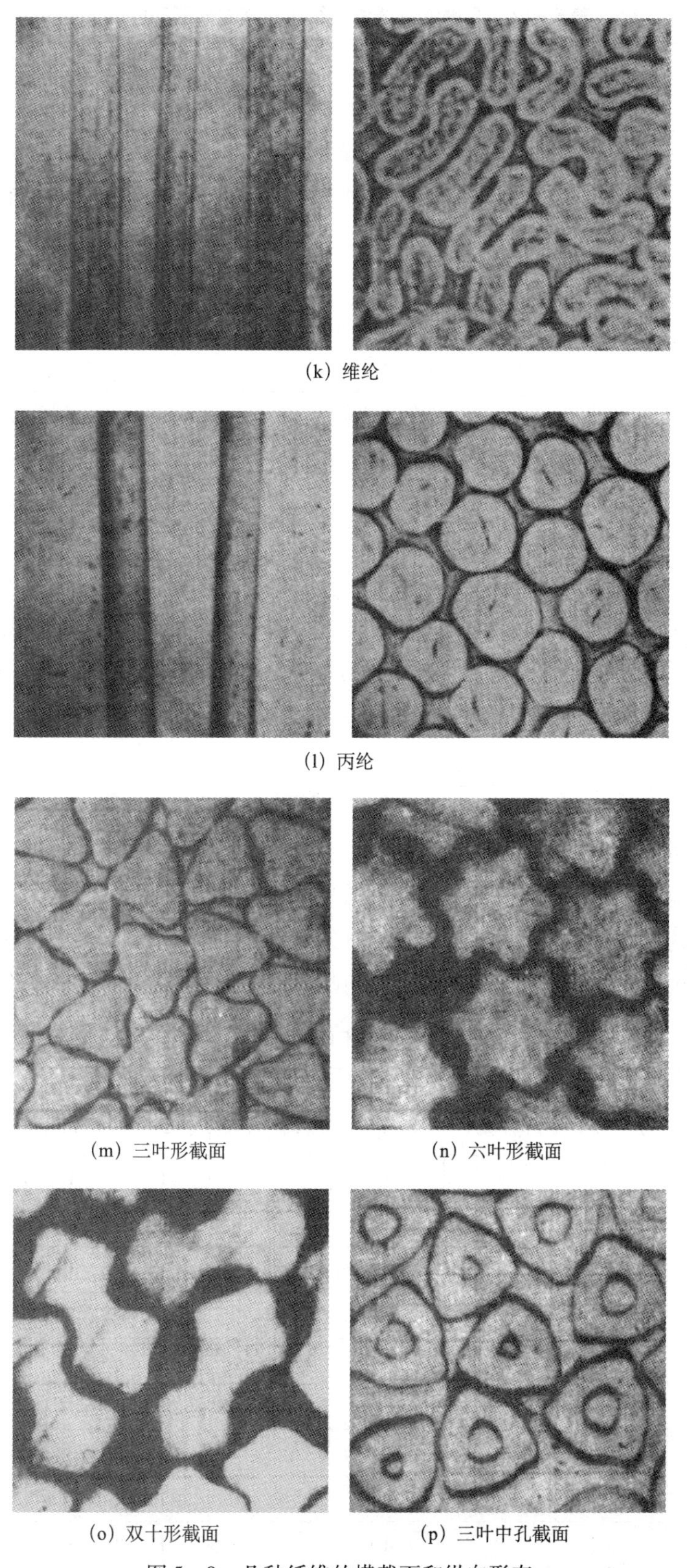

(k) 维纶

(l) 丙纶

(m) 三叶形截面　　(n) 六叶形截面

(o) 双十形截面　　(p) 三叶中孔截面

图 5-9 几种纤维的横截面和纵向形态

表 5－12　几种常见纤维的纵面和横截面形态特征

纤　　维	纵面形态	横截面形态
棉	扁平带状，有天然扭转	不规则腰圆形，有中腔
苎麻	长形条带状，有横节竖纹	不规则腰圆形，有中腔
亚麻	长形条带状，有横节竖纹	不规则多角形，有中腔
羊毛	表面粗糙，有鳞片	圆形或近似圆形（或椭圆形）
蚕丝	透明、光滑	不规则三角形
粘胶纤维	表面光光滑，有清晰的纵条纹	锯齿形，有皮芯结构
涤纶、锦纶、丙纶	表面光滑	圆形
腈纶	表面光滑、有纵条纹	圆形或哑铃形
维纶	表面光滑、纵向有槽	腰圆形或哑铃形
氯纶	表面光滑	圆形、蚕茧形
氨纶	表面暗深，呈不清晰骨形条纹	不规则状，有圆形、土豆形

纵面观察时，将纤维平行排列置于载玻片上，横截面观察时，将切好的厚度 10μm 左右的纤维横截面切片置于载玻片上，然后加上一滴透明剂，盖上盖玻片，放在 100～500 倍生物显微镜的载物台上，观察其形态。切片方法一般使用哈氏切片器或回转式切片机。

四、溶解法

溶解法是利用各种纤维在不同化学溶剂中的溶解性能的不同来有效地鉴别各种纺织纤维。此法不仅能定性地鉴别出纤维品种，还可以定量地测量出混纺产品的混和比例。溶解法是一种可靠的鉴别纤维的方法。各种天然纤维、再生纤维和合成纤维都可以通过溶解法进行系统鉴别或证实。不同溶剂对不同纤维的溶解性能情况见表 5－13。

表 5－13　不同溶剂对不同纤维的溶解性能情况

纤维种类	盐酸（20%、24℃）	盐酸（37%、24℃）	硫酸（75%、24℃）	氢氧化钠（5%煮沸）	甲酸（85%、24℃）	冰醋酸（24℃）	间甲酚（24℃）	二甲基甲酰胺（24℃）	二甲苯（24℃）
棉	I	I	S	I	I	I	I	I	I
麻	I	I	S	I	I	I	I	I	I
羊毛	I	I	I	S	I	I	I	I	I
蚕丝	SS	S	S	S	I	I	I	I	I
大豆纤维	SS 或 JS	S	JS	I	SS 或 JS	—	I	I	I
粘胶纤维	I	S	S	I	I	I	I	I	I
醋酯纤维	I	S	S	P	S	S	S	S	I
涤纶	I	I	I	I	I	I	JS	I	I
锦纶	S	S	S	I	S	I	S	I	I

续表

纤维种类	盐酸(20%、24℃)	盐酸(37%、24℃)	硫酸(75%、24℃)	氢氧化钠(5%煮沸)	甲酸(85%、24℃)	冰醋酸(24℃)	间甲酚(24℃)	二甲基甲酰胺(24℃)	二甲苯(24℃)
腈纶	I	I	SS	I	I	I	I	JS	I
维纶	S	S	S	I	S	I	S	I	I
丙纶	I	I	I	I	I	I	I	I	S
氨纶	I	I	P	I	I	P	I	JS	I

注 S——溶解;SS——微溶;P——部分溶解;I——不溶解;JS——加热(93℃)溶解。

在使用本方法鉴别纤维时,必须注意溶剂的浓度、温度和时间,这是因为试验条件不同,相应的结果也会不同的。此外,由于一种溶剂往往能溶解多种纤维,因此有时要连续几种溶剂进行验证,才能正确地鉴别出纤维的品种。

五、着色剂法

着色剂法是利用着色剂对纺织纤维进行快速染色,然后根据所呈现的颜色定性鉴别纤维的种类,此法适用于未染色和未经整理剂处理的纤维、纱线和织物。

具体的测试方法是将试样投入刚煮沸的 HI—1 号纤维鉴别着色剂染浴中,沸染 1min,染后倒去染液,用冷水清洗试样至无浮色,晾干。对照样卡,根据染色后试样颜色鉴别纤维种类。国标标准规定的着色剂为 HI—1 号纤维鉴别着色剂,除此之外,还有碘—碘化钾溶液和锡莱着色剂 A。几种不同纤维经 HI—1 号纤维鉴别着色剂、碘—碘化钾溶液和锡莱着色剂 A 染色后的色相表见表 5 - 14。

表 5 - 14 几种不同纤维纤维鉴别着色剂染色后的色相表

纤 维	碘—碘化钾溶液显色	HI—1 号纤维鉴别着色剂显色	锡莱着色剂 A 显色
棉	不着色	灰 N	蓝
麻	不着色	深紫 5B(苎麻)	紫蓝(亚麻)
羊毛	淡黄	桃红 5B	鲜黄
蚕丝	淡黄黑	紫 3R	褐
粘胶纤维	黑蓝青	绿 3B	紫红
醋酯纤维	黄褐	艳橙 3R	绿黄
涤纶	不着色	黄 R	微红
锦纶	黑褐	深棕 3R B	淡黄
腈纶	褐	艳桃红 4B	微红
维纶	蓝灰	桃红 3B	褐
丙纶	不着色	黄 4G	不染色
氯纶	—	不着色	—
氨纶	—	红棕 2R	—

六、荧光颜色法

荧光颜色是指纤维受紫外线照射时,形成受激发产生可见光的颜色。当紫外线照射停止,荧光颜色即消失。由于不同纤维其组成物质的原子基团不同,因此不同纤维会显示出不同的荧光颜色。在实际生产中,常利用这一原理,使紫外线荧光灯照射纤维,根据各种纤维荧光颜色的不同。达到快速方便地鉴别纤维的目的。如当车间内不同品种的管纱搞混时,可根据荧光颜色迅速找出错纱。但此方法对于荧光颜色彼此差异不显著的纤维,或者加入过助剂和进行某些处理后的纤维就无法加以鉴别了。几种纺织纤维的荧光颜色见表 5-15。

表 5-15　几种纺织纤维的荧光颜色

纤　　维	荧光颜色	纤　　维	荧光颜色
棉	淡黄色	粘胶纤维(有光)	淡黄色紫阴影
丝光棉	淡红色	醋酯纤维	深紫蓝色—青色
生黄麻	紫褐色	涤纶	白光青光很亮
黄麻	淡蓝色	锦纶	淡蓝色
羊毛	淡黄色	腈纶	浅紫色—浅青白色
蚕丝(脱胶)	淡蓝色	维纶(有光)	淡黄色紫阴影
粘胶纤维	白色紫阴影	丙纶	深青白色

七、含氯或氮呈色反应试验方法

检查纤维中是否有氯或氮,是区别合成纤维大类的重要方法。它适用于化学纤维粗分类,以便进一步定性鉴别,它可以检出聚氯乙烯纤维、聚偏氯乙烯纤维、偏氯乙烯—氯乙烯共聚纤维、氯乙烯—醋酸乙烯共聚纤维、聚丙烯腈纤维、聚酰胺纤维、聚氨基甲酸乙酯纤维、丝、毛等。本方法主要是利用各种含有氯、氮的纤维用火焰法和酸碱法检测会呈现特定的呈色反应原理。

(1)含氯试验:将烧热的铜丝接触纤维后,移至火焰的氧化焰中,观察火焰是否呈绿色,如含氯时就会发生绝色的火焰。

(2)含氮试验:试管中放入少量切碎的纤维,并用适量碳酸钠覆盖,加热产生气体,试管口放的红色石蕊变蓝色,说明有氮的存在。

八、红外吸收光谱法

纤维大分子上的各种基团都有着自己特有的基团吸收谱带,同一基团对不同波长的红外线具有不同的吸收率,不同的基团对同一波长的红外线有着不同的吸收率,所以红外吸收光谱具有"指纹性"。利用红外吸收光谱,根据主要基团吸收谱带,可以准确快速地判定纤维类别。此方法是鉴别纤维较有效的方法,它甚至可以识别出同一类纤维的不同品种。

九、系统鉴别法

纺织纤维的鉴别方法很多,但在实际鉴别中,有些材料使用单一方法较难鉴别,需将几种方法综合运用、综合分析才能得出正确结论。综合前述几种纤维鉴别方法，根据各种纺织纤维不同的燃烧特征、呈色反应、溶解性能及纤维的横截面、纵向形态特征等加以系统分析、综合应用，得出具有快速、准确、灵活、简便特点的系统鉴别法。系统鉴别法如下。

(1)将未知纤维稍加整理，如果不属弹性纤维，可采用燃烧试验法将纤维初步分成纤维素纤维、蛋白质纤维和合成纤维三大类。

(2)纤维素纤维和蛋白纤维(如棉、麻、丝、羊毛、兔毛、驼毛、马海毛、牦牛毛等)有各自不同的形态特征，用显微镜就可鉴别。

(3)合成纤维一般采用溶解试验法，即根据不同化学试剂在不同温度下的溶解特性来鉴别。对聚丙烯纤维、聚氯乙烯纤维、聚偏氯乙烯纤维还可利用氯检测法和溶点法验证。具体的试验程序如图 5－10 所示。

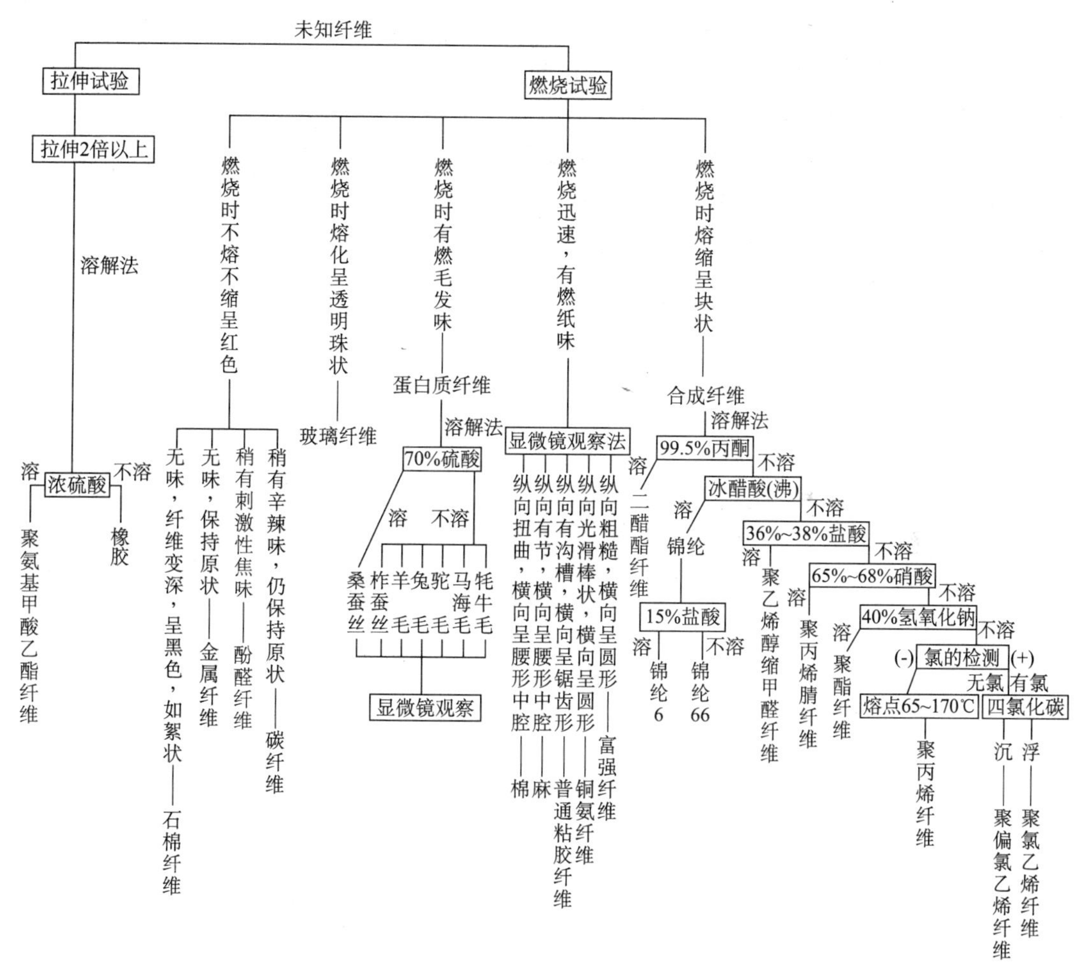

图 5－10 纺织纤维鉴别系统试验程序图

思考题

1. 纤维切片的要求有哪些？
2. 使用显微镜时应注意哪些方面？绘出常见纤维在显微镜下的纵向和截面形态。

3. 用系统的方法鉴别出散状的棉、毛、丝、麻、涤纶、锦纶、腈纶、丙纶、氨纶、金属纤维。

4. 试述化学纤维的分类方法,写出常用化学纤维的学名、商品名。

5. 试述常用的化学纤维的纺丝方法及特点,并列举新型纺丝方法。

6. 化学纤维为什么要进行后加工?后加工的主要工序是什么?

7. 化学纤维加油和卷曲的目的是什么?

8. 什么功能、差别纤维和高性能纤维,它们分别有哪些品种?

9. 化学纤维的主要检验项目有哪些?

10. 按要求写出三个实验的实验报告。

11. 纤维卷曲各指标的物理意义是什么?

12. 常规合纤的共性是什么?

13. 简述涤纶纤维的优缺点。

14. 解释下列名词术语:再生纤维、合成纤维、长丝、单丝、复丝、棉型短纤维、毛型短纤维、中长型短纤维、差别化纤维、异形纤维、复合纤维、超细纤维、大豆纤维、竹浆纤维、聚乳酸纤维、绿塞纤维、芳纶、甲壳素纤维、PBI 纤维、PTT 纤维、PBO 纤维、PTEE 纤维。

15. 叙述纺织纤维常用的鉴别方法。

16. 试列举具有生物降解和抗菌性能的化学纤维。

第六章　纺织材料的吸湿性

本章知识点

1. 表达吸湿性的指标及换算。
2. 吸湿机理与影响纺织纤维吸湿的外部因素。
3. 纺织纤维吸湿对材料性能的影响规律。
4. 纺织纤维润湿性简介。

第一节　吸湿指标与常用术语

一、回潮率

纺织材料中水分的重量占材料干重的百分率称之为回潮率。回潮率广泛应用于纺织界。设试样的干重为 G_0,试样的湿重为 G_a,则回潮率 W 为:

$$W = \frac{G_a - G_0}{G_0} \times 100\% \quad (6-1)$$

二、含水率

纺织材料中水分的重量占材料湿重的百分率称之为含水率。设试样的干重为 G_0,试样的湿重为 G_a,则含水率 M 为:

$$M = \frac{G_a - G_0}{G_a} \times 100\% \quad (6-2)$$

回潮率和含水率的换算关系如下:

$$M = \frac{W}{1 + W} \times 100\% \quad (6-3)$$

$$W = \frac{M}{1 - M} \times 100\% \quad (6-4)$$

三、标准大气

标准大气亦称大气的标准状态,有温度、相对湿度和大气压力三个基本参数。标准规定温度为20℃,相对湿度为65%,大气压力在86~106kPa(视各国地理环境而定)的大气状态称为标准大气。它是相对湿度和温度受到控制的环境,纺织品在此环境温度和湿度下进行调湿和试验。由相关各方自己约定的大气条件称之为可选标准大气。大气温度为23.0℃,相对湿度为50.0%的状态称为特殊标准大气。大气温度为27.0℃,相对湿度为65.0%的状态称为热带标准大气。

关于标准状态的规定,国际上是一致的,而允许的误差,各国略有出入,我国规定大气压力为1标准大气压,即101.3 kPa(760 mmHg),温湿度允许波动范围按我国颁布的“GB 6529《纺织品调湿和试验用标准大气》国家标准”执行,具体见表6-1。

表6-1 标准温湿度及允许误差

项目	标准温度(℃)		标准相对湿度(%)	备注
	温带	热带		
容差	20±2	27±2	65±4	温度和相对湿度的测定装置分辨率应满足下列要求,即温度为0.1℃或更高,相对湿度为0.1%或更高。

四、调湿

在进行材料物理或机械性能测试前,通常需要在标准大气下放置一定的时间,使其达到吸湿平衡。这样的处理过程称为调湿。在调湿期间,应使空气能畅通地流过将被测试的纺织材料,一直放置到其与空气达到吸湿平衡为止。调湿的目的就是为了消除吸湿对材料性能的影响(也就是让材料受到相同的影响)。调湿时间的长短,由是否达到吸湿平衡来决定。

五、预调湿

为了能在调湿期间是材料在吸湿状态下达到平衡,可能就需要进行预调湿。所谓预调湿就是将试验材料放置于相对湿度为10%~25%,温度不超过50℃的大气中让其放湿。对于较湿的和回潮率影响较大的试样都需要预调湿(干燥)。上述条件的获得可以通过把相对湿度为65%,温度为20℃(或27℃)的空气加热至50℃的方法。

六、标准回潮率

纺织材料在标准大气下达到平衡时所具有的回潮率称之为标准回潮率。各种纤维及其制品的实际回潮率随温湿度的条件而变,为了比较各种纺织材料的吸湿能力,将其放在统一的标准大气条件下经过规定时间后(平衡)测得的回潮率(标准回潮率)来进行比较。几种常见纤维在不同相对湿度下的回潮率见表6-2(由于资料来源不同,数据不尽一致,仅供参考)。

表6-2　几种常见纤维的平衡回潮率

纤维种类	空气温度为20℃，相对湿度为ϕ		
	$\phi=65\%$	$\phi=95\%$	$\phi=100\%$
原棉	7~8	12~14	23~27
苎麻(脱胶)	7~8	—	—
亚麻	8~11	16~19	—
黄麻(生麻)	12~16	26~28	—
黄麻(熟麻)	9~13	—	—
大麻	10~13	18~22	—
洋麻	12~15	22~26	—
细羊毛	15~17	26~27	33~36
桑蚕丝	8~9	19~22	36~39
普通粘胶纤维	13~15	29~35	35~45
富强纤维	12~14	25~35	—
醋酯纤维	4~7	10~14	—
铜氨纤维	11~14	21~25	—
锦纶6	3.5~5	8~9	10~13
锦纶66	4.2~4.5	6~8	8~12
涤纶	0.4~0.5	0.6~0.7	1.0~1.1
腈纶	1.2~2	1.5~3	5.0~6.5
维纶	4.5~5	8~12	26~30
丙纶	0	0~0.1	0.1~0.2
氨纶	0.4~1.3	—	—
氯纶	0	0~0.3	—
玻璃纤维	0	0~0.3(表面含量)	—

七、公定回潮率

重量是贸易计价和成本核算时的重要依据，回潮率不同，重量就不同。而在贸易和成本计算中纺织材料并不一定处于标准状态，即使是在标准状态下同一种纤维材料的实际回潮率也不是一个常量，见表6-2。为了计重和核价的方便性需要，就必须对各种纤维材料及其制品人为规定一个标准值，这个标准值称之为公定回潮率（纺织材料回潮率的约定值），应该注意公定回潮率的值是纯属为了工作方便而人为选定的，它接近于标准状态下回潮率的平均值，但不是标准大气中的回潮率。各国对于纺织材料公定回潮率的规定通常是根据自己的实际情况来制定的，所以并不一致，但差异不大，而且还会修订。我国常见纺织材料的公定回潮率见表6-3。

表6-3 常见纺织材料的公定回潮率

原料类别	纺织材料		公定回潮率(%)
棉	棉花		8.5
	棉纱线		8.5
	棉缝纫线(含本色、丝光、上蜡、染色)		8.5
	棉织物		8.0
毛	羊毛	洗净毛[①](异质毛)	15.0
		洗净毛[①](同质毛)	16.0
		精梳落毛	16.0
		再生毛	17.0
		干毛条	18.26
		油毛条	19.0
		精纺毛纱	16.0
		粗纺毛纱	15.0
		毛织物(精纺、粗纺、驼绒、工业呢、工业毡)	14.0
		绒线、针织绒线	15.0
		长毛绒织物	16.0
	羊绒	分梳山羊绒	17.0
		羊绒纱	15.0
		兔毛	15.0
		驼毛	15.0
		牦牛毛	15.0
麻[②]	苎麻		12.0
	亚麻		12.0
	黄麻		14.0
	大麻		12.0
	罗布麻		12.0
	剑麻		12.0
丝[③]	桑蚕丝		11.0
	柞蚕丝		11.0
化纤[④]	粘胶纤维(包括竹材粘胶短纤维)		13.0
	莫代尔纤维		13.0
	醋酯纤维		7.0
	铜氨纤维		13.0

续表

原料类别	纺织材料		公定回潮率(%)
化纤④		聚酰胺纤维(锦纶)	4.5
		聚酯纤维(涤纶)	0.4
		聚丙烯腈纤维(腈纶)	2.0
		聚乙烯醇纤维(维纶)	5.0
	聚烯烃	聚丙烯纤维(丙纶)	0.0
		聚乙烯纤维(乙纶)	0.0
	含氯纤维	聚氯乙烯(氯纶)	0.0
		聚偏氯乙烯(偏氯纶)	0.0
		氨纶(弹性纤维)	1.3
		含氟纤维	0.0
	芳香族聚酰胺纤维(芳纶)⑤	普通	7.0
		高膜量	3.5
		二烯类弹性纤维(橡胶)	0.0
		玻璃纤维	0.0
		金属纤维	0.0
		碳氟纤维	0.0
		石棉	0.0

① 洗净毛含碳化毛。

② 麻含纤维及本色、染色的纱线和织物。

③ 丝均含双宫丝、绢丝、䌷丝及本色、炼漂、印染等各种织物。

④ 化纤含纤维及本色、染色的纱线和织物。

⑤ 取决于最终用途。

对于新型或未知公定回潮率的其他纤维及其产品,可以采用标准回潮率作为公定回潮率。标准回潮率的测定按 GB/T 9995 的规定。

八、实际回潮率

纺织材料在实际所处环境下所具有的回潮率,又称实测回潮率。实际回潮率代表了材料当时的含湿情况。

九、混纺纱的公定回潮率

由几种纤维混合的原料,混梳毛条或混纺纱线的公定回潮率,可以通过干重混合比加权平均计算获得(其他重量的混纺比,如公定重量混纺比,可参照下面的方法计算),并约至小数后一位。下面以混纺纱为例来说明。

设：$P_1,P_2,\cdots,P_n$ 分别为纱中第一种，第二种，…，第 n 种纤维成分的干燥重量百分率（%），$W_1,W_2,\cdots,W_n$ 分别为第一种、第二种，…，第 n 种对应原料纯纺纱线的公定回潮率（%），则混纺纱的公定回潮率 $W_混$ 为：

$$W_{混} = (P_1W_1 + P_2W_2 + \cdots + P_nW_n) \times 100\% \tag{6-5}$$

如65/35涤棉混纺纱的公定回潮率按上式计算其公定回潮率为：

$$W_{混} = (65\% \times 0.4\% + 35\% \times 8.5\%) \times 100\% = 3.24\%$$

十、公定重量

纺织材料在公定回潮率时所具有的重量称之为公定重量（旧时，也称标准重量，简称"公量"）。设公定重量为 G_k，实际重量（称见重量）为 G_a，干燥重量为 G_0，实际回潮率为 W_a，公定回潮率为 W_k，则有如下换算公式。

$$G_k = G_a \frac{1 + W_k}{1 + W_a} \tag{6-6}$$

$$G_k = G_0(1 + W_k) \tag{6-7}$$

第二节　吸湿机理

决定纤维吸湿的内在因素大体有以下四个方面。

一、纤维内部的亲水基团

亲水基团是纤维具有吸湿性的决定性因素。亲水性基团存在与否、存在的数量、极性的强弱等决定着纤维吸湿能力的高低。纤维中常见的亲水性极性基团有羟基（—OH）、酰胺基（—CONH）、氨基（$—NH_2$）、羧基（—COOH）等，它们对水分子都有较强的吸附亲和力，通过它们与水分子缔合，才能使水分子在纤维内部依存下来，所以纤维中这类基团的数目越多，基团的极性越强，纤维的吸湿能力就越高。

如棉、麻、粘胶等是由纤维素大分子构成，纤维素大分子每一葡萄糖剩基上含有三个羟基（—OH），所以吸湿能力较强；而醋酯纤维，由于大部分羟基都被比较惰性的乙酸基（$CH_2COO—$）所取代，因此醋酯纤维的吸湿能力较低。羊毛纤维和丝纤维中的蛋白质大分子是由 α-氨基酸缩合而成，在大分子上有很多的氨基、酰胺基、羧基等极性基团，所以表现出很好的吸湿能力。由于合成纤维中含有亲水性基团不多，所以吸湿能力普遍较低。其中，聚乙烯醇纤维由于在主链上含有很多的—OH基，所以吸湿能力较好，且是水溶性纤维，但经缩甲醛化后形成的维纶吸湿能力就下降很多且不溶于水；锦纶66的分子链中，每六个碳原子含有一个酰胺基，所以也具有一定的吸湿能力；腈纶的分子链中含有一定数量的氰基（—CN），它的极性虽强，但由于大部分在整列区中相互饱和，故吸湿能力低；涤纶纤维中可以说没有亲水性基团或亲水性极弱，所以吸湿能力很差。丙纶中也没有亲水性基团，所以表现出不吸湿。这里需要着重指出的是在分析纤维中亲水性基团对纤维吸湿性的影响时，在考虑亲水性基团存在与否、存在的数量、极性的强弱等因素时，还要结合内部结构作具体分析，才可能得出正确的结论。

亲水基团直接吸附的水分子称之为“直接吸附水”，由于水分子本身也具有极性，故也可吸附其它水分子，使后来被吸附的水分子积聚在上面，这些水分子称之为“间接吸收水”，这些间接吸收的水分子排列不定，结合力也比较弱，且当这些水分子集聚缔结存在于纤维内部的间隙中时就成为所谓“毛细水”，随着毛细水的增加，纤维会发生溶胀，分子间的一些连接点被拆开，使得更多的水分子进入纤维内部，从而对纤维的物理机械性质造成很大的影响。

如果大分子的端基是亲水性极性基团，则随着大分子聚合度的降低吸湿性变强。

二、结晶度

进入纤维内部的水分子主体存在于无定形区，结晶区极少进入，也就是即使纤维的化学组成相同，若内部结构不同，其吸湿性将有很大差异。结晶度越高，无定形区就越少，吸湿能力就越差。如棉纤维经丝光处理后，由于结晶度降低，而使吸湿量增加；棉和粘胶纤维虽然都是纤维素纤维，但由于棉的结晶度为70%，粘胶纤维为30%左右，所以粘胶纤维的吸湿能力比棉高得多；蚕丝的吸湿能力比毛差，其主要原因就是蚕丝的大分子排列整齐，结晶度高。

在同样的结晶度下，晶体颗粒的大小对吸湿性也有一定影响。一般来说，晶体颗粒小的吸湿性大。无定形区内大分子的排列状况，对吸湿性也有较大的影响，大分子高度屈曲，造成分子间的间隙越大，纤维的吸湿性越高。

三、纤维的比表面积

单位体积纤维所具有的表面积称之为比表面积。纤维越细，其集合体的比表面积就越大，表面吸附能力就越强，纤维的吸湿能力就越大。

物质的表面分子由于引力的不平衡，使它比内层分子具有较高的能量，称为表面能。表面积越大，表面上的分子数越多，表面能也就越大。对于液体与气体，由于其流动性可以通过表面收缩来降低自己的表面能，这就是表面张力；而固体与液体不同，它不能通过缩小自己的表面积来降低表面能，所以它有吸附其他物质（如水分和其他气体）以降低表面能的倾向，这就是固体的表面吸附作用，这是一种物理吸附。所以当纤维在大气中时就会在自己表面（包括内表面）上吸附一定量的水汽和其他气体，纤维表层分子的化学组成不同，对水汽分子的吸附能力亦不相同。

在同样条件下，细羊毛的回潮率一般较粗羊毛为高；成熟度差的原棉比成熟度好的原棉吸湿性大。需要注意的是纤维与纤维的排列方式和缝隙大小对纤维集合体的吸湿量也有很大影响。

正是基于这种概念，对于吸湿能力较差的合成纤维，可以通过异形化和微孔化增加比表面积，以提高其吸湿性。

四、纤维表面伴生物含量及性质

纤维中含有杂质，表面上有伴生物，这些物质对纤维的吸湿性也有着较大的影响。这些表面物质和杂质如果是亲水性的，则纤维的吸湿能力会随之提高，如果是拒水性的，则纤维的吸湿能力会随之下降。

天然纤维在生长发育过程中，往往带有一些伴生物质，如未成熟的棉纤维的果胶含量比正常成熟的棉纤维多，所以吸湿能力较强；脱脂棉纤维的吸湿能力就比未脱脂的棉纤维高；麻纤维中有果胶，蚕丝纤维中有丝胶，羊毛中有油脂，这些物质的含量变化都会使吸湿能力发生变化。化纤加工中加上的化纤油剂是有利于纤维吸湿的。

第三节　影响纤维吸湿的外在因素

外界条件的变化也会导致纤维回潮率大小的变化，这里主要介绍环境温度、相对湿度、放置时间和湿历史对纤维吸湿量的影响。

一、吸湿平衡

将纺织材料从一种大气条件放置到另一种新的大气条件下（两种条件的温湿度不同）时，它将立刻放湿（从潮湿条件到干燥条件时）或吸湿（从干燥条件到潮湿条件时），其中的水分含量会随之变化，经过一定时间后，它的回潮率逐渐趋向于一个稳定的值，这种现象称之为“平衡”，此时的回潮率称之为“平衡回潮率”。如果是从吸湿达到的平衡，则称为吸湿平衡，其回潮率称之为吸湿平衡回潮率；从放湿达到的平衡就称为放湿平衡，其回潮率称之为放湿平衡回潮率。在许多时候吸湿平衡成了这种平衡现象的代名词。

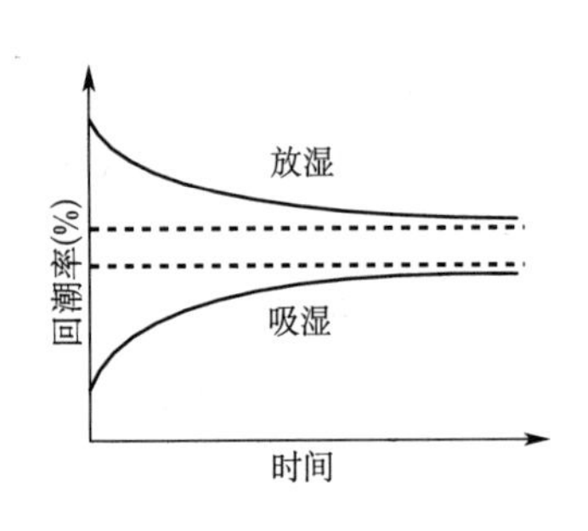

图6－1　纤维吸湿放湿与时间的关系

吸湿平衡是动态的，也就是说同一时间内纤维吸收的水分和放出的水分在数量上是一致的，一旦平衡的条件被破坏或改变，纤维就会通过吸湿（单位时间进入纤维内部的水分子多于从纤维内部逸出的水分子）或放湿（单位时间进入纤维内部的水分子少于释放出的水分子）重新达到平衡。这种吸湿或放湿过程随时间的变化如图6－1所示。可以看出，放湿和吸湿的速度开始时较快，以后逐渐减慢，趋于稳定。严格来说，要达到真正的平衡，需要很长的时间。开始时由于纤维表层分子的亲水性基团与空气中的水分子很快缔合，随着水分子的增加，未缔合水分子的亲水性基团在不断减少，所以吸湿速度开始减慢，与此同时，纤维表层的水汽分压（水分子的浓度）逐渐大于纤维内部的水汽分压，水分开始向内部扩散，但这需要一定的时间，也就是曲线图上逐渐减慢的过程，当内外层水汽分压相差越来越小时，速度越来越慢，将趋于稳定。

影响吸湿和放湿速度的因素很多，那么达到平衡所需的时间也会受到这些因素的制约，主要的影响因素有纤维吸湿能力的强弱、集合体的状态、原有的回潮率大小、空气流动速度、环境条件等。实验表明吸湿性强的纤维比吸湿性弱的纤维达到平衡所需的时间长；纤维集合体的密度越大，达到平衡所需的时间越长；集合体的体积越大则透过水汽的能力越差，达到平衡所需的时间越长；纤维原来的回潮率与新的大气条件下的理论平衡回潮率相差越大，达到平衡所需的时间越长；空气流动的速度越慢，即不利于水分子在空气中扩散，又影响热交换的速度，所以空气流动的速度越慢，纤维达到平衡所需要的时间也越长；温度越低，水汽分子运动的速度越慢，大分子链或支链的热运动能力也低，不利于水分子在纤维内部扩散，吸湿平衡所需的时间就越长。

据研究一根纤维完成全部吸湿（或放湿）的90%所需的时间为3～5s，15s左右即可达到平衡；一块织物可能需要24h；而管纱由于层层卷绕重叠在一起，可能需要5～6天时间；一只棉包则可能需要数月甚至几年的时间。

二、吸湿等温线

吸湿等温线是指在一定的大气压力和温度条件下，纺织材料的吸湿平衡回潮率随空气相对湿度变化的曲线。几种常见纤维的吸湿等温线如图6－2所示。

从图6－2中可看出，在相同的温湿度条件下，不同纤维的平衡回潮率是不同的，但平衡回潮率随着相对湿度的提高而增加的趋势是一致的，且呈反S形，这说明吸湿机理从本质上来讲是基本一致的。

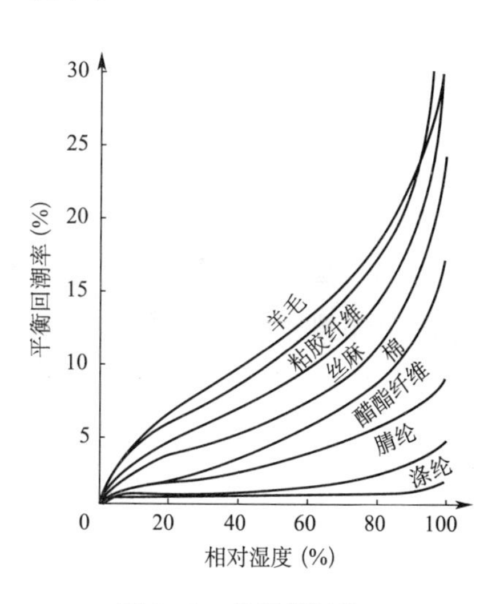

图6－2　吸湿等温线

在相对湿度较低（0%～15%）时，平衡回潮率随相对湿度的变化比较大，曲线斜率较高，这主要是由于在开始阶段纤维比较干燥，呈自由状态的亲水性基团较多，对水汽分子的吸引力还比较强，所以变化比较显著；当亲水性基团吸附的直接吸收水基本达到饱和之后，将进入间接吸收水阶段，所吸收的水分形成毛细水，存在于纤维内部的缝隙孔洞之中，同时纤维在毛细水的作用下会发生膨胀，但纤维吸收水分的速度比开始阶段减慢，此阶段对应于相对湿度15%～70%的一段；随着相对湿度的不断提高，即空气中的水汽分压不断提高，这个时候水分子进入纤维内部较大的间隙，毛细水大量增加，纤维表面吸附的能力也大大增强，纤维的吸湿膨胀也在迅速增加，同时在纤维表面和纤维之间形成明显的“凝结水”，使回潮率大幅度增加，曲线翻翘。对吸湿性差的合成纤维而言，反S形不明显，这是因为其纤维大分子上缺少亲水性基团而且结构比较均匀紧密，使直接吸附水、间接吸附水和表面凝结水都较少的缘故。

在不同温度下测得的吸湿等温线的位置是不同的，随着温度的提高，曲线主体下移，但在高湿区域曲线会翻翘的更厉害一些。这一点一定要注意，比较纤维的吸湿性一定要在相同的条件下进行测试比较。

三、吸湿等湿线

吸湿等湿线是指在一定的大气压力和相对湿度条件下，纺织材料的平衡回潮率随温度变化的曲线。温度对平衡回潮率的影响比较小，随着温度的升高，平衡回潮率逐渐降低。这是因为在温度升高时，水分子的热运动能和纤维分子的热运动能都随温度的升高而增大，使纤维内部的水汽分压升高，水分子和亲水性基团的结合力在减小，从而水分子从纤维内部逸出比较容易，表现为纤维的平衡回潮率下降。但在高温高湿的条件下，由于纤维热膨胀、棉蜡活性增加等原因，平衡回潮率略有增加。羊毛和棉的吸湿等湿线，显示了平衡回潮率随温度变化的一般规律，如图6－3所示。

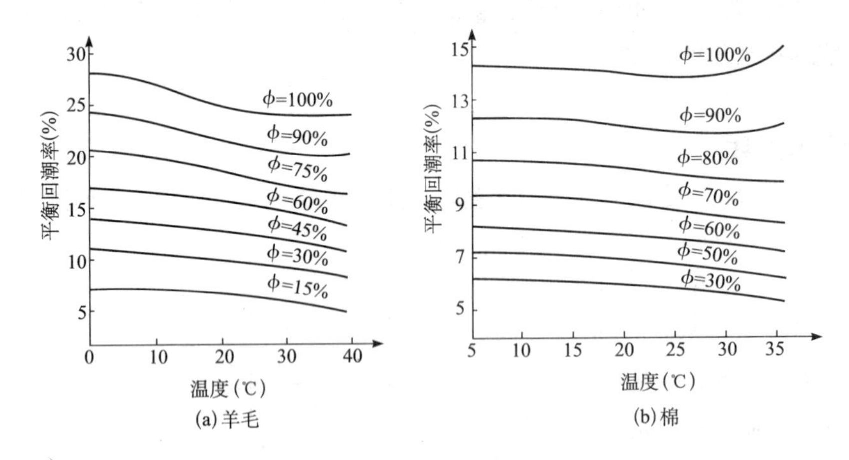

图6－3 羊毛和棉纤维的吸湿等湿线

温度与湿度这两个影响纺织材料回潮率的因素是不可分割的，温度与湿度是互有影响的两个因素，温度上升会使相对湿度下降，所以在分析时要同时考虑，在实际生产中要同时控制。对于亲水性纤维来说，相对湿度的影响是主要的，而对于疏水性的合成纤维来说，温度对回潮率的影响也很明显。几种常见纤维回潮率受温度影响的变化值见表6－4。

表6－4 几种常见纤维回潮率受温度的影响

温度(℃)	平衡回潮率(%)(相对湿度70%条件下)			
	棉	羊毛	粘胶纤维	醋酯纤维
－29	8.5	17	16	7.9
－18	9.8	18	17	9.6
4	9.7	17.5	17	9.0
35	7.8	15	14	7.1
71	6.7	13	12	6.2

四、吸湿滞后性

在同一大气条件下，同一纺织材料的吸湿平衡回潮率比放湿平衡回潮率小的现象称为吸湿滞后性，也可称为吸湿保守现象。前面的图6-1说明了这一点，而下面的图6-4中吸湿等温线和放湿等温线形成的滞后圈更清楚地说明了吸湿滞后性。也就是说纤维的吸湿滞后性，更明显地表现在纤维的吸湿等温线和放湿等温线的差异上。

吸湿等温线是把在温度一定，相对湿度为0%的空气中达到平衡（达到最小回潮率）后的纤维，放在依次升高的各种不同的相对湿度的空气中，待其平衡后所测得的平衡回潮率与空气相对湿度的关系曲线；放湿等温线是把在温度一定，相对湿度为100%的空气中达到平衡（最大的回潮率）后的纤维，再放在依次降低的各种不同的相对湿度的空气中，待其平衡后所测得的平衡回潮率与空气相对湿度的关系曲线；同一纤维的这两条曲线并不重合，而是形成一个吸湿滞后圈。

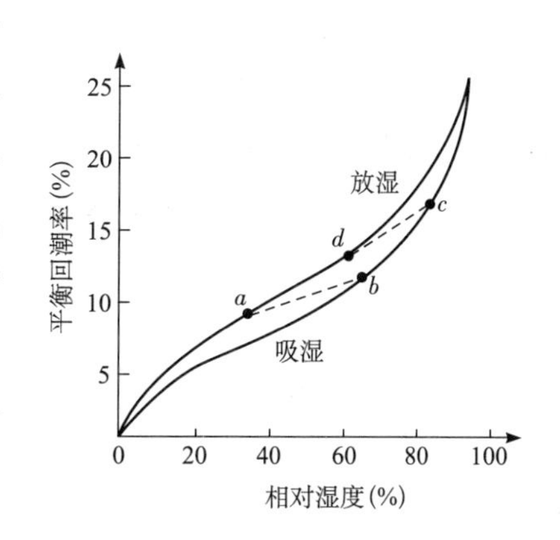

图6-4　纤维的吸湿滞后现象

吸湿滞后性产生的差值取决于纤维的吸湿能力和相对湿度的大小，一般规律是吸湿性大的纤维其湿滞差值也比较大。如在标准大气状态下，羊毛的回潮率差值为2.0%，粘胶纤维为1.8～2.0%，棉为0.9%，锦纶为0.25%。而涤纶等吸湿性较差的纤维，放湿等温线与吸湿等温线接近重合。

纤维因吸湿滞后性造成的差值并不是一个固定的数值，其大小还与纤维吸湿或放湿前的原有回潮率有关，如图6-4所示。如果纤维并不完全润湿，而是在某一回潮率 a 点，放入相对湿度较高的大气中，纤维将进入吸湿过程，这时纤维的平衡回潮率和相对湿度的关系曲线如图中 ab 段曲线所示，这段曲线从 a 点向吸湿等温线过渡至 b 点；当纤维具有某一回潮率 c 点，放入较干环境中，由吸湿状态进入放湿，它的平衡回潮率和相对湿度的关系如图中 cd 段曲线所示，这段曲线从 c 点向放湿等温线过渡至 d 点。由此可见，在同样的相对温度条件下，纤维的实际平衡回潮率是在吸湿等温线和放湿等温线之间的某一数值，这一数值大的大小与纤维在吸湿或放湿以前的历史情况有关，鉴于以上这些因素，在提到纤维的理论平衡回潮率时是指两条曲线的中间值。

在实际工作中，这种差异必须给予足够重视。在检测纺织材料的各项物理机械性能时，应在统一规定的吸湿平衡状态下进行（调湿之后进行），对于含水较多的材料，还应该先进行预调湿，而后进行调湿处理，以减小吸湿滞后性的影响。

对纤维吸湿滞后性产生的原因有多种解释。有的从能量角度结合固体表面膜解释；有的用机械滞后相似性（吸湿膨胀同样有滞后现象）解释；有的用干态和湿态结构对水分子的获取概率来解释。

第四节　吸湿对纺织材料性能的影响

一、对材料重量的影响

回潮率的变化当然会造成纺织材料的重量的变化，这里需要强调的是在贸易中是以公定重量作为货款基准的，否则不是买方吃亏（材料偏于潮湿），就是卖方吃亏（材料偏干燥），失去贸易的公允，这也是贸易纠纷的主要原因之一；在生产中，进行单位长度的重量控制（定量控制），实现质量的稳定（纱线线密度的稳定等），保证高度机械化连续性生产的顺利与有序，回潮率的测算是非常重要的。

二、对材料形态尺寸的影响

吸湿后的纤维长度和横截面积都会发生尺寸变化，对吸湿来说表现为膨胀，对放湿来说表现为收缩。为方便起见，以膨胀为例来说明。纤维吸湿后在长度方向的膨胀率很小，而在直径方向的膨胀率很大，表现出明显的各种异性，这是纤维结构决定的结果。一些资料给出，纤维在充分润湿以后截面积的增长率，棉为45%～50%，羊毛为30%～37%，粘胶纤维为50%～100%，苎麻为30%～35%，蚕丝为19%～30%，锦纶为1.6%～3.2%；而长度方向增长率，天然纤维为0.1%～1.7%，粘胶纤维为3.7%～4.8%，锦纶为1.0%～6.9%。这些数据只能表示大致的概念性情况，不同的资料由于测试方法的差异，数据相差很大。

纤维吸湿膨胀不仅使纤维变粗、变硬，而且也是造成织物收缩（缩水）的原因之一。织物浸水后，纤维吸湿膨胀，使纱线的直径变粗，织物中纱线的弯曲程度增大，同时互相挤紧，使织物在径向或纬向比吸水前需要占用更长的纱线，其结果是使织物收缩。不过纤维的吸湿膨胀也有有利的一面，如水龙带和雨衣可以利用它们遇水后因纤维吸湿变粗使织物更加紧密，而使水更难通过。膨胀在织物的起皱、干燥和染色等工艺过程中也是一个重要因素。

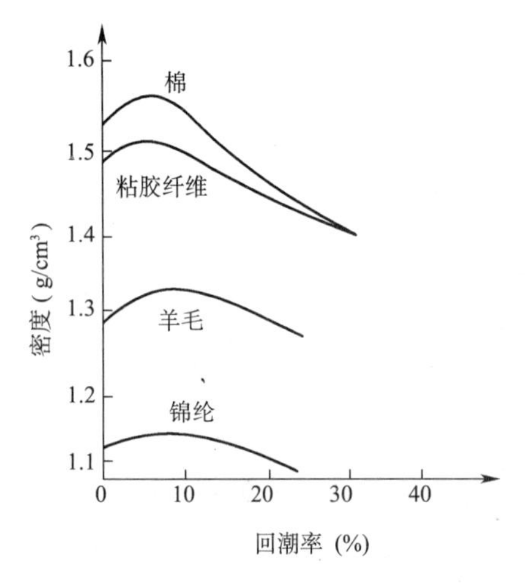

图6－5　纤维在不同回潮率下的密度

三、对材料密度的影响

吸湿对纤维密度的影响规律如图6－5所示。可以看出，纤维的密度随着回潮率的增加密度先上升而后下降。这主要是因为在开始阶段进入的水分子占据纤维内部的缝隙和孔洞，表现出重量增加而体积变化不大，表现为密度增加，随着水分子的不断进入，缝隙孔洞占完之后，纤维开始膨胀（水胀），体积增加，由于水的密度小于纤维的密度（丙纶纤维的密度小于等于水），体积增加率大于重量增加率，表现为密度下降。大多数纤维的密度在回潮率为4%～6%时达到最大。

所以在进行纤维的密度测试时，应注意回潮率的影响。通常人们喜欢测定标准大气和干燥纤维的密度进行对比研究。

四、对材料机械性质的影响

对于大多数纤维而言，其强力随着回潮率的增加而下降，少数纤维几乎不变，个别纤维（棉、麻）的强力上升。绝大多数纤维的断裂伸长率随着回潮率的增加而上升，少数纤维几乎不变。几种常见纤维在完全润湿状态下的强伸度变化情况见表6-5。纤维吸湿后力学性能的改变主要由于水分子进入纤维，改变了纤维分子之间的结合状态所引起。

表6-5　几种常见纤维在完全润湿状态下的强伸度变化情况

纤维种类	湿干强度比（%）	湿干断裂伸长比（%）
棉	102～110	110～111
羊毛	76～96	110～140
麻	104～120	122
桑蚕丝	75	145
柞蚕丝	110	172
涤纶	100	100
锦纶	80～90	105～110
腈纶	90～95	125
粘胶纤维	40～60	125～150
维纶	85～90	115～125

随着回潮率的增加，纤维变得柔软容易变形，模量下降，容易缠结，而较密实的织物则由于纤维的膨胀而变得僵硬；纤维的表面摩擦因数随着回潮率的增加而变大。

回潮率的变化导致纤维机械性能的改变，而机械性能的改变又影响纺织的加工和产品的质量。如回潮率过低，则会使纤维的刚性变大而发脆，加工中易断裂，静电现象也明显；回潮率过高，则会使纤维不易开松，其中的杂质难以清除，容易相互纠缠扭结，易于缠绕机器上的部件，会造成梳理、牵伸、织造等工艺的波动。抱合性的改变同样会使纱线的结构和织物质量改变，会造成纱线强力、毛羽、条干、织物尺寸、织物密度等的不稳定或变化等。

五、对材料热学性质的影响

纺织材料随回潮率的增加其保温性能逐渐下降，冰凉感增加，点燃温度上升，玻璃化温度下降，热收缩率上升，抗熔孔能力有所改善。回潮率的变化对材料热学性质的影响是很大的。

纺织材料在吸湿和放湿过程中还有明显的热效应，即吸湿放热或放湿吸热。空气中的水分子被纤维大分子上的极性亲水基团吸引而结合，使水分子的运动能量降低，所降低的能量大多转换为热能释放出来，其大小相当于水分子的汽化潜热。可以用以下两个指标来表示这种热效应，一是吸湿微分热，其定义为纤维在某一回潮率时吸着1g水所放出的热量，单位为J/g（水），回潮率状态不同,吸湿微分热的大小不同,实验表明各种干燥纤维的吸湿微分热大致接近,为 830 ~ 1256J/g,而且吸湿微分热与回潮率关系曲线的形状基本相同,说明它们吸湿能力虽有差异,但吸湿过程和吸湿机理基本相同。二是吸湿积分热,其定义为 1g 干燥纤维从某一回潮率吸湿达到完全润湿时,所放出的总热量,单位为 J/g(干纤维),由于是到达完全润湿状态,所以也有人称其为"润湿热",常见干纤维的吸湿积分热为棉 46.1J/g,羊毛 112.6J/g,蚕丝 69.1J/g,苎麻 46.5J/g,黄麻 83.3J/g,亚麻 54.4J/g,粘胶纤维 104.7J/g,锦纶 31.4J/g,涤纶 5.4J/g,维纶35.2J/g,醋酯纤维 34.3J/g,腈纶为 7.1J/g。可以看出各种纤维的吸湿积分热差异很大,这说明它们的吸湿能力差异很大。

纤维的吸湿和热效应实际上是紧密联系在一起的,吸湿达到最后平衡时,热的变化也要获得最后平衡,纤维内部水分的扩散和热的传递都需要一个过程。纤维吸湿的热效应除了对纺、织、染、整加工工艺构成影响外,在纺织材料储运过程中必须注意纤维的吸热放热现象,注意通风、干燥,否则可能会使纤维发热而产生霉变,甚至引起自燃。

六、对材料电学性质的影响

纺织材料属于绝缘材料,但其绝缘性能会随着回潮率的增加而下降,介电系数上升,介电损耗增大,静电现象大多会有所降低。

纤维在干燥状态下的质量比电阻一般大于 $10^{12}\Omega \cdot g/cm^2$,吸湿后电阻值发生明显改变,回潮率与质量比电阻成对数关系。在相对湿度为 0% ~100% 时,纤维电阻的变化量可达 10^{10} 数量级,即便是在相对湿度为 30% ~90% 时,也有 10^5 数量级的变化。如羊毛在相对湿度 10% 的环境中其体积比电阻约为 $10^{13}\Omega \cdot cm$,而在相对湿度为 90% 的环境中时体积比电阻下降到 $10^7\Omega \cdot cm$以下。生产实践表明,体积电阻在 $10^8\Omega \cdot cm$ 以下,纺织加工就比较顺利。纤维中水分含量的变化对质量比电阻的影响可以用下面公式来表示。

$$\rho_m M^n = K \tag{6-8}$$

式中:ρ_m——质量比电阻;

M——含水率;

n,K——实验常数。

n,K 的取值随纤维品种和测试条件的差异而不同,见表 6-6。

表 6-6　几种纤维在标准大气下的 n、$\lg K$、$\lg\rho_m$ 值

纤　维	n	$\lg K$	$\lg \rho_m$	纤　维	n	$\lg K$	$\lg \rho_m$
原棉	11.4	16.6	6.8	粘胶纤维	11.6	19.6	7.0
洗净棉	10.7	16.7	7.2	洗净粘胶纤维	12.0	21.0	7.5
丝光棉	10.5	17.3	7.2	醋酯纤维	10.6	20.1	11.7
亚麻	10.6	16.3	6.9	蚕丝	17.6	26.6	9.8
大麻	10.8	17.8	7.1	羊毛	15.8	26.2	8.4
苎麻	12.3	18.6	7.5	洗净毛	14.7	26.6	9.9

注　此表数据来自《纤维和纺织品的测试原理与仪器》。

利用回潮率的变化会引起纤维电阻和介电系数变化的原理，可间接测得纤维回潮率，电阻式和电容式回潮率测试仪就是采用这种原理设计的。

第五节　纤维润湿性

纤维材料的润湿性是指纤维表面对液态水的粘着和吸附性能。它是一种常见的物理现象，影响着纤维及其制品的使用价值，如防雨、防油、防污等。

一、界面张力与接触角

当一滴液滴和材料表面形成接触，若液滴迅速展开并渗入材料，说明该材料的润湿性很好，若形成停留液滴则说明该材料有一定拒水性，那么拒水性的强弱可以用界面张力和接触角来评价。固体、液体、气体在界面处形成的三相平衡如图 6 - 6 所示。图中 σ_1 是液气界面力，σ_2 是固气界面力，σ_3 液固界面力，θ 是接触角（固液界面至液气界面的夹角）。它们之间的关系为：

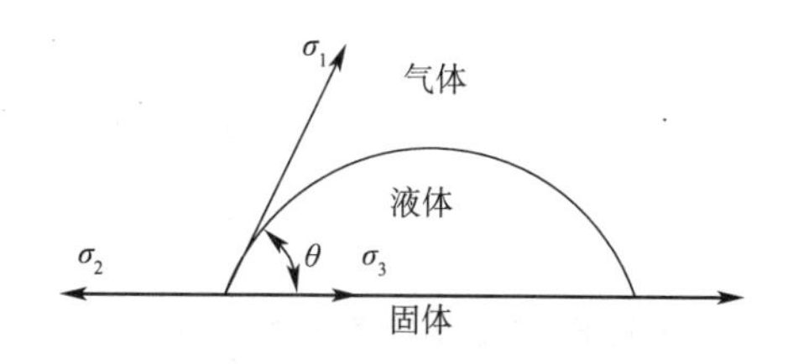

图 6 - 6　液滴在材料表面上的固液气三相平衡图

$$\sigma_2 = \sigma_3 + \sigma_1 \cos\theta \qquad (6-9)$$

其中最重要的是 σ_3，即通常所说的固体与液体的界面张力，这个关系式也称为润湿方程。

接触角可以通过直接观测获得，它的大小反映了材料的拒水性，θ 越大，拒水能力越大，润湿性越差。当 $\theta = 0°$ 时，说明液体可以在材料上无限扩展，表现出最大润湿性；当 $\theta = 180°$ 时，液体在材料表面只能形成球状液滴，表现出完全不润湿。虽然可以用 0° 至 180° 之间的数值表示润湿性的差别，但实际上，人们习惯用 90° 作为润湿与否的界限，把 $\theta > 90°$ 叫做不润湿；把 $\theta < 90°$ 叫做润湿。θ 越小润湿性越好。

二、润湿角与润湿力

对于平面材料可以通过接触角来评价其润湿性，但对于单根棒状纤维就难以应用了，这时候用润湿角和润湿力就方便多了。

把纤维直立插入液体之中，液体会从立体三维方向将纤维包覆，即出现如图 6 - 7 所示的三种情况。图 6 - 7(a) 中情况称为正润湿，图 6 - 7(b) 中情况称为负润湿，图 6 - 7(c) 中情况称为零位润湿。液面与纤维形成的界面锥角称作润湿角，它和接触角的实质是一样的，但是润湿角比较难以测量，通常的做法是让纤维作进或退运动，这样角度比较容易观察，但把纤维进入时的角度叫做前进润湿角（用于负润湿时的测量，即不润湿性测量），把纤维退出时的角度叫做后退润湿角（用于正润湿时的测量，即润湿性测量）。

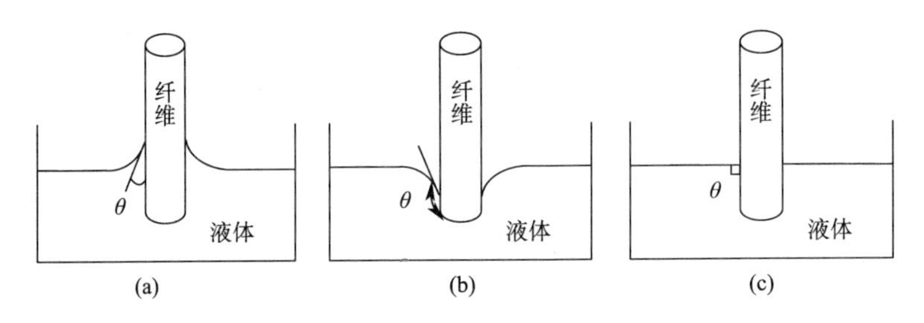

图6－7　纤维润湿的三种情况

当纤维浸入液体，从液体中拉出时所需要的力称为润湿力，测量时要注意纤维的自身重力和浮力影响，纤维的线密度不同润湿力随之而变。

第六节　吸湿性测试简介

吸湿性检测是纺织材料性能检测中的重要内容之一。快速、准确、简便、在线、自动是测试技术的发展方向，按照吸湿性的测试特点大致可以分为直接测定法和间接测定法两类。直接法测定从回潮率的定义出发，测得湿重和干重，以驱除纤维中的水分使纤维与水分分离为特征，如烘箱法、吸湿剂干燥法、真空干燥法、红外干燥法、微波加热干燥法等；间接测定法则利用回潮率对纤维物理性能的影响规律，通过检测物理量的变化而确定回潮率的大小，以不烘出水分为特征，如电阻法、电容法等。直接测定法是目前测定纺织材料回潮率的基础方法，其中烘箱烘燥和缓，控制终点简单可靠，所以烘箱法是此类方法中的代表。

国家标准对"水分"的解释为本标准中涉及的水，为技术上定义的化合物 H_2O，"水"和"水分"在文献和贸易中常交互使用，但术语"水分"有时考虑包含其他挥发性物质。

一、烘箱法

烘箱法就是利用烘箱里的电热丝加热箱内空气，通过热空气使纤维的温度上升，从而达到使水分蒸发之目的。影响烘箱法测试结果的因素主要有烘燥温度、烘燥方式、试样量、烘干时间、箱内湿度和称重等。

烘干试样的温度一般超过了水的沸点，使纤维中的水分子有足够的热运动能力，脱离纤维进入空气中。为了使测试结果的稳定性、可比性及降低能耗，国家标准中就不同的测试对象规定了不同的烘燥温度，见表6－7。

表6－7　各种纤维的烘燥温度

材　　料	烘燥温度(℃)	材　　料	烘燥温度(℃)
腈纶	110±2	桑蚕丝	140±2
氯纶	77±2	其他所有纤维	105±2

Y802 型八篮恒温烘箱属半封闭式烘箱，其结构如图 6 - 8 所示。烘箱内虽然有一个风扇推动箱内空气流动，但烘箱内外通风不良，在箱顶设置的排气孔实际排湿效果并不理想，而且箱内温度分布不均匀，风扇在侧面将空气吹动，且风速较低（大风速会使结果稳定性变差），对于体积较大、装填较紧的试样或回潮较高、水分不能完全散失的纤维试样，由于热空气难以穿透纤维集合体内部，使集合体内部的水分不能完全散失出来，造成虚假的干燥平衡，产生测量误差。这种烘箱已经不符合现行国家标准和国际标准的测试要求。

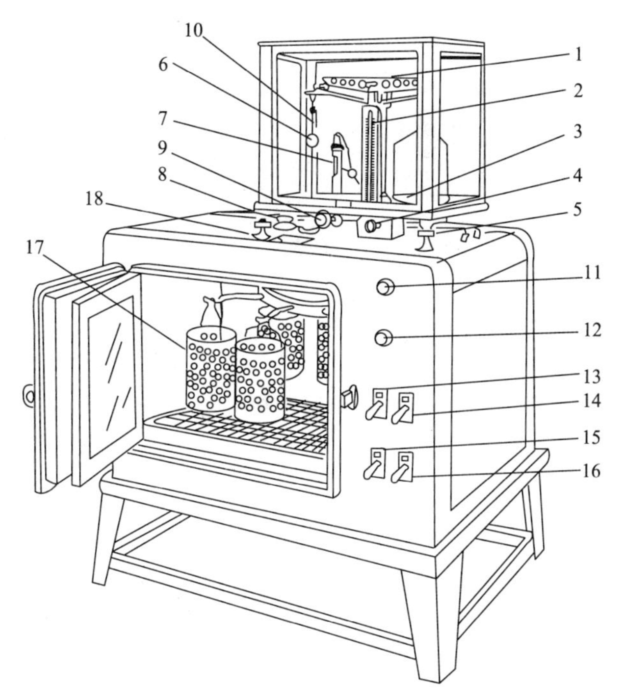

图 6 - 8　Y802 型八篮恒温烘箱结构图

1—天平横梁　2—刻度尺　3—秤盘　4—链条把手　5—水平调节钮　6—称重吊钩　7—水银控温计　8—排气孔　9—排气把手　10—天平钩　11—保温指示灯（绿）　12—加热指示灯（红）　13—照明开关　14—总电源开关　15—转篮开关　16—分源开关　17—铝烘篮　18—观察窗

YG747 型通风式快速烘箱解决了上述问题，而且使实验的时间缩短了约一半，如图 6 - 9 所示。它是我国自行研制的专利产品，具有以下特点。

1. 烘箱使用热风烘燥　箱内加热装置使空气（介质）受热，热空气一方面使试样升温，加剧试样中水分子的热运动，使试样中的水分子获得能量挣脱束缚，由试样中逸出蒸发，另一方面由于箱内温度的提高，空气自身的相对湿度大为降低，使烘箱内形成高温低湿的环境，试验中蒸发出的水分子能够进入空气之中。

2. 烘箱采用强迫通风方式　热空气在风扇驱动之下受迫快速通过试样表面，迅速带走试样表面的水分，并加速水分从试样中的蒸发；又由于试样处于风管（即试样桶）之中，热风从下而上强行通过风管，而通过试样的空气温度和相对湿度是稳定的，这样一来就可大大提高烘燥速度和效果。

图 6-9　YG747 型通风式快速八篮烘箱

3. 烘箱采用通风设计　从试样中蒸发的水分由湿空气排出孔及时排出箱外，同时箱外等量空气被吸入箱内补充，烘箱内、外空气的压力和含湿量是相同的，与试样内的含水量无关，以至于可以使用箱外空气的温湿度将进入烘箱的大气为非标准大气时的烘干重量（此时试样中所含水分为剩余回潮率）修正至进入烘箱的空气为试验用标准大气时的烘干重量（此时试样中所含水分为残余回潮率），符合现行国家标准和国际标准；剩余回潮率随环境温湿度的不同而改变，残余回潮率随纤维材料种类的不同而改变，但各种材料的残余回潮率是个常量，用下面的公式计算。

$$W_0 = \frac{G_0 - G_J}{G_J} \times 100\% \tag{6-10}$$

$$W_S = \frac{G_S - G_J}{G_J} \times 100\% \tag{6-11}$$

式中：W_0——剩余回潮率；

G_0——一般大气条件下的烘干重量；

G_J——绝对烘干重量；

W_S——残余回潮率；

G_S——标准大气条件下的烘干重量。

4. 蒸发效率稳定　烘燥时，烘篮不动，热空气旋转流动，箱内空气温度稳定，保证了试样中易挥发的非纤维物质在高温下的挥发率保持在同一水平。

5. 称重状态稳定　停机称重时，烘箱可自动关闭进风口，避免了空气对流或扰动对称重的影响。新机型已采用电子天平，实现了自动化。

6. 节能效果显著　由于缩短了试验时间并采用了新型加热元件，使得电能消耗大幅度降低，同时也节约了人力费用。

最新的 YG747 型烘箱已经采用电子天平作为称量器具。

称重方法也是影响试验结果的因素之一。称重方法一般分为箱内热称，箱外热称和箱外冷称三种。箱内热称就是直接通过称重吊钩称量烘干的试样，试样不必拿出烘箱；箱外热称就是把烘干的试样拿出箱外，快速称重；箱外冷称是把烘干的试样连同容器密封好，放到干燥器中冷却后再称重。不同的称重方法，所产生的称重误差是不一样的，箱内热称时操作简便，但由于箱内热空气的浮力小而使称重结果稍偏重；箱外热称可以避免空气浮力对湿重和干重称重时的差异影响，但由于干热纤维具有快速且波动的吸湿，称重结果亦随之波动；箱外冷称可以避免称重误差，但比较费时，且密封效果不好时，亦存在误差，所以在实际应用中多采用结果比较稳定的箱内热称。

需要强调说明的是烘箱法测定回潮率时，虽然通过排气风扇交换空气，把水汽排出箱外，但是试验室室内空气总有一定含湿量，所以箱内的相对湿度不可能达到 0%，因此纤维实际上不可能真正的烘干，仍保留有一定的水分，即有残余回潮率。所以，国家标准规定吸湿性测试要求在标准大气环境中测试，否则要进行修正。

二、电阻法

电阻式测湿仪是间接测定法中应用最多的仪器。电阻式测湿仪是利用纤维在不同的回潮率下具有不同电阻值来进行测定的，有多种设计形式，如极板式、插针式和罗拉式等。此类仪器具有测试速度快、结构精巧、使用简便、便于携带等特点。国内的代表性产品有极板式的 Y412 型原棉水分测试仪和插针式的 Y411 型纺织测湿仪（测试纱和织物的回潮率），如图 6－10 所示。

(a) Y412型原棉水分测试仪

(b) Y411型纺织测湿仪

图 6－10　电阻式测湿仪

电阻式测湿仪的测试结果受到纤维品种、数量、试样的松紧程度、纤维和仪器探头的接触状态、纤维中的含杂和回潮率分布等因素影响之外，环境温度也有较大影响，测试结果要进行温度补偿修正。这种仪器的最大优点是快速简便,最大缺点是其测得的回潮率是材料中电阻值最低处的值,需通过多次或多点测量修正这种偏差。

思考题

1. 为什么平衡回潮率的值是一个范围值?

2. 影响纤维吸湿的内外因各有哪些?一般的影响规律如何?

3. 纤维吸湿后其性能的一般变化规律如何?

4. 有一批称见重量为2250kg的维纶,从中抽取50g试样,烘干后的干燥重量为47.8g,求:(1)该批维纶的实际回潮率;(2)该批维纶的公定重量。

5. 已知涤/棉混纺纱的干重混纺比为65/35,求:(1)该混纺纱的公定回潮率;(2)投料时的湿重混纺比;(3)公定重量混纺比(实际回潮率:涤为0.2%,棉为7.5%)。

6. 吸湿平衡的概念是什么?它有什么特点?举例说明人们在科研、生产或生活中是如何利用这些特点的?

7. 纤维吸湿后它的外形变化有何特点?这些特点说明了纤维结构的什么特征?

8. 对比棉和粘胶纤维在吸湿性上的差异,并简述其原因。

9. 为什么必须将纤维放入标准大气下一定时间调湿后才可以进行物理性能测试?当水分较多时,为什么还需要先经预调湿?为什么纺织材料的试验方法规定试样必须有吸湿过程达到平衡回潮率?

10. 试分析影响烘箱法测试回潮率的因素有哪些?如何克服或控制这些因素?

第七章　纤维材料的机械性能

本章知识点

1. 纤维材料拉伸指标的概念。
2. 影响纤维强度的测试因素。
3. 纤维材料三种变形、蠕变与应力松弛、疲劳与弹性的基本概念。
4. 纤维摩擦的表征，抱合力的概念。
5. 纤维弯曲、扭转、压缩性能的基本概念。

第一节　拉伸指标

纤维材料在外力作用下遭到破坏时，主要的和基本的方式是纤维材料被拉断。表示纤维拉伸特征的指标有许多。可以分为与拉伸断裂点相关的指标和与拉伸曲线相关的指标两大类。

一、与断裂点相关的指标

（一）断裂强力

断裂强力就是纤维材料受外界直接拉伸到断裂时所需的力（纤维承受的最大外力），基础单位为牛顿（N），衍生单位有厘牛（cN）、毫牛（mN）、千牛（kN）等。各种强力测试仪上测得的读数都是强力，如单纤维、束纤维强力分别为拉伸一根纤维、一束纤维至断裂时所需的力。强力与纤维的粗细有关，所以对不同粗细的纤维，强力缺乏可比性。

（二）强度

拉断单位细度纤维所需要的强力称为强度，该指标用以比较不同粗细的纤维拉伸断裂性质。纤维或纱线粗细不同时，其断裂强力也不相同，故对于不同粗细的纤维或纱线，断裂强力没有可比性。为了便于比较，可将断裂强力折合成规定粗细时的力，即强度。由于折合的标准粗细的规定不同，纤维材料的强度有许多种，最常用的主要有以下三种。

1. 断裂应力　断裂应力是指纤维单位截面面积上能承受的最大拉力，单位为 N/mm^2（即兆帕，MPa）。其计算公式如下。

$$\sigma = \frac{P}{S} \qquad (7-1)$$

式中：σ——纤维的断裂应力，MPa；

P——纤维的强力，N；

S——纤维的截面积，mm^2。

由于纺织纤维和纱线的截面形状很不规则，并且其中有不少空腔、孔洞和缝隙，其真正的截面积很难求测。因此在日常生产中，这个指标应用不多。

2. 强度 强度指每特（或每旦）纤维所能承受的最大拉力，（也称比强度、相对强度），单位为N/tex（或N/旦）。其计算公式如下。

$$\begin{cases} p_{\text{tex}} = \dfrac{P}{\text{Tt}} \\ p_{\text{den}} = \dfrac{P}{D} \end{cases} \tag{7-2}$$

式中：p_{tex}——线密度制强度，N/tex或cN/dtex；

p_{den}——纤度制强度，N/旦；

P——纤维的强力，N；

Tt——纤维的线密度，tex；

D——纤维的纤度（旦）。

3. 断裂长度 单根纤维或纱线延续很长，握持上端，当握持点下悬挂总长内纤维或纱线的自身重力把纤维或纱线自身沿握持点拉断（即重力等于强力）时，这个长度就是断裂长度。断裂长度一般用L表示，单位为千米（km）。在生产实践中，测定纤维或纱线的断裂长度不使用悬挂法，而是用强力折算出来的。其计算公式为：

$$L_{\text{p}} = \frac{P}{g\text{Tt}} \times 1\,000 \tag{7-3}$$

式中：L_{p}——纤维的断裂长度，km；

P——纤维的强力，N；

g——重力加速度，9.8 m/s^2；

Tt——纤维的线密度，tex。

纤维相对强度的三个指标之间的换算关系如下。

$$\sigma = \gamma p_{\text{tex}} = 9\gamma p_{\text{den}} \tag{7-4}$$

$$p_{\text{tex}} = 9p_{\text{den}} \tag{7-5}$$

$$L_{\text{p}} = \frac{p_{\text{tex}}}{g} \times 1000 \tag{7-6}$$

式中：γ——纤维的密度，g/cm^3。

历史上曾使用gf（克力）作为强力的单位，与厘牛的换算关系为，1gf = 0.98cN。

根据这些换算式可以看出，相同的强度和断裂长度，其断裂应力会随纤维的密度而异，只有当纤维密度相同时，不同线密度纤维的强度和断裂长度之间才具有可比性。

（三）断裂伸长

纤维拉伸时产生的伸长占原来长度（隔距长度）的百分率称为伸长率。纤维拉伸至断裂时的伸长率称为断裂伸长率,表示纤维承受外力作用而拉伸变形的能力。其计算式如下。

$$\begin{cases} \varepsilon = \dfrac{L - L_0}{L_0} \times 100\% \\ \varepsilon_p = \dfrac{L_a - L_0}{L_0} \times 100\% \end{cases} \tag{7-7}$$

式中:ε——纤维的伸长率;

ε_p——纤维的断裂伸长率。

L_0——纤维加预张力伸直后的长度,mm;

L——纤维拉伸伸长后的长度,mm;

L_a——纤维断裂时的长度,mm;

(四)湿干强度比

纤维在完全润湿时的强力占在干态(标准大气下)时强力的百分率称为湿干强度比。了解材料润湿后强度的变化状况,可以帮助我们把握在湿态工艺加工时或洗涤时材料的耐水湿能力。绝大多数纤维的湿干强度比小于100%,而棉麻等天然纤维素纤维则大于100%。

(五)10%定伸长负荷

纤维拉伸伸长10%时所需要的负荷(力),专用于棉型化纤,为混纺时用于纤维性能匹配的指标。

二、与拉伸曲线相关的指标

(一)纤维的拉伸曲线

纤维在拉伸外力作用下产生的应力应变关系称为拉伸性质。利用外力拉伸试样,以某种规律不停地增大外力,结果在比较短的时间内试样内应力迅速增大,直到断裂。表示纤维在拉伸过程中的负荷和伸长的关系曲线称为纤维的负荷—伸长曲线。各种纤维的负荷—伸长曲线形态不一,如图7-1(b)所示,而如图7-1(a)所示为典型的负荷—伸长曲线。人们可以通过负荷—伸长曲线的基本形态来分析纤维的拉伸断裂的特征。图中$O' \to O$表示拉伸初期未能伸直的纤维由卷曲逐渐伸直;$O \to M$表示纤维变形需要的外力较大,模量增高,主要是纤维中大分子上化学键的伸长变形,此阶段应力与应变的关系基本符合胡克定律给出的规律;Q为屈服点,对应的应力为屈服应力;$Q \to S$表示自Q点开始,纤维中大分子的空间结构开始改变,卷曲的大分子逐渐伸展,同时原存在于大分子内或大分子间的氢键等次价力也开始断裂,并使结晶区中的大分子逐渐产生错位滑移,所以这一阶段的变形比较显著,模量相应也逐渐变小;$S \to A$表示这时错位滑移的大分子基本伸直平行,由于相邻大分子的相互靠拢,使大分子间的横向结合力反而有所增加,并可能形成新的结合键。这时如继续拉伸,产生的变形主要是由于这部分氢键、盐式键的变形,所以这一阶段的模量又再次升高;A为断裂点,即拉伸到此位置时所有承担负荷的化学键达到其最大能量值而断裂,表现出纤维的断裂。

对于有些柔性强的纤维,其大分子链的断裂可能是不同时的,将出现一个断脱过程(逐渐下降并断裂)。

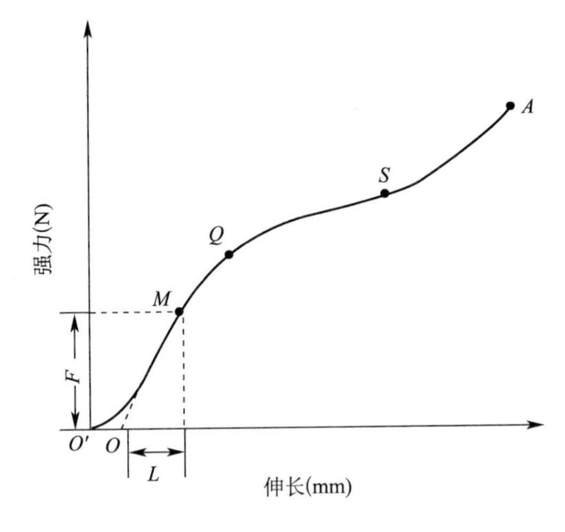

(a)典型负荷—伸长曲线

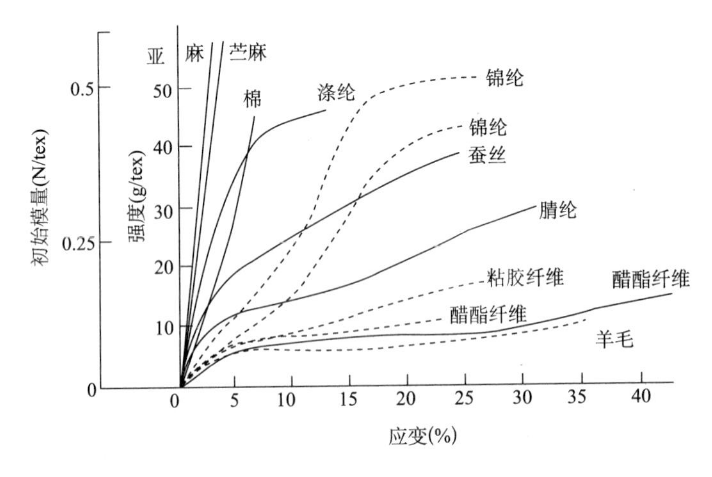

(b)实测应力—应变曲线

图 7－1　纤维拉伸曲线

(二)初始模量

初始模量是指纤维负荷—伸长曲线上起始一段(纤维基本伸直后拉伸的一段)较直部分伸直延长线上的应力应变之比。

如图 7－2 所示。把曲线起始较直部分的直线向上延伸至和断裂点水平线相交于 e 点,过 e 点做横坐标的垂线相交于 L_e 点,根据 P_a、L_e 和该纤维的线密度 Tt、试样长度 L(即强力机上下夹持器间的距离,mm),可求得初始模量 E,单位为 N/tex,其计算式如下。

$$E = \frac{P_a L}{L_e \mathrm{Tt}} \tag{7-8}$$

初始模量的大小表示纤维在小负荷作用下变形的难易程度,它反映了纤维的刚性。初始模量大,表示纤维在小负荷作用下不易变形,刚性较好,其制品也比较挺括;初始模量小,表示纤维在小负荷作用下容易变形,刚性较差,其制品比较软。几种常见纤维的初始模量见表 7－1,可

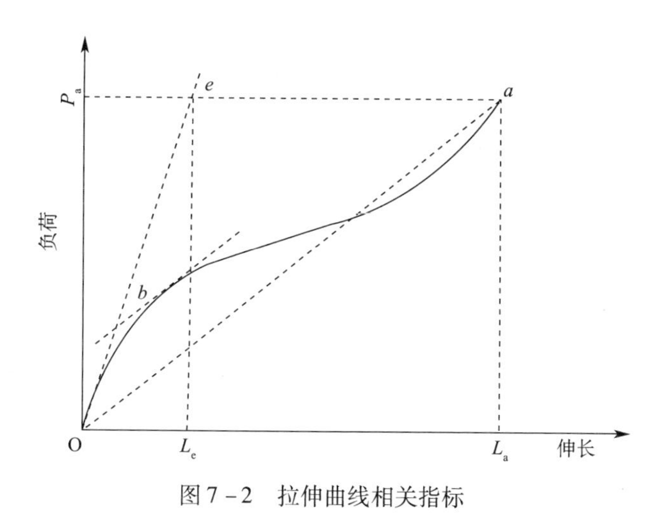

图 7－2　拉伸曲线相关指标

以看出，涤纶的初始模量高，湿态时几乎与干态相同，所以涤纶织物挺括，而且免烫性能好；富强纤维的初始模量干态时也较高，但湿态时下降较多，所以其免烫性能差；锦纶初始模量低，所以织物较软，身骨差；羊毛的初始模量比较低，故具有柔软的手感；棉的初始模量较高，而麻纤维更高，所以具有手感硬的特征。

表 7－1　几种常见纤维的拉伸指标参考表

纤维品种		断裂强度（N/tex）		钩接强度（N/tex）	断裂伸长率（%）		初始模量（N/tex）	定伸长回弹率（%）（伸长 3%）
		干态	湿态		干态	湿态		
涤纶	高强低伸型	0.53～0.62	0.53～0.62	0.35～0.44	18～28	18～28	6.17～7.94	97
	普通型	0.42～0.52	0.42～0.52	0.35～0.44	30～45	30～45	4.41～6.17	
锦纶 6		0.38～0.62	0.33～0.53	0.31～0.49	25～55	27～58	0.71～2.65	100
腈纶		0.25～0.40	0.22～0.35	0.16～0.22	25～50	25～60	2.65～5.29	89～95
维纶		0.44～0.51	0.35～0.43	0.28～0.35	15～20	17～23	2.21～4.41	70～80
丙纶		0.40～0.62	0.40～0.62	0.35～0.62	30～60	30～60	1.76～4.85	96～100
氯纶		0.22～0.35	0.22～0.35	0.16～0.22	20～40	20～40	1.32～2.21	70～85
粘胶纤维		0.18～0.26	0.11～0.16	0.06～0.13	16～22	21～29	3.53～5.29	55～80
富强纤维		0.31～0.40	0.25～0.29	0.05～0.06	9～10	11～13	7.06～7.94	60～85
醋酯纤维		0.11～0.14	0.07～0.09	0.09～0.12	25～35	35～50	2.21～3.53	70～90
棉		0.18～0.31	0.22～0.40	—	7～12	—	6.00～8.20	74（伸长 2%）
绵羊毛		0.09～0.15	0.07～0.14	—	25～35	25～50	2.12～3.00	86～93
家蚕丝		0.26～0.35	0.19～0.25	—	15～25	27～33	4.41	54～55（伸长 5%）
苎麻		0.49～0.57	0.51～0.68	0.40～0.41	1.5～2.3	2.0～2.4	17.64～22.05	48（伸长 2%）
氨纶		0.04～0.09	0.03～0.09	—	450～800	—	—	95～99（伸长 50%）

(三)屈服应力与屈服伸长率

在拉伸曲线上,图线的坡度由较大转向较小时,表示材料对于变形的抵抗能力逐渐减弱,这一转折点称为屈服点,屈服点处所对应应力和伸长率就是它的屈服应力和屈服伸长率。

纺织纤维的拉伸曲线没有明显的屈服点,而是表现为一个区域,一般用作图法求得。求屈服点有多种作图法,其中常用的是平行线法,即连接拉伸曲线的起点 O 和终点 a,然后做 $\overline{Oa}$ 的平行线,使其和坡度转变较大的部分相切于 b 点,b 点即为屈服点,如图 7 - 2 所示。用此点对应的负荷和伸长就可以计算出屈服应力和屈服伸长率。

屈服点是纤维开始明显产生塑性变形的转变点。一般而言,屈服点高即屈服应力和屈服伸长率大的纤维,不易产生塑性变形,拉伸弹性较好,其制品的抗皱性、抗起拱变形等也较好。

(四)断裂功、断裂比功和功系数

1. 断裂功 断裂功是指拉断纤维时外力所做的功,也就是纤维受拉伸到断裂时所吸收的能量。在图 7 - 2 所示的负荷—伸长曲线上,断裂功就是曲线 $O—a—L_a—O$ 下所包围的面积,断裂功的定积分公式如下。

$$W = \int_0^{L_a} PdL \qquad (7-9)$$

式中:P——纤维上的拉伸负荷;在 P 力作用下伸长 dL 所需的微元功 $dW = PdL$;

L_a——断裂点 a 的断裂伸长;

W——断裂功,cN · mm。现在一般以毫焦耳(mJ,1J = 1N · m)为单位,对于强力弱小的纤维也可以用微焦耳(μJ)为单位。

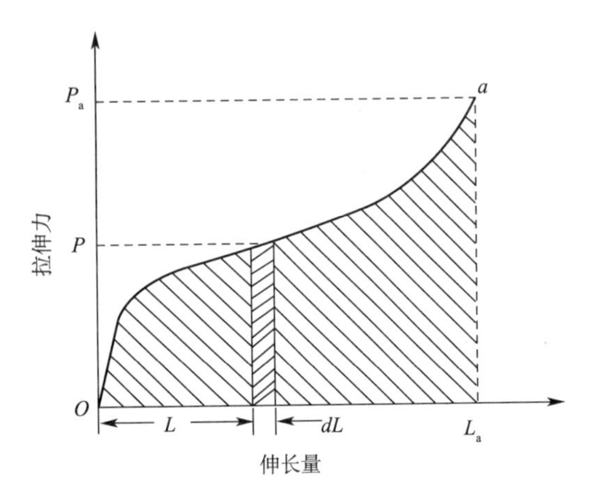

图 7 - 3　直接记录负荷—伸长曲线(拉伸图)

在直接测定中,若所得的拉伸图如图 7 - 3 所示。它的横坐标是拉伸伸长量(mm),纵坐标是拉伸力(cN)。曲线下中阴影的面积就是拉断这根纤维过程中外力对它做的功,也就是材料抵抗外力破坏所具有的能量,叫做“断裂功”。

目前的电子强力测试仪已经根据上述积分原理测算出了断裂功。用记录仪画出拉伸图然后求断裂功的手工方法(求积仪、称重法、方格计算法等)这里就不介绍了,感兴趣的读者请参阅相关资料。断裂功的大小与试样粗细和试样长度有关,所以对不同粗细和试样长度的纤维,断裂功没有可比性,需要用下面的断裂比功进行比较。

2. 断裂比功 断裂比功是指拉断单位线密度(1tex)、单位长度(1mm)纤维材料所需的能量(mJ),单位常用 N/tex 来表示,其计算公式如下。

$$W_r = \frac{W}{\mathrm{Tt}L} \qquad (7-10)$$

式中:W——纤维的断裂功,mJ;

W_r——断裂比功，N/tex；

Tt——试样线密度，tex；

L——试样长度，mm。

3. 功系数　功系数是指实际功与假定功（即断裂强力×断裂伸长，相当于从断裂点 a 作纵横坐标的平行线所围成的矩形面积）之比，其计算式如下。

$$W_e = \frac{W}{P_a L_a} \tag{7-11}$$

式中：W_e——功系数；

W——纤维的断裂功，mJ；

P_a——纤维的断裂强力，N；

L_a——纤维的断裂伸长，mm。

功系数 W_e 值越大，外力拉伸纤维所做的功越多，表明这种材料抵抗拉伸断裂的能力越强，其制品的使用寿命也就越长。各种纤维的功系数大致为0.36～0.65。

4. 纤维柔顺性系数　在英、美国家经常用到纤维柔顺性系数 C 这个指标，其计算式如下。

$$C = \frac{2}{\sigma_{10}} - \frac{1}{\sigma_5} \tag{7-12}$$

式中：C——纤维柔顺性系数；

σ_{10}——应变为10%时的应力；

σ_5——应变为5%时的应力；应力数值可根据纤维的拉伸曲线求出。

刚性纤维和低延性纤维，如玻璃纤维、苎麻纤维等，$C=0$，说明曲线是直线形的，这时通常柔顺性差，但还要结合初始模量方可正确判定；对于某些纤维，如聚酰胺纤维，$C<0$，说明曲线是下凹形的，柔顺性好；若 $C>0$，说明曲线是上凸形的，柔顺性较差，但可塑性可能较好，且 C 值越高，可塑性越大。

第二节　影响拉伸测试结果的因素

一、纤维的拉伸断裂机理

纺织纤维在整个拉伸变形过程中的具体情况十分复杂。纤维受力开始时，首先是纤维中各结晶区之间的非晶区内长度最短的大分子链伸直，并且成为接近于与纤维轴线平行而且弯曲最小的大分子（甚至还有基原纤）。接着这些大分子受力拉伸，使化学键长度增长、键角增大。在这个过程中，一部分最伸展、最紧张的大分子链或基原纤逐步地被从结晶区中抽拔出来，这时也可能有个别的大分子主链被拉断。这样，各个结晶区逐步产生相对移动，使结晶区之间沿纤维轴向的距离增大，在非结晶区中基原纤和大分子链段的平行度（取向度）提高，结晶区的排列方向也开始顺向纤维轴，而且部分最紧张的大分子由结晶区中抽拔后，非结晶区中大分子的长度差异减小、受力的大分子或基原纤的根数增多。如此，大分子或基原纤在结晶区被抽拔移动越来越多,被拉断的大分子也逐步增加,如图 7 - 4 所示。这样继续进行到一定程度,大分子或基原纤间原来比较稳定的横向联系受到显著破坏,结晶区中大分子之间或基原纤之间的结合力抵抗不住拉伸力的作用(如氢键被拉断等),从而明显地相互滑移,大批分子抽拔(对于螺旋结构的大分子则使螺旋链展成曲折链),伸长变形迅速增大。此后,纤维中大部分基原纤和松散的大分子都因抽伸滑移作用而达到基本上沿纤维轴向被拉直并平行的状态,结晶区也逐步松散。这时,由于取向度大幅提高,大分子之间侧向的结合力可能又有所增加,所以大多数纤维拉伸曲线的斜率又开始有所上升。再继续拉伸,结晶区更加松散,许多基原纤和大分子由于长距离抽拔,有的头端已从结晶区中拔出而游离,部分大分子被拉断,头端也游离。最后,在整根纤维最薄弱的截面上断开(一部分基原纤和大分子被拉断,其余全部从对应的结晶区中抽拔出来)。

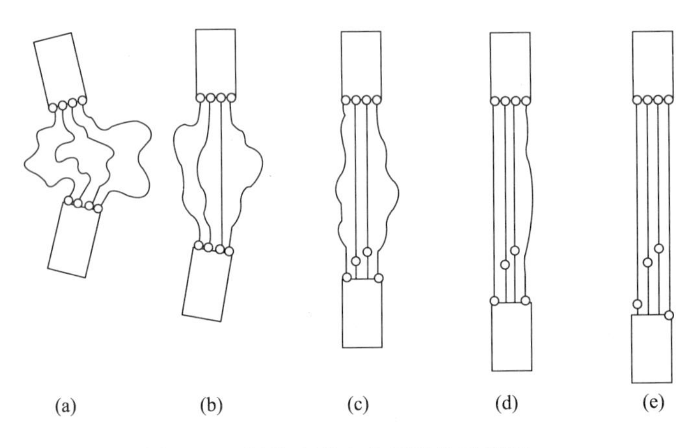

图 7 - 4　纤维内部大分子拉伸示意图

二、影响纤维拉伸断裂强度的主要因素

决定纤维材料断裂强度的主要因素有材料的结构和测试条件或使用条件两类。

(一)纤维的内部结构

1. 大分子结构方面因素　纤维大分子的柔曲性(或称柔顺性)与纤维的结构和性能有密切关系。影响分子链柔曲性的因素是多方面的。一般而言,当大分子较柔曲时,在拉伸外力作用下,大分子的伸直、伸长较大,所以纤维的伸长较大。

纤维的断裂取决于大分子的相对滑移和分子链的断裂两个方面。当大分子的平均聚合度较小时,大分子间结合力较小,容易产生滑移,所以纤维强度较低而伸度较大;当大分子的平均聚合度较大时,大分子间的结合力较大,不易产生滑移,所以纤维的强度就较高而伸度较小。如富强纤维大分子的平均聚合度高于普通粘胶纤维,所以富强纤维的强度大于普通粘胶纤维。当聚合度分布集中时,纤维的强度也较高。

在不同拉伸倍数下粘胶纤维聚合度对纤维强力的影响如图 7 - 5 所示。开始时,纤维的强度随聚合度增大而增加,但当聚合度增加到一定值时,如果再继续增大,纤维的强度就不再增加。此时断裂强度已达到了足以使分子链断裂的程度,再增加聚合度对纤维的强度也不再起作用。

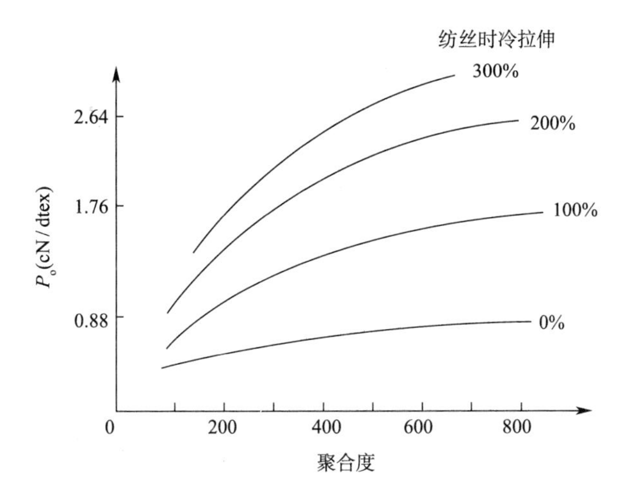

图 7－5　在不同拉伸倍数下粘胶纤维聚合度对强度的影响

2. 超分子结构方面的因素　纤维的结晶度高,纤维中分子排列规整性好,缝隙孔洞较少较小,分子间结合力强,纤维的断裂强度、屈服应力和初始模量都较高,而伸度较小。但结晶度太大会使纤维变脆。此外,结晶区以颗粒较小、分布均匀为好。结晶区是纤维中的强区,无定形区是纤维中的弱区,而纤维的断裂就发生在弱区,因此无定形区的结构情况对纤维强伸度的影响较大。

取向度好的纤维有较多的大分子平行排列在纤维轴方向上,且大分子较挺直,分子间结合力大,有较多的大分子来承担较大的断裂应力,所以纤维强度较大而伸度较小。一般麻纤维内部分子绝大部分都和纤维轴平行,所以在纤维素纤维中它的强度较大,而棉纤维的大分子因呈螺旋形排列,其强度就较麻纤维低。化学纤维在制造过程中,拉伸倍数越高,大分子的取向度越高,所制得的纤维强度就较高而伸度就较小。由拉伸倍数不同而得到取向度不同的粘胶纤维的应力—应变曲线如图 7－6 表示,随着取向度的增加,粘胶纤维的强度增加,断裂伸长率降低。

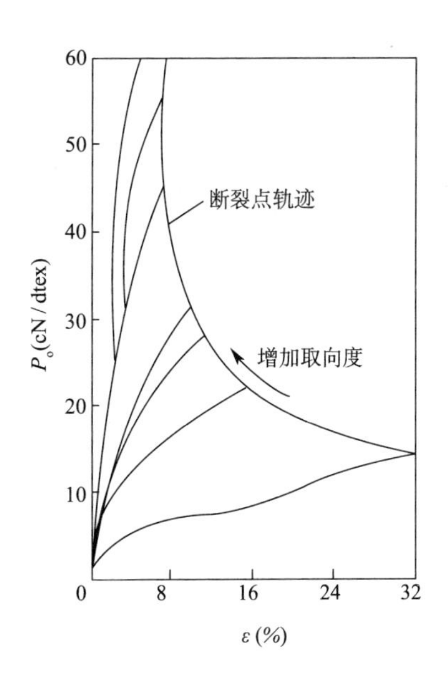

图 7－6　粘胶纤维不同取向度的应力——应变曲线

3. 纤维形态结构方面的因素　纤维中存在许多裂缝、孔洞、气泡等缺陷和形态结构的不均一(纤维截面粗细不匀、皮芯结构不匀以及包括大分子结构和超分子结构不匀)等弱点,这必将引起应力分布不匀,产生应力集中,从而致使纤维强度下降。如普通粘胶纤维内部缝隙孔洞较大,而且粘胶纤维形成皮芯结构,芯层中纤维素分子取向度低、晶粒较大,这些都会降低纤维的拉伸强度和耐弯曲疲劳强度。三种不同结构粘胶长丝的强度和伸长率见表 7－2。

表 7-2　三种长丝的强伸度数据

长丝种类	干强度(cN/dtex)	湿强度(cN/dtex)	相对湿强度(%)	干伸长率(%)	湿伸长率(%)
普通粘胶丝	1.5~2.0	0.7~1.1	45~55	10~24	24~35
强力粘胶丝	3.0~4.6	2.2~3.6	70~80	7~15	20~30
富强纤维丝	1.9~2.6	1.1~1.7	50~70	8~12	9~15

(二)测试条件的影响

1. 环境温度　纤维强度受其内部结构和局部缺陷两种因素的影响。在高温下,前者是主导因素;而在低温下,后者是决定因素。一般认为,对纤维高聚物而言,高温是指 -100℃至室温以上的范围,而低温是指 -200℃以下的温度范围。

在纤维回潮率一定的条件下,温度高,大分子热运动能高,大分子柔曲性提高,分子间结合力削弱,因此在一般情况下,温度高,拉伸强度下降,断裂伸长率增大,拉伸初始模量下降,如图 7-7 所示。

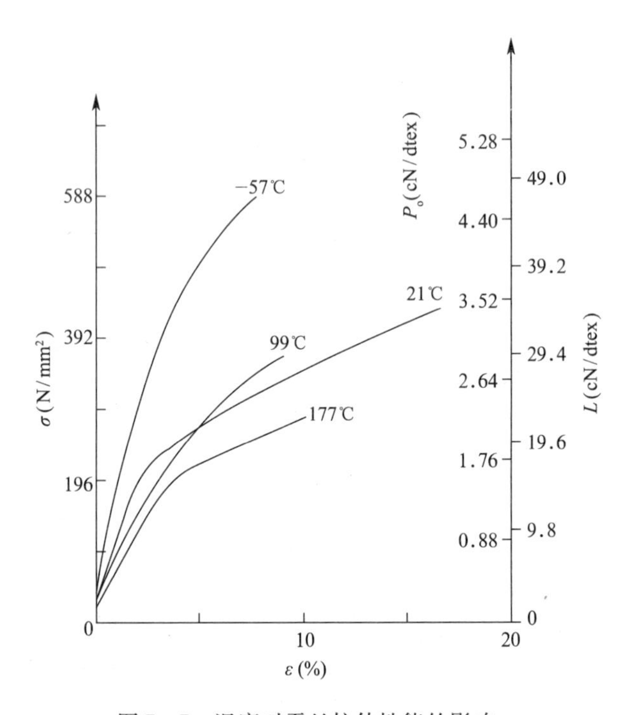

图 7-7　温度对蚕丝拉伸性能的影响

2. 空气相对湿度　相对湿度越大,纤维的回潮率越大,大分子之间结合力越弱,结晶区越松散。一般情况下,纤维的回潮率高,则纤维的强度降低、伸长率增大、初始模量下降,如图 7-8 和图 7-9 所示。但是,棉、麻纤维等有一些特殊性。因为棉、麻纤维的聚合度非常高,大分子链极长,当回潮率提高后,大分子链之间的氢键有所减弱,增强了基原纤之间或大分子之间的滑动能力,反而调整了基原纤和大分子的张力均匀性,从而使受力大分子的根数增多,从而使纤维强度有所提高。

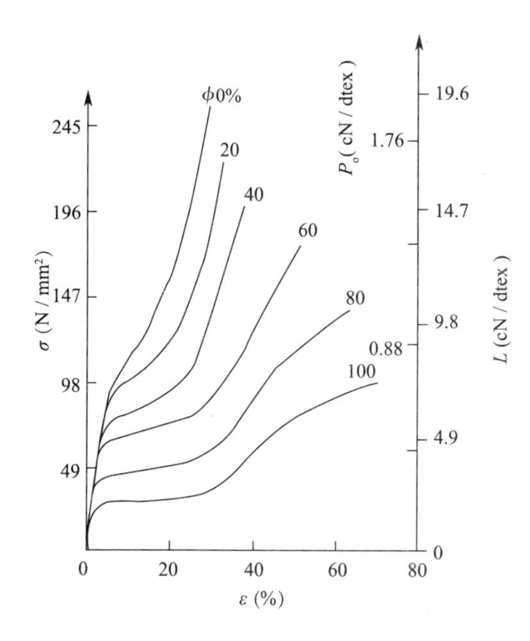

图 7-8 相对湿度对细羊毛拉伸性能的影响

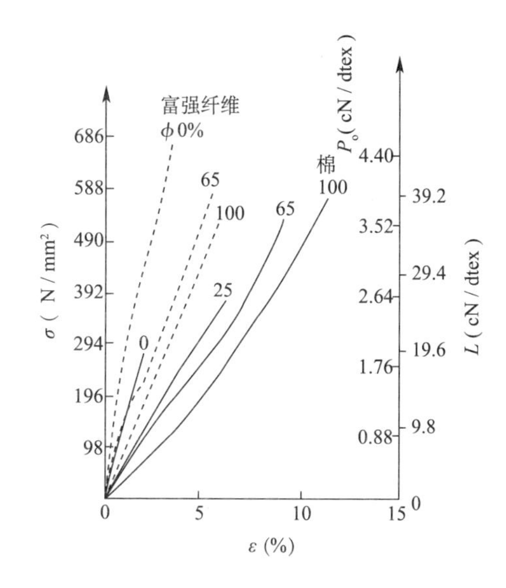

图 7-9 相对湿度对富强纤维、棉的拉伸性能的影响

3. 纤维根数 当进行束纤维测试时，随着纤维根数的增加，测得的束纤维强度换算成单纤维强度会下降。这是由于束纤维中各根纤维的强度、特别是伸长能力不一致，而且伸直状态也不一样，在外力作用下，伸长能力小的、较伸直的纤维首先断裂，此后将外力转嫁于其他纤维，以致后一部分纤维也随之断裂。由于束纤维中这种单纤维断裂的不同时性，测得束纤维的强力必然小于单根纤维强力之和。当束纤维中纤维根数越多时，断裂不同时性越明显，测得的平均强力就越偏小。为此，单纤维的平均强力应按下式(7-13)进行修正。

$$P_b = \frac{nP_s}{K} \tag{7-13}$$

式中：P_b——由 Y162 型束纤维强力仪测得的束纤维强力，cN；

P_s——单纤维强力仪测得的单根纤维的平均断裂强力，cN；

n——束纤维中纤维根数；

K——修正系数，棉为 1.412～1.481；苎麻为 1.582；蚕丝为 1.274。

4. 试样长度 由于纤维上各处截面积并不完全相同，而且各截面处纤维结构也不一样，因而同一根纤维各处的强度并不相同，测试时总是在最薄弱的截面处拉断并表现出断裂强度。当纤维试样长度缩短时，最薄弱环节被测到的机会减少，从而使测试强度的平均值提高。纤维试样截取越短，平均强度将越高。纤维各截面强度不均匀越厉害，试样长度对测得强度的影响也越大。

有关的标准及技术条件均明确规定了测试时的试样长度。如单纤维测试时试样长度通常为 10mm 或 20mm，而束纤维方式测试时试样长度通常为 3mm。

5. 拉伸速度 试样被拉伸的速度对纤维强力与变形的影响也较大。拉伸速度增加，测得的强力增加，而伸长也随之变化，但无统一的规律。拉伸曲线如图 7-10 和图 7-11

所示。

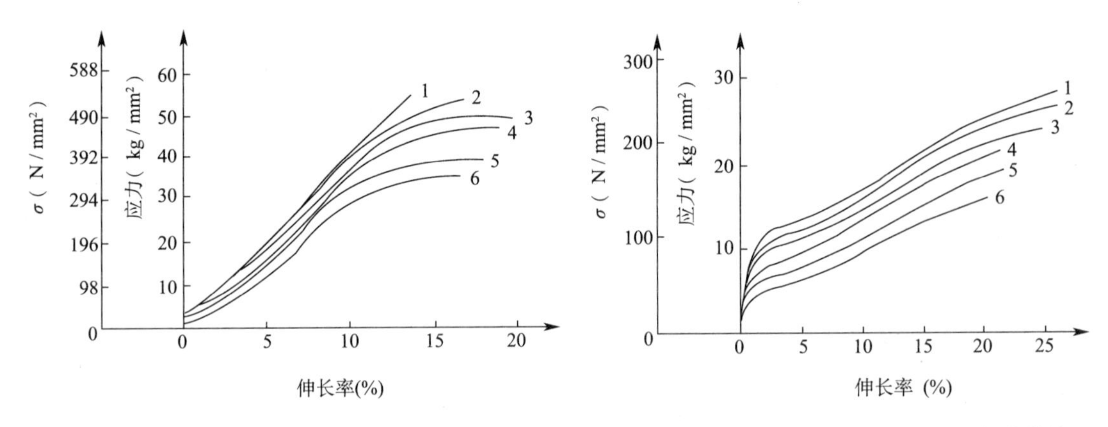

图7－10　不同拉伸速度时锦纶66的拉伸曲线　　图7－11　不同拉伸速度时粘胶纤维的拉伸曲线

图7－10、图7－11中的曲线1、曲线2、曲线3、曲线4、曲线5、曲线6的拉伸速度分别为1096%隔距长度/s、269%隔距长度/s、22%隔距长度/s、2%隔距长度/s、0.04%隔距长度/s、0.0013%隔距长度/s。

6. 测试仪器　用于测定纤维拉伸断裂性质的仪器称作强力测试仪。根据强力测试仪结构特点的不同，主要可分为三种类型，即第一种是等速拉伸型（CRT），如摆锤式强力测试仪；第二种是等加负荷型（CRL），如斜面式强力测试仪；第三种是等速伸长型（CRE），如电子式强力测试仪。不同仪器类型测得的结果没有可比性。

随着测试技术的发展，最符合拉伸机理的且精度、自动化程度高的电子强力测试仪（CRE型）得以普及，并成为标准推荐的测试仪器。电子强力测试仪的原理框图如图7－12所示。影响电子式强力测试仪测定结果的因素除了上述因素之外，采样频率、AD转换位数等也会影响测量结果。此方面详细的内容可以参阅检测技术与仪器方面的书籍。

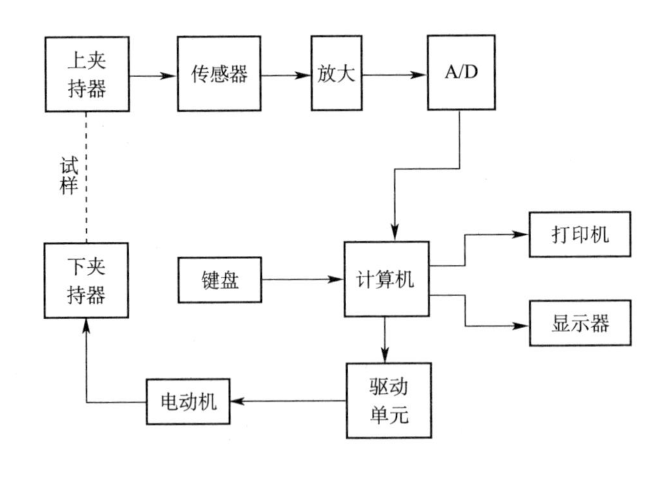

图7－12　电子式强力测试仪原理图

第三节　黏弹体的力学行为特征

纺织纤维是典型的黏弹体，即兼具黏性流动体（无定形区）和刚性体（结晶区）的力学特性，在力学行为上就有了如下特性。

一、三种变形

纤维在拉伸时会产生急弹性变形、缓弹性变形和塑性变形三种变形。纤维的变形能力和特征与纤维的内部结构及变化关系密切。

（一）急弹性变形

急弹性变形指在外力去除后能迅速恢复的变形。急弹性变形是在外力作用下纤维大分子的键角与键长发生变化所产生的。变形（键角张开、键长伸长）和恢复（键角收合、键长缩短）所需要的时间都很短。

（二）缓弹性变形

缓弹性变形指外力去除后需经一定时间后才能逐渐恢复的变形。缓弹性变形是在外力的作用下纤维大分子的构象发生变化（大分子的伸展、卷曲、相互滑移的运动），甚至大分子重新排列而形成的。在这一过程中，大分子的运动必须克服分子间和分子内的各种作用力，因此变形过程缓慢。外力去除后，大分子链又通过链节的热运动，重新取得卷曲构象，在这一过程中，分子链的链段也同样需要克服各种作用力，恢复过程也同样缓慢。如果在外力的作用下，有一部分伸展的分子链之间形成了新的分子间力，那么在外力去除后变形恢复的过程中，由于尚须切断这部分作用力，变形的恢复时间将会更长。

（三）塑性变形

塑性变形指外力去除后不能恢复的变形。塑性变形是在外力作用下纤维大分子链节、链段发生了不可逆的移动，并且可能在新位置上建立了新的分子间联结，如氢键。

纤维的三种变形，不是逐个依次出现而是同时发展的，只是各自的速度不同。急弹性变形的变形量不大，但发展速度很快；缓弹性变形以比较缓慢的速度逐渐发展，并因分子间相互作用条件的不同而变化甚大；塑性变形必须克服纤维中大分子间更多的联系作用才能发展，因此塑性变形更加缓慢。表现为在拉伸曲线上不同阶段的斜率变化，即三者的比例关系在变化。

纤维的完整绝对变形 l，完整相对变形 ε 分别为：

$$\begin{cases} l = l_{急} + l_{缓} + l_{塑} \\ \varepsilon = \varepsilon_{急} + \varepsilon_{缓} + \varepsilon_{塑} \end{cases} \tag{7-14}$$

式中：$l_{急}, l_{缓}, l_{塑}$——分别为急弹性变形、缓弹性变形和塑性变形，mm；

$\varepsilon_{急}, \varepsilon_{缓}, \varepsilon_{塑}$——分别为急弹性变形率、缓弹性变形率和塑性变形率，%。

纤维的三种变形的相对比例，随纤维的种类、所加负荷的大小以及负荷作用时间的不同而不同。测定时,必须选用一定的恢复时间作为区分三种变形的依据。所用时间限值不同,则三种变形的变形值也不相同。一般规定去除负荷后 5 ~ 15s(甚至 30s)内能够恢复的变形作为急弹性变形;去除负荷后 2 ~ 5min(或 0.5h,或更长时间)内能够恢复的变形即为缓弹性变形,而不能恢复的变形即为塑性变形。

几种主要纤维拉伸变形的典型数据见表 7 – 3。测试条件为利用强力仪测定;定负荷值为断裂负荷的 25%;负荷维持时间 4h,卸荷后 3s 读急弹性变形量,休息 4h 后读缓弹性变形量和塑性变形量;温度为 20℃,相对湿度为 65%。

表 7 – 3 几种纤维拉伸变形组分的典型数据

纤维种类	线密度(tex)	各种组分变形占完整变形的比例			施加负荷终了时完整变形占试样长度的百分率(%)
		$l_{急}/l$	$l_{缓}/l$	$l_{塑}/l$	
中粗棉纤维	0.2	0.23	0.21	0.56	4
亚麻工艺纤维	5	0.51	0.04	0.45	1.1
细羊毛纤维	0.4	0.71	0.16	0.13	4.5
生丝	2.5	0.30	0.31	0.39	3.3
锦纶 66 短纤维	0.4	0.71	0.13	0.16	9.5
涤纶短纤维	0.3	0.49	0.24	0.27	16.2
腈纶短纤维	0.6	0.45	0.26	0.29	8.6

可以看出棉纤维、亚麻纤和生丝的塑性变形含量较高,所以其制品抗皱性较差。

二、纤维的蠕变和应力松弛

对于由高聚物构成的纺织纤维在外力作用下变形时,其变形不仅与外力的大小有关,同时也与外力作用的延续时间有关。对于刚性体,若弹性模量为 E,则其应力 σ 与应变 ε 的关系可以表示如下。

$$\sigma = E\varepsilon$$

对于黏性体,若黏滞系数为 η,则其应力 σ 与应变 ε 的关系可以表示如下。

$$\sigma = \eta \cdot \frac{d\varepsilon}{dt}$$

由上式可知,应力是应变速度的函数,和时间有关。黏弹体兼具了这两种特性,它具有蠕变和应力松弛两种现象。

(一)纤维的蠕变现象

纤维在恒定的拉伸外力条件下,变形随着受力时间而逐渐变化的现象称为蠕变,蠕变曲线如图 7 – 13 所示。在时间 t_1 外力 P_0 作用于纤维而产生瞬时伸长 ε_1,继续保持外力 P_0 不变,则变形逐渐增加,其过程为 $\overline{bc}$ 段,变形增加量为 ε_2,此即拉伸变形的蠕变过程。在时间时去除外力,则立即产生急弹性变形恢复 ε_3。在 t_2 之后,拉伸力为"零"且保持不变,随着时间变形还在逐渐恢复,其过程为 $\overline{de}$ 段,变形恢复量为 ε_4。最后留下一段不可恢复的塑性变形 ε_5。根据蠕变现象可知，对于黏性固体而言，几乎各种大小不同的拉力都可能将其拉断，这是由于蠕变使伸长率不断增加，最后导致断裂破坏，只是拉力较小时，拉断所需时间较长；拉力较大时，拉断所需时间较短。

（二）纤维的应力松弛

在拉伸变形恒定的条件下，纤维的内应力随着时间而逐渐减小的现象称为应力松弛（也称松弛），松弛曲线如图 7－14 所示。在时间 t_1 时产生伸长 ε_0 并保持不变，内应力上升到 P_0，此后则随时间内应力在逐渐下降。

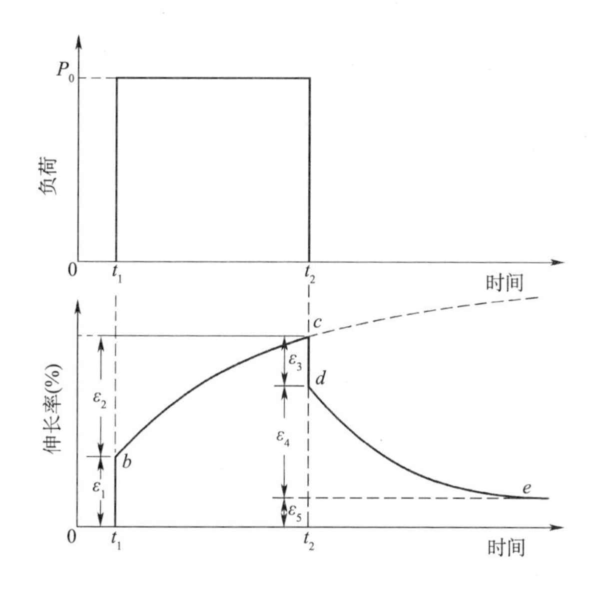

图 7－13　纤维的蠕变曲线

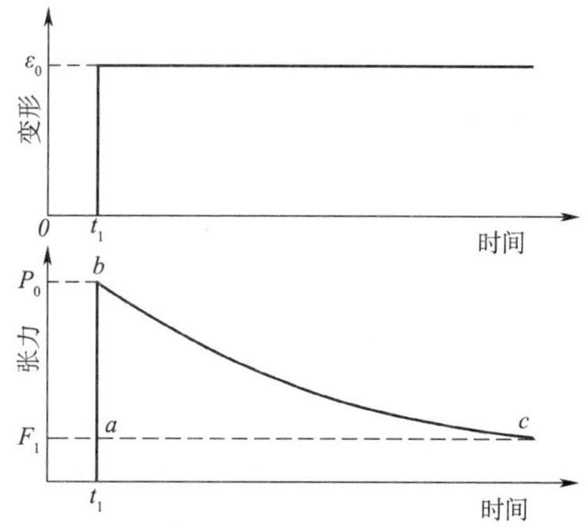

图 7－14　纤维的应力松弛曲线

实践中的许多现象就是由于应力松弛所致，如各种卷装（纱管、筒子经轴）中的纱线都受到一定的伸长值的拉伸作用，如果储藏太久，就会出现松烂；织机上的经纱和织物受到一定的伸长值的张紧力的作用，如果停台太久，经纱和织物就会松弛，经纱下垂，织口松弛，再开车时，由于开口不清，打纬不紧，就产生跳花、停车档等织疵。

纤维材料的蠕变和应力松弛是一个性质的两个方面，其实质都是由于纤维中大分子的滑移运动。蠕变是由于随着外力作用时间的延长，不断克服大分子间的结合力，使大分子逐渐沿着外力方向伸展排列，或产生相互滑移而导致伸长增加，增加的伸长基本上都是缓弹性和塑性变形（黏性流动）。应力松弛是由于纤维发生变形而具有了内应力，大分子在内应力作用下逐渐自动皱缩（这是弹性的内因），取得卷曲构象（最低能力状态），并在新的平衡位置形成新的结合点，从而使内应力逐渐减小，以致消失。

蠕变和松弛是分子链运动的结果，因此凡是影响分子链运动的因素，都是影响因素。提高温度和相对湿度，会使纤维中大分子间的结合力减弱，促使蠕变和应力松弛的产生。所以生产上常用高温高湿来消除纤维材料的内应力，达到定形之目的。如织造前对纬纱进行蒸纱或给湿，促使加捻时引起的剪切内应力消除，以防止织造时由于剪切内应力而引起退捻导致纬缩、扭变而产生疵点。

三、纤维的弹性与疲劳

（一）纤维的弹性

1. 弹性概念 弹性是指纤维变形及其回复能力。弹性回复率可以表示变形的回复能力，它是指弹性变形占总变形的百分率，其计算式如下。

$$R_e = \frac{L_1 - L_2}{L_1 - L_0} \times 100\% \tag{7-15}$$

式中：R_e——弹性回复率；

L_0——纤维加预加张力使之伸直但不伸长时的长度，mm；

L_1——纤维加负荷伸长的长度，mm；

L_2——纤维去负荷在加预加张力后的长度，mm。

弹性回复率的大小受到加负荷情况、负荷作用时间、去负荷后变形恢复时间、环境温湿度等因素的影响，在实际应用中都是在指定条件下测试的，条件不同，结果没有可比性。如我国对化纤常采用5%定伸长弹性回复率，其指定条件是使纤维产生5%伸长后保持一定时间（1min）测得 L_1，再去除负荷休息一定时间（30s）测得 L_2，代入上式求得弹性回复率。急弹性和缓弹性即可以一并考虑，也可以分开来考虑。常用纺织纤维的定伸长弹性回复率见表7-1。

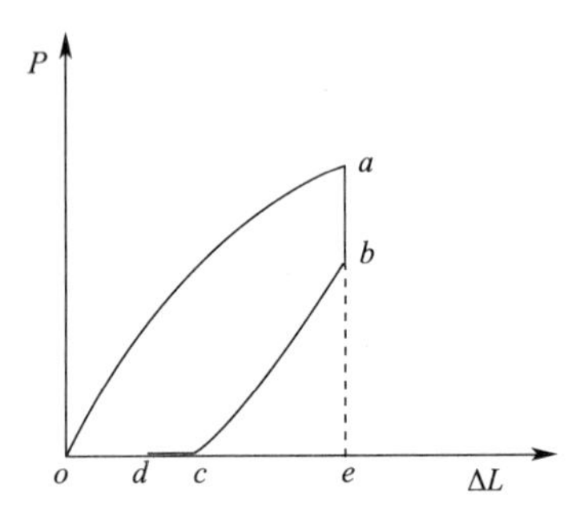

图7-15 定伸长弹性测试的拉伸图

弹性回复能力还可以用弹性功率回复率来表示。定伸长弹性测试的拉伸图（滞后图）如图7-15所示，*oa* 段为加负荷使达一定伸长率时的拉伸曲线；*ab* 段是保持伸长一定时间，伸长不变而应力下降的直线；*bc* 段是去负荷后应力应变都立即下降的曲线；*cd* 段是去除负荷后保持一定时间，缓弹性变形逐渐恢复的直线。

由恢复特征可知 $\overline{ec}$ 为急弹性变形；$\overline{cd}$ 为缓弹性变形；$\overline{do}$ 为塑性变形；面积 A_{cbe} 相当于弹性恢复功；面积 A_{oae} 相当于拉伸所作的功。按此曲线可算得弹性回复率 R_e 和弹性功恢复率 W_r，计算式如下。

$$\begin{cases} R_e = \dfrac{\overline{ed}}{\overline{eo}} \times 100\% \\ W_r = \dfrac{A_{cbe}}{A_{oae}} \times 100\% \end{cases} \tag{7-16}$$

当测试条件相同时，弹性功率越大，表示其弹性越好。

纤维变形恢复能力是构成纺织制品弹性的基本要素，与制品的耐磨性、抗折皱性、手感和尺寸稳定性都有很密切的关系，因此弹性回复率和弹性功率是一种确定纺织加工工艺参数极为有用的指标。弹性大的纤维能够很好地经受拉力而不改变其构造，能够稳定地保持本身的形状，且经久耐用，用这种纤维做成的制品，同样不失掉它本身的形状。

2. 影响纤维弹性的因素

(1)纤维结构的影响:如果纤维大分子间具有适当的结合点,又有较大的局部流动性,则其弹性就好。局部流动性主要取决于大分子的柔曲性,大分子间的结合点则是使链段不致产生塑性流动的条件。适当的结合点取决于结晶度和极性基团的情况。结合点太少、太弱,易使大分子链段产生塑性变形;结合点太多、太强,则会影响局部流动性。

根据这一原理,可设法使纤维大分子由柔曲性大的软链段和刚性大的硬链段嵌段共聚而成,这样纤维的弹性就非常优良。如聚氨基甲酸酯纤维(氨纶)就是根据此原理制得的弹性纤维。

在相同的测试条件下,各种纤维不同定负荷时的拉伸弹性回复率变化曲线如图 7-16 所示,不同定伸长时的拉伸弹性回复率变化曲线如图 7-17 所示。

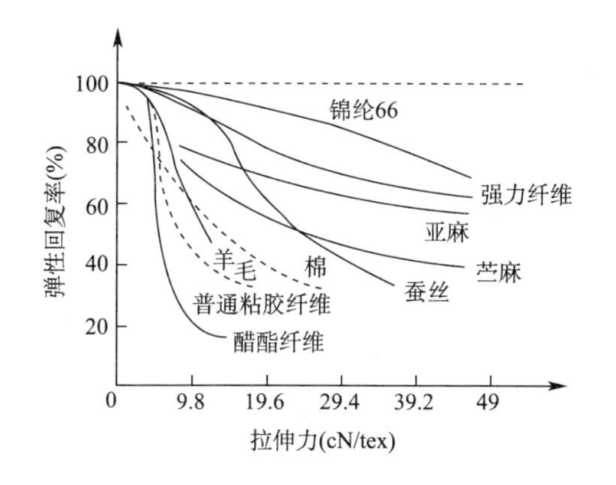

图 7-16　各种纤维不同定负荷时的拉伸弹性回复率曲线

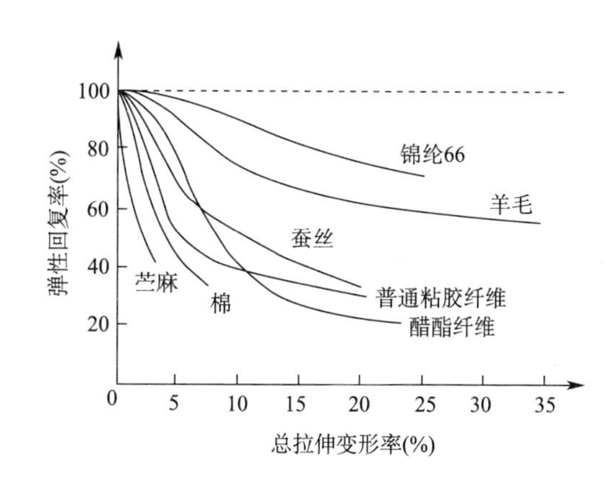

图 7-17　各种纤维不同定伸长时的拉伸弹性回复率曲线

(2)温湿度的影响:几乎所有的纤维都会随着温度的升高弹性增加,但相对湿度对纤维的弹性回复率的影响因纤维而异。如图 7-18 所示,可以看出弹性回复率随相对湿度增加不同纤维有所不同,粘胶纤维和醋酯纤维主体上是下降的,蚕丝、羊毛、锦纶主体上是上升的,棉纤维是交叉的。

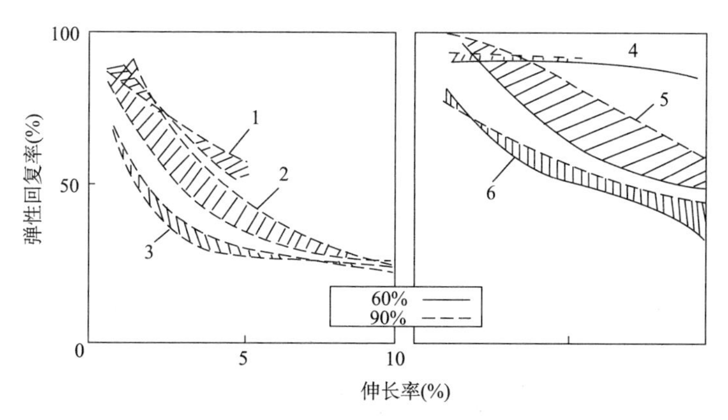

图 7-18　相对湿度为 60% 和 90% 时纤维的拉伸弹性回复率变化

1—棉　2—醋酯纤维　3—粘胶纤维　4—锦纶　5—羊毛　6—蚕丝

(3)其他测试条件的影响：在其他条件相同时，定负荷值或定伸长值较大时，测得的纤维弹性回复率较小。加负荷持续时间较长时，纤维的总变形量较大，塑性变形也有充分的发展，测得的弹性回复率就较小。去除负荷后休息时间较长时，缓弹性变形恢复得比较充分，因而测得的弹性回复率就较大。所以，要比较纤维材料的弹性，必须在相同的条件下比较，而且结果只能代表此条件下的优劣，即定负荷值或定伸长值较小时的结果不能代表定负荷值或定伸长值较大时的结果。

(二)纤维的疲劳

纤维在小负荷长时间作用下产生的破坏称为“疲劳”。根据作用力的形式不同可以分为静止疲劳和动态疲劳。疲劳破坏的机理从能量学角度可以认为是外界作用所消耗的功达到了材料内部的结合能(断裂功)使材料发生疲劳；也可以从形变学角度认为是外力作用产生的变形和塑性变形的积累达到了材料的断裂伸长使材料发生疲劳。

1. 静止疲劳 静止疲劳是指对纤维施加一不大的恒定拉伸力，开始时纤维变形迅速增长，接着呈现较缓慢的逐步增长，然后变形增长趋于不明显，达到一定时间后纤维在最薄弱的一点发生断裂的现象。这种疲劳也叫蠕变破坏。当施加的力较小时，产生静止疲劳所需的时间较长。温度高时容易疲劳。

2. 动态疲劳 动态疲劳是指纤维经受反复循环加负荷、去负荷作用下产生的疲劳。如图7－20是一种重复外力作用下的变形曲线，作用方式是定负荷方式，拉伸至规定负荷处 a，产生变形 ε_1，保持一定时间至 b，产生变形 ε_2，去除负荷立即回复至 c，产生变形回缩 ε_3，保持一定时间至 d，产生变形回缩 ε_4，再次拉伸时将从 d 点开始，并遗留下一段塑性变形 ε_5。如此反复进行得到图7－19。图中曲线四边形 $oabe$ 的面积是外力所作的功；曲线三角形 bec 的面积是急弹性恢复功；阴影面积是缓弹性恢复功，也叫修复功；曲线五边形 $oabfd$ 的面积是净耗功。每次拉伸循环净耗功越小，材料受到的破坏越小，耐疲劳性越好。

两种纤维重复拉伸的实测例子，如图7－20和图7－21所示。两种纤维在相同拉伸应力条件下，每一循环的拉伸净功，粘胶纤维的比棉纤维的大得多，即每一循环拉伸对粘胶纤维的破坏较大，因而粘胶纤维承受重复拉伸的次数较少，耐疲劳性差。

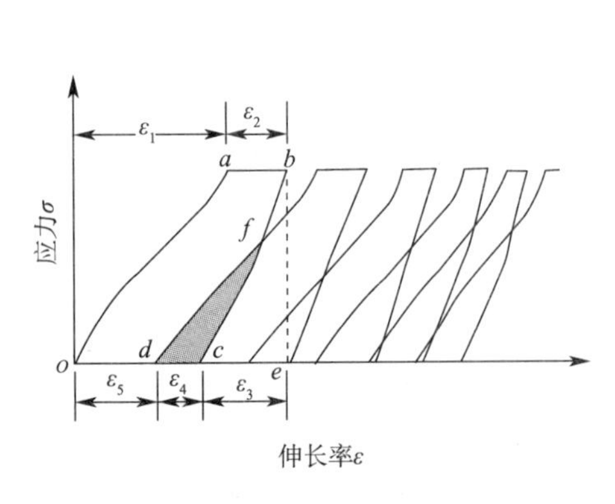

图7－19 拉伸、回复都有停顿的重复拉伸图

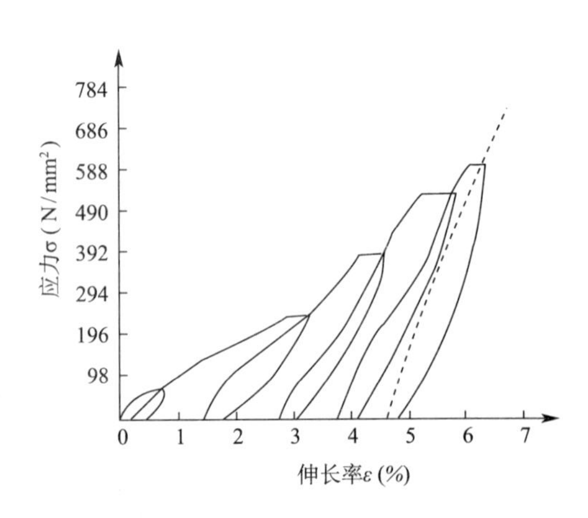

图7－20 棉纤维重复拉伸图

如果纤维在经受外力作用后,创造卸除载荷和停顿的条件,就能获得更长的使用寿命;尤其是在回缩和停顿过程中创造缓弹性变形回缩更多的条件(如在水湿或略高温度的条件下),则会使结构破坏部分的恢复和修补更多些。这就是在一定条件下衣服勤换勤洗比较耐穿的原因。

当定伸长或定负荷量较大时,每一次循环拉伸所作的拉伸功较大(材料内部结合能消耗也较大;受到的破坏也较大),材料将在不多次循环后因内部结合能消耗到一定程度而被拉断。反之,每次定伸长或定负荷量较小时,材料将能承受较多次数的重复拉伸。重复拉伸过程中,每一循环新增加的塑性变形量是随拉伸循环次数的增多而越来越小的。当每次拉伸变形量很小,而材料本身弹性恢复率和拉伸功率恢复系数又较大时,拉伸循环到一定次数以后,每增加一次拉伸循环所增加的塑性变形量就小到几乎测不出来。从这时开始,拉伸—回缩曲线几乎每一循环都重叠在一起,几乎呈现完全弹性的伸缩运动,每次拉伸外力对纤维所作的功,几乎全部在回缩中抵消。近似地可以认为纤维几乎不会再被破坏。拉伸循环次数随定负荷值的减小而增加,规律如图 7-22 所示。图中的 P_1 称为疲劳耐久限,即使材料不发生或很长时间才发生疲劳的最大外力。

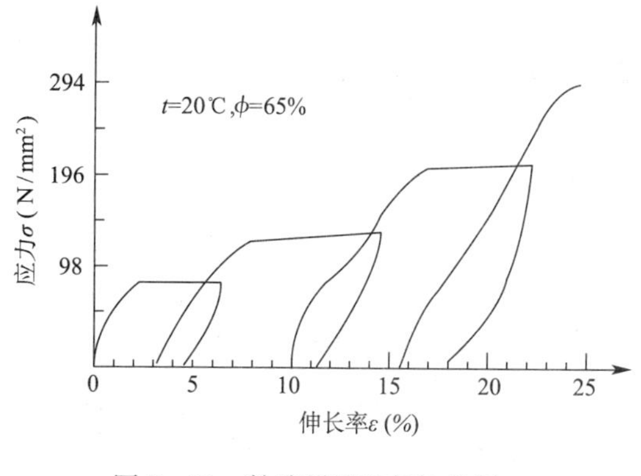

图 7-21　粘胶纤维重复拉伸图

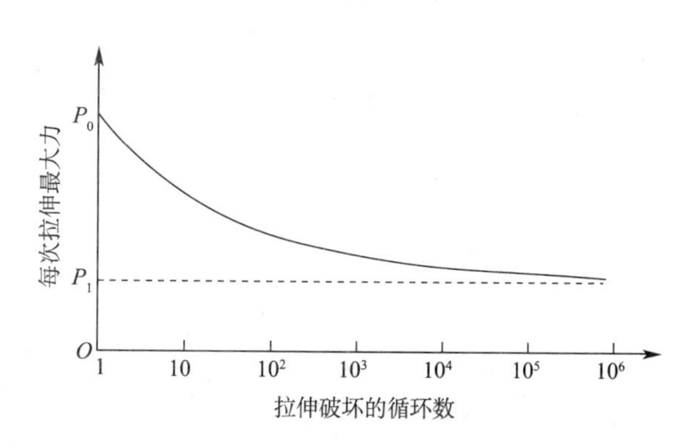

图 7-22　重复拉伸的疲劳曲线

第四节　纤维的表面力学性质

纺织材料使用和加工过程中,摩擦力和抱合力产生的影响很大。由于单根纤维之间的摩擦抱合,才能构成纱线和各种纺织品。纺织材料的摩擦抱合性质对纺纱工艺的可纺性、制成织物的手感、起毛起球、耐磨和抗皱等服用性能构成影响。纤维的摩擦性质具有两重性,一方面要利用它,另一方面则要限制它。在利用摩擦性方面,如罗拉牵伸过程中要利用纤维间的摩擦力来良好地控制牵伸区中纤维的运动;半制品如纤维卷、纤维网、纤维条、粗纱等中纤维须有一定的摩擦抱合,从而使它成形良好并具有一定强力,以防止后继工程中退绕时产生意外牵伸或断裂;短纤维成纱要利用纤维间的摩擦抱合力,且随着摩擦抱合力的加大,在一定范围内能使成纱的强力提高;利用纤维和纱线的摩擦作用可以防止织物脱散,改善织物的稳定性等。在限制摩擦性方面，如加工过程中，纱线与所经过的各个导纱器的摩擦，使纱线受到附加张力，如摩擦太大，则附加张力过大，易产生断头，增加断头率；摩擦力会产生静电和热量，影响加工过程的顺利进行等。

一、摩擦抱合的概念与指标

（一）摩擦力和抱合力

1. 摩擦力 摩擦力指两个相互接触的物体在法向压力（负载）作用下，相互移动时的切向阻力。如果负载等于零，那么摩擦力也等于零。摩擦力 $F_{摩}$ 和法向压力 N 之间的关系如下。

$$F_{摩} = \eta N$$

式中：η——摩擦因数。

2. 抱合力 抱合力指相互接触的纤维材料在法向力等于零时相对移（滑）动时的切向阻力。相对于其他材料此切向阻力已经大到不可忽略的地步。影响纤维抱合力的因素很多，主要是纤维的几何形态（表面结构、纤维长度、细度、卷曲度）、排列接触状态、纤维弹性和表面油剂等。此外，温湿度也有明显影响。一般是卷曲多或转曲多，纤维细长而较柔软的，它的抱合力就大。几种纤维的抱合性能指标见表7-4。

表7-4 几种纤维的抱合性能

纤维种类	纤维线密度（dtex）	纤维长度（mm）	20℃时的抱合长度（m）
羊毛	直径23μm	55	30
涤纶	4.4	70	65
腈纶	3.85	90	47
锦纶	3.3	70	95

（二）指标

1. 抱合系数 抱合系数指纤维单位长度上的抱合力，单位为cN/cm。

2. 抱合长度 纤维条（或无捻粗纱）的自身重力等于其强力（即抱合力）时所具有的长度。其计算式如下。

$$L_h = \frac{F_{抱}}{g\mathrm{Tt}} \times 10^6 \tag{7-17}$$

式中：L_h——纤维条的抱合长度，m；

$F_{抱}$——纤维条的强力，即抱合力，N；

Tt——纤维条的线密度，tex；

g——重力加速度，以9.8m/s² 计。

3. 切向阻抗系数 纺织纤维在相互滑动时所受到的切向阻力应包括摩擦力 $F_{摩}$ 和抱合力 $F_{抱}$ 两部分，当法向压力为 N 时，则切向阻抗系数 μ 的计算式如下。

$$\mu = \frac{F_{摩} + F_{抱}}{N} \tag{7-18}$$

4. 切向阻抗系数的测定 Y151 型摩擦系数测定仪,其工作原理如图 7-23 所示。用它可以测试纤维与纤维,纤维与金属、陶瓷等其他材料间摩擦的静切向阻抗系数和动切向阻抗系数。

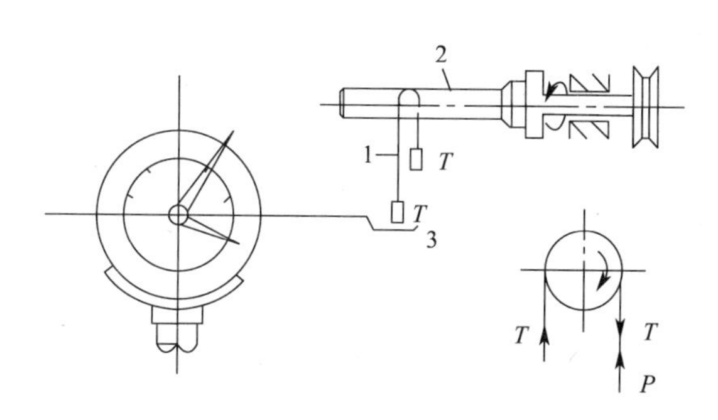

图 7-23 Y151 型摩擦系数测定仪

纤维 1 挂在辊轴面 2 上,辊轴是与纤维摩擦的材料,如金属、陶瓷或上面包覆一定厚度的纤维。纤维 1 与辊轴 2 包围 180°。纤维的一端加一固定张力 T(根据纤维粗细而定为 0.1cN 或 0.2cN);另一端也加上张力 T,并骑跨在扭力天平的称重盘 3 上。在测量动切向阻抗系数时,开动电动机使辊轴以一定速度按图示方向回转。这时,加有固定张力的纤维一边成紧边,另一边为松边并对扭力天平称重盘产生压力。开启扭力天平,测得这一压力为 P_0,可以按式(7-19)计算出纤维的动切向阻抗系数 μ_k。该仪器可以调节辊轴的回转速度,以测得各种不同速度下的动摩擦的切向阻抗系数 μ_k,目前动摩擦的切向阻抗系数大都在 30r/min 下测定。

$$\frac{T}{T-P} = e^{\mu\pi}$$

$$\mu = \frac{1}{\pi \lg e}\lg\frac{T}{T-P} = 0.733\lg\frac{T}{T-P} \tag{7-19}$$

如果是辊轴不回转,开启天平,旋转指针,观察纤维在辊轴上开始滑动时,扭力天平的读数,则可以测试出静摩擦的切向阻抗系数 μ_s。由于辊轴上只能纵向包覆纤维,所以该仪器只能测的纤维相互交叉情况下摩擦的切向阻抗系数 $\mu_{\perp}$,而不能测得纤维相互平行情况下摩擦的切向阻抗系数 $\mu_{\parallel}$。同种纤维用斜面法在不同摩擦状态下的动态切向阻抗系数见表 7-5。

表 7-5 同种纤维用斜面法在不同摩擦状态下的动切向阻抗系数

纤维种类	纤维间相互交叉	纤维间相互平行	纤维种类	纤维间相互交叉	纤维间相互平行
棉	0.29~0.57	0.22	粘胶纤维	0.19	0.43
羊毛(顺鳞向)	0.20~0.25	0.11	醋酯纤维	0.29	0.56
羊毛(逆鳞向)	0.38~0.49	0.14	涤纶	—	0.58
蚕丝	0.26	0.52	锦纶	0.14~0.60	0.47

一般情况下，静态切向阻抗系数大于动态阻抗切向系数。它们的大小和两者的差值影响着纤维制品的手感。μ_s 大，且与 μ_k 差值也大的纤维，手感硬而爽；反之，μ_s 小，且与 μ_k 差值也小的纤维，手感柔软而滑腻。

二、影响切向阻抗系数的因素

(一)纤维表面性质

有些纤维截面性状不规则，表面并不是非常光滑的，如棉纤维的截面为腰圆形，粘胶纤维的截面为锯齿形，羊毛表面有鳞片等；有些纤维截面呈圆形，且表面光滑，如涤纶、锦纶等。据现代摩擦理论认为，摩擦是一个比较复杂的现象，摩擦的切向阻力的一部分是粗糙凸凹部分所产生的机械握持阻力，另一部分是接触表面层间的分子引力。对比较粗糙的表面，机械握持阻力是主要的；对比较光滑的表面，表层分子间的引力是主要的。一些常见纤维在 Y151 型摩擦因数测定仪上测得的参考数据见表 7－6。

表 7－6 纤维的动、静态切向阻抗系数

纤维种	静态 μ_s	动态 μ_d	纤维种	静态 μ_s	动态 μ_d
棉	0.27～0.29	0.24～0.26	涤纶	0.38～0.41	0.26～0.29
羊毛	0.31～0.33	0.25～0.27	维纶	0.35～0.37	0.30～0.33
粘胶纤维	0.22～0.26	0.19～0.21	腈纶	0.34～0.37	0.26～0.29
锦纶	0.41～0.43	0.23～0.26			

羊毛纤维的表面有鳞片，且鳞片张开端指向毛梢。这使羊毛纤维在相互平行情况下摩擦的切向阻抗系数最有明显的方向性。逆鳞片方向摩擦的切向阻抗系数大于顺鳞片方向的切向阻抗系数，称为羊毛的定向摩擦效应或摩擦差微效应。顺鳞向和逆鳞向时羊毛的切向阻抗系数与测试时初张力值、羊毛纤维直径等有关。羊毛同羊毛或其他纤维之间顺鳞向和逆鳞向的动、静态切向阻抗系数的参考数据见表 7－7。

表 7－7 羊毛同羊毛、羊毛与其他纤维摩擦时的 μ_s 和 μ_d

纤维种类	静态 μ_s		动态 μ_d	
	顺鳞向	逆鳞向	顺鳞向	逆鳞向
羊毛与羊毛	0.13	0.61	0.11	0.38
羊毛与粘胶纤维	0.11	0.39	0.09	0.35
羊毛与锦纶	0.26	0.43	0.21	0.35

(二)化纤油剂

化纤上油后，在纤维表面形成一层薄油层膜，隔开了纤维间的接触，减少了纤维表面分子间的吸引力，这样摩擦比干摩擦时的切向阻抗系数小得多。根据润滑油膜厚度的不同，可分为流体润滑和边界润滑两种。流体润滑是摩擦的两个表面完全被连续的流体膜所分开，这种摩擦比干摩擦小得多。边界润滑的两个面之间的流体膜非常薄，有的部位还属于干净固体表面间直接接触的干摩擦，这种摩擦大小介于干摩擦和流体摩擦之间。当油膜上的负荷 F 增大或流速减小时，油膜就会变薄。当油膜厚度小于表面起伏高度时，一部分表面就直接接触，这时就出现了部分干摩擦。

流体摩擦时，摩擦情况主要取决于油剂的黏度。当油剂黏度低，流动性大时，则摩擦的切向阻抗系数小。油剂对摩擦的影响和滑动速度有关，低速摩擦时应该用黏性大的油剂，而高速摩擦时则要用黏性小的油剂。同一种油剂随滑动速度上升纤维的切向阻抗系数是先下降而后上升，类似一个对号"✓"。

（三）温湿度

一般纤维摩擦时的切向阻抗系数随温度升高而降低。对合成纤维来说，当温度升高到一定值后，摩擦时的切向阻抗反而会随着温度的继续上升而加大。这可认为是由于在开始阶段随着温度的升高，纤维表面油剂的黏度降低，润滑作用较好；而当升高到一定温度后，油剂挥发，润滑作用减小，甚至出现纤维软化所致。纤维摩擦时的切向阻抗系数是随着相对湿度的提高而逐渐增大。这可以认为是由于纤维吸湿后膨胀、软化，初始模量降低，使一定法向压力下纤维的接触面积增大所致。

（四）法向压力

对大多数纤维而言摩擦时的切向阻抗系数随法向压力的增加主体趋势是下降的，开始时较明显而后逐渐降低，类似负指数曲线"╲＿"。对棉纤维来说，开始时却有所上升而后再下降，类似"⌒╲"。

（五）滑动速度

在不同滑动速度下，切向阻抗系数有着极明显的变化。低速时，切向阻力或切向阻抗系数呈现不稳定状态，在一定范围内波动；随着滑动速度的增大，波动现象减少，切向阻力或切向阻抗系数稳定，并随着滑动速度的增大而逐渐增大，如图 7－24 所示。因此，一般应在滑动速度为 3m/min 以上时测定其动态切向阻抗系数。低速滑动时切向阻抗系数在一定范围内波动的现象称为"黏滑现象"（或"黏跳现象"），它有如下规律。

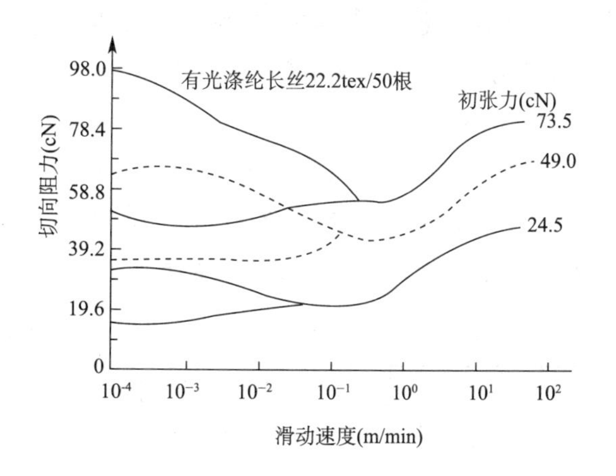

图 7－24　不同速度时切向阻抗系数

（1）切向阻力的波动范围随速度增加而缩小即黏滑现象变小。

（2）纤维受到的张力（或法向力）越大黏滑现象越严重。

（3）纤维动、静摩擦因数差异越大，黏滑现象越明显。

三、纤维摩擦抱合性质与可纺性的关系

纤维的摩擦抱合性质与可纺性关系很大。纺纱各工序对摩擦抱合性能的要求并不一致。

开清工序从开松效果良好的要求来看,希望纤维的动、静摩擦因数都小些;但从纤维卷成形优良、防止黏卷的要求来看,则希望纤维的抱合性能要好,动、静摩擦因数特别是静摩擦因数要大些。梳理工序为使纤维网不下坠飘荡,纤维条成条优良,不蓬松,不堵喇叭口,希望纤维的抱合力要好些,静摩擦因数要大些。并条、粗纱和精纺工序中,牵伸时要求纤维平滑些,并且要防止绕罗拉、绕皮辊,动、静摩擦因数均不能太大,但不能太小,否则影响成纱强力。此外,为了减少车间中的飞花,希望纤维的抱合力大些;为了减少纺织品加工中的静电现象,则希望摩擦因数小些。总的说来,为使纤维的可纺性优良,必须有良好的抱合性,但又比较平滑,摩擦因数不能太大,并要求静摩擦因数比动摩擦因数大些。对合成纤维来说,必须加有适当的卷曲以保证一定的抱合性,否则其可纺性就差。生产上还采用对纤维加油剂的方法来防止摩擦因数太大,以保证良好的可纺性。

四、纤维的磨损

纤维和纱线相互之间或与其他物体间摩擦过程中都会产生磨损。磨损过程中,纤维受到磨料的刨刮、劈削、犁割等作用,使纤维变细、破坏、断裂;在纱线中有些纤维可能被切断(割断)或抽拔出来,使纱线解体而破坏。与此同时,磨料也受到磨损。

影响纤维耐磨损性能的因素非常复杂。首先是纤维的分子结构和微观结构。一般说来,分子主链键能强,分子链柔曲性好,聚合度好,取向度高,结晶度适当,结晶颗粒较细较匀,纤维的玻璃化温度在使用温度附近时,耐磨损性能较好。同时,从纤维性能方面看,纤维表层硬度高,拉伸急弹性回复率高,拉伸断裂比功大,恢复功系数高时,耐磨损性能较好。此外,磨损过程的条件,如温湿度、试样的张力、磨料的种类、形状、颗粒大小、锐利程度、硬度等,都对纤维的耐磨性能有影响。特别是磨料的特征、纤维的表面硬度与磨料的表面硬度的比例等,直接影响到纤维耐磨损破坏的能力。

几种单纤维,线密度为3.3dtex,在张力为0.73cN拉伸下,绕过转轴1/4周,转轴上包覆金刚砂时,在一定条件下磨损28转时,纤维线密度的减细率见表7-8。由表中可以看出,对于金刚砂磨料,蛋白质纤维的耐磨损性能是较差的,而涤纶和锦纶则较好。

表7-8 单纤维的磨损

纤维种类	纤维减细度(%)	纤维种类	纤维减细度(%)
锦纶66	1.7	醋酯纤维	14.0
涤纶	1.7	酪素纤维	15.0
腈纶	13.0	羊毛	27.7
氟纶	13.3		

各种纤维的耐磨损情况见表7-9和表7-10。由两表可以看出,锦纶、涤纶、维纶的耐磨

损性能显得较高。从表7－10中纱线磨损量的比较中可以看出，任何同一种纤维纺制的短纤维单纱的磨损量是同种纤维长丝的1.6～4.8倍（平均约为2.75倍），而且双股线的磨损量都高于单纱；但磨断次数，则双股线明显地优于单纱。这些和纱线结构（特别是纤维排列和捻度等）有较密切的关系。

表7－9 各种纤维的耐磨损寿命

纤维种类	线密度（tex）	拉伸断裂比强度（cN/dtex）	断裂伸长率（%）	耐磨损寿命①（磨断转数）
棉	0.15	3.69	8.7	39
羊毛	0.83	1.08	32.1	3
蚕丝	1.57	3.48	28.1	7
粘胶纤维	0.33	2.22	17.5	20
醋酯纤维	0.43	1.15	28.0	3
锦纶66（低强高伸型）	0.39	3.45	60.9	1336
锦纶66（高强低伸型）	0.26	5.31	25.1	>70000
涤纶	0.31	4.64	37.3	11770
腈纶	0.34	1.79	18.8	20
腈纶	0.39	1.89	36.5	15
腈纶	0.34	2.94	21.7	19
维纶	0.15	5.67	11.7	5616
维纶	0.12	5.75	14.2	14637

① 试验条件：拉伸张力0.132cN/dtex。

表7－10 各种纱线的耐磨损性能

纤维种类	纱线种类	线密度（tex）	断裂长度（cN/tex）	断裂伸长率（%）	一定时间单位磨损量①（相对值）	折合100旦粗细时磨断的循环数②
锦纶66	长丝	11.1	53.4	21.4	1.0	11970
锦纶66	精梳单纱	9.8	21.7	22.0	2.4	100
锦纶66	精梳双股线	40.5	23.5	31.7	3.3	4
涤纶	长丝	11.1	51.7	18.1	1.6	3919
涤纶	精梳单纱	29.5	23.7	38.0	3.1	21
涤纶	精梳双股线	48.2	—	—	—	249
涤纶	精梳双股线	30.9	27.2	39.7	4.2	696
腈纶	长丝	11.1	42.5	15.9	10.3	310
腈纶	粗梳单纱	36.9	18.2	13.7	16.7	3
腈纶	粗梳单纱	39.1	13.5	24.0	20.3	18

续表

纤维种类	纱线种类	线密度(tex)	断裂长度(cN/tex)	断裂伸长率(%)	一定时间单位磨损量①(相对值)	折合100旦粗细时磨断的循环数②
粘胶纤维	长丝	11.1	17.2	15.7	5.5	385
粘胶纤维	粗梳单纱	29.6	12.3	16.2	26.4	6
醋酯纤维	长丝	11.1	12.3	24.5	13.8	37
醋酯纤维	粗梳单纱	29.6	8.6	21.9	45.7	3
原棉	粗梳单纱	11.8	18.4	5.7	5.4	32
原棉	粗梳单纱	29.7	14.4	9.1	8.0	5
棉(去结晶处理后)	粗梳单纱	35.0	15.0	17.3	38.2	4
蚕丝	长丝	11.7	39.4	21.8	12.0	720
羊毛	粗梳单纱	31.5	8.2	33.2	12.6	28
羊毛	精梳双股线	45.6	7.6	34.0	14.0	13
偏氯纶	长丝	22.2	18.4	15.3	11.6	120
蛋白质纤维	长丝	33.3	7.6	41.0	52.6	54

① 以110dtex锦纶66长丝磨损量为1.0的相对值。

② 平台法磨损试验。

第五节 纤维的弯、扭、压性质简介

一、纤维的弯曲

纤维在纺织加工和使用过程中都会遇到弯曲。纤维抵抗弯曲作用的能力较小,具有非常突出的柔顺性。实际上,纤维发生弯曲破坏的概率并不高。

(一)抗弯刚度

由材料力学可知,纤维或纱线在受横向力 F(由 F 力产生弯矩)作用下所产生的弯曲变形挠度 y 为:

$$y = \frac{Ff(l)}{\alpha EI} \tag{7-20}$$

式中:$f(l)$——载荷点与固定点位置、载荷形式有关的一个值(可查阅《材料力学》);

α——比例系数。

当纤维的 EI 值较大时,在 F 力作用下的弯曲变形挠度较小,表示纤维比较刚硬,故 EI 值称为抗弯刚度:

$$R_f = EI \tag{7-21}$$

式中:R_f——纤维的抗弯刚度,$cN \cdot cm^2$;

E——材料在弯曲作用下的弹性模量(实际是拉伸模量和压缩模量的综合值),cN/cm^2;

I——纤维的断面惯性矩，cm^4。

一般圆形截面物体半径为 r 时的断面惯性矩 I_0 为：

$$I_0 = \frac{\pi r^4}{4} \tag{7-22}$$

实际上，纺织纤维的截面形状一般都不是正圆形，为简化计算起见，目前常用的方法是按下式计算：

$$I = \eta_f I_0$$

即：

$$I = \frac{\pi}{4}\eta_f r^4 \tag{7-23}$$

式中：I——纤维的实际断面惯性矩，cm^4；

I_0——纤维截面按等面积折合成正圆形时的断面惯性矩，cm^4；

r——纤维截面安等面积折合成正圆形时的半径，cm；

η_f——弯曲时的截面形状系数，可按典型状态的 $\frac{I}{I_0}$ 算出。

因而：

$$R_f = \frac{\pi}{4}\eta_f E r^4 \tag{7-24}$$

纤维粗细不同时，抗弯刚度也不同。为便于比较并确切了解材料的性能，常把抗弯刚度折合成相同粗细(1tex)时的抗弯刚度，叫做相对抗弯刚度 R_{fr}。几种常见纤维的弯曲截面形状系数 η_f 和相对抗弯刚度 R_{fr} 见表 7-11。

表 7-11　几种常见纤维的抗弯性能

纤维种类	截面形状系数 η_f	密度 γ(g/cm³)	初始模量 EL(cN/tex)	相对抗弯刚度 R_{fr}(cN·cm²)
长绒棉	0.79	1.51	877.1	3.66×10^{-4}
细绒棉	0.70	1.50	653.7	2.46×10^{-4}
细羊毛	0.88	1.31	220.5	1.18×10^{-4}
粗羊毛	0.75	1.29	265.6	1.23×10^{-4}
桑蚕丝	0.59	1.32	741.9	2.65×10^{-4}
苎麻	0.80	1.52	2224.6	9.32×10^{-4}
亚麻	0.87	1.51	1166.2	4.96×10^{-4}
普通粘胶纤维	0.75	1.52	515.5	2.03×10^{-4}
强力粘胶纤维	0.77	1.52	774.2	3.12×10^{-4}
富强纤维	0.78	1.52	1419.0	5.8×10^{-4}
涤纶	0.91	1.38	1107.4	5.82×10^{-4}
腈纶	0.80	1.17	670.3	3.65×10^{-4}
维纶	0.78	1.28	596.8	2.94×10^{-4}
锦纶 6	0.92	1.14	205.8	1.32×10^{-4}
锦纶 66	0.92	1.14	214.6	1.38×10^{-4}

续表

纤维种类	截面形状系数 η_f	密度 $\gamma(g/cm^3)$	初始模量 EL(cN/tex)	相对抗弯刚度 R_{fr}(cN·cm²)
玻璃纤维	1.00	1.52	2704.8	8.54×10^{-4}
石棉	0.87	2.48	1979.6	5.54×10^{-4}

由表7－11可以看出，各种纤维的相对抗弯刚度的差异是很大的。织物的挺爽、软糯性能及身骨与R_{fr}有一定的关系。抗弯刚度小的纤维制成的织物柔软贴身，软糯舒适。抗弯刚度小的纤维制成的织物容易起球，抗弯刚度大的纤维制成的织物比较挺爽。

（二）纤维在弯曲时的破坏

1. 概念 纤维是极易变直为弯的，有的本身就是卷曲的。我们这里所说的弯曲则是指外力作用下的弯曲变形。弯曲时纤维各部位的变形是不同的，纤维轴线处的长度不变，称为中性层，而外侧受拉而伸长，内侧受压而缩短。当外层各层的伸长出现裂缝，发生破坏的危险性最大。如图7－25所示。中性面以上受拉伸，中性面以下受压缩。弯曲曲率愈大（曲率半径愈小），各层变形差异也愈大。曲率半径过小时弯将发生曲外缘拉断或内缘的挤裂——弯断。如图7－26所示。影响弯曲和弯断的主要因素有纤维的形状、粗细、模量等。

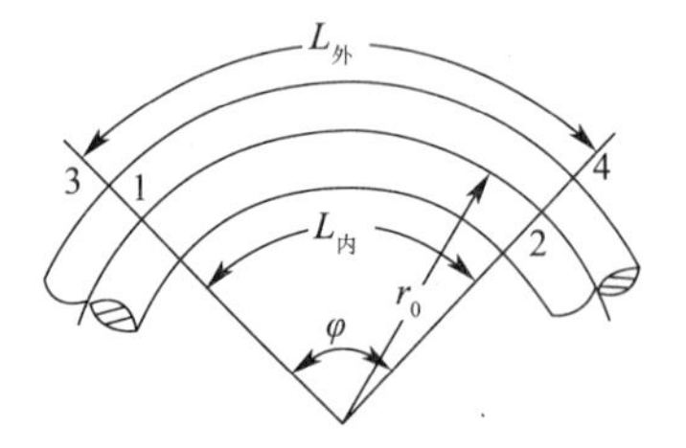

图7－25　纤维弯曲时的变形

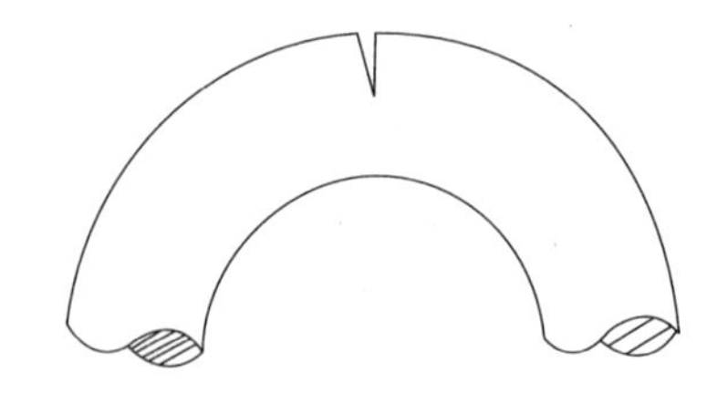

图7－26　纤维的弯曲破坏

2. 最小允许曲率半径 如图7－26所示，当纤维的厚度为b时，最外层的拉伸伸长率为：

$$\varepsilon = \frac{34-12}{12}\times100\% = \frac{\left(r_0+\dfrac{b}{2}\right)\varphi - r_0\varphi}{r_0\varphi} \tag{7-25}$$

即：
$$\varepsilon = 50\frac{b}{r_0}$$

随r_0减小，ε增大。当ε增大到等于拉伸断裂伸长率ε_p时，最外层开始被拉断。因而，纤维或纱线防止折断的最小允许曲率半径为：

$$r_0 \geqslant 50\frac{b}{\varepsilon}$$

即纤维或纱线越细（b越小）、拉伸断裂伸长率越大时，越不易折断（允许的曲率半径越小）。

弯曲时，纤维外层伸长达到断裂伸长率ε_p时，即出现$\frac{x_p-x_0}{x_0}\geqslant\varepsilon_p$，或者$\frac{x_p}{x_0}\geqslant1+\varepsilon_p$时，便有破坏的危险。此处，$x_0$为中性层纤维的长度（mm）；$x_p$为最外层纤维的长度（mm）；$\varepsilon_p$为纤维的断裂伸长率（%）。

3. 实用指标　通常情况下，纤维互相钩接或打结的地方是最容易产生弯断的，所以采用钩接强度和打结强度或钩接强度率和打结强度率来反映纤维抗弯曲破坏的性能。

设钩接强力为 P_g(cN)，纤维的线密度为 Tt，纤维的拉伸强力为 P_0，则钩接强度 P_{0g} 和钩接强度率 P_{gV} 为：

$$P_{0g} = \frac{p_g}{2\mathrm{Tt}} \tag{7-26}$$

$$P_{gV} = \frac{p_g}{P_0} \times 100\% \tag{7-27}$$

设打结强力为 P_D(cN)，纤维的线密度为 Tt，纤维的拉伸强力为 P_0，则打结强度 P_{0D} 和打结强度率 P_{DV} 为：

$$P_{0D} = \frac{P_D}{\mathrm{Tt}} \tag{7-28}$$

$$P_{DV} = \frac{P_D}{P_0} \times 100\% \tag{7-29}$$

钩接强度和打结强度之所以较拉伸断裂强度小，主要原因是在钩接和打结处纤维弯曲，当拉伸力尚未达到拉伸断裂强度时，弯曲外边缘拉伸伸长率已超过拉伸断裂伸长率而使纤维受弯折断。因而相对抗弯刚度高和断裂伸长率大的纤维，钩接强度和打结强度都较高。对于纤维来说，钩接强度率和打结强度率最高达到 100%。但是，某些纱线由于结构较松，纤维断裂伸长率较大，在钩接或打结后，反而增强了纱线内纤维之间的抱合力，减少了滑脱根数，故纱线的钩接强度和打结强度可能大于 100%。

（三）纤维的重复弯曲

纤维在重复弯曲作用下，也像重复拉伸一样，会使结构逐渐松散、破坏，最后断裂。试验条件，除规定空气温度、相对湿度外，主要规定预加张力和重复弯曲频率。纤维的弯曲疲劳寿命与织物抗起球性能密切相关，一般随弯曲疲劳寿命上升，织物的抗起球性能下降。

二、纤维的扭转

（一）抗扭刚度

纤维与任何物体一样，在受到扭矩作用下，都会产生扭变形，如图 7-27 所示。当一个圆柱体在扭矩作用下，上端面对下端面产生扭变形时，则：

$$\theta = \frac{Tl}{E_t I_p} \tag{7-30}$$

式中：θ——扭变形角，弧度；

T——扭矩，cN·cm；

l——长度，cm；

E_t——剪切弹性模量，cN/cm²；

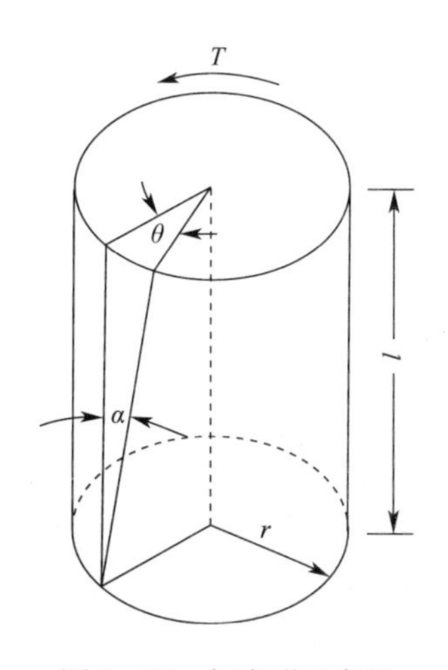

图 7-27　扭变形示意图

I_p——截面的极断面惯性矩，cm^4。

在相同扭力条件下，物体的扭变形与参数 E_tI_p 成反比。E_tI_p 越大，物体越不易变形，表示物体越刚硬。这个指标称为抗扭刚度 R_t。

$$R_t = E_tI_p \tag{7-31}$$

当物体截面按面积折算成实心正圆的时候，极断面惯性矩为：

$$I_{po} = \frac{\pi r^4}{2} \tag{7-32}$$

式中：I_{po}——截面按面积折算成实心正圆时的极断面惯性矩，cm^4；

r——截面按面积折算成实心正圆时的半径，cm。

通常纤维不是实心正圆，为简化计算，极断面惯性矩可用下式(7-33)求得：

$$I_p = \eta_t I_{po} \tag{7-33}$$

式中：I_p——极断面惯性矩；

η_t——扭转截面形状系数，实质上它是比值 $\frac{I_p}{I_{po}}$。

因此：

$$R_t = \frac{\pi}{2}\eta_t E_t r^4 \tag{7-34}$$

由于纤维粗细不同，为能正确表达和便于比较，通常将抗扭刚度统一折合成细度为1tex时的抗扭刚度，即相对抗扭刚度。

一些纤维的扭转截面形状系数和相对抗扭刚度如表7-12所示。

表7-12 各种纤维的扭转性能

纤维种类	η_t	E_{t1}(cN/tex)	R_{tr}(cN·cm^2)
棉	0.71	161.7	7.74×10^{-4}
木棉	5.07	197	71.5×10^{-4}
羊毛	0.98	83.3	6.57×10^{-4}
桑蚕丝	0.84	164.6	10.00×10^{-4}
柞蚕丝	0.35	225.4	5.88×10^{-4}
苎麻	0.77	106.8	5.49×10^{-4}
亚麻	0.94	85.3	5.68×10^{-4}
普通粘胶纤维	0.93	72.5	4.6×10^{-4}
强力粘胶纤维	0.94	69.6	4.41×10^{-4}
富强纤维	0.97	64.7	4.31×10^{-4}
铜氨纤维	0.99	100	6.86×10^{-4}
醋酯纤维	0.70	60.8	3.33×10^{-4}
涤纶	0.99	63.7	4.61×10^{-4}
锦纶	0.99	44.1	3.92×10^{-4}

续表

纤维种类	η_t	E_{t1}(cN/tex)	R_{tr}(cN·cm^2)
腈纶	0.57	97	5.1×10^{-4}
维纶	0.67	73.5	3.53×10^{-4}
乙纶	0.99	5.4	4.9×10^{-4}
玻璃纤维	1.00	1607.2	62.72×10^{-4}

拉伸弹性模量 E_p 和剪切弹性模量 E_t 之间,按材料力学基本原理,有以下关系:

$$E_p = 2E_t(1+\mu) \tag{7-35}$$

式中:μ——横向变形系数(普畦松系数)。

随着纤维扭变形的增加,相对抗扭刚度将继续增加。由于纤维的拉伸变形示功图和扭转变形示功图都不是直线,所以相对抗扭刚度随扭变形的增加也不呈直线。

纤维的扭变形与拉伸、弯曲相似,也有蠕变、松弛现象。由于纤维的相对抗扭刚度决定于纤维的结构,并有蠕变和松弛过程,因而相对抗扭刚度也随着材料温度、空气相对湿度、变形速度等变化。纤维在重复扭应力作用下,也会出现疲劳,其规律和拉伸、弯曲相似。影响扭转疲劳的主要因素有扭转角、预加张力和扭转频率。

在重复扭转条件下,纤维的抗弯刚度的剪切弹性模量也有变化,这是和纤维中大分子、基原纤的重新排列相联系的蠕变、松弛有着密切的关系。这些规律对于帮助我们正确选择工艺措施是有益的。如为了使织造用纬纱、针织用纱迅速减少扭应力,以防止扭结,就可提高温度、增加湿度,以促使扭应力尽快松弛。而且纱线保持适当张力。不容易产生扭结。

(二)纤维扭转时的破坏

随着扭转变形的增大,纤维中剪切应力增大,在倾斜螺旋面上相互滑移剪切。在纤维中,它造成结晶区破碎和非结晶区被拉断,沿纵向劈裂,最后断裂。在纱线中,它造成纤维相互滑动。纤维的剪切强度比拉伸强度小得多,见表 7-13。

表 7-13 纤维的剪切强度

纤维种类	剪切强度(cN/tex)		拉伸强度(cN/tex)	
	$\varphi=65\%$	水 湿	$\varphi=65\%$	水 湿
棉	8.4	7.6	23.5	21.6
亚麻	8.1	7.4	25.5	28.4
蚕丝	11.6	8.8	31.4	24.5
普通粘胶纤维	6.4	3.1	17.6	6.9
富强纤维	10.4	9.4	70.6	58.8
铜氨纤维	6.4	4.6	17.6	7.8
醋酯纤维	5.8	5.0	11.8	7.8
锦纶	11.2	9.5	39.2	35.3
偏氯纶	9.8	9.4	19.6	24.5

当扭转变形达到一定程度时，纤维在图 7－27 所示圆柱面螺旋线上沿纵向剪切而劈裂开来，逐渐发展，随之断裂。因此，表达纤维抗扭强度的一种通用指标是捻断时的捻角，即当纤维或纱线不断扭转到捻断时的螺旋角 α，有时也用 α 的余角表示。各种纤维的断裂捻角，见表 7－14。

表 7－14　各种纤维的断裂捻角

纤维种类	断裂捻角 α(°)		纤维种类	断裂捻角 α(°)	
	短纤维	长丝		短纤维	长丝
棉	34～37	—	醋酯纤维	40.5～46	40.5～46
羊毛	38.5～41.5	—	涤纶	59	42～50
蚕丝	—	39	锦纶	56～63	47.5～55.5
亚麻	21.5～29.5	—	腈纶	33～34.5	—
普通粘胶纤维	35.5～39.5	35.5～39.5	酪素纤维	58.5～62	—
强力粘胶纤维	31.5～33.5	31.5～33.5	玻璃纤维	—	2.5～5
铜氨纤维	40～42	33.5～35			

涤纶、锦纶和羊毛具有较大的断裂捻角，较耐扭转而不易扭断；麻的断裂捻角较小，较不耐扭；玻璃纤维的断裂捻角极小，极易扭断。

扭转变形也有急弹性变形、缓弹性变形和塑性变形之分，也有蠕变和应力松弛现象。弹性扭转变形有使纱线捻度退解的趋势，这样纱线捻度不稳定，在张力小的情况下就会缩短甚至形成小辫子，所以对弹性好的纤维纺成的纱，如涤纶纱等，特别需要进行纬纱蒸纱或给湿处理，以达到消除内应力、稳定捻回，防止织物中产生纬缩或小辫子而造成疵布。此外，纤维的抗扭刚度与纱线的加捻效率有关，工艺设计时应该予以考虑。

三、纤维的压缩

（一）纤维压缩的基本规律

为了便于运输和储存，纤维集合体需要压缩其体积；纤维在其加工过程中和制品使用中也会受到压缩作用。纤维集合体中，由于彼此交叉排列，在承受挤压时，往往也会发生弯曲和剪切作用，但以压缩变形为主。

纤维集合体的压缩变形以材料层体积或高度的变化来表示。压缩变形的绝对值和相对值，可用下式表示。

$$b = V_0 - V_k$$

$$\varepsilon = \frac{V_0 - V_k}{V_0} \times 100\% = \frac{Sh_0 - Sh_k}{Sh_0} \times 100\% = \left(1 - \frac{h_k}{h_0}\right) \times 100\% \qquad (7-36)$$

式中：b——压缩变形量，cm；

ε——压缩变形率；

V_0——试样压缩前的原始体积，cm^3；

V_k——试样达到规定压力时的体积，cm^3；

S——试样的截面积，cm^2；

h_0——试样压缩前的原始高度，cm；

h_k——试样的最终高度，cm。

压缩变形的另一特点是随着压力的增大，平均密度 σ (g/cm^3) 也增大。起初压力较小，试样的压缩变形甚大，这主要是排除了试样中的一些空气，使纤维排列更加紧密（毛纤维的卷曲，纤维素纤维的刚性产生压缩阻力较锦纶 6 大）。这时试样中纤维发生较大的弯曲变形。随着压力增大，变形量和平均密度增长趋于缓慢，纤维密度趋近于自身的平均密度。

单根纤维沿轴向的压缩性能，是纺织工艺和产品结构分析的一个重要方面。但由于单根纤维测定上的困难，至今研究不多。在研究纤维的弯曲性能时，所测定和计算的弯曲弹性模量是已经综合了沿轴向拉伸和压缩的性能在内。随着横向压力的增大，纤维沿受力方向被压扁，沿垂直方向变宽。见表 7－15。

表 7－15 几种纤维的横向压缩性能

纤维种类	各种加压(cN)下的直径变化率(%)①							除压后剩余变形(%)②
	49	98	196	294	392	490	637	
粘胶纤维	17.5	26.5	39.0	47.7	53.5	58.0	65.1	48.5
羊毛	16.0	24.5	35.0	42.7	47.5	51.0	56.2	35.2
锦纶	12.5	21.5	37.0	48.4	55.5	60.5	66.4	33.1
涤纶	7.5	15.0	29.0	41.0	49.0	55.5	62.4	47.2
腈纶	16.5	27.5	41.0	49.5	55.5	60.5	66.2	55.6
蛋白质纤维	10.5	17.5	29.0	38.8	46.0	50.5	55.6	38.7
玻璃纤维	1.5	3.0	5.0	6.4	8.0	9.0	11.3	0.0

① $\frac{d_0 - d}{d_0} \times 100\%$（$d_0$ 为原始直径，d 为压缩后的直径）。

② $\frac{d_0 - d_n}{d_0} \times 100\%$（$d_n$ 为压缩恢复后的直径）。

纤维块体在压缩时，压缩变形示功图如图7－28所示。由于纤维块体横向变形系数很大，单纯用厚度变形来表示变形是不够确切的。故压缩曲线的变形坐标一般改用容重。这样可以较方便地折算成截面不变时的厚度，即纤维块体堆砌成一定截面的柱体，在截面不变、质量不变时，容重与厚度成反比。由图 7－28 可看出，当纤维块体容量很小（纤维间空隙很大）时，压力稍有增大，纤维间空隙缩小，容重增加极快，而且压力与容重的对应关系并不稳定。随着压力增大，压力与容重间对应关系也渐趋稳定。

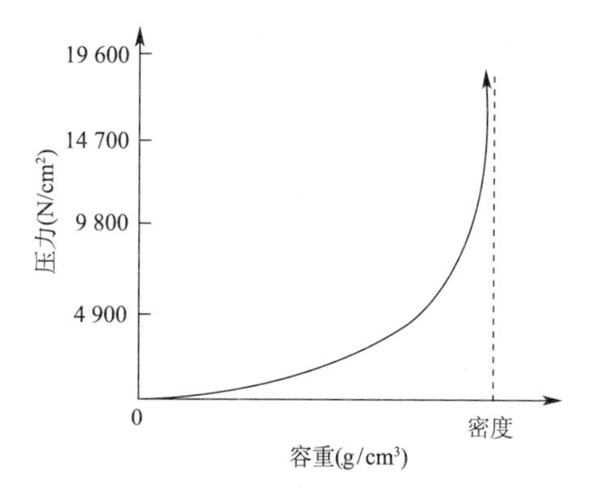

图 7－28 纤维块压缩变形示功图

当压力很大,纤维间空隙已很少时,再增大压力,将挤压纤维结构本身,故容重增加极微,抗压刚性很高,并表现出似乎以纤维比重为极限的渐近线的特征。

纤维集合体受压缩后,体积的变化也有急弹性、缓弹性和塑性之分。故成包原料拆包后,体积会逐渐增大,但不会恢复至原来的体积。一般拉伸弹性回复率大的纤维,其集合体的压缩弹性也较好,如锦纶、羊毛等。

纤维集合体压缩同样存在蠕变和应力松弛现象。提高温度和相对湿度能促使压缩变形的恢复。打成包的纤维进厂后,要拆包放置一段时间再进行开清工程。打包越紧,拆包松解的时间应长些,以保证缓弹性压缩变形的恢复。有时还需注意控制温湿度以促使压缩变形的恢复,否则会影响开清效果,并会损伤纤维。压缩后的体积(或一定截面时的厚度)恢复率表示了纤维块体被压缩后的回弹性能。见表 7-16。

表 7-16　纤维块体的压缩性能

纤维种类	各种压力时纤维块体的比容(cm^3/g)			压缩恢复率(%)
	0.07(cN/cm^2)	34.4(cN/cm^2)	68.9(cN/cm^2)	
长绒棉	49.7	10.3	9.4	37.7
细绒棉	50.4	9.6	8.7	37.8
细羊毛	54.7	9.7	8.2	55.8
桑蚕生丝	41.1	10.8	9.5	52.2
粘胶纤维	38.9	13.1	12.0	30.7
醋酯纤维	64.7	11.1	9.8	44.4
锦纶	22.0	7.9	7.1	53.0
木棉	56.4	15.3	13.7	44.0

不同温湿度条件下的压缩曲线是不同的,如原棉在不同回潮率条件下的压缩曲线如图 7-29所示。

压缩过程的蠕变和松弛也是明显的,因而在重复压缩条件下也会出现类似与拉伸、弯曲、扭转的示功图。如图 7-30 所示。它的规律和前述的各类力的作用相似。

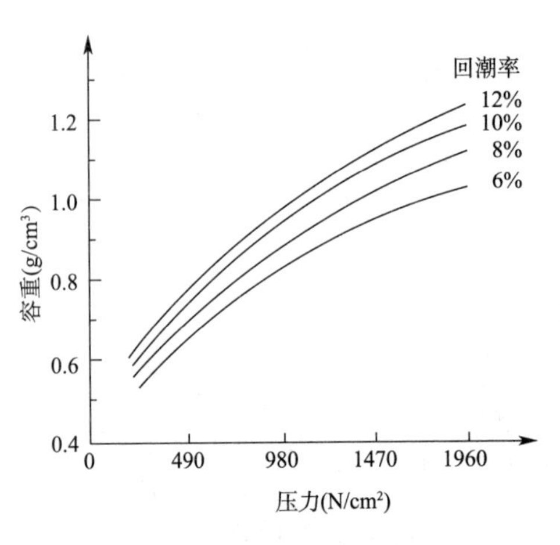

图 7-29　原棉的压缩曲线

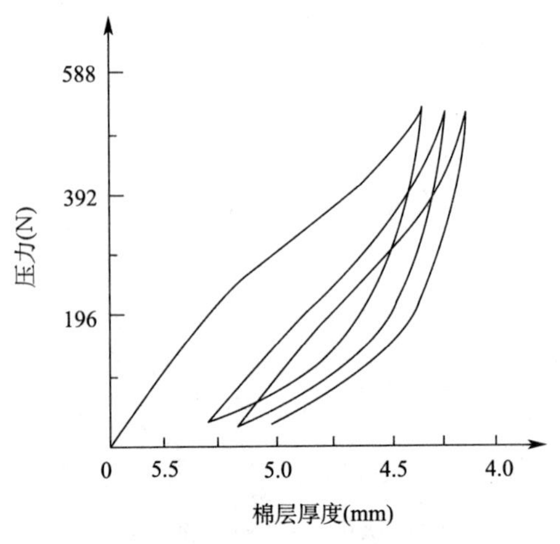

图 7-30　棉层重复压缩曲线

(二)纤维在压缩中的破坏

纤维在一般压缩条件下不会造成明显的破坏,但在强压缩条件下会造成破坏。纤维块体或纱线在经受强压缩条件下,纤维相互接触处出现明显的压痕(受压产生的凹坑)。再严重时,开始出现纵向劈裂(这是和纤维中大分子取向度较高,横向拉伸强度明显低于纵向拉伸强度有关)。当压缩很大时,这些劈裂伸展,会碎裂成巨原纤或原纤。如棉纤维块体在压缩后容重达 1.00g/cm^3 以上,恢复后的纤维在显微镜中可发现纵向劈裂的条纹,而且纤维强度下降,长度也略有减短(少量折痕)。因此,原棉打包密度不可超过 0.8g/cm^3,各国棉包密度均为 0.40 ~ 0.65g/cm^3。而且打包越紧,纺纱厂使用前拆包松解、消除疲劳所需的时间也越长,恢复时的条件(温湿度等)也需做更多地考虑。否则原棉开松效果差,纤维损伤也会加剧,对产品质量不利。其他纤维也是这样。

思考题

1. 纤维材料的拉伸指标有哪些?各指标的概念及相关的计算方法。

2. 试叙述纤维的拉伸过程。哪些指标可用来表示纤维在拉伸全过程中的性质?并说明它们的物理含义。

3. 试绘图说明纤维负荷—伸长曲线的基本特征;依据断裂强力与断裂伸长的对比关系,纤维的负荷—伸长曲线可以划分为哪三类?它们各有何特点?

4. 如何从测得的纤维应力—应变曲线图上测算该纤维的初始模量、屈服应力、屈服伸长率、断裂功、断裂比功和功系数?

5. 试叙述纤维的断裂机理,并对影响纤维强度和伸长的因素进行分析。

6. 影响纱线断裂的因素有哪些?

7. 黏弹体有哪几种变形?其形成的原因是什么?

8. 解释下列名词:弹性、弹性回复率、弹性回复功、定伸长弹性功率。如何根据定负荷弹性测试拉伸图来计算定伸长弹性回复率和定负荷弹性功率?

9. 为什么羊毛纤维的弹性优于棉、麻?试叙述影响纤维弹性的因素并分析之。

10. 解释下列名词:蠕变现象、应力松弛、疲劳,并分析产生的原因。

11. 纤维的弯曲性能与织物的服用性能有些什么关系?怎样才算纤维具有良好的弯曲性能?

12. 如何区分纤维的摩擦力和抱合力?影响纤维抱合力的因素有哪些?纤维的摩擦抱合力对纤维的可纺性有何影响?

13. 影响纤维切向阻抗系数的因素有哪些?

14. 钩接强度和打结强度如何计算?如何理解纤维扭转时的破坏?

15. 试叙述纤维的摩擦机理和影响纤维摩擦因数的因素。

第八章　纤维材料的热学、光学、电学性质

本章知识点

1. 纤维材料热学、电学、光学性能常用指标与术语。
2. 纤维材料的玻璃化温度、热定形、阻燃性的概念。
3. 纤维材料双折射、耐光性、光防护的基本概念。
4. 纤维材料静电特性的表征。

第一节　热学性质

纤维材料在不同温度下表现出来的性质称为纤维材料的热力学性质。纤维的热学性质与纤维大分子的结构和性状，以及分子的热运动状态有关，即纤维的热学性质是温度的函数。

一、常用热学指标

（一）比热 C

纤维材料的比热是指质量为1g的纤维材料，温度变化1℃所吸收或放出的热量，单位为J/(g·℃)。

纤维的比热值是随环境条件的变化而变化的，不是一个常量。同时，它又是纤维材料、空气、水分三者混合体的综合值。所以，纤维材料的比热是一个条件值，条件不同，其数值不同，欲比较不同纤维比热值的大小，应当在相同的条件下测试。比热值的大小，反映了纤维材料释放、储存热量的能力，或者温度的缓冲能力。在室温20℃，纤维材料干态时测得的比热见表8－1。

表8－1　各种干纤维材料的比热

材　料	比热[J/(g·℃)]	材　料	比热[J/(g·℃)]
棉	1.21～1.34	桑蚕丝	1.38～1.39
亚麻	1.344	精炼蚕丝	1.386
大麻	1.35	粘胶纤维	1.26～1.36
黄麻	1.36	锦纶6	1.84
羊毛	1.361	锦纶66	2.052

续表

材　料	比热[J/(g·℃)]	材　料	比热[J/(g·℃)]
芳香聚酰胺纤维	1.21	玻璃纤维	0.67
涤纶	1.34	醋酯纤维	1.464
腈纶	1.51	石棉	1.05
丙纶(在50℃时测量的结果)	1.8		

注　静止空气的比热为1.01;水的比热为4.18。

从表8-1可知,各种干纺织材料的比热基本是相近,只有个别纤维略大。其数值处于静止空气和水之间,所以三者比例的不同将导致纤维材料比热的不同。

温度对纤维材料比热的影响规律是随着温度的提高,纤维材料的比热将逐渐增大,而且以玻璃化温度为标志分界点。在低于玻璃化温度区间,随温度升高,比热的增加较慢,接近玻璃化温度时比热增加较快,在玻璃态向高弹态转换区间增加最快。完成转换之后,比热数值的增加将逐渐变慢。规律呈台阶式上升。

(二)导热系数与热阻

纤维材料的导热系数是指:在传热方向纤维材料厚度为1m、面积为1m²,两个平行表面之间的温差为1℃,1h(物理学上常定义为1s)内通过材料传导的热量焦耳数。

$$\lambda = \frac{QD}{\Delta THA} \tag{8-1}$$

式中:λ——导热系数,J/(m·h·℃);

Q——传导的热量,J;

D——材料的厚度,m;

ΔT——温差,℃;

H——传导热量的时间,h;

A——材料的面积,m^2。

导热系数也称热导率,其倒数称为热阻,它表示的是材料在一定温度梯度条件下,热能通过物质本身扩散的速度,物理学中常用单位为瓦/(米·开)[W/(m·K)],有时也以W/(m·℃)为单位。导热系数λ值越小,表示材料的导热性越低,它的热绝缘性或保暖性越好。纤维本身的导热系数不是一个常量,而且由于纤维结构的原因还呈现各向异性。在20℃环境温度条件下测得的各种纤维材料的导热系数见表8-2。

表8-2　纤维材料的导热系数

材　料	λ[W/(m·℃)]	材　料	λ[W/(m·℃)]
棉	0.071~0.073	涤纶	0.084
羊毛	0.052~0.055	腈纶	0.051
蚕丝	0.05~0.055	丙纶	0.221~0.302
粘胶纤维	0.055~0.071	氯纶	0.042
醋酯纤维	0.05	锦纶	0.244~0.337

注　空气的导热系数为0.026,水的导热系数为0.697。

由表8－2可知，水的导热系数最大，静止空气的导热系数最小，所以空气是最好的热绝缘体。因此，纤维材料集合体的保暖性主要取决于纤维间保持的静止空气和水分的数量，即静止空气越多，保暖性就越好，水分越多，保暖性就越差。空气的流动（风）会使这种保暖性下降，下降的程度取决于纤维间静止空气在风压作业下可流动的程度。所以冬天被晒了的被子因为变蓬松，里面含有的静止空气增加、水分减少，保暖性就大大提高。而编织毛衫作为外套穿在外面，由于纤维间的空气易于流动，使它的保暖性随风压显著下降，但当在毛衫外面套一层薄的挡风罩衫时，风压对保暖性的影响就小多了。纤维集合体的导热系数 λ 与其体积重量 δ 的关系如图8－1所示。

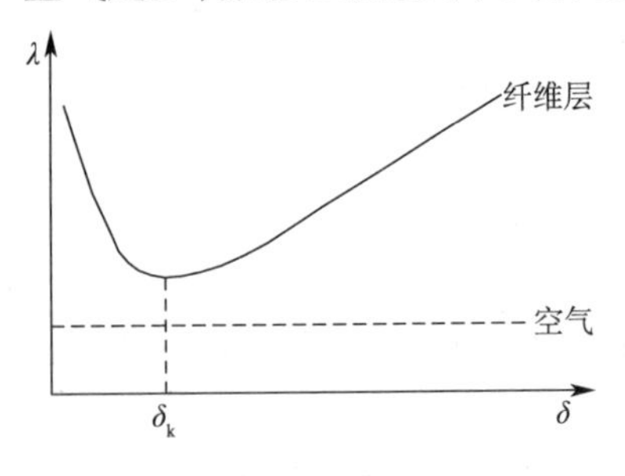

图8－1　纤维集合体的导热系数 λ 与其体积重量 δ 的关系

实验表明，纤维集合体的体积重量为 $0.03 \sim 0.06g/cm^2$，即达到 δ_k 时，导热系数最小，纤维集合体的保暖性能最好。因此，通过制造中空纤维、增加纤维卷曲，使纤维集合体能保有较多的静止空气，已成为提高化学纤维保暖性的途径之一。

（三）绝热率

绝热率表示纤维材料的隔绝热量传递保持温度的性能。它常常通过降温法测得，将被测试样包覆在一热体外面，另一个相同的热体作为参比物（不包覆试样），同时测得经过相同时间后的散热量分别为 Q_0 和 Q_1，则绝热率 T 为：

$$T = \frac{Q_0 - Q_1}{Q_0} \times 100\% = \frac{\Delta t_0 - \Delta t_1}{\Delta t_0} \times 100\% \tag{8-2}$$

式中：Δt_0——不包覆试样的热体单位时间温度下降量（温差）；

Δt_1——包覆试样的热体单位时间温度下降量（温差）。

绝热率数值越大越大，说明该材料的保暖性越好。实际测试中，为了方便和结果的稳定可靠，常常使用两只饮料易拉罐作为容器，加入同质量和温度的水，测量过一定时间后的温差。应当注意的是，对于欲比较保暖性的纺织品，应该在相同的实验环境中进行。

（四）克罗值

克罗值（col）是国际上经常采用的一个表示织物隔热保温性能的指标，同时也可以表示织物在人穿着过程中的热舒适性。它的定义是：在温度为20℃，相对湿度不超过50%，空气流速不超过10cm/s的环境中，一个人在静坐并感觉舒适时衣服所具有的热阻，称为1克罗。该单位用于评价服装的保暖性或热舒适性。1克罗 $=4.3 \times 10^{-2}$℃ · m^2 · h/J $=155m^2$ · ℃/W。

（五）保暖率

保暖率是描述织物保暖性能的指标之一，它是采用恒温原理的织物保暖仪测得的指标，是指在保持热体恒温的条件下无试样包覆时消耗的电功率和有试样包覆时消耗的电功率之差占无试样包覆时消耗的电功率的百分率。该数值越大，说明该织物的保暖能力越强。新的国家标准将保暖率在30%以上的内衣称之为保暖内衣，但需要说明的是保暖率的高低不是评价保暖内衣的唯一指标。单位克重保暖率可用于比较不同重量纺织品之间的保暖性能，是相对指标。

二、热力学性质

热力学性质也叫热机械性质，是指在温度的变化过程中，纺织材料的机械性质随之变化的特性。采用不同的温度点来表征纤维材料力学行为的差异。

绝大多数纤维材料的内部结构呈两相结构，即晶相（结晶区）和液相（非结晶区），对于晶相的结晶区来说，在热的作用下其热力学状态有两个：一个是熔融前的结晶态，其力学特征表现为刚性体，强力高、伸长小，模量大；一个是熔融后的熔融态，其力学特征表现为黏性流动体。对于液相的无定形区来说，在热的作用下其热力学状态大约有三个：玻璃态、高弹态和黏流态分别按变形能力的大小或台阶采用玻璃化温度 T_g、黏流温度 T_f 来划分。由于熔点远高于玻璃化温度和黏流温度，所以测量纤维的热力学性质时首先表现出来的变化是无定形区的变化，其典型曲线如图 8－2 所示。

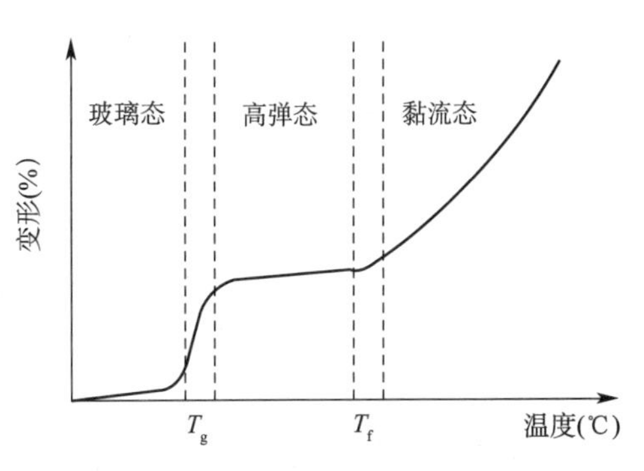

图 8－2　纤维材料的典型热力学曲线

图 8－2 是在恒应力条件下纤维的变形能力随温度的变化而变化的状态，可以看出，状态之间的转换都有一个区间。

（一）熔点

熔点既是纤维的重要热性质，也是一个纤维结构参数。它反映了纤维材料在使用中的耐热程度，也可以作为鉴别纤维的依据。所谓熔点就是指晶体从结晶态转变为熔融态的转变温度。低分子物的这种相变在很窄的温度范围内进行，所以叫熔点。对纤维材料，结晶体是由高聚物形成的，它的熔化过程有一个较宽的温度区间——熔程，由于该熔程比较宽，所以通常把开始熔化的温度叫起熔点，把晶区完全熔化时的温度叫熔点 T_m（测量方法不同，熔点的定义和数值略有差异）。

若纤维材料的结晶度高，晶体比较规整，则熔程变窄，熔点也随之提高，同样结晶度条件下，晶粒大，熔点升高。

（二）玻璃态

在低温时，分子热运动的能量低，运动单元只有侧基、链节、短支链等短小单元，运动方式主要为局部振动和键长、键角的变化。因此，纤维的弹性模量很高，强力高，变形能力很小，且外力去处后，变形很快消失，纤维硬脆，表现出类似玻璃的力学性质，故称玻璃态。当温度进一步升高，运动单元尺寸增加，纤维大分子有一定的回转能力，纤维表现出较好的柔曲性、坚韧性，大作用力情况下可见塑性变形。这个状态常被称为软玻璃态（或称为强迫高弹态），绝大多数纤维在室温条件下就处于这个状态。

（三）高弹态

当温度继续升高超过某一温度后，纤维的弹性模量突然下降，纤维受较小的力的作用就发生很大变形，而且当外力解除后，变性快速恢复。纤维内部的链段可以运动，使大分子发生卷缩、伸长变形比较容易，产生的易于通过链段的热运动回复原来的形态。在温度—变形曲线上出现一个平台区，这个区间的力学行为类似于橡胶的力学特征，纤维的这种力学状态就称为高弹态。

(四)黏流态

当温度再继续上升达到某一温度后,大分子的热运动克服了分子间的作用力,整个长链分子相互可以开始移动,变形能力显著增大且不可逆,纺织纤维呈现一种具有黏滞性可流动的液体状态,纤维的这种力学状态就称为黏流态。

(五)玻璃化温度

玻璃化温度 T_g 是指纤维材料从高弹态转变为玻璃态时的温度。这个温度不但对纤维材料性能的研究影响重大,而且在纺织工程中有着重要的作用。对于纤维自身而言玻璃化温度是纤维许多性能的突变点,除了前面介绍过的比热、导热系数外,纤维的初始模量、双折射率、介电系数、弹性、耐疲劳性等均会发生显著变化。在工业可以利用玻璃化温度前后纤维性能的差异进行纤维材料的热定形加工、织物风格的整理加工、化学纤维制造中的拉伸加工等。

纤维材料的玻璃化温度并非一成不变,它也受到多种因素的影响。构成纤维的大分子的尺寸(分子量、聚合度)、单基的结构、基团的特性、聚集态的状况等结构因素均会对玻璃化温度的高低造成影响。渗入纤维的水分子或其他小分子物常常使纤维的玻璃化温度降低,对于天然纤维表现相当明显,这也是蒸汽熨斗比干热熨斗容易熨平衣物的主要原因。

(六)黏流温度

黏流温度 T_f 是指纤维从高弹态向黏流态转变的温度。黏流态时大分子间能产生整体的滑移运动,即黏性流动,黏流温度是纤维材料失去纤维形态逐渐转变为黏性液体的最低温度,也是纤维材料的热破坏温度。

三、热定形

(一)基本概念

定形是指使纤维(包括纱、织物)达到一定的(所需的)宏观形态(状),再尽可能地切断大分子间的联结,使大分子松弛,然后在新的平衡位置上重新建立尽可能多的分子之间的联结点的处理过程。热定形则是指在热的作用下(以加热、冷却的手段进行大分子之间联系的切断和重组)进行的定形。

热定形的目的就是为了消除纤维材料在加工中所产生的内应力,使其在以后的使用过程中具有良好的尺寸稳定性、形态保持性、弹性、手感等。生活中的衣物熨烫、生产中弹力丝的加工、蒸纱、毛织物煮呢、电压及其他整理工艺都是在运用热定形。

(二)热定形的效果

热定形的效果从时效和内部结构的稳定机理来看可以分为暂时定形与永久定形。暂时定形是指稳定时间短、抗外界干扰能力差,比如,用电热梳或电吹风对头发进行卷烫,虽然可以做出造型,但维持时间短,尤其是出汗或淋湿后马上就失去了卷烫效果,这就是暂时定形。暂时定形没有充分消除纤维内部的内应力,它只是利用玻璃态下链段的"冻结"来维持外观形状。而永久定形不但使内用力充分消除,而且使纤维内部形成了新的分子间的稳定结合,所以永久定形的纤维材料,其外观维持能力强。要破坏定形效果,只要外界条件超过定形条件即可。评定热定形效果的好坏可以用汽蒸或熨烫收缩率,其收缩率越大,定形效果就越差。

(三)影响热定形效果的因素

1. 温度　纤维要进行热定形,其定形温度必须高于玻璃化温度,低于黏流温度。温度太低,大分子运动困难,内应力难以完全消除,达不到热定形的效果。温度太高,会使纤维材料产生破坏,纤维颜色变黄,手感发硬,甚至熔融黏结。适当降低定形温度,不但可以减少染料升华,而且使织物手感优良。如毛纤维、蚕丝纤维定形温度过高会导致纤维强力下降、手感发硬、出现极光;变形丝紧张定形温度过高,会使其弹性下降,失去蓬松弹力感。合成纤维定形温度过高则可能出现布面极光、甚至熔黏。几种合成纤维织物的比较合适的热定形温度见表 8－3。

表 8－3　几种合成纤维热定形温度　　单位:℃

纤　　维	热水定形	蒸汽定形	干热定形
涤纶	120～130	120～130	190～210
锦纶 6	100～110	110～120	160～180
锦纶 66	100～120	110～120	170～190
丙纶	100～120	120～130	130～140

2. 时间　大分子间的联结只能逐步拆开,达到比较完全的应力松弛,需要时间。重建分子间的联结也需要时间。在一定范围内,温度较高时,热定形时间可以缩短,温度较低时热定形时间需要较长。

3. 张力(负荷)　在张力为"零"时进行的热定形称为松弛定形,在有张力或负荷的条件下进行热定形称为紧张热定形。张力的大小与织物的性能要求和风格特点有关。张力大时布面容易舒展平整,但手感往往偏板硬,如滑爽挺括的薄型面料;反之,张力小时织物布面较易显现凹凸起伏,手感偏糯软,如蓬松厚实的织物。

4. 定形介质　最常见的定形介质是水或湿气,水可以有效地降低纤维材料的玻璃化温度,吸湿性越强的纤维下降幅度就越大。采用合适的化学药剂会比水更有效地拆解大分子之间的作用力,降低热定形温度,既达到定形之目的,又把对纤维的损伤降低到最低。

四、耐热性与热稳定性

纤维材料的耐热性是指抵抗热破坏的性能,在高温作用下纤维内部的大分子会分解、纤维强力下降、颜色和其他性能也会发生变化。可用破坏温度或受热时性能的恶化来表示。一般把受热温度超过 500℃ 时材料表现出来的耐热性称为耐高温性,常规纺织纤维无法耐受这样的温度。几种常见纤维的热破坏温度见表 8－4。

表 8－4　几种常见纤维的热破坏温度

材料种类	温度(℃)					
	玻璃化温度	软化点	熔点	分解点	熨烫温度	洗涤最高温度
棉	—	—	—	150	200	90～100
羊毛	—	—	—	135	180	30～40

续表

材料种类	温度(℃)					
	玻璃化温度	软化点	熔点	分解点	熨烫温度	洗涤最高温度
蚕丝	—	—	—	150	160	30~40
锦纶6	47,65	180	215	—		80~85
锦纶66	82	225	253	—	120~140	80~85
涤纶	80,67,90	235~240	256	—	160	70~100
腈纶	90	190~240	—	280~300	130~140	40~50
维纶	85	干:220,230 水:110	—	—	150(干)	
丙纶	-35	145~150	163~175	—	100~120	—
氯纶	82	90~100	200	—	30~40	30~40

纤维材料的热稳定性是指在一定温度条件下随时间增加纤维性能抵抗恶化的能力。一般用强力的降低程度来表述。经测试表明,在纺织纤维中,涤纶的耐热性与热稳定性都是最好的,锦纶、腈纶、粘胶纤维的耐热性也不错,但热稳定性差些;羊毛、蚕丝类蛋白质纤维的耐热性和热稳定性较差;棉、麻类纤维素纤维的耐热性和热稳定性一般;维纶的耐热水性很差。几种纤维热稳定性的测试数据见表8-5。

表8-5 纺织材料的热稳定性

材　　料	剩余强度(%)				
	在20℃未加热	100℃		130℃	
		20天	80天	20天	80天
棉	100	92	68	38	10
亚麻	100	70	41	24	12
苎麻	100	62	26	12	6
蚕丝	100	73	39	—	—
粘胶纤维	100	90	62	44	32
锦纶	100	82	43	21	13
涤纶	100	100	96	95	75
腈纶	100	100	100	91	55
玻璃纤维	100	100	100	100	100

五、热收缩

纤维的热收缩是指在温度增加时,纤维内大分子间的作用力减弱,以致在内应力的作用下大分子回缩,或者由于伸直大分子间作用力的减弱,大分子克服分子间的束缚通过热运动而自动的弯曲缩短取得卷曲构象，从而产生纤维收缩的现象。纤维的热收缩是不可逆的，与可逆的"热胀冷缩"现象有本质的区别。一般合成纤维会有明显的热收缩现象。由于内应力的原因而产生的热收缩一般不会导致明显的纤维性能恶化，只是长度缩短，细度有所增加，膨体纱就是利用这种原理加工的，即利用高收缩纤维（暂时定形）和低收缩纤维混合纺纱，而后在热环境中使高收缩纤维收缩，低收缩纤维被挤出成为蓬松体。

纤维热收缩的大小用热收缩率来表示，其定义为加热后纤维缩短的长度占纤维加热前长度的百分率。根据加热介质的不同，热收缩率有沸水收缩率、热空气收缩率、饱和蒸汽收缩率等，条件不同收缩率不同。

合成纤维的热收缩对其成品的服用性能是有影响的，纤维的热收缩大时织物的尺寸稳定性差，纤维的热收缩不匀时，还会使织物起皱不平。这里需要强调的是内应力产生的热收缩，其通常是构成成品使用过程中疵病的原因，只有良好的热定形才会解决此问题。大分子取得卷曲构象而产生的收缩，往往是织物失去使用价值的根源，这个问题可以划归耐热性。

六、熔孔性

织物接触到热体而熔融形成孔洞的性能——熔孔性。织物抵抗熔孔现象的性能叫抗熔孔性。它也是织物服用性能的一项重要内容。

对于常用纤维中的涤纶、锦纶等热塑性合成纤维，在其织物接触到温度超过其熔点的火花或其他热体时，接触部位就会吸收热量而开始熔融，熔体随之向四周收缩，在织物上形成孔洞。当火花熄灭或热体脱离时，孔洞周围已熔断的纤维端就相互黏结，使孔洞不再继续扩大。但是天然纤维和人造纤维素纤维在受到热的作用时不软化、不熔融，在温度过高时就分解或燃烧。在这里有两种看法，一种看法认为因热体作用导致织物出现孔洞的现象称熔孔性；另一种看法认为因热体作用导致织物中纤维熔融而出现孔洞的现象称熔孔性。两者的概念范围不同，作者认为后一种概念比较确切。

1. 影响织物熔孔的主要外界因素

（1）热体的表面温度，温度必须高于纤维的熔点。

（2）热体的热容量，热体没有足够的热量，即使温度很高也难以形成熔孔。比如从50℃到熔融，涤纶纤维需要117.2J/g的热量，锦纶纤维需要146.5J/g的热量。

（3）接触时间，吸收热量并熔缩需要一定的时间，接触时间太短也难以形成熔孔。

（4）相对湿度，相对湿度的提高会使纤维中的水分含量增加，形成孔洞将需要更多的热量。

2. 织物抗熔孔性的测试方法　主要有落球法和烫法。

（1）落球法：就是把玻璃球或钢球在加热炉内加热到所需要的温度后，使之落在水平放置并具有一定张力的织物试样上。这时，试样与热球接触的部位开始熔融，最后试样上形成孔洞，而热球落下。可以用在试样上形成孔洞所需要的热球的最低温度来表示织物的抗熔孔性，或用热球在织物试样上停留的时间来表示织物的抗熔孔性。

（2）烫法：就是使用加热到一定温度的热体（金属棒、纸烟）等与织物试样接触，经过一定时间后，观察试样接触部分的熔融状态，进行评定。或将纸烟点燃，以75°与织物表明接触，测定织物产生熔孔的时间。

几种纤维织物抗熔孔性的测试结果见表 8 -6,测试试样形成孔洞所需玻璃球的最低温度。

表 8 -6 织物的抗熔孔性

纤维	坯布重量(g/m^2)	抗熔性(℃)
涤纶	190	280
锦纶	110	270
涤/棉(65/35)	100	>550
涤/棉(85/15)	110	510
毛/涤(50/50)	190	450
腈纶	220	510
诺梅克斯	210	>550

实践证明,织物的抗熔性大约在 450℃以上就是良好的。由表 8 -6 可以看出,涤纶和锦纶的抗熔性较差,腈纶织物优良,棉涤混纺和毛涤混纺后大大提高了涤纶的抗熔孔性。如图 8 -3 所示为涤纶和不同纤维混纺时随混纺比变化抗熔孔性的变化曲线。织物的重量与组织等,对织物的抗熔孔性也有影响,在其他条件相同时,轻薄织物更容易熔成孔洞。

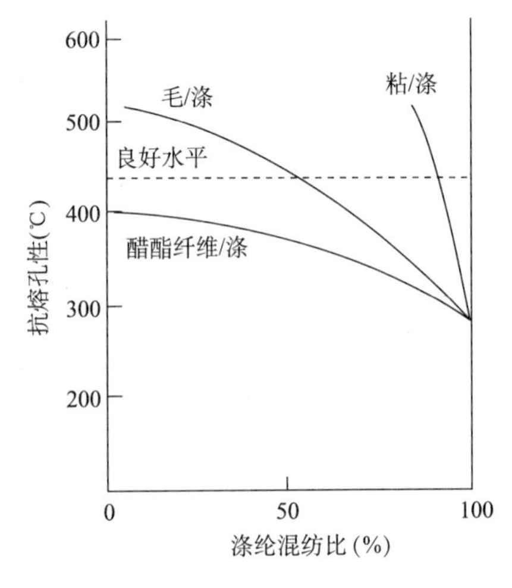

图 8 -3 混纺比与织物的抗熔性

七、阻燃性

(一)定性表达

根据纤维在火焰中和离开火焰后的燃烧情况可以把纤维材料的阻燃性定性地分为四种:易燃纤维、可燃纤维、难(阻)燃纤维、不燃纤维。

1. 易燃纤维 易燃纤维燃烧快速,容易形成火灾,如纤维素纤维、腈纶等。

2. 可燃纤维 可燃纤维燃烧缓慢,离开火焰可能会自熄,如羊毛、蚕丝、锦纶、涤纶和醋酯纤维等。

3. 难燃纤维 难燃纤维与火焰接触时可燃烧,离开火焰便自行熄灭,如氯纶、腈氯纶、阻燃涤纶、氟纶、诺梅克斯等。

4. 不燃纤维 不燃纤维与火焰接触也不燃烧。如石棉纤维、玻璃纤维、碳纤维、金属纤维等。

(二)定量表达

1. 极限氧指数 LOI 极限氧指数为纤维材料在氧—氮大气里点燃后,维持燃烧所需要的最低含氧量体积百分率。

$$LOI = \frac{V_{O_2}}{V_{O_2} + V_{N_2}} \times 100\% \quad (8-3)$$

式中：V_{O_2}——氧气的体积；

V_{N_2}——氮气的体积。

极限氧指数越大，材料的抗燃性越好，即越阻燃。在正常的大气中，氧气约占20%。所以从理论上可以认为：纤维材料的极限氧指数只要超过空气中的含氧量，那么在空气中就有自熄作用。但实际上，在发生火灾时，由于空气中对流等作用的存在，要达到自熄作用，纤维材料的极限氧指数需要在25%以上。因此，当某纤维的极限氧指数达到27%，就可以认为具有阻燃作用。

2. 纤维材料的点燃温度　点燃纤维材料所需要的最低温度称为点燃温度，即在此温度以下材料难以燃烧，点燃温度越高，纤维材料的耐燃性也越高。点燃后火焰的温度越高，即燃烧释放的热量越多，越容易使没燃烧的纤维燃烧起来。几种纤维材料的点燃温度和极限氧指数见表8－7。

表8－7　纺织纤维的点燃温度和极限氧指数

纤维种类	点燃温度(℃)	极限氧指数	纤维种类	点燃温度(℃)	极限氧指数
棉	400	20	锦纶66	532	20
羊毛	600	25	涤纶	450	21
粘胶纤维	420	20	腈纶	560	18
醋酯纤维	475	18	丙纶	570	19
锦纶6	530	20			

提高纤维材料的阻燃性有两个途径，一种是对纤维制品进行防燃整理；另一种是制造阻燃纤维。阻燃纤维的生产也有两种，一种是应用纳米技术在纺丝液中加入防火剂，纺丝制成阻燃纤维，如粘胶纤维、腈纶、涤纶的改性阻燃纤维；另一种是由合成的阻燃高聚物纺制而成，如诺梅克斯(Nomex)。

其他的一些如火焰最高温度、火焰蔓延速度、续燃时间、损毁长度等指标也常用于表达纤维材料的阻燃性能。

按照国家标准GB/T 17591—2006《阻燃织物》的规定，阻燃织物的燃烧性能应符合表8－8的规定。使用中需要经常洗涤的阻燃织物，应按规定的程序进行耐洗性试验，试验前后的燃烧性能应达到表8－8中要求。

表8－8　阻燃织物的燃烧性能要求

产品类别	项　目	考核指标		依据标准
		B_1级[①]	B_2级[①]	
公共场所装饰用织物	损毁长度(mm)≤	150	200	GB/T 5455
	续燃时间(s)≤	5	15	
	阴燃时间(s)≤	5	15	

续表

产品类别		项　目	考核指标		依据标准
			B_1 级①	B_2 级①	
交通工具内饰用织物	飞机、轮船内饰用	损毁长度(mm)≤	150	200	GB/T 5455
		续燃时间(s)≤	5	15	
		燃烧滴落物	未引燃脱脂棉	未引燃脱脂棉	
	汽车内饰用	火焰蔓延速率(mm/min)≤	0	100	FZ/T 01028
	火车内饰用	损毁面积(cm^2)≤	30	45	GB/T 14645—1993 A 法
		损毁长度(cm)≤	20	20	
		续燃时间(s)≤	3	3	
		阴燃时间(s)≤	5	5	
		接焰次数②(次)>	3	3	GB/T 14645—1993 B 法
阻燃防护服用织物（洗涤前和洗涤后③）		损毁长度(mm)≤	150	—	GB/T 5455
		续燃时间(s)≤	5	—	
		阴燃时间(s)≤	5	—	
		熔融、滴落	无	—	

①由供需双方协商确定考核级别。

②接焰次数仅适用于熔融织物。

③洗涤程序按耐水洗程序执行。

燃烧性能的判定按表 8－8，经(直)向和纬(横)向指标均达到 B_1 级要求者为 B_1 级；有一项未达到 B_1 级但达到 B_2 级者为 B_2 级。未达到 B_2 级规定的，不得作为阻燃产品。经耐洗性试验后未达到 B_2 级指标的不得作为耐洗性阻燃产品。

第二节　光学性质

纤维的光学性质是指纤维对光的吸收、反射、散射、折射和透射的性质，包括纤维的激发光谱与发光。

光线进入纤维后会被部分或完全吸收而转化为分子的热能或部分电子云的振动，因而纤维的光学性质与其热学性质相关联。纤维在光照下会反射、散射和折射而呈色发光。这与纤维的组成、染料、添加物以及纤维的粗细和表面形态有关。

一、色泽

色泽即颜色与光泽。颜色是由光和人眼视网膜上的感色细胞共同形成的，取决于纤维对不同波长光的选择性吸收和反射。光泽则取决于光线在纤维表面的反射情况。

色泽既是纤维材料的外观质量,也反映纤维材料的内在质量。如原棉色黄而光泽暗,说明棉纤维品质低下;羊毛色乳白而富有膘光,说质量优良;化学纤维的颜色在纺丝时通过在纺丝液中添加色料可以加工出所需的任意颜色,这种有色纤维具有很强的色牢度,光泽也是可以人为改变的。

(一)颜色

人眼看到的颜色的取决于光波的长短及其分布。人眼能感觉到的电磁波的波长为380~780nm,这段电磁波称为可见光。当光照射到纤维后,部分波长的色光被吸收,部分波长的色光被反射,反射出来的色光刺激人眼视网膜上的感色细胞。当视网膜上的红、绿、蓝三种感色单元细胞受到不同程度的刺激时,产生各种颜色感觉,从而反映出纤维的颜色。几种有色纤维反射的主体可见光波长范围见表8-9。

表8-9　各种颜色纤维反射的光波长

颜　色	波长(nm)	颜　色	波长(nm)	颜　色	波长(nm)
红色	620~780	黄色	575~595	蓝色	450~480
橙色	595~620	绿色	480~575	紫色	380~450

(二)光泽

纤维的光泽与正反射光、表面漫射光、来自内部的散射光和透射光密切相关。光泽的主体是正反射光,但表面的漫射光和来自内部的散射光也是不容忽略的。如蚕丝纤维,其横截面呈近三角形,且纵向平直光滑,表面一致性反光面积大,由于内部结构呈同心层状结构,内部各层的多次反射光是蚕丝的光泽呈现出特殊的珠光特征。因此,纤维的光泽取决于它的纵向形态、纵向表面形态、内部结构、截面形状等。

纤维纵向表面形态主要看纤维沿纵向表面的凸凹情况和表面粗糙程度。如纵向光滑,粗细均匀,则漫反射少,镜面反射高,表现出较强的光泽。丝光棉就是利用碱处理棉纤维,使棉纤维膨胀而使天然转曲消失,纵向变得平直光滑,光泽变强。粗羊毛比细羊毛的光泽好,主要原因是粗羊毛表面的鳞片分布较稀且平贴于表面(反光好些),细羊毛表面的鳞片则分布较密且鳞片翘角较高(反光差些)。化学纤维中添加的消光剂不但造成纤维表面的不平整使漫反射增强,而且这些小颗粒的消光剂也增加了纤维的吸收光线的能力。化学纤维的横截面形状是可以人为设计制造的,各式各样的异形纤维具有各种特殊的光泽效果,这主要是利用形状来获得所需的光泽特征。

纤维集合体的光泽还会受到纤维间的排列情况、挤紧程度的影响,纱线的捻度、条干、毛羽,织物的组织结构、加工整理方法等均会影响产品的光泽。随着纱线的捻度的增加纱线的光泽逐渐增加,达到一定程度后又逐渐下降;条干均匀的纱光泽会比较好;表面毛羽多的纱光泽较差;织物中纱线的交织次数越多则浮长变短而光泽下降,织物密度增加光泽上升(在浮长不变的条件下),后整理使布面变得平整光洁的方法会提高织物的光泽,反之光泽就下降。利用不同捻向(即反光方向不同)的纱线进行特殊的排列组合也可以产生隐条、隐格等布面光泽效应,而两种不同颜色的纱线分别作经纱、纬纱可以得到闪色效应。

二、折射与双折射

一般的透明或半透明物体受倾斜方向的一条入射光照射时,在物体表面会分成一条反射光和一条折射光,其反射角、折射角分别遵从反射定律和折射定律。某些透明晶体会将入射光分裂成两束,沿不同方向折射,这种现象称为双折射。这两条光线都是偏振光,而且振动面大致上相互垂直。其中一条光线的传播速度和折射率与折射方向无关,它遵守折射定律,此偏振光的振动面与光轴垂直,称为寻常光线,简称O光或快光,折射率以 $n_{/\!/}$ 表示;另一条光线的传播速度和折射率随折射方向而异,此偏振光的振动面与光轴平行,称为非常光线,简称E光或慢光,折射率以 $n_{\perp}$ 表示,$n_{/\!/} - n_{\perp}$ 称为双折射率。

当光线沿着晶体的某些方向射入并传播时不会发生双折射现象,则此方向称为光轴,只有一个光轴的晶体称为单轴晶体。

纺织纤维大多都属于单轴晶体,所以当一束光线照射时,进入纤维内的折射光也会分成方向不同的两条折射线。由于纤维中大分子的方向大都与纤维轴向大致平行,其光轴也就一般与纤维轴向平行,因此双折射率的大小可以反映纤维大分子的取向度程度。双折射率越大,说明大分子排列越整齐,且越平行于纤维轴向,取向度越大;反之,当大分子排列紊乱时,双折射率将为零。其实双折射率也是纤维各向异性性能的光学表现,大多数纤维的 $n_{/\!/} > n_{\perp}$,说明大分子大多数情况下沿纤维的轴向取向。常见纤维的双折射率见表8-10。

表8-10 常见纺织纤维的双折射率

纤维	折射率		
	$n_{/\!/}$	$n_{\perp}$	$n_{/\!/} - n_{\perp}$
棉	1.573~1.581	1.524~1.534	0.041~0.051
苎麻	1.595~1.599	1.527~1.540	0.057~0.058
亚麻	1.594	1.532	0.062
粘胶纤维	1.539~1.550	1.514~1.523	0.018~0.036
二醋酯纤维	1.476~1.478	1.470~1.473	0.005~0.006
三醋酯纤维	1.474	1.479	-0.005
羊毛	1.553~1.556	1.542~1.547	0.009~0.012
桑蚕生丝	1.5778	1.5376	0.0402
桑蚕精炼丝	1.5848	1.5374	0.0474
锦纶6	1.568	1.515	0.053
锦纶66	1.570~1.580	1.520~1.530	0.040~0.060
涤纶	1.725	1.537	0.188
腈纶	1.500~1.510	1.500~1.510	-0.005~0

续表

纤　维	折　　射　　率		
	$n_{//}$	$n_{\perp}$	$n_{//}-n_{\perp}$
维纶	1.547	1.522	0.025
乙纶	1.507	1.552	-0.045
丙纶	1.523	1.491	0.032

三醋酯纤维的双折射率为负值的原因是分子上侧基较多的缘故，而腈纶则是由于内部结构呈侧向有序的缘故。需要说明的是，由于纤维材料是非均匀结构材料，沿纤维轴向的结构不是完全一致的，即便是同一根纤维在不同截面处测得的双折射率也是有差别的，合纤的结构比其他纤维要均匀一些，表8-9中的数据仅可作为参考。

三、耐光性与光防护

纤维材料在日光照射下，其性能逐渐恶化，其强度下降，变色，发脆，以至丧失使用价值。纤维材料抵抗日光破坏的性能称为耐光性。所谓光防护是指纤维制品阻隔红外或紫外光的透射，防止红外或紫外线对人体产生破坏的性能。其他的光防护目前研究较少。

日光照射下的纤维其内部结构会发生不同程度的变化，大分子会发生不同程度的裂解、聚合度下降、分子间作用力降低，其程度越大，纤维的断裂强度、断裂伸长率和耐用性的降低也就越多，并会造成变色等外观变化。内部结构损伤的程度与日光的照射强度、照射时间、波长等因素密切相关。日光中的紫外线（波长400nm以下）和红外线（波长780nm以上）是造成纤维光损伤的主要原因，可见光对纤维几乎没有任何破坏。红外线使大分子的热运动能量提高，降低分子的活化能，导致材料的热破坏或以热为诱因的其他破坏。

一些纺织纤维受日光照射后强度损失的情况见表8-11。可以看出腈纶具有很好得耐晒性，这是因为纤维结构中含有氰基（—CN），它吸收紫外线的能量后能够转化为热能释放出来，从而保护了大分子链不被裂解。纤维聚合物不纯或纤维上有杂质以及化学纤维中含有消光剂二氧化钛等时，会使纤维耐光性减弱。

表8-11　日光照射时间与纤维强度的损失率

纤　维	日晒时间（h）	强度损失率（%）	纤　维	日晒时间（h）	强度损失率（%）
棉	940	50	腈纶	900	16~25
羊毛	1120	50	蚕丝	200	50
亚麻、大麻	1100	50	锦纶	200	36
粘胶纤维	900	50	涤纶	600	60

紫外线波长较短，由强度较大的UV—B（280~315nm）和波长较长、低能量的UV—A（315~400nm）以及UV—C（100~280nm）组成。紫外线的辐射不分季节、不分阴晴、不分海拔高低，只是到达地面的强弱（紫外线指数）不同，最强时段为上午的10:00~下午16:00（该时段是我国

中部地区的时段)。紫外线具有杀菌消毒、促进维生素 D 合成的功能,对人体钙的吸收有积极作用。但照射紫外线过量会破坏人体皮肤细胞中的胶质厚度和弹性纤维,引发皮炎、水泡、红斑、黑色素沉积等皮肤病。不同波长的紫外线对人体的危害程度不同,研究表明:引起皮肤癌的主要波段为 UV—B,其典型光谱为 297nm,起作用强度大约是 UV—A 区的 1000 倍,而紫外线 UV—C 区的作用虽然也很强,但因其绝大部分受到臭氧层和空气介质的阻隔而难以到达地面。因此防紫外线面料的功效主要体现在对 UV—A 区和 UV—B 区紫外线起到有效的遮蔽作用,尤其是要遮蔽 UV—B 区。

纺织品防紫外的机理是通过对紫外线的吸收、反射完成的。各种纤维本身对紫外线都有一定的吸收,吸收能力与纤维的成分密切相关。如涤纶分子中含有苯环,羊毛、蚕丝等蛋白质纤维中含有芳香族氨基酸,对小于 300nm 的紫外光有较强的吸收能力,本身也具有一定的抗紫外线破坏的作用;麻类纤维具有独特的果胶质斜偏孔结构,苎麻、罗布麻纤维中间有沟状空腔、管壁多孔隙,大麻纤维中心有细长的空腔并与纤维表面纵向分布着的许多裂纹和小空洞相连,由于这些结构上的原因,使麻纤维不仅吸水好,而且对光波有很好的消除作用,因而具有较强的防紫外功能。而棉、粘胶纤维、锦纶、腈纶等纤维分子对紫外线的吸收能力差,防护作用小。所以具有防紫外功能的羊毛、麻类、蚕丝、涤纶应作为夏季面料的主选原料。

国家标准 GB/T 18830—2009《纺织品 防紫外线性能的评定》规定了纺织品的防日光紫外线性能的试验方法、防护水平的表示、评定和标识,适用于评定规定条件下织物防护日光紫外线的性能。按照该标准的规定,当纺织品的紫外线防护系数 $UPF \geq 30$,透过率 $T \leq 5\%$ 时,可称为"防紫外线产品"。只有当紫外线防护系数 UPF 和透射比 T 两项指标都符合标准要求时,才算是合格的防紫外线产品。目前,防晒纺织品主要有以下 4 种类型,纤维内嵌入紫外线吸收材料(纺丝时加入防紫外材料),织物防紫外线印染整理,织物表面加金属涂层,织物表面加非金属物涂层。

紫外线透过率(也叫透射率)T 的定义为:覆盖有试样时的紫外线辐照度占无试样时的紫外线透射辐照度的百分率。根据紫外线区段的不同可分为 UV—A 区段透射率 T_{UVA} 和 UV—B 区段透射率 T_{UVB}。

紫外线防护系数 UPF(Uitraviolet protection factor)的定义为:皮肤无织物保护时产生红斑所需紫外线的最小辐照度与能量为产生红斑的最小辐照度的紫外线透过织物的辐照度的比。UPF 可按下式计算:

$$UPF = \frac{\sum_{\lambda=290}^{400} E_\lambda S_\lambda \Delta\lambda}{\sum_{\lambda=290}^{400} E_\lambda S_\lambda \Delta\lambda T_\lambda} \tag{8-4}$$

式中:λ——紫外线波长,nm;

E_λ——日光光谱的辐射能,$W/(m^2 \cdot nm)$;

S_λ——相对红斑光谱效应;

$\Delta\lambda$——波长间隔,nm;

T_λ——波长为 λ 时的透射率,%。

可以这样理解 UPF 的意义,比如 UPF 值为 50,就说明有 1/50 的紫外线可以透过织物。UPF 值越高,就说明紫外线的防护效果越好。在国家标准中纺织品的 UPF 值最高的标识是 50 +,也就是 UPF > 50。因为 UPF 大于 50 以后,对人体的伤害影响就可以忽略不计了。一般 UPF 值在 15 ~24 时称为良好,在 25 ~39 时称为非常好,40 ~50 或以上者称为优良。

四、紫外荧光

纤维在受到紫外线的照射时,会发出在可见光范围内的光,称之为紫外荧光。各种纺织纤维具有不同颜色的荧光,可用来鉴别纤维,产品开发。如在紫外线照射下,成熟棉纤维的紫外荧光色是淡黄色,未成熟棉纤维则是淡蓝色的,丝光后的棉纤维却呈淡红色。

第三节　电学性质

电学性质方面的问题纤维纺织材料的加工和使用过程中会经常遇到。研究并掌握它的规律具有重要的理论和实际意义。如纤维材料绝大多数是良好的电绝缘材料,但吸湿后电阻大幅度下降,在干燥条件下纤维材料容易产生静电。在纺织上既有利用也有防范,如电阻法测试纺织材料的回潮率;电容法测试纱条的条干均匀度;静电纺纱;静电植绒等都是对纤维材料电学性质的应用。

一、介电常量

电容器由电介质隔开的两组金属电极片构成,极板上的带电量与极板间的电势差之比称为电容,设极板间为真空时的电容为 C_0,极板间填充以纤维材料时的电容为 C,则 C/C_0 就称为纤维材料的介电常量(也称电容率、相对介电系数)。介电常量为一无量纲的量,它表示绝缘材料储存电能的能力。

干燥纤维材料的介电常量在 2 ~5 范围内,真空的介电常量等于 1,液态水的介电常量约为 20,而固态水的介电常量约为 80。所以,纤维材料吸湿之后介电常量将明显增加。介电常量的大小会受到纤维材料的填充密度、纤维在电场中的排列方向、纤维的含杂、环境温度、相对湿度、电场频率等众多因素的影响,所以条件的改变将使介电常量随之而变,几种纤维的介电常量见表 8 -12,仅供参考。

表 8 -12　几种纤维的介电常量

纤维品种	干　　燥		相对湿度 65%	
	1kHz	100kHz	1kHz	100kHz
棉	3.2	3.0	18.0	6.0
羊毛	2.7	2.6	5.5	4.6

续表

纤维品种	干燥		相对湿度 65%	
	1kHz	100kHz	1kHz	100kHz
粘胶纤维	3.6	3.5	8.4	5.3
醋酯纤维	2.6	2.5	3.5	3.3
锦纶	2.5	2.4	3.7	2.9
涤纶(去油)	2.3	2.3	2.3	2.3
涤纶	2.8	2.3	4.2	2.8
腈纶(去油)	—	—	2.8	2.5

二、电阻

电阻是电路中两点之间在一定电压下决定电流强度的一个物理量,常用符号 R 表示,通俗理解为物质阻碍电流通过(或导电)的性质。电压一定时,电阻越大,通过的电流越小。材料的形状和体积也影响着电阻的大小,形状和体积相同的不同物体其电阻会有很大的差别。金属的电阻最小,故称为导体,但其电阻会随着温度的升高而增大;绝缘体的电阻最大,干燥的纤维材料是良好的绝缘体;半导体的电阻大小介于导体和绝缘体之间,并随温度的升高而显著减小。纤维材料的导电能力常用比电阻来表达,其数值越大,纤维材料的导电能力越差。

(一)常用指标

1. 体积比电阻 体积比电阻就是电阻率,即单位体积材料所具有的电阻,其数值越小,说明材料的导电本领越强。体积比电阻有两种表述方式。

(1)材料长 1cm,截面积 $1cm^2$ 时在一定温度下的电阻,其单位为欧·厘米(Ω·cm)。

(2)电流通过纤维体内时所呈现出的电阻值,用单位长度上施加的电压(电场强度 E)与单位面积内流过的电流(电流面密度)的比值来表示。

体积比电阻的计算公式如下。

$$\rho_V = R\frac{S}{L} \tag{8-5}$$

式中:ρ_V——体积比电阻,Ω·cm;

R——材料的电阻,Ω;

S——电极板的面积(或材料的截面面积),cm^2;

L——电极板间距离(或材料的长度),cm。

2. 质量比电阻 质量比电阻就是长度为 1cm,质量为 1g 的材料在一定温度下所具有的电阻,其单位为欧·克/平方厘米(Ω·g/cm^2)。当材料的密度为 d(g/cm^3)时,材料的质量比电阻 ρ_m 与体积比电阻 ρ_V 的关系如下。

$$\rho_m = d\rho_V \tag{8-6}$$

对于纺织材料来说,由于截面面积不易测量,用体积比电阻就不如质量比电阻方便,所以在实际应用中经常用质量比电阻来表征纤维材料的导电性质。将公式(8-6)进一步展开可得下面的公式(8－7)。可以看出其中的参数质量 m 和长度 L 都是方便测量的物理量。

$$\rho_m = R\frac{m}{L^2} \tag{8-7}$$

3. 表面比电阻　表面比电阻即电流流经材料表面时单位长度和宽度所具有的电阻。可用下面的公式(8－8)来测算。

$$\rho_S = R_S\frac{W}{L} \tag{8-8}$$

式中：ρ_S——表面比电阻，Ω；

R_S——电流通过材料表面时的电阻，Ω；

W——电极板的宽度(或试样的宽度)，cm；

L——电极板间的距离(或试样的长度)，cm。

这个指标应用于单根纤维或纤维块体时由于表面积难以测定，所以不常用，它主要应用于薄膜、表面平整或涂层处理的织物，这个指标和材料的抗静电性关系直接。

(二)影响质量比电阻的因素

影响纤维材料比电阻的因素较多，纤维分子结构是决定材料电学性质的内在因素。外界因素主要表现为以下几个方面。

1. 含水率的影响　吸湿对纤维材料的比电阻影响很大，干燥的纤维材料吸湿后比电阻迅速下降，对于吸湿性良好的纤维材料来说，在相对湿度为30%～90%的环境中，它的质量比电阻 ρ_m 与含水率 M 有以下近似的关系。

$$\rho_m M^n = K \tag{8-9}$$

$$\lg\rho_m = \lg K - n\lg M \tag{8-10}$$

式(8－9)与式(8－10)中的 K 与 n 为实验常数，各种纤维是不同的。质量比电阻和含水率的关系如图8－4所示。

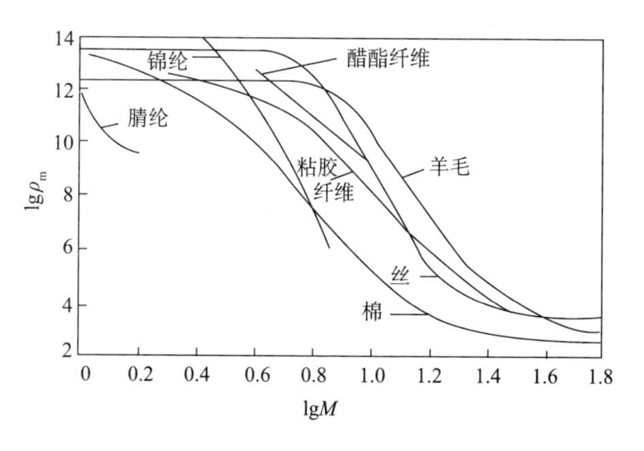

图8－4　质量比电阻和含水率的关系

2. 环境温度的影响　纤维材料的比电阻随温度的升高而下降，导电性能增加。对大多数纤维材料来说，每当温度升高10℃，其比电阻约降低4/5。因此，用电阻式测湿仪测试纤维材料的含水率或回潮率时，需要根据温度进行修正。由于相对湿度和温度对纤维材料的比电阻都有影响，所以纤维材料比电阻的测试一定要在标准温湿度条件下进行，否则就要进行修正。

3. 纤维中杂质或伴生物的影响 棉纤维上有棉蜡、棉糖，羊毛上有羊毛油脂、羊毛汗，蚕丝上有丝胶，麻纤维上有果胶、水溶性物质等以及其他杂质，化学纤维上有化纤油剂，这些杂质或伴生物的存在都会降低纤维材料的比电阻，提高纤维的导电性能。

4. 其他因素的影响 测试时电压的高低、测试时间的长短、电极的形状合材料、纤维集合体的体积重量及与电极的接触状态、纤维制品的形态和结构、混纺产品的混纺比等因素都会影响比电阻值的大小。

三、静电

两个电性不同的物体因相互接触或摩擦后分开时，在两个物体的接触表面上会产生静止电荷（一个带正电荷，另一个带负电荷），这种现象称为静电现象。

静电现象在纤维及其制品的使用加工过程中会给人们带来许多麻烦，如成条质量变差，纱线断头增加及条干和毛羽恶化，短纤维易成飞花或黏附机件，长纤维易缠机件，衣服则易吸灰尘、打火、裹缠人体，严重的还会引起火灾事故。但静电现象也会给人们带来有许多益处，如静电纺纱、静电植绒、静电复印、静电除尘、静电喷雾、静电喷涂、静电理疗（改善血液循环或神经系统的功能）等。

（一）静电的产生与积累

静电产生的先决条件是出现电荷聚集，即通常所说的起电。起电的方式或机制有多种，如接触起电、摩擦起电、变形起电（压电效应）以及光点和热电效应等。由于大多数纺织纤维为电的不良导体，所以就很容易形成静电。当纤维因为摩擦造成局部温度升高，会使纤维表面的有机物离解出带电离子，并积聚成静电，则纤维材料的静电主要是由离子积聚所致。

实验结果显示，表面物质呈酸性者常积聚负电荷，表面物质呈碱性者常积聚正电荷。两个相互摩擦的物体因摩擦作用在不同区域的剧烈程度不同，造成接触面上不同摩擦区域的升温会不同，存在表面温差，这是将产生带电荷体从高温向低温的漂移，产生表面电荷积累，这种现象在两个表面物质相同的物体也会产生（如在羊毛长度测试时，抽拔毛条观察到的羊毛须头呈扇面形张开的现象）。摩擦时各个接触点的摩擦程度不同，带电荷量也就不同，而且其差异还可能很大，所以实际摩擦平面上各点的电荷量并不相等（非均匀分布），电荷种类也可能不同（非一致性），相同纤维相互摩擦时也会产生静电（非差异原则）。

电荷有积累就会有逸散，电阻率小的纤维其电荷逸散的速度就快，即便是产生电荷，人们也不易觉察。电荷逸散的方式和机理研究是设计和制造抗静电纺织品的理论基础，目前尚有许多问题没有明确答案。

（二）静电电位序列

通过实验对各种材料可以排出一个静电电位序列，见表 8－13，实验是在环境温度为 30℃和空气相对湿度为 33% 的条件下进行的。

表 8－13　纤维静电电位序列

(+)																				(－)
玻璃	人发	锦纶	羊毛	粘胶纤维	棉	蚕丝	纸	钢	硬质橡胶	醋酯纤维	聚乙烯醇	涤纶	合成橡胶	腈纶	氯纶	腈氯纶	偏氯纶	聚乙烯	丙纶	氟纶

需要强调说明的是，这个静电电位序列表只是表达一种规律，和实际的情况不会完全相符，因为实验条件不同，结果就会不同，表中的位序就可能颠倒，尤其是表中相邻的纤维。如从一束根尖方向一致的羊毛纤维中抽拔羊毛纤维，从根部抽出一根羊毛时，这根羊毛上带正电荷，反之从尖部抽出一根羊毛时，这根羊毛上带负电荷。

(三)表达静电特性的指标

评测纤维材料抗静电性能的测量有方法较多，如摩擦法、静电计法、感应放电法、电阻法、吸灰高度法等。测试方法不同表达指标也不同，各种方法所得结果也无可比性，同时静电特性对环境和测试状态的敏感性使指标数据的波动性也大。

1. 静电压 V_{max}　纤维材料在一定外界作用(摩擦或高压放电)下，经一段时间所能达到的最大静电压值，称为静电压 V_{max}。

2. 电荷半衰期 $t_{\frac{1}{2}}$　纤维材料在达到某一或最大静电压时，卸去外界作用后，静电荷衰减到该值一半时所需要的时间，称为电荷半衰期 $t_{\frac{1}{2}}$。这是描述纺织材料静电特征的一个重要指标。静电半衰期越长，静电现象越显著。

3. 表面电导率　表面电导率是表面比电阻的倒数，即 $\sigma_S = \frac{1}{\rho_S}$

4. 表面电荷量　表面电荷量为织物单位面积上所带电荷量。用规定摩擦材料摩擦试样，使试样带电后，测定投入法拉第筒后试样的电位，再换算成单位面积上的带电量。

5. 吸灰高度　用摩擦使织物试样产生静电，在规定时间内，测量织物吸起纸灰的高度。吸灰高度越高，说明静电越严重。

(四)消除静电的常用方法

纤维产生静电后对纺织加工的顺利进行影响很大，所以必须消除静电的不利影响，生产上长采用的方法有以下几种。

1. 加湿　增加车间的相对湿度，降低纤维材料的静电的产生，加快静电的逸散速度，这是一种最常用且廉价的方法。但并不是对所有的纤维都有用，对于一些吸湿性差的纤维，可能不起多大作用，搞不好还会产生反作用，使纺织加工不能顺利进行。

2. 加表面活性剂　所用的表面活性剂本身就有提高润滑、较少摩擦、增加吸湿的能力，甚至具有抗静电能力，所以此类表面活性剂也被称为抗静电剂。这种方法特别适合化纤和羊毛的静电消除，也是目前最常用的方法之一。但它也和加湿一样，只是保证加工的顺利进行，对产品的使用作用不大。

3. 改善机件的摩擦和导电 通过改进机件的材料和结构,较少静电产生,并加速静电荷的导走。

4. 不同原料合理搭配 通过选配合适的原料混纺或交织,使产品在使用中彼此中和产生的静电。如锦纶66和皮革摩擦会产生+3800V的静电压,而涤纶和皮革摩擦后会产生-1400V静电压,两者混合后(锦/涤40/60)静电压很低,难以觉察。用此配合生产的化纤地毯达到了较好的抗静电效果。

5. 采用抗静电纤维 这种方法不但治标而且治本,还能使生产顺利,同时穿着使用也令人满意。但永久抗静电的纤维加工是比较困难的,现在较常见的方法是混入或织入金属纤维,随着金属纤维使用量的增加,虽然抗静电性有所改善,甚至电磁屏蔽效果也有很大提高,但织物的造价上升,手感下降,保暖能力减弱。因此,最好的办法是设计制造出满意的抗静电纤维。

思考题

1. 何为纺织纤维的比热?为什么说一般测得的纺织材料的导热系数是纤维、空气和水分混合物的导热系数?
2. 何为玻璃化温度、流动温度?何为纺织纤维的玻璃态、高弹态和黏流态?
3. 何为纺织材料的热塑性?分析影响热定形效果的主要因素。
4. 何为极限氧指数?各种纤维的燃烧性能如何?
5. 试分析各类织物的抗熔孔性是怎样的?影响织物抗熔孔的因素有哪些?
6. 影响纺织材料的光泽的因素有哪些?
7. 纺织材料在加工和使用过程中为何会产生静电现象?应如何防止静电危害?
8. 试分析影响织物保暖的因素有哪些?

第九章　纱线的结构与性能

本章知识点

1. 纱线的分类与外形特征。
2. 纱线条干均匀度的概念、指标与测试分析方法。
3. 纱线加捻程度的表达与测试,加捻对纱线性能的影响。
4. 纱线断裂机理与影响断裂的因素。

第一节　纱线的分类

纱线是由纺织纤维组成的,具有一定的力学性质、细度和柔软性的连续长条。纱线形成的方法有两类,一类是长丝纤维不经任何加工,直接作纱用,或经并合、并合加捻及变形加工形成;另一类是短纤维经纺纱加工形成。前者称为长丝纱,后者称为短纤维纱。纱线的分类方法很多,可以根据不同的要求,分为不同的类型。

一、按纱线的结构外形分

按纱线的结构外形大体可分为单丝、复丝、捻丝、复合捻丝、变形丝、纱、股线、花式线、膨体纱、包芯纱 10 种纱。各种不同类型纱线如图 9－1 所示,各种纱线的结构示意如图 9－2 所示。

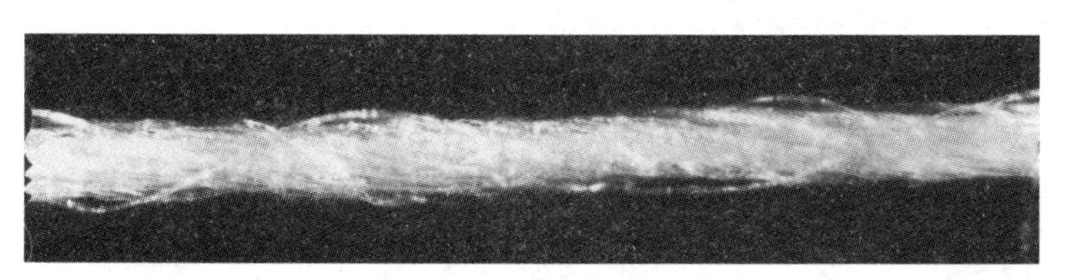

(a) 复丝

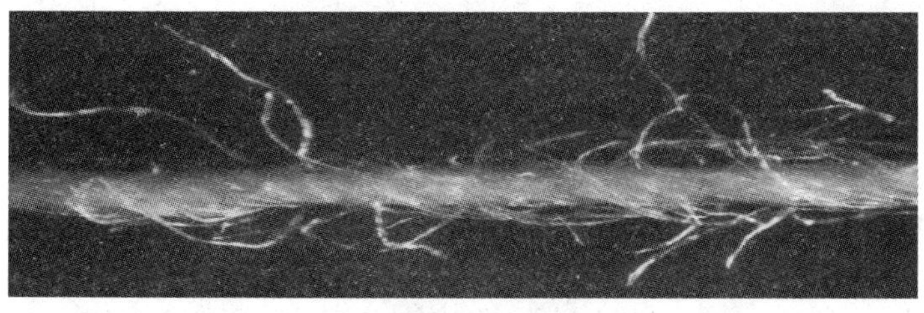

(b) 环锭纱(细绒棉)

图 9－1

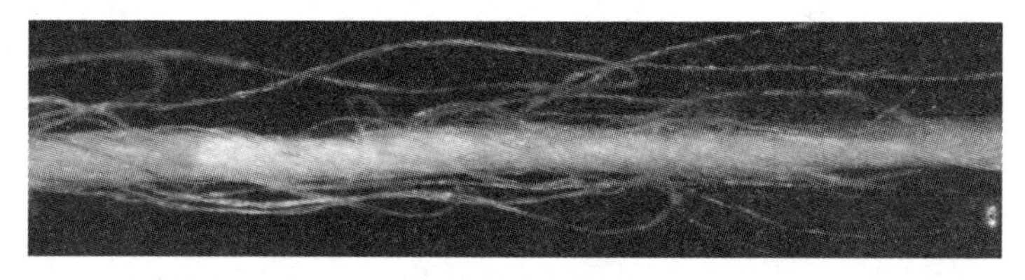

(c) 环锭纱（长绒棉）

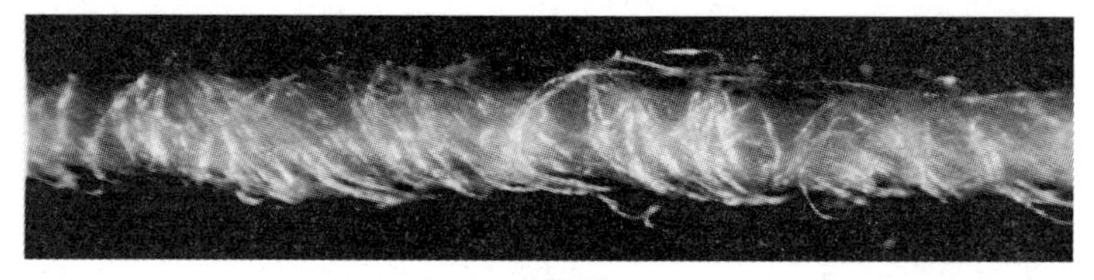

(d) 气流纱

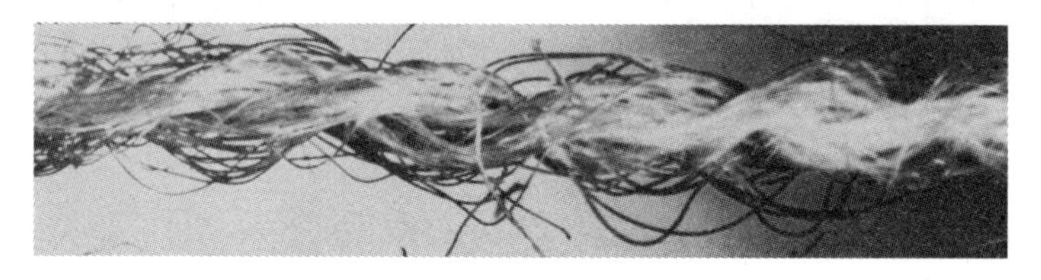

(e) 膨体纱

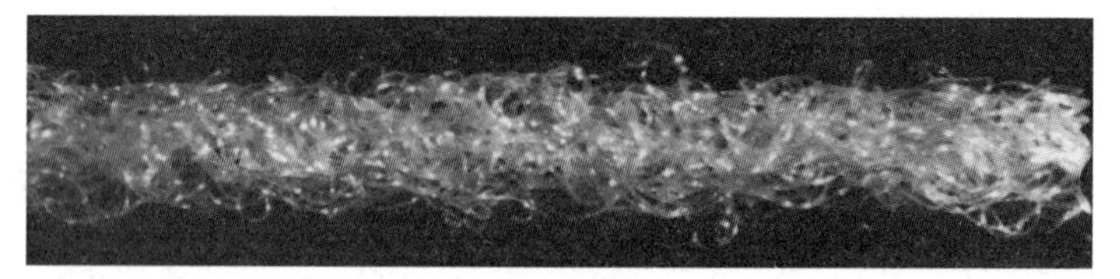

(f) 弹力丝(高弹)

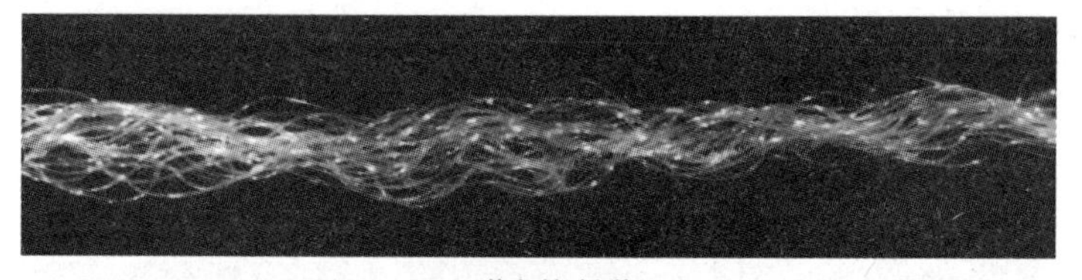

(g) 弹力丝(低弹)

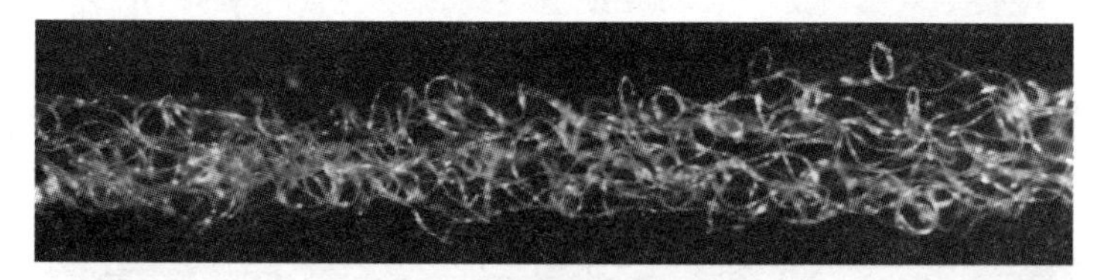

(h) 弹力丝

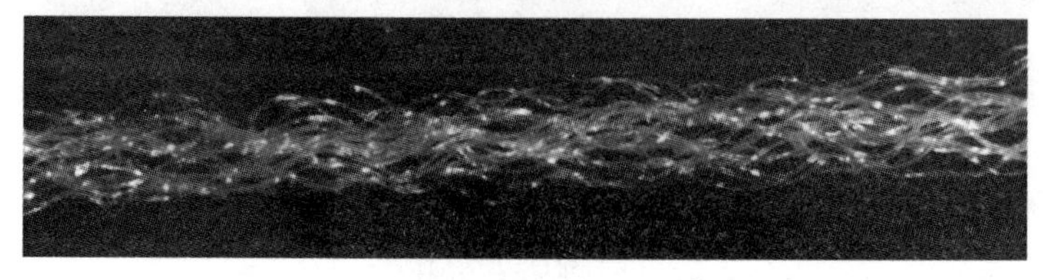

(i) 弹力丝

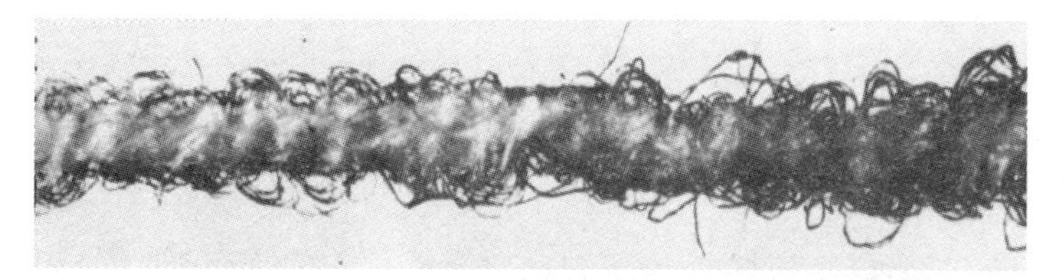

(j) 棉氨纶包芯纱

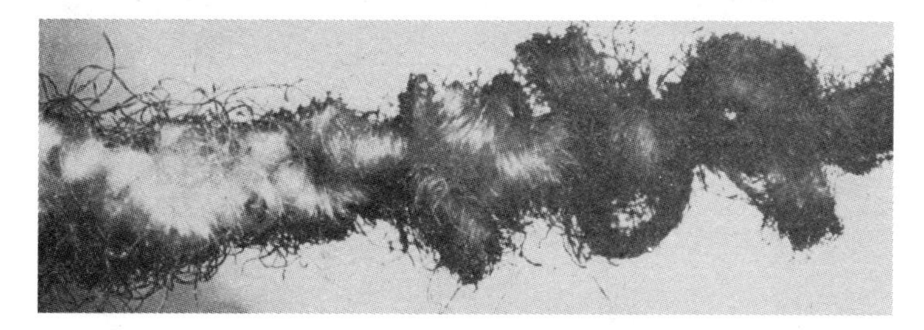

(k) 棉氨纶包芯纱(卷缩状)

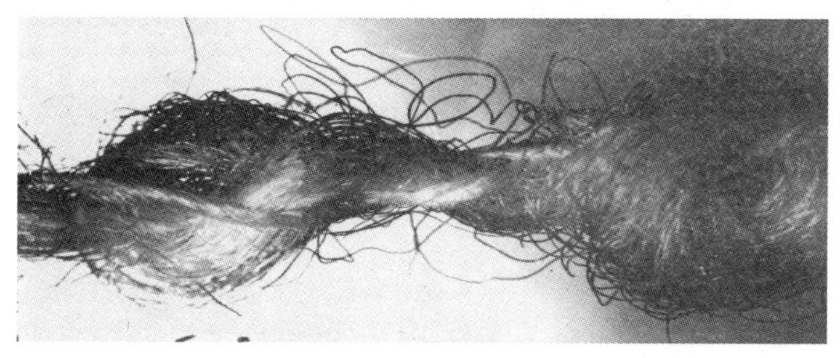

(l) 圈圈纱

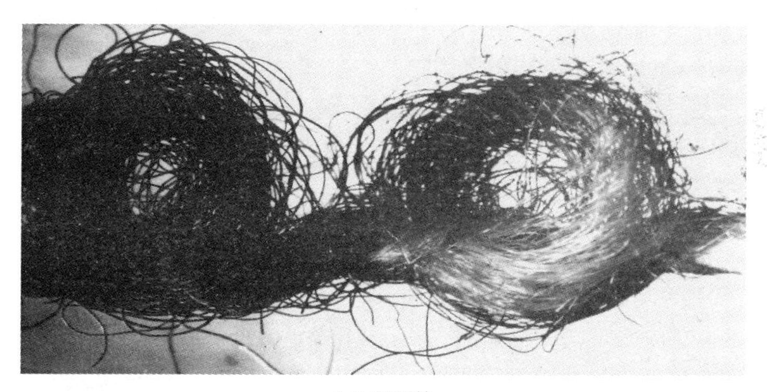

(m) 圈圈纱

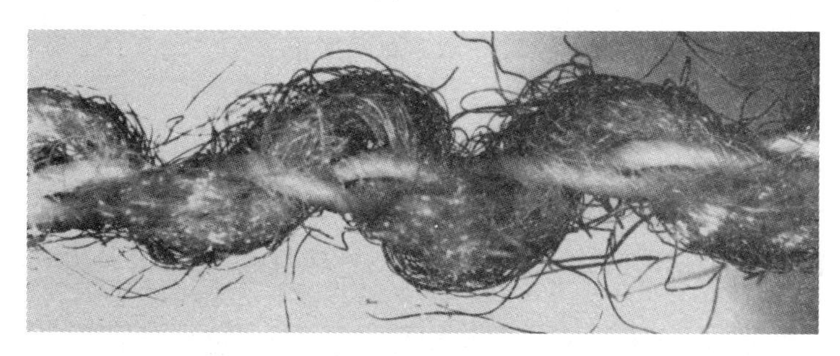

(n) 波浪线（小）

图 9－1

(o) 波浪线（大）

(p) 金银丝组合纱

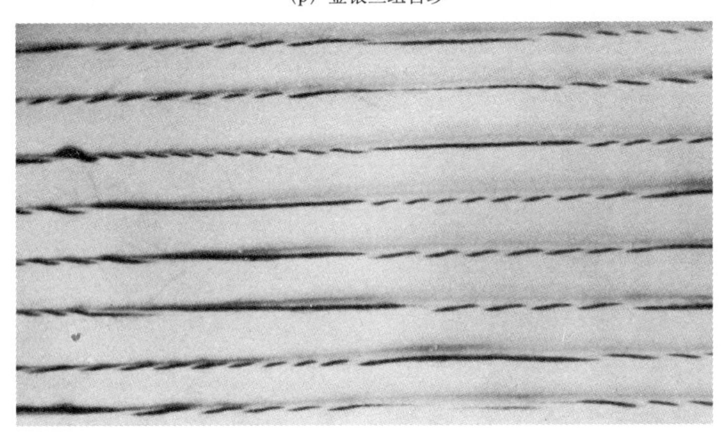

(q) 自捻纱

图9－1　各种纱线实样图

1. 单丝　单丝指长度很长的连续单根丝。

2. 复丝　复丝指两根及以上的单丝并合在一起的丝束。

3. 捻丝　捻丝是由复丝经加捻形成的。

4. 复合捻丝　捻丝经过一次或多次并合、加捻即成复合捻丝。

5. 变形丝　化纤原丝经过变形加工使之具有卷曲、螺旋、环圈等外观特性。加工的目的是增加原丝的膨松性、伸缩性和弹性。根据变形丝的性能特点，通常有弹力丝、膨体纱、网络丝三种。

6. 单纱　单纱是由短纤维经纺纱工艺的拉细加捻形成的、单根的连续细长条。

7. 股线　由两根或以上单纱合并加捻形成。若由两根单纱合并形成，则称为双股线；三根

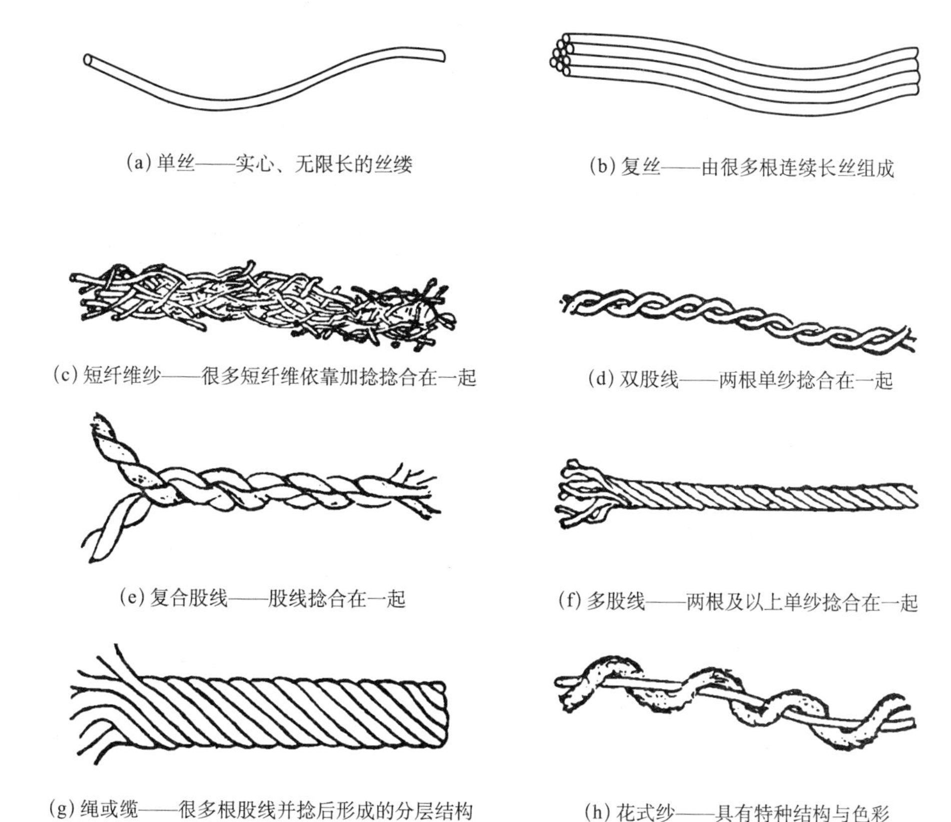

(a) 单丝——实心、无限长的丝缕　(b) 复丝——由很多根连续长丝组成

(c) 短纤维纱——很多短纤维依靠加捻捻合在一起　(d) 双股线——两根单纱捻合在一起

(e) 复合股线——股线捻合在一起　(f) 多股线——两根及以上单纱捻合在一起

(g) 绳或缆——很多根股线并捻后形成的分层结构　(h) 花式纱——具有特种结构与色彩

图 9－2　各种纱线结构的示意图形

及以上则称为多股线。股线再并合加捻就成为复捻股线。

8. 花式线　用特殊工艺制成，具有特种外观形态与色彩的纱线称为花式线，包括花色线和花饰线。它是由同色或不同色的芯纱、饰纱和固纱在花色捻线机上加捻形成，表面具有纤维结、竹节、环圈、辫子、螺旋、波浪等特殊外观形态或颜色，如图 9－3 所示。

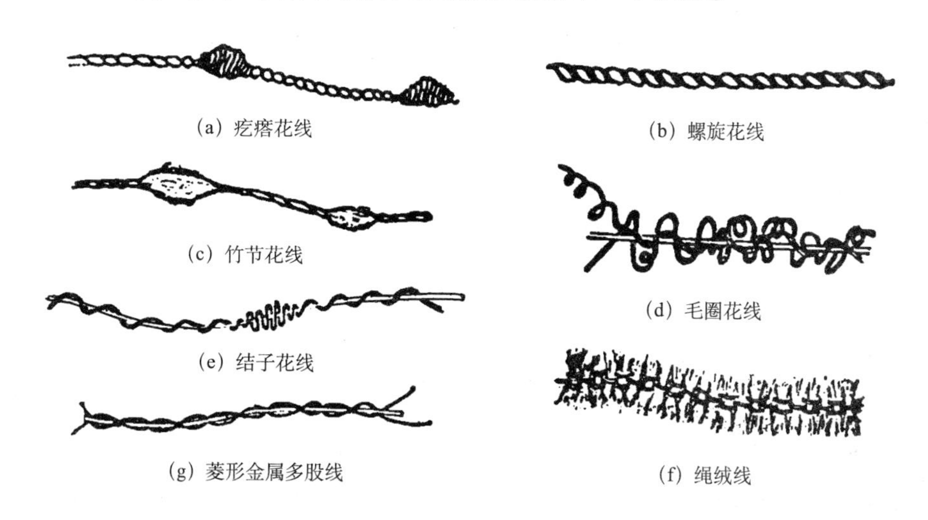

(a) 疙瘩花线　(b) 螺旋花线

(c) 竹节花线　(d) 毛圈花线

(e) 结子花线　(f) 绳绒线

(g) 菱形金属多股线

图 9－3　各种花式线的结构图

9. 包芯纱 包芯纱是以长丝或短纤维纱为纱芯,外包其他纤维或纱线而形成的纱线。

二、按组成纱线的纤维种类分

1. 纯纺纱 用一种纤维纺成的纱线称为纯纺纱。命名时冠以“纯”字及纤维名称,如纯涤纶纱、纯棉纱等。

2. 混纺纱 用两种或两种以上纤维混合纺成的纱线称为混纺纱。混纺纱的命名规则为原料混纺比不同时,比例大在前;比例相同时,则按天然纤维、合成纤维、再生纤维顺序排列。书写时,应将原料比例与纤维种类一起写上,原料、比例之间用分号“/”隔开。如65/35 涤/棉混纺纱、50/50 毛/腈混纺纱、50/50 涤/粘混纺纱等。

3. 交捻纱 交捻纱是由两种或以上不同纤维或不同色彩的单纱并和加捻而成。

4. 混纤纱 混纤纱是利用两种或以上长丝并合成的纱(丝),也就是长丝混纺纱。

三、按组成纱线的纤维长度分

1. 长丝纱 长丝纱是由一根或多根连续长丝经并合、加捻或变形加工形成的纱线。

2. 短纤维纱 短纤维纱是由短纤维经加捻纺成具有一定细度的纱,又可分为以下三类。

(1)棉型纱:棉型纱是由原棉或棉型纤维在棉纺设备上纯纺或混纺加工而成的纱线。

(2)中长纤维型纱:中长纤维型纱是由中长型纤维在棉纺或专用设备上加工而成的,具有一定毛型感的纱线。

(3)毛型纱:毛型纱是由毛纤维或毛型纤维在毛纺设备上纯纺或混纺加工而成的纱线。

3. 长丝短纤维组合纱 长丝短纤维组合纱是由短纤维和长丝采用特殊方法纺制的纱,如包芯纱、包缠纱等。

四、按花色(染整加工)分

1. 原色纱 原色纱是未经任何染整加工而具有纤维原来颜色的纱线。

2. 漂白纱 漂白纱是经漂白加工,颜色较白的纱线。通常指的是棉纱线和麻纱线。

3. 染色纱 染色纱是经染色加工而具有各种颜色的纱线。

4. 色纺纱 色纺纱是有色纤维纺成的纱线。

5. 烧毛纱 烧毛纱是经烧毛加工,表面较光洁的纱线。

6. 丝光纱 丝光纱是经丝光加工的纱线,如丝光棉纱、丝光毛纱等。丝光棉纱是纱线在一定浓度的碱液中处理使纱线具有丝一般的光泽和较高的强力;丝光毛纱是把毛纱中纤维的鳞片去除,使纱线柔软,对皮肤无刺激。

五、按纺纱工艺分

1. 精梳纱 经过精梳工程纺得的纱线称为精梳纱。它与粗梳纱(普梳纱)相比,精梳纱用料较好,纱线中纤维伸直平行,纱线品质优良,纱线的线密度较细。

2. 粗梳纱　经过一般的纺纱工程纺得的纱线称为粗梳纱，也叫普梳纱。棉纺和毛纺稍有区别。

3. 废纺纱　用较差的原料经粗梳纱的加工工艺纺得的品质较差的纱线称为废纺纱。通常纱线较粗，杂质较多。

六、按纱线粗细分

棉型纱线按粗细分为粗特(号)纱、中特(号)纱、细特(号)纱和超细特(号)纱四种。

1. 粗特纱　粗特纱是指线密度为32tex以上的纱线。

2. 中特纱　中特纱是指线密度为21～31tex的纱线。

3. 细特纱　细特纱是指线密度为11～20tex的纱线。

4. 超细特纱　超细特纱是指线密度为10tex及以下的纱线。

第二节　纱线的粗细

纱线细度是纱线结构的重要方面，可纺纱线的极限细度与纤维粗细、纺纱设备及纺纱技术有关。

一、纱线的细度指标

纱线的细度指标与纤维相同，可分为直接指标和间接指标两类。直接指标指的是直径、截面积、周长等。对于纤维和纱线来说，直接指标测量较为麻烦，因此除了羊毛纤维用直径来表达纤维的粗细外，其他的纤维与纱线一般不用直径等直接指标来表示。当纺织工艺需要用到直接指标时，是用间接指标换算得到的。间接指标是利用纤维和纱线的长度和重量关系来表达细度的，分为定长制和定重制两种。定长制是指一定长度的纤维和纱线的标准重量；定重制是一定重量的纤维与纱线所具有的长度。下面着重介绍间接指标。

1. 线密度Tt　线密度是指1000m长的纤维或纱线在公定回潮率时的重量克数，单位为特克斯(tex)。其计算式如下。

$$\mathrm{Tt} = \frac{1000G_k}{L} \tag{9-1}$$

式中：Tt——纤维或纱线的线密度，tex；

L——纤维或纱线的长度，m；

G_k——纤维或纱线的公定重量，g。

分特$\mathrm{Tt_d}$是指1000m长纤维的公量分克数，它等于1/10特，单位符号为dtex。计算式如下。

$$\mathrm{Tt_d} = 10\mathrm{Tt} \tag{9-2}$$

毫特$\mathrm{Tt_m}$是指1000m长纤维的公量毫克数，它等于1/1000特，单位符号为mtex。计算式如下。

$$Tt_m = 1000Tt \quad (9-3)$$

线密度 Tt 为法定计量单位,所有的纤维及纱线均应采用线密度来表达其粗细。线密度值越大,表明纤维或纱线越粗。但由于历史习惯上的原因,在生产和商业上还采用其他的细度指标。

2. 纤度 D 纤度指的是 9000m 长的纤维或纱线所具有的公定重量克数,单位为旦尼尔,简称为旦。其计算式如下。

$$D = \frac{9000G_k}{L} \quad (9-4)$$

式中:D——纤维或纱线的纤度,旦;

L——纤维或纱线的长度,m;

G_k——纤维或纱线的公定重量,g。

3. 公制支数 N_m 公制支数指的是 1g 纤维或纱线,在公定回潮率下的长度米数,单位为公支。其数值越大,表示纱线越细。其计算式如下。

$$N_m = \frac{L}{G_k} \quad (9-5)$$

式中:N_m——纤维或纱线的公制支数,公支;

L——纤维或纱线的长度,m;

G_k——纤维或纱线的公定重量,g。

4. 英制支数 N_e 棉型纱线的英制支数指的是在英制公定回潮率时,每磅重的纱线所具有的 840 码的倍数。其数值越大,表示纱线越细。其计算式如下。

$$N_e = \frac{L_e}{KG_{ek}} \quad (9-6)$$

式中:N_e——纱线的英制支数,英支;

L_e——纱线的长度,码,1 码 = 0.9144m;

G_{ek}——纱线的公定重量,磅,1 磅 = 453.6g;

K——系数(纱线类型不同,其值不同,棉纱 $K = 840$,精梳毛纱 $K = 560$,粗梳毛纱 $K = 256$,麻纱 $K = 300$)。

生产中,纱线线密度的测试通常采用缕纱称重法。用缕纱测长仪绕取一定长度的纱线(一般棉型纱为 100m,精梳毛纱为 50m,粗梳毛纱为 20m)若干绞,用烘箱法烘干后称得若干绞纱的总干重,而后计算出公定重量,再根据指标定义式求得各细度指标。

二、股线细度的表达

股线的细度用单纱细度和单纱根数 n 的组合来表达。

(1)当单纱细度以线密度表示时,则股线的线密度表示为:$Tt \times n$(Tt 为构成股线的单纱的名义线密度);若组成股线的单纱线密度不同则表示为:$Tt_1 + Tt_2 + \cdots + Tt_n$。

（2）当单纱细度以公制支数为单位时，则股线的公制支数表示为 N_m/n；若组成股线的单纱细度不同则表示为：$(N_{m1}/N_{m2}/\cdots/N_{mn})$。股线的公制支数的计算式如下。

$$N_{m股}=\frac{1}{\frac{1}{N_{m1}}+\frac{1}{N_{m2}}+\cdots+\frac{1}{N_{mn}}} \quad (9-7)$$

英制支数的表达方式和公制支数类似。可以看出支数的计算比用线密度时困难。

三、细度指标间的换算

（1）线密度和公制支数的换算式为：

$$\mathrm{Tt}N_m=1000 \quad (9-8)$$

（2）线密度和纤度的换算式为：

$$D=9\mathrm{Tt} \quad (9-9)$$

（3）线密度和英制支数（棉型纱）的换算式为：

$$\mathrm{Tt}N_e=590.5 \quad (9-10)$$

（4）线密度和直径（mm）的换算式为：

$$d=\sqrt{\frac{4}{\pi}\cdot\mathrm{Tt}\cdot\frac{10^{-3}}{\delta}} \quad (9-11)$$

式中：δ——纱线的体积重量，g/cm^3。

常见纤维及纱线的体积重量见表 9－1。

表 9－1　常见纤维及纱线的体积重量表

纤维种类	体积重量（g/cm^3）	纱线种类	体积重量（g/cm^3）
棉	1.54	棉纱	0.8～0.9
羊毛	1.32	精梳毛纱	0.75～0.81
苎麻	1.50	粗梳毛纱	0.65～0.72
蚕丝	1.33	亚麻纱	0.9～1.05
粘胶纤维	1.50	绢纺纱	0.73～0.78
涤纶	1.38	65/35 涤棉混纺纱	0.85～0.95
锦纶	1.14	50/50 棉维混纺纱	0.74～0.76
腈纶	1.14	粘胶短纤维纱	0.84
维纶	1.26	粘胶长丝纱	0.95
丙纶	0.91	腈纶短纤纱	0.63
氯纶	1.39	腈纶膨体纱	0.25
醋酯纤维	1.50	锦纶长丝纱	0.90

四、细度偏差

由于工艺、设备、操作等原因，实际生产出的纱线的细度与要求生产的纱线细度会有一定的偏差，把实际纺得的管纱线密度称为实际线密度，记为 Tt_a。纺纱工厂生产任务中规定生产的最后成品的纱线线密度称为公称线密度，一般需符合国家标准中规定的公称线密度系列，公称线密度又称名义线密度，记为 Tt。纺纱工艺中，考虑到筒摇伸长、股线捻缩等因素，为使纱线成品线密度符合公称线密度而设计确定的管纱线密度称为设计线密度，记为 Tt_s。纱线的细度偏差一般用重量偏差 ΔTt 来表示，重量偏差 ΔTt 又称线密度偏差，其计算式如下。

$$\Delta Tt = \frac{Tt_a - Tt_s}{Tt_s} \times 100\% \tag{9-12}$$

重量偏差为正值，说明纺出的纱线实际线密度大于公称线密度，即纱线偏粗，若销售的筒子纱（定重成包）则因长度偏短而不利于用户；若销售绞纱（定长成包）则因重量偏重而不利于生产厂。重量偏差为负值，则于上述情况相反。若式(9－12)中代入的纱线细度为公制支数，则结果称为支数偏差，若式(9－12)中代入的纱线细度为纤度，则结果称为纤度偏差。

第三节　纱线的条干均匀度

纱线的条干均匀度（细度不匀、细度均匀度）指的是沿纱线长度方向粗细的变化程度。织物的质量在很大程度上取决于纱线细度均匀度，用不均匀的纱织成布时，织物上会呈现各种疵点，从而影响织物质量和外观。在织造工艺过程中，纱线不均匀会导致断头率增加，生产效率下降。因此，纱线的条干均匀度是评定纱线品质的重要指标。

一、表示条干均匀度的指标

1. 平均差系数 H　平均差系数指各测试数据与平均数之差的绝对值的平均值占测试数据平均数的百分率，计算公式如下。

$$H = \frac{\sum |x_i - x|}{nx} \times 100\% = \frac{2n_{下}(x - x_{下})}{nx} \times 100\% \tag{9-13}$$

式中：H——平均差系数；

x_i——第 i 个测试数据；

n——测试总个数；

x——n 个测试数据的平均数；

$x_{下}$——平均数以下的平均数；

$n_{下}$——平均数以下的个数；

用式(9－13)计算的纱线百米重量间的差异称为重量不匀率。

2. 变异系数 CV　变异系数（均方差系数）指均方差占平均数的百分率。均方差是指各测试数据与平均数之差的平方的平均值之方根。计算公式如下。

$$CV = \frac{\sqrt{\frac{\sum (x_i - x)^2}{n}}}{x} \times 100\% \tag{9-14}$$

式中：CV——变异系数或称均方差系数；

x_i——第 i 个测试数据；

n——测试总个数；

x——n 个测试数据的平均数。

3. 极差系数 R 测试数据中最大值与最小值之差占平均数的百分率叫极差系数。计算公式如下。

$$R = \frac{\sum \frac{x_{max} - x_{min}}{n}}{x} \times 100\% \qquad (9-15)$$

式中：R——极差系数；

x_{max}——各个片段内数据中的最大值；

x_{min}——各个片段内数据中的最小值；

n——总片段个数。

根据国家标准的规定，目前各种纱线的条干不匀率已全部用变异系数表示，但某些半成品（纤维卷、粗纱、条子等）的不匀还有用平均差不匀或极差不匀表示的。

二、纱线条干不均匀产生的主要原因

1. 纤维的性质差异 天然纤维的长度、细度、结构和形态等是不均匀的，这种不均匀不仅表现在各根纤维之间，也表现在同一根纤维的不同部位；化学纤维的这种不均匀性较天然纤维好，但还存在一些性质上的差异。纤维的这种性质的不均匀或性能上的差异会引起纱线条干的不均匀，表现为 CV 值上升，波谱图抬高。

2. 纤维的随机排列 假如纤维是等长和等粗细的，并且纱线中纤维都是伸直平行，纺纱设备和纺纱工艺等也都无缺陷，纱线还是会产生不均匀，这是由于纱条截面内纤维根数是随机分布的，这种不匀是最低的不匀，所以可称为极限不匀。

$$CV_{lim} = \sqrt{\frac{1}{n}} \times 100\% = \sqrt{\frac{Tt_{纤}}{Tt_{纱}}} \times 100\% \qquad (9-16)$$

3. 纺纱工艺不良 在纺纱过程中，由于纤维混和不均匀，牵伸工艺不良等原因引起的纱线条干不均匀所产生的不匀，称为牵伸波。出现牵伸波时的布面状况如图 9-4 所示。

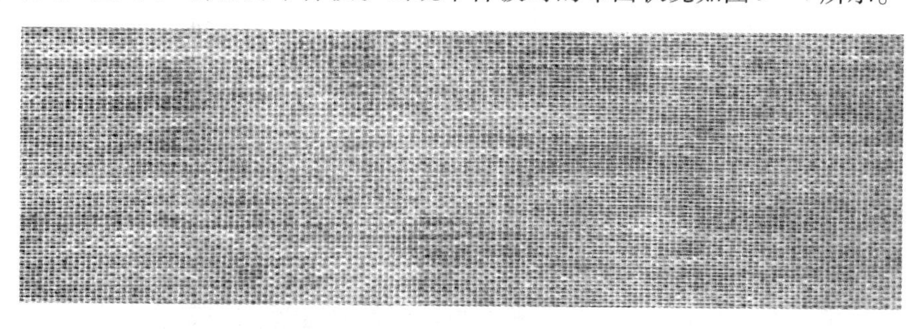

图 9-4　有牵伸波时的布面状况

4. 纺纱机械缺陷 由于牵伸件、传动件的缺损而产生的周期性的不匀,称为机械波。出现机械波时的布面状况如图 9 - 5 所示。

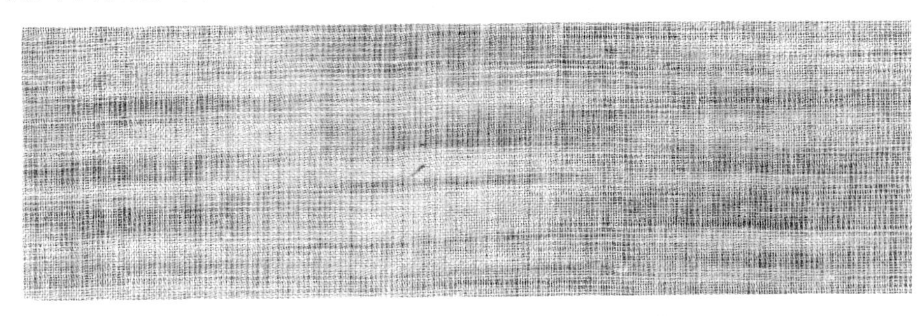

图 9 - 5 有机械波时的布面状况

对比图 9 - 4 和图 9 - 5 会发现机械波造成的布面疵点要明显的多。

5. 偶然事件引起的不匀 偶然事件引起不匀的原因一般都比较特殊,如飞花黏附、齿轮嵌花、横动导杆出位、操作不良、空调故障、棉糖黏辊等,大多数时候会表现为疵点的快速上升或特大疵点的出现,有时也会表现为机械波。

三、纱线的条干不匀的测试与分析

(一) 纱线细度不匀率测试方法

1. 切断称重法 用缕纱测长器取得一定长度的绞纱若干绞,每一绞称为一个片段,分别称得每一绞纱线的重量,即得到 x_i,代入式(9 - 13)可求得重量不匀,代入式(9 - 14)可求得片段间不匀。片段长度按规定棉型纱线为 100m,精梳毛纱为 50m,粗梳毛纱为 20m,苎麻纱 49tex 及以上为 50m、49tex 以下为 100m,生丝为 450m。

2. 目光检验法 目光检验法又称黑板条干法。它是将纱线用摇黑板机(图 9 - 6)以一定密度均匀地绕在一定规格的黑板上,然后将黑板放在暗室内规定的光线和位置下,用目光观察黑板的阴影、粗节、严重疵点等情况,与标准样照进行对比,确定纱线的条干级别。棉纱线的条干级别分为优级、一级、二级和三级。毛纱线评定条干一级率。这种方法测试的纱线条干不匀,反映的是纱线的短片段的表观粗细不匀,并且测试快速、简单,但不能得到定量的数据,而且测试结果会因人而异。如图 9 - 7 所示为不同细度纱线的两块黑板,可以看到疵点、毛羽以及条干不匀的差异(云斑大小与深浅)。

图 9 - 6 YG381 摇黑板机

光电式条干仪(也称纱线外观分析仪)在工业上也逐渐得到应用,美国的 EIB 和长岭纺电的 CT1000 都属于此类仪器。它在一定程度上可以模拟、替代黑板条干测试法,而且给出更具体的指标。纱线的外观信息(平均直径、直径变异系数、椭圆度、外观疵点等)对全面评价纱线

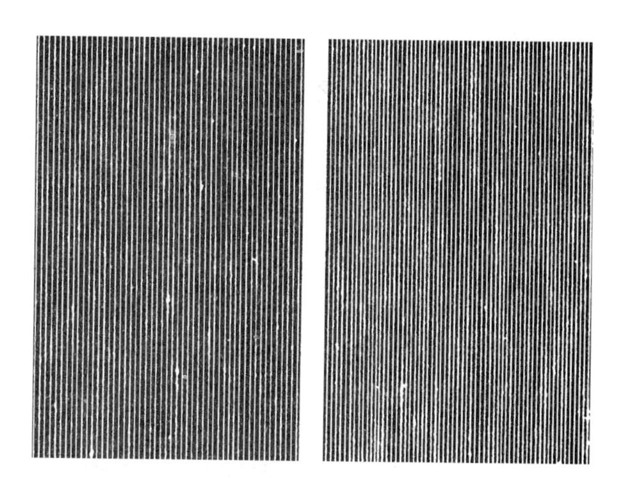

图9-7 黑板条干

质量、指导织造工艺、预测织物布面效果有着重要的意义。

3. 电容式条干均匀度仪试验法 电容式条干均匀度测试仪是检测纱条条干不匀的仪器，我国的条干测试技术已经迈进世界先进行列。目前的条干仪其信号处理部分全部采用计算机软件实现，系统极为简洁。USTER4 型和 YG136A 型增加了毛羽测量模块，给出了反映纱线毛羽丰富程度的毛羽值 H，如图 9-8 所示，其测试原理是让一束激光投射到纱线上，纱线主体遮挡光线而毛羽将光线散射，通过光敏器件接收散射的光线，散射光线的强度就代表着纱线毛羽的丰富程度。毛羽值 H 的定义为毛羽测试单元测试近 1cm 长的纱线上突出的纤维长度的总合。如毛羽值 H 为 4.0，表明测试区域为 1cm 时突出纤维的长度总合为 4cm。毛羽值 H 没有单位。

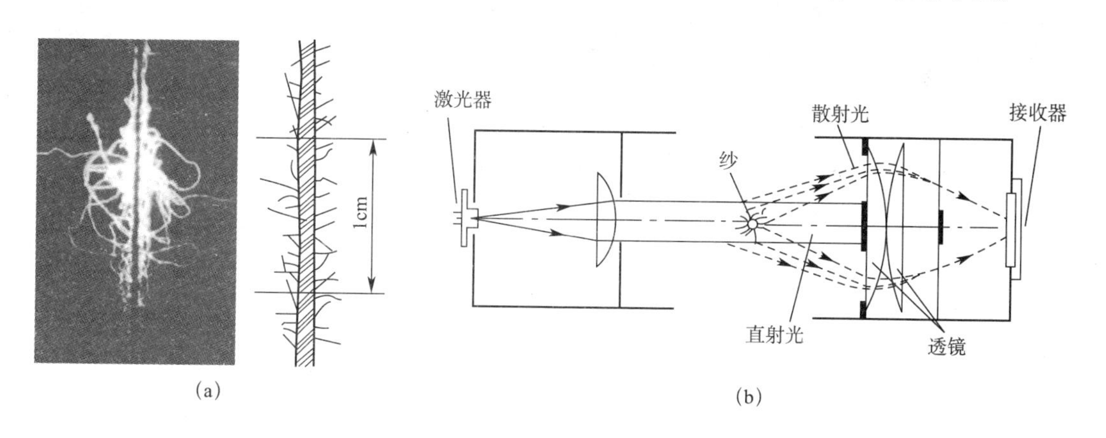

图9-8 毛羽值 H 测试原理

(1)工作原理：用两块平行的、相对的金属板构成一个电容器，其电容量的计算式如下。

$$C = \frac{\varepsilon S}{4\pi k d} \tag{9-17}$$

式中：C——平行板电容器的电容量；

ε——介电常数，与两块金属板之间的填充的介质有关；

S——两块金属板正对的实际面积；

K——常系数；

d——两块金属板之间的距离。

由公式(9－17)可知，如果将 S、d 固定以后，电容量仅随两个极板之间填充的介质变化而变化。如果让纱条从两块极板之间通过，那么纱条线密度(即介质质量)的变化就会引起电容量的变化，再通过检测电容量的变化而确定纱条条干的变化，这就是电容式条干均匀度测试仪测试原理的理论基础。

当然，在条干均匀度测试仪设计制造时，为了保证一定的介质填充系数，提高信噪化，降低温、湿度的影响等，在电容极板设计及检测电路的设计上进行了一系列仪器化的处理。如由七块或五块极板构成五个或四个检测槽，极板面积和间距不同，分别适应不同品种和线密度的试样；将检测电容接入电桥电路的一只桥臂；电桥采用高频振荡电路供电；电容极板采用陶瓷封装等。

下面以 YG135G 型条干均匀度测试仪为例，如图 9－9 所示。试样以一定的速度受胶辊牵引通过电容检测槽，将其单位长度的质量(线密度)变化转变为相应的电信号，经放大后，对信号进行均值归一化调整，然后分别进行 CV 值处理、波谱处理、疵点处理、DR 值处理及不匀曲线图的处理，并将各自的处理结果送至主机进行综合处理，以及对测试结果进行显示、打印及存储等，其工作原理如图 9－10 所示。

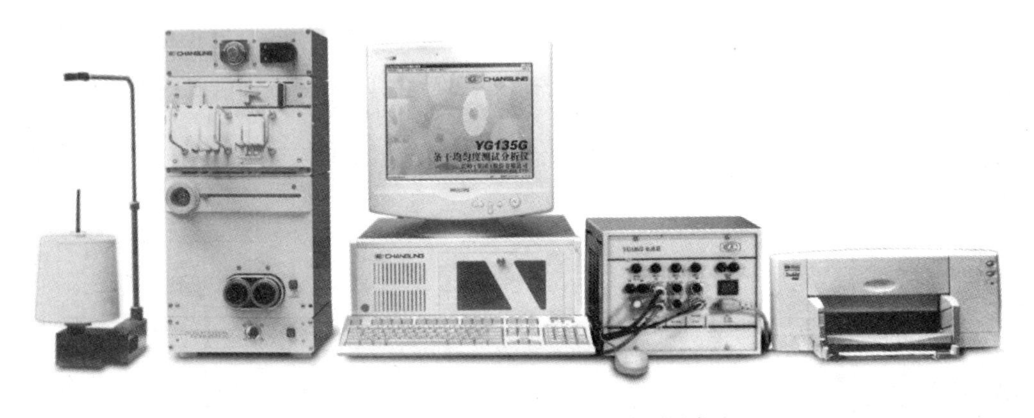

图 9－9　YG135G 型条干均匀度测试仪

(2)主要信息：

①不匀曲线：不匀曲线如图 9－11 所示，曲线横坐标方向表示纱线的长度，纵坐标方向表示纱线的粗细；纵坐标 0 处，表示纱线的平均线密度。不匀曲线能够直观地表示纱线的条干均匀的情况。波动幅度越大，纱条越不均匀。

②纱线的不匀率：测出给定长度纱线上的变异系数(也称 CV 值)。

③粗节、细节、棉结(即疵点)：疵点数按各种不同水平要求进行统计。各种不同的水平见表 9－2。

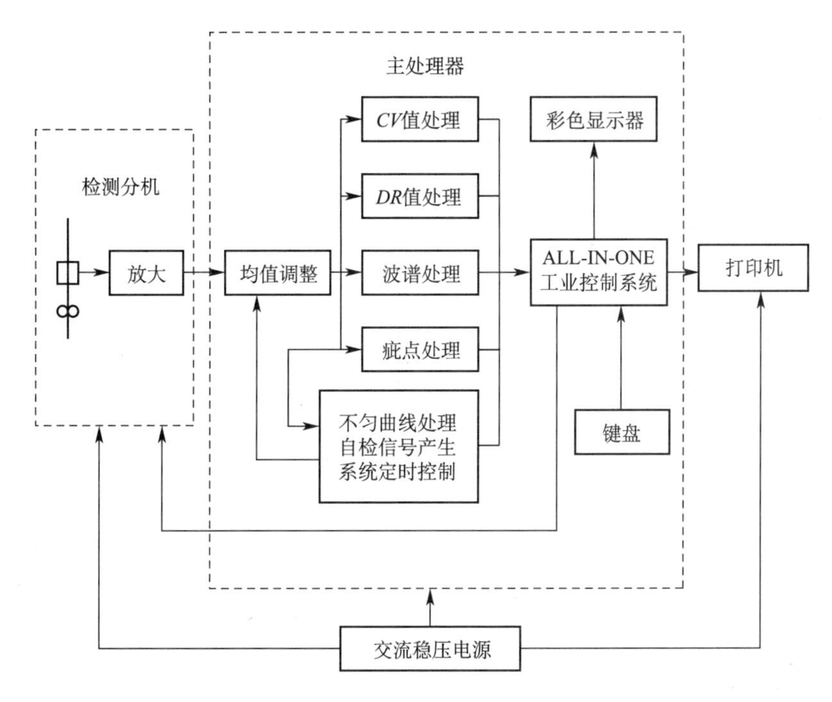

图 9－10　YG135G 型条干均匀度测试仪工作原理

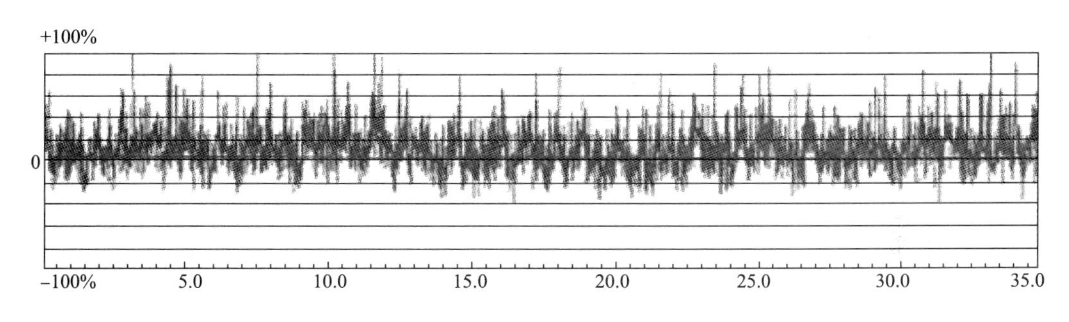

图 9－11　纱线实际不匀率曲线

表 9－2　粗节（Thick）、细节（Thin）、棉结（Neps）各种不同水平

类　型	粗　节	细　节	棉　结
水平	+100%	－60%	+400%
	+70%	－50%	+280%
	+50%	－40%	+200%
	+35%	－30%	+140%

④波谱图：如图 9－12 所示。波谱图的横坐标为波长的对数；纵坐标为振幅。波谱图的理论依据是傅里叶变换。根据傅里叶变换，任何波动曲线都可以分解成不同波长、不同振幅正弦（或余弦）波的叠加。将分解出来的波动成分按照波长、振幅制作出线状谱，即可得波谱图。实际上，电容式条干均匀度测试仪将不匀率曲线分解成有限个频道内的波动，每个频道的宽度按

照的等比级数上升，所以波谱图上的频道在取对数之后变成了等宽。波谱图在生产实际中的用途有评价纱条均匀度；分析不匀结构；纱条疵病诊断，从而解决机械工艺故障；预测布面质量；与不匀率结合，对设备进行综合评定。

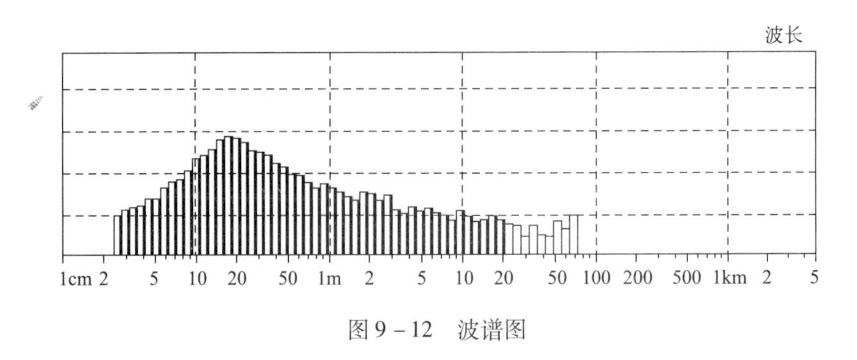

图 9－12　波谱图

⑤弈异系数—长度曲线：纵坐标为变异系数，横坐标是片段长度的对数，是变异系数对片段长度的曲线，如图 9－13 所示。可反映纱条线密度不匀的片段结构特征，更适宜于分析非周期性线密度不匀。

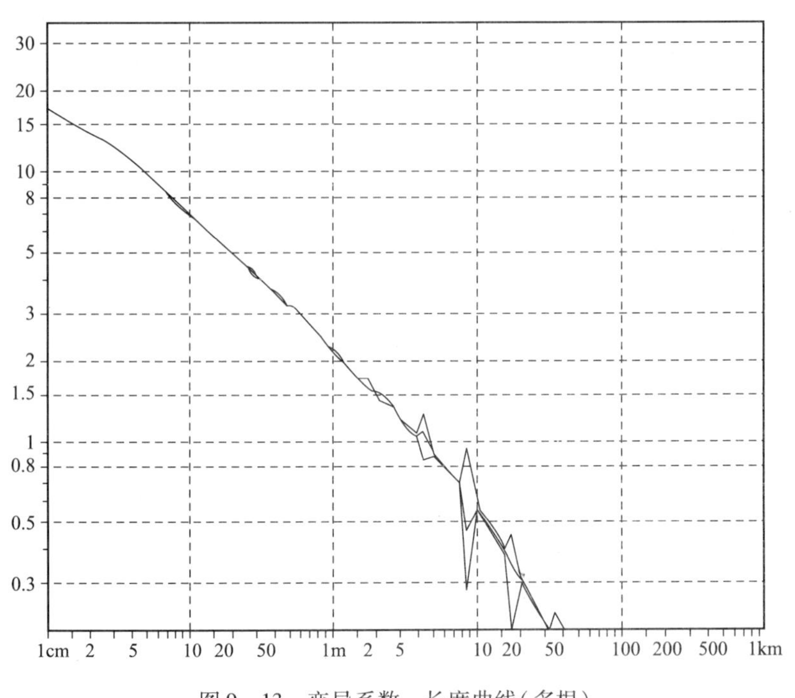

图 9－13　变异系数—长度曲线（多根）

⑥偏移率 DR 值：其含义就是纱样偏离其平均线密度 $M(l \pm a)$ 的不匀部分的长度之和 $\sum l$ 占纱样总长度 L 的百分率并有正、负值之分，如图 9－14 所示。其具体的计算式如下。

$$DR(+) = \frac{\sum l(-)}{L} \times 100\%$$

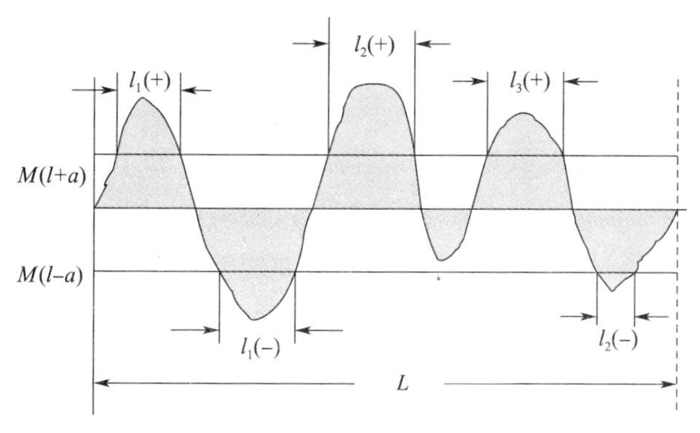

图9－14　偏移率概念图

$$DR(-)=\frac{\sum l(-)}{L}\times 100\%$$

$$DR = DR(+) + DR(-) \tag{9-18}$$

⑦线密度频率分布图(质量分布图):此图也可称为线密度分布图,用来分析纱条线密度的大小分布情况,如图9－15所示。其横坐标为纱条线密度的相对大小(偏移值),一般为－100%～＋230%,纵坐标为重复出现的频率百分数。其中图9－15(a)为当前所选量程范围内的频率分布图,图9－15(b)为大于量程上限的频率分布图,并在图上显示出线密度平均值的位置。值得注意的是,两张图的纵坐标标尺不同,图9－15(b)相当于放大后的图形。

此图形可直观地反映纱条线密度的分布情况,如是单峰分布还是多峰分布,有没有强突起等,以及线密度变化偏离标准分布(高新分布)的情况。超过量程上限的分布属于极小概率事件,反映了大粗节的分布情况。

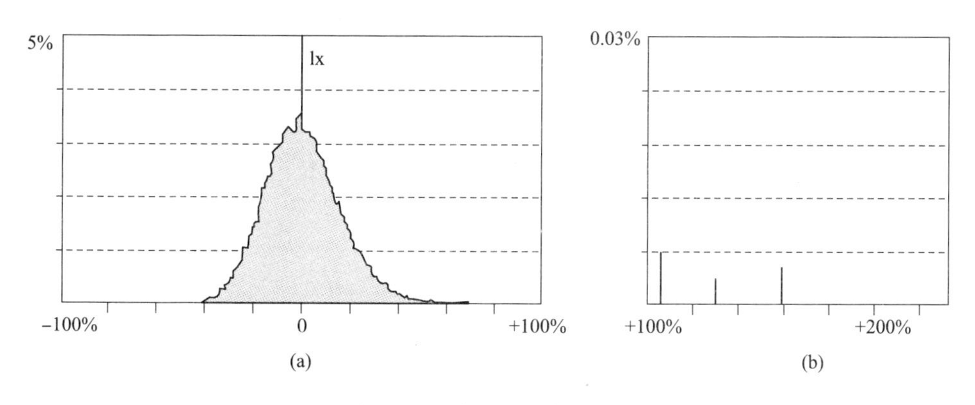

图9－15　线密度频率分布图

⑧平均值系数 *AF* 值:以批次测试的总长度线密度为100%,则每次测试的线密度相对于总平均的比值即为 *AF* 值,换算为百分数,大于100%说明偏粗,小于100%说明偏细。也有以第一管纱测得的线密度为100%,以后各管与之相比的算法。

在每次试验中,都有一个相应的条干粗细平均值,它相当于受测试纱条的平均重量。当受测细纱试验长度为100m时,各次AF值的不匀率即相当于传统的细纱重量不匀率或线密度不匀率,这一指标常被用于测定管纱之间纱线的线密度(重量、特数)变异,以便研究在长周期内纺纱的全过程或前道工序的不匀情况。一般AF值为95～105时属于正常情况,如果测得的数据超过这一范围,说明纱线的绝对线密度平均值有差异。利用AF值的变异,还能直观地分析出纱条重量不匀变化趋势,及时反映车间生产情况,以便调整工艺参数,为提高后道工序产品质量起指导和监督作用,使粗经、粗纬等织疵消灭在细纱的生产过程中。

(二)纱线细度不匀分析

1. 长片段不匀和短片段不匀 出现不匀的间隔长度是纤维长度的1～10倍,约1m以下为间隔的不匀,称为短片段不匀;出现不匀的间隔长度是纤维长度的10～100倍,约几米为间隔的不匀,称为中片段不匀;出现不匀的间隔长度是纤维长度的100～3000倍,约几十米为间隔的不匀,称为长片段不匀。用短片段不匀较高的纱进行织造时,几个粗节或细节在布面上并列一起的概率较大,容易出现云斑形布面疵点,对布面质量影响较大。长片段不匀的纱线织成的布面会出现明显的横条纹,对布面影响也较大。相对而言中片段不匀的纱织造时布面出现疵点的明显度稍低一些,而且还与布幅有关,当呈现某种倍数关系时将出现明显疵点(条影或云斑)。

切断称重法测得的缕纱重量不匀是长片段不匀;黑板条干法测得的不匀,比较的是几至几十厘米纱线的表观直径的不匀,是短片段不匀;电容式条干均匀度仪可通过变异系数—长度曲线反映出长片段、中片段和短片段不匀的情况。

2. 片段的内不匀、间不匀和总不匀 片段与片段之间的粗细不匀,称为片段间不匀,或称为外不匀,记为CV_e;而每一片段内部还存在着粗细不匀,片段内部的不匀称为片段内不匀,记为CV_i;外不匀和内不匀共同构成了纱线的总不匀。若用变异系数CV值来表示纱线的不匀率,即总不匀,则内不匀、外不匀和总不匀三者之间的关系如下。

$$CV^2 = CV_e^2 + CV_i^2 \tag{9-19}$$

3. 纱线不匀与片段长度的关系 若纱线的条干不匀曲线呈现出如图9-16(a)所示的情况,不难看出,试样长度越长,则内不匀率越大,外不匀越小;当片段长度趋于零时,纱线的内不匀率趋于零,外不匀率趋于总不匀率。CV、CV_e和CV_i与片段长度之间的关系如图9-16(b)所示。

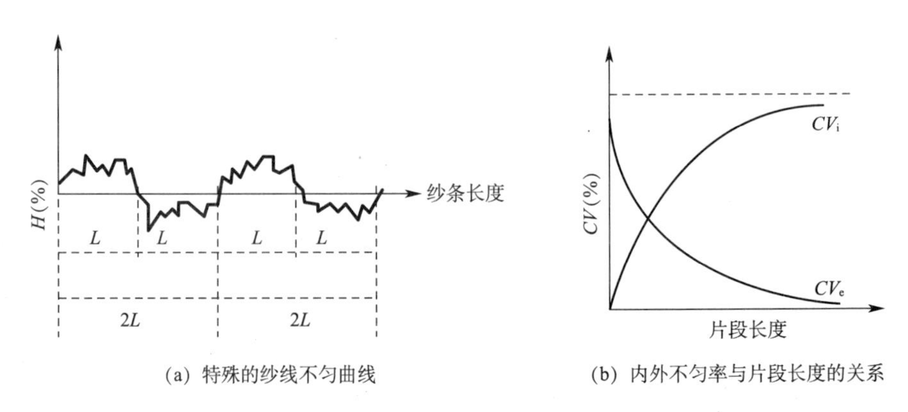

(a) 特殊的纱线不匀曲线 (b) 内外不匀率与片段长度的关系

图9-16 不匀率与片段长度

4. 不匀指数 I

$$\text{不匀指数}\ I=\frac{\text{实际不匀}}{\text{极限不匀}} \tag{9-20}$$

不匀指数的大小反映设备的纺纱能力,并且 $I \geqslant 1$。此值越小,说明设备对纤维的运动控制能力越强,纺纱质量越好。

5. 纱线不匀的波谱分析 如果纱线的不匀只是由于纤维在纱中的随机排列引起,而不存在由于纤维性能不均、工艺不良、机械不完善引起的不匀,则纱条的不匀如图 9-17(a)所示(为画图方便,用连续曲线示意),为理想波谱图;如果纤维是不等长的,则纱条的不匀较理想的要大,得到的实际波谱图较理想的要高,如图 9-17(b)中实线所示;如果工艺不良出现牵伸不匀,则在波谱图中会出现“山峰”,如图 9-17(c)所示;如果传动齿轮不良出现周期性不匀,则在波谱图中会出现“烟囱”,如图 9-17(d)所示。

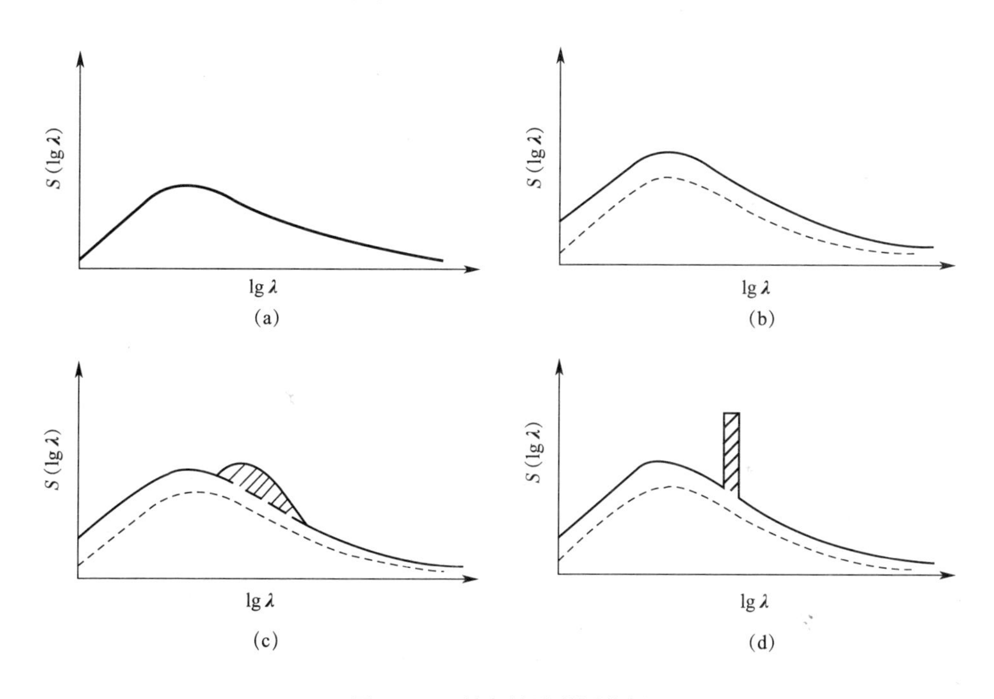

图 9-17 纱条的波谱图分析

山峰形状的波谱图是由于短纤维纺纱时,纤维随机分布造成纱条各断面不匀差异所致,这是不可避免的。其最高峰位于(2.5~3)×纤维平均长度的波长处。短纤维化纤纱在最高峰左侧有一峰谷,其波长位置等于纤维切断长度。气流纺纱结构与环锭纺不同,纤维在纱线中没有充分伸直,有缠结现象,相对纤维长度减少,故其最高峰值向左偏移。

各道加工机器上,具有周期性运动的部件的缺陷(如罗拉偏心、齿轮缺齿、皮圈破损等)会给纱条条干造成周期性粗细变化,并由此造成机械波。机械波在波谱图中表现为柱状突起,一般只在一个或两个频道上出现。而由于牵伸倍数选择不当,或牵伸机构调整不好(加压过轻过重、隔距过大过小等),致使纱条在牵伸时部分纤维得不到良好的控制,造成条干不匀,由此造成牵伸波。牵伸波在波谱图中表现为小山,一般连续在五个或更多的频道上出现。

估计柱状突起的机械波对最终产品是否有影响时，应首先看其高度（高于本频道正常波谱高度部分）是否大于本频道正常波谱高度的1/2，若大于则应予以重视。如机械波连续出现在两个频道上时，应将两频道相叠加，与其正常波谱高度对比。在出现多个峰时应按照从最长波长到最短波长顺序分析的方法解决问题，同时要注意谐波，即主波长的1/2、1/3、1/4、1/5等处的波长，谐波是原理性干扰因素所造成的。

波谱图的右部常有空心柱的频道，这是试样较短时给出的信度偏低的提示，此空心柱部分可作参考，若有疑虑，就加长试样测试。

第四节　纱线的加捻程度及结构特征

一、表示纱线加捻程度的指标

如果须条一端被握持住，另一端回转，即可形成纱线，这一过程，称为加捻。对短纤维纱来说，加捻是纱线获得强力及其他特性的必要手段；对长丝纱和股线来说，加捻可形成一个不易被横向外力所破坏的紧密结构。加捻还可形成变形丝及花式线。加捻的多少及加捻方向不仅影响织物的手感和外观，还影响织物的内在质量。

表示纱线加捻程的度的指标有捻度、捻回角、捻幅和捻系数。表示加捻方向的指标是捻向。

1. 捻度　单位长度的纱线所具有的捻回数称作捻度。纱线的两个截面产生一个360°的角位移，称为一个捻回，即通常所说的转一圈。捻度的单位随纱线的细度不同而不同，线密度制捻度 T_{tex} 的单位为“捻/10cm”，通常习惯用于棉型纱线；公制支数制制捻度 T_m 的单位为“捻/m”，通常用来表示精梳毛纱及化纤长丝的加捻程度。粗梳毛纱的加捻程度既可用线密度制捻度，也可用公制支数制捻度来表示。英制支数制捻度 T_e 的单位为“捻/inch”。

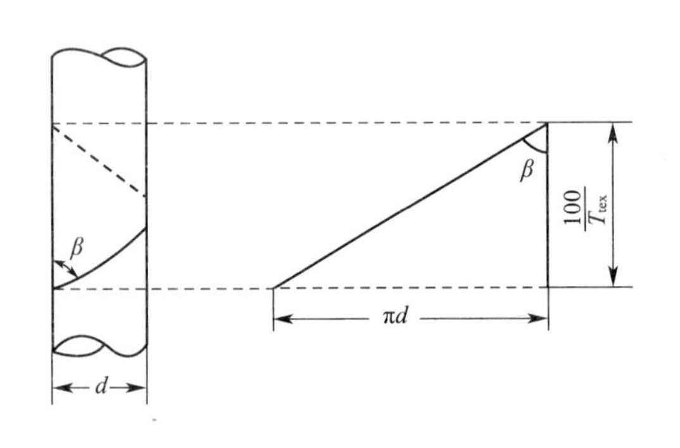

图9-18　捻回角示意图

2. 捻回角　加捻前，纱线中纤维相互平行，加捻后，纤维发生了倾斜。纱线加捻程度越大，纤维倾斜就越大，因此可以用纤维在纱线中倾斜角——捻回角 β 来表示加捻程度。捻回角 β 是指表层纤维与纱轴的夹角，如图9-18所示。捻回角 β 可用来表示不同粗细纱线的加捻程度。两根捻度相同的纱线，由于粗细不同，加捻程度是不同的，较粗的纱线加捻程度较大，捻回角 β 亦较大。捻回角直接测量需在显微镜下，使用目镜和物镜测微尺来测量，既不方便又不易准确，所以实际中常用下式计算求出。

$$\tan\beta = \frac{\pi d}{\frac{100}{T_{tex}}} = \frac{\pi d T_{tex}}{100} \tag{9-21}$$

式中：β——捻回角；

d——纱的直径，mm，可用式(9－11)算得；

T_{tex}——纱的捻度，捻/10cm。

3. 捻幅　若把纱线截面看作是圆形，则处在不同半径处的纤维与纱线轴向的夹角是不同的，为了表示这种情况，引进捻幅这一指标。捻幅是指纱条截面上的一点在单位长度内转过的弧长，如图9－19(a)，原来平行于纱轴的AB倾斜成$A'B$，当L为单位长度时，则弧长AA'为A点的捻幅。如用P_A表示A点的捻幅，$\beta = \angle ABA'$为$A'B$与纱轴的夹角，则：

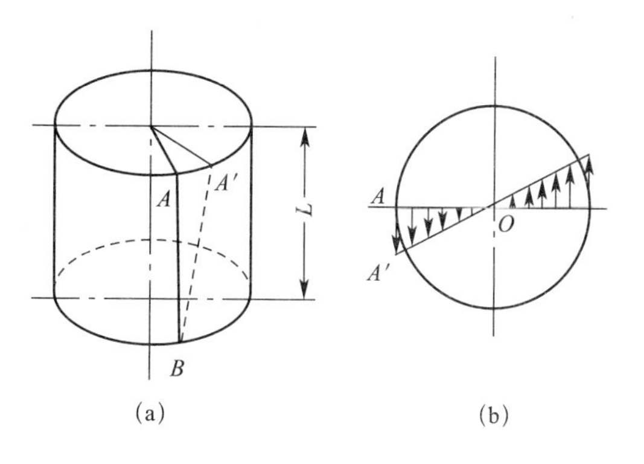

图9－19　纱线捻幅

$$P_A = \frac{AA'}{L} = \tan\beta \qquad (9-22)$$

所以捻幅实际上是这一点的捻回角的正切。为了方便，常作出纱线P_A的截面分布图，如图9－19(b)，图中箭头的长短表示捻幅的大小，箭头的方向表示加捻方向。处在纱线中心位置的纤维，β角较小，P_A较小；而处在纱线外层的纤维，β角较大，P_A较大。纱中各点的捻幅与半径成正比关系。此指标主要用于科研。

4. 捻系数　捻度测量较方便，但不能用来表达不同粗细纱线的加捻程度。为了比较不同细度纱线的加捻程度，人们定义了一个结合细度表示加捻程度的相对指标——捻系数。

线密度制捻系数：
$$\alpha_t = T_t\sqrt{\mathrm{Tt}} \qquad (9-23)$$

公制支数制捻系数：
$$\alpha_m = \frac{T_m}{\sqrt{N_m}} \qquad (9-24)$$

英制支数制捻系数：
$$\alpha_e = \frac{T_e}{\sqrt{N_e}} \qquad (9-25)$$

式中：α_t，α_m，α_e——分别为线密度、公制支数、英制支数制捻系数；

Tt，T_m，T_e——分别为线密度、公制支数、英制支数制捻度；

Tt，N_m，N_e——分别为纱线线密度、公制支数、英制支数。

捻系数和捻回角的关系为：

$$\alpha = k\sqrt{\delta}\tan\beta \qquad (9-26)$$

式中：k——换算系数，对线密度制捻系数，$k=892$；对公制支数制捻系数，$k=282$；

δ——纱线的密度，g/cm^3。

由式(9－26)可知，当纱线的体积重量相同时，捻系数等同于$\tan\beta$。

5. 捻向　捻向是指纱线的加捻方向。它是根据加捻后纤维或单纱在纱线中的倾斜方向来描述的，如图9－20所示。纤维或单纱在纱线中由左下往右上倾斜方向的，称为Z捻向(又称反手捻)，因这种倾斜方向与字母Z字倾斜方向一致；同理，纤维或单纱在纱线中由右下往左上倾

图 9-20 捻向

斜的，称为 S 捻向（又称顺手捻）。一般单纱为 Z 捻向，股线为 S 捻向。

股线由于经过了多次加捻，其捻向按先后加捻为序依次以 Z、S 来表示。如 ZSZ 表示单纱为 Z 捻向，单纱合并初捻为 S 捻，再合并复捻为 Z 捻。

对机织物而言，经、纬纱捻向的不同配置，可形成不同外观、手感及强力的织物。

（1）平纹织物中，若经、纬纱采用同种捻向的纱线，则形成的织物强力较大，但光泽较差，手感较硬。

（2）斜纹组织织物，若纱线捻向与斜纹线方向相反，则斜纹线清晰饱满。

（3）Z 捻纱与 S 捻纱在织物中间隔排列，可得到隐格、隐条效应。

（4）Z 捻纱与 S 捻纱合并加捻，可形成起绉效果等。

6. 捻缩 加捻后，由于纤维倾斜，使纱的长度缩短，产生捻缩。捻缩的大小通常用捻缩率来表示，即加捻前后纱条长度的差值占加捻前长度的百分率。

$$\mu = \frac{L_0 - L}{L_0} \times 100\% \tag{9-27}$$

式中：μ——纱线的捻缩率；

L_0——加捻前的纱线长度；

L——加捻后的纱线长度。

单纱的捻缩率，一般是直接在细纱机上测定。以细纱机前罗拉吐出的须条长度（未加捻的纱长）为 L_0，对应的管纱上（加捻后的）的长度为 L。股线的捻缩率可在捻度仪上测试，试样长度即为加捻后的长度 L；而退捻后的单纱长度，则为加捻前的长度 L_0。单纱的捻缩率随着捻系数的增大而增加。

股线的捻缩率与股线、单纱捻向有关。当股线捻向与单纱捻向相同时，加捻后股线长度较加捻前的单纱要短，因此捻缩率为正值，且随着捻系数的增大而增加。当股线的捻向与单纱捻向相反时，在股线捻度较小时，由于单纱的退捻作用反而使股线的长度有所变长，捻缩率为负值；当捻系数增加到一定值后，股线又开始缩短，捻缩率再变为正值，且随捻系数的增大而增加。如图 9-21 所示，曲线 1 为双股同向加捻的股线，曲线 2 为双股异向加捻的股线。

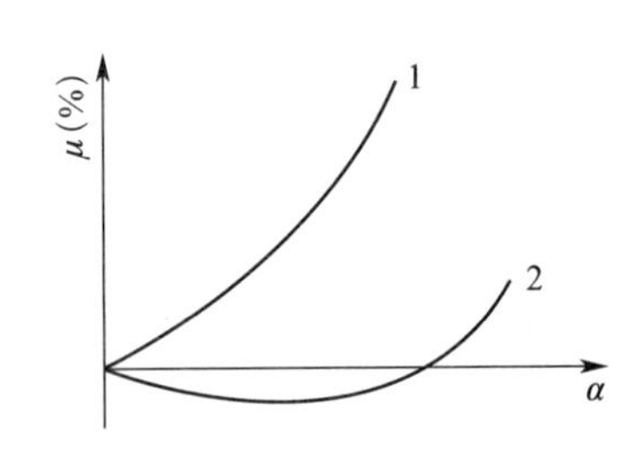

图 9-21 股线捻缩率与捻系数的关系

捻缩率的大小，直接影响纺成纱的线密度和捻度，在纺纱和捻线工艺设计中，必须加以考虑。棉纱的捻缩率一般为 2%～3%。捻缩率的大小与捻系数有关外，还与纺纱张力、车间温湿度、纱的粗细等因素有关。

二、纱线捻度的测试

纱线捻度试验的方法有两种，即直接解（退）捻法和张力法。张力法又称解（退）捻—加捻法。捻度测试仪目前有平面恒张力型、直立型、手动型(用于粗纱)和全自动型四种形式,如图9-22所示。

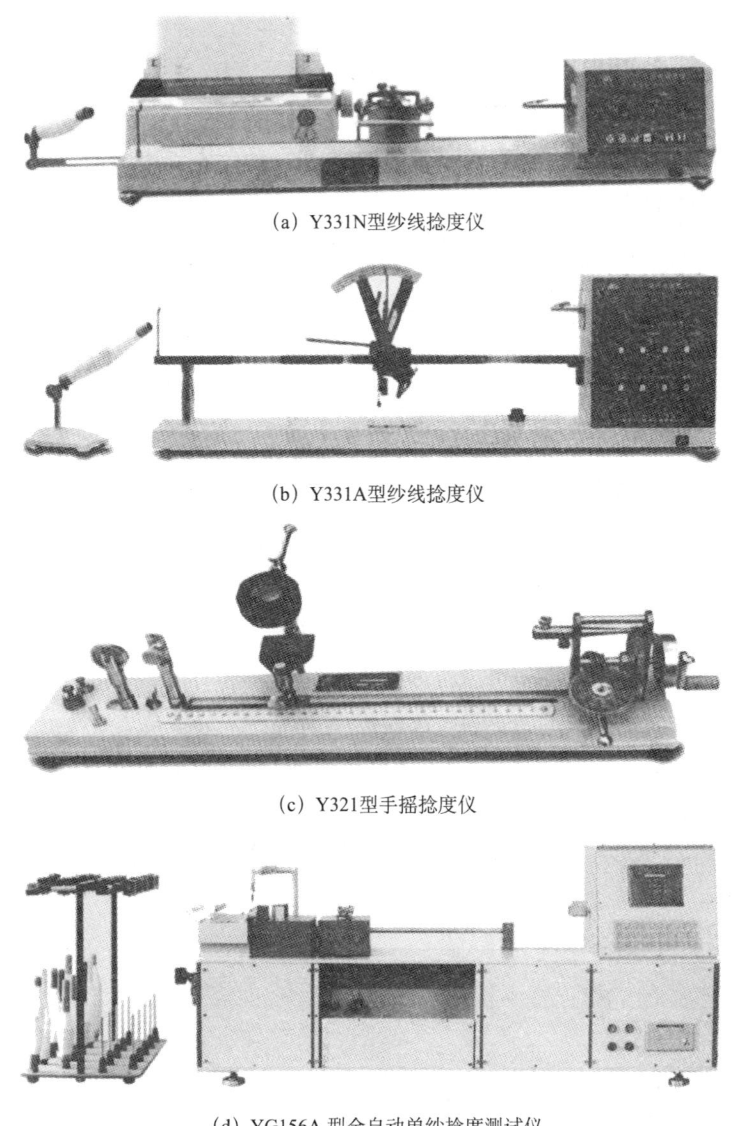

(a) Y331N型纱线捻度仪

(b) Y331A型纱线捻度仪

(c) Y321型手摇捻度仪

(d) YG156A 型全自动单纱捻度测试仪

图9-22　不同类型的捻度仪

(一)纱线捻度的测试方法

1. 直接解(退)捻法　将试样在一定的张力下夹持在纱线捻度仪的左右纱夹中。让其中一个纱夹回转,回转方向与纱线原来的捻向相反。当纱线上的捻回数退完时,使纱夹停止回转,这时的读数(或被打印机打出)即为纱线的捻回数。这种方法多用于测试长丝纱、股线或捻度很少的粗纱。

2. 张力法　将试样在一定张力下夹持在左右纱夹中先退捻,此时纱线因退捻而伸长,待纱线捻度退完后继续回转，其会因加捻而缩短，直到纱线长度捻至与原试样长度相同时，纱夹停止回转，这时的读数为原纱线捻回数的2倍。这种方法多用于测定短纤维单纱的捻度。

（二）影响纱线捻度检测结果的因素

影响纱线捻度检测结果的主要因素有相对湿度、试验方法、隔距长度、试验次数、预加张力和允许伸长等。

1. 相对湿度 相对湿度的变化并不直接影响纱线捻度，但相对湿度的大幅度改变会造成纤维材料黏弹性的变化，从而影响到解捻计数的结果。所以，国家标准GB/T 6529—2008规定，纱线捻度测定需进行调湿，而后再进行试验。

2. 试验方法 不同的试验方法会带来不同的试验误差，所以其结果也就没有可比性。相同的试验条件是结果具有可比性的前提。直接计数法适合于股线或粗纱的捻度测量，而退捻加捻法适合于单纱的捻度测量。

3. 隔距长度和试样数量 由于纱线捻度沿纱线长度方向的分布有一定分散性，隔距长度和试样数量影响总的试样长度，即影响测试结果的代表性。隔距长度增加，试样的代表性增加，但试样过长会造成退捻计数测量误差（如纤维滑移）的增加，所以隔距长度要适度。试样数量要能保证95%的概率水平下达到规定的精度，随试样数量增加，测量准确度也会增加，但过大的试样数量会造成实验成本、时间和人力的增加。

4. 预加张力 预加张力过大，使纱线伸长；过小，纱线伸直度受影响，尤其是退捻加捻法对预加张力非常敏感。一般纱线除了精纺毛纱外，预加张力为（0.50±0.10）cN/tex；精梳毛纱根据捻度确定预加张力。

5. 允许伸长 在退捻加捻法中，要确定纱线的允许伸长值，以限制纱线退捻后的伸长，防止纱线中纤维产生滑移。对于每批纱线允许伸长值都要在捻度试验前的预备程序中单独测试确定，具体测试方法可参见纱线捻度测定标准（GB/T 2543.2—2001）。

三、加捻程度对纱线性能的影响

纱线加捻后，纱线的加捻程度不仅影响纱线的直径、光泽等外观，还影响纱线的强度、弹性、伸长等内在质量和手感。

（一）对纱线直径和密度的影响

加捻使纱中纤维密集，纤维间的空隙减少，纱的密度增加，直径减少。当捻系数增加到一定值后，纱中纤维间的可压缩性变得很小，密度随着捻系数的增大变化不大，相反由于纤维过于倾斜有可能使纱的直径稍有增加。

股线的直径和密度与股线、单纱捻向也有关。当股线捻向与单纱捻向相同时，捻系数与密度和直径的关系同单纱相似。当股线与单纱捻向相反时，在股线捻系数较小时，由于单纱的退捻作用，会使股线的密度减小，直径增大；当捻系数达到一定值后，又使股线的密度随着捻系数的增大而增加，而直径随着捻系数的增大而减小，随着继续加捻密度变化不大，而直径逐渐增加。

（二）对纱线强度的影响

对短纤维纱而言，加捻最直接的目的是为了获得强力，但并不是加捻程度越大，纱线的强力就越大，原因是加捻过程既存在有利于纱线强力提高的因素，又存在不利于纱线强力的因素。

1. 有利因素

（1）捻系数增加，纤维对纱轴的向心压力加大，纤维间的摩擦力增加，纱线由于纤维间滑脱而断裂的可能性减少，以断裂方式出现的纤维根数增加，纱线强力增加。

（2）加捻使纱线在长度方向的强力不均匀性降低。纱线在拉伸外力作用下，断裂总是发生在纱线强力最小处，纱线的强力就是弱环处所能承受的外力。随着捻系数的增加，弱环处分配到的捻回较多，使弱环处强力提高较其他地方大，从而使纱线强力提高。

2. 不利因素

（1）加捻使纱中纤维倾斜，使纤维对纱线轴向的分力减小，从而使纱线的强力降低。

（2）纱线加捻过程中使纤维承受了预负荷，外层纤维比内层承受了更多的预负荷，预负荷的增加使纱线承受外力的能力降低，加之内外层负荷分配不匀，表现为纱线强力的下降。

加捻对纱线强度的影响，是以上有利因素与不利因素的对立统一。当捻系数较小时，有利因素起主导作用，表现为纱线强度随捻系数的增加而增加；当捻系数达到某一值时，表现为不利因素起主导作用，纱线的强度随捻系数的增加而下降，如图9－23所示。纱的强度达到最大值时的捻系数叫临界捻系数（图9－23中的α_k），相应的捻度称临界捻度。工艺设计的捻度一般都小于临界捻系数，以在保证细纱强度的前提下提高细纱机的生产效率。

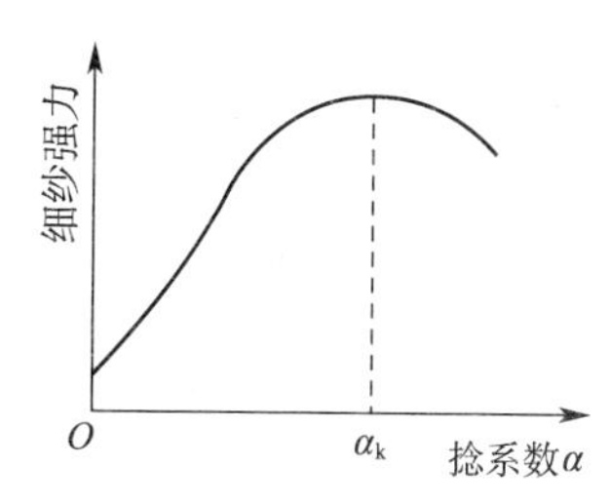

图9－23　纱线强度与纱线捻系数的关系

长丝纱加捻使其强力提高的有利因素是增加了单丝间的摩擦力，单丝断裂的不同时性得到改善。不利因素与短纤维纱相同，且在捻系数较小时，不利因素的影响就小于有利因素。由于长丝中纤维均以断裂形式出现，加捻也只是改善单丝的断裂不同时性，所以长丝纱的临界捻系数α_k要比短纤维纱小得多。

股线加捻使股线强度提高的因素有条干均匀度的改善、单纱之间摩擦力的提高。不利因素与单纱、长丝相似。除了上述因素外，还有捻幅分布情况的影响，它对股线的强度的影响可能是有利因素，也可能是不利因素，这要看加捻是否使股线的捻幅分布均匀。所以股线的捻系数对股线的影响较单纱复杂。当股线捻向与单纱捻向相同时，加捻使纱线的平均捻幅增加，但内、外层捻幅差异加大，在受到外力拉伸时，各层受力不匀较大。当股线捻系数较大时，有可能使股线强度随捻系数的增加而下降。当股线捻向与单纱捻向相反时，开始时随股线捻系数的增加，平均捻幅下降的因素大于捻幅分布均匀的因素，有可能使股线强度下降；当捻系数达到一定值后，随捻系数的增加，平均捻幅开始上升，捻幅分布渐趋均匀，有利于纤维均匀承受拉伸外力，使股线强度逐渐上升。在反向加捻时，一般当股线捻系数与单纱捻系数的比值等于1.414时，股线各处捻幅分布均匀，股线强度最高，结构最均匀、最稳定。当捻系数超过这一值后，随股线捻系数的增加，捻幅分布又趋不匀，股线强度又开始逐渐下降。

（三）对纱线断裂伸长的影响

对单纱而言，加捻使纱线中纤维滑移的可能性减小、纤维伸长变形增加，表现为纱线断裂伸长率的下降。但随着捻系数的增加，纤维在纱中的倾斜程度增加，受拉伸时有使纤维倾斜程度减小、纱线变细的趋势，从而使纱线断裂伸长率增加。总的来说，在一般采用的捻系数范围内，有利因素大于不利因素，所以随着捻系数的增加，单纱的断裂伸长率增加。

对同向加捻的股线，捻系数对纱线断裂伸长的影响同单纱。对异向加捻的股线，当捻系数较小时，股线的加捻意味着对单纱的退捻，股线的平均捻幅随捻系数的增加而下降，所以股线的断裂伸长率稍有下降，当捻系数达到一定值后，平均捻幅又随着捻系数的增加而增加，股线的断裂伸长度也随之增加。

(四)对纱线弹性的影响

纱线的弹性取决于纤维的弹性与纱线结构两方面，而纱线结构主要由纱线加捻来形成，对单纱和同向加捻的股线来说，加捻使纱线结构紧密，纤维滑移减小，纤维的伸展性增加，在合理的捻系数范围，随着捻系数的增加，纱线的弹性增加。

(五)对纱线光泽和手感的影响

单纱和同向加捻的股线，由于加捻使纱线表面纤维倾斜，并使纱线表面变得粗糙不平，纱线光泽变差，手感变硬。异向加捻股线，当股线捻系数与单纱捻系数之比等于0.707时，外层捻幅为零，表面纤维平行于纱线轴向，此时股线的光泽最好，手感柔软。

四、纱线的结构特征

(一) 内外转移与径向分布

1. 内外转移 当须条从细纱机前罗拉握持外吐出，便受到纺纱张力及加捻作用，使原来与须条平行的纤维倾斜，纱条由粗变细。把罗拉吐出处到成纱的过渡区域称为加捻三角区，如图9－24。图中 T_y 为纺纱张力；β 为纤维与纱轴的夹角；T_f 为纤维由于纺纱张力而受到的力；T_r 为 T_f 沿着纱芯方向的分力，称为向心力。

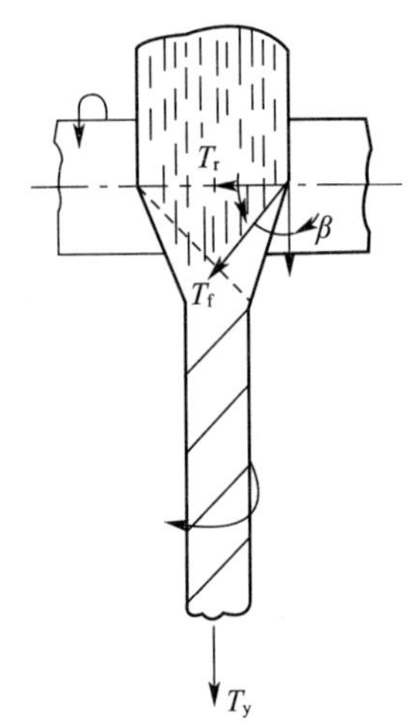

图9－24 加捻三角区

$$T_y = \sum T_f \cos\beta$$

$$T_r = \sum T_f \sin\beta$$

从上述可分析出，随着纤维在纱中所处半径的增大，向心力 T_r 也增大，即处在外层的纤维的张力和向心力较大，容易向纱芯挤入(向内转移)；而处在内层的纤维张力和向心力较小，被外层纤维挤到外面(向外转移)，形成新的内外层关系，这种现象称之为内外转移。一根纤维在加捻三角区中可以发生多次这样的内外转移，从而形成了复杂的圆锥形螺旋线结构，如图9－25所示。

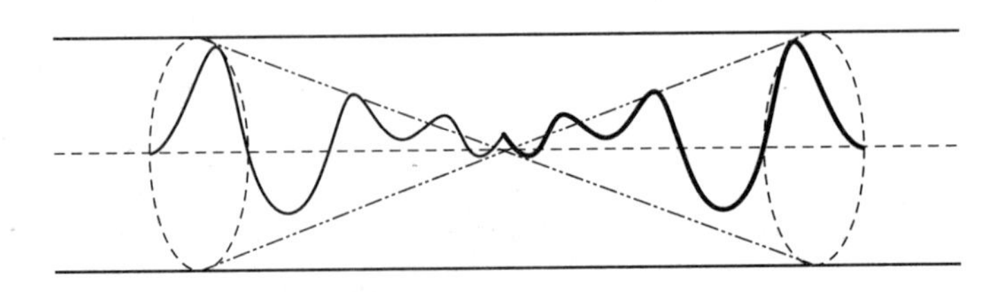

图9－25 环锭纱中纤维的几何形状

纤维发生内外转移现象，必须克服纤维间的摩擦力。这种摩擦力的大小，与纤维粗细、刚性、弹性、表面性状以及加捻三角区中须条的紧密程度等因素有关。所以各根纤维内外转移的机会并不是均等的，不是所有的纤维都会发生内外转移。发生内外转移形成圆锥形螺旋线的纤维约占60%，其他纤维在纱中没有发生内外转移而是形成圆柱形螺旋线、弯钩、折叠和纤维束等情况。

对于转杯纺纱、摩擦纺纱、喷气纺纱、涡流纺纱和集聚纺纱等新型纺纱，纤维在其中的几何特征是不一样的。集聚纺属环锭纺，集聚纱虽然在环锭纺纱机上实现，但纤维的内外转移很微弱，纤维的几何特征基本上呈圆柱形螺旋线；转杯纺纱、涡流纺纱及摩擦纺纱属自由端纺纱，在加捻过程中，加捻区的纤维缺乏积极的握持，呈松散状态，纤维所受的张力很小，伸直度差，纤维内外转移程度低。纱的结构通常分纱芯与外包纤维两部分。外包纤维结构松散，无规则地缠绕在纱芯外面。因此自由端纺纱与环锭纱相比，毛羽少，结构比较蓬松，外观较丰满，强度较低，有剥皮现象，条干均匀度较好，耐磨性较优；喷气纺纱是利用高速旋转气流使纱条加捻成纱的一种新型纺纱方法，纱线中纤维内外转移没有环锭纱明显，具有包缠结构。

观察纤维在纱中配置的几何形状，浸没投影法是比较简便的一种方法。其原理是将纱浸没在折射率与纤维相同的溶液中，这样光线通过纱条时不发生折射现象而呈透明状。如果在纺纱时混入少量有色示踪纤维，就可在透明的纱条中清晰地观察到有色纤维在纱中配置的几何形状。一般在显微镜下或投影仪中放大观察。

2. 径向分布 由于纤维的内外转移，对于由两种不同性能的纤维纺成的混纺纱，在它的横截面上会产生不同的分布——径向分布。存在均匀分布和皮芯分布两种极限情况。径向分布是一个很复杂的问题，即使在同一根纱线上不同截面间，分布状况也有差异，所以必须用统计的方法来找其变化规律。

径向分布的定量表达用汉密尔顿转移指数 M。$M=0$ 时说明两种混纺纤维在纱线横断面内是均匀分布的；$M>0$ 时说明被计算的纤维倾向于向外层转移、分布；反之，$M<0$ 时说明被计算的纤维倾向于向内层转移、分布；$|M|=100\%$ 时说明两种混纺纤维在纱线横断面内是一种完全向内转移，而另一种完全向外转移，呈皮芯分布。

（二）影响纱中纤维内外转移的主要因素

1. 纤维长度 长纤维易向内转移。因为长纤维易同时被前罗拉和加捻三角区下端成纱处握持住，纤维在纱中受到的力 T_f 较大，向心压力也较大，所以易向内转移。而短的纤维则相反，它不易被加捻三角区的两端握持住，纤维在纱中受到的力 T_f 较小，向心压力也较小，所以易分布在纱的外层。

2. 纤维细度 细纤维抗弯刚度小，容易弯曲而产生较大的变形，从而使纤维受力较大，向心压力大，同时细纤维截面积较小，向内转移时受周围纤维的阻力较小，所以细纤维易向内转移而分布在纱的内层。粗纤维则不易弯曲，向心压力小且受到周围纤维的摩擦力大而易分布在纱的外层。

3. 纤维的初始模量 初始模量大的纤维易向内转移，分布在纱的内层。初始模量大，表明纤维在小变形时产生的应力大，向心压力就大，因此易向内转移。

4. 截面形状 圆形截面纤维易分布在纱的内层。圆形截面纤维抗弯刚度小，易弯曲，运动阻力小。而异形截面纤维抗弯刚度大，不易弯曲，向心压力小，所以不易向内转移而分布在纱的外层。

5. 摩擦因数 摩擦因数对纤维转移的影响较复杂。一般来说，摩擦因数大的纤维不易向内转移。

6. 纤维的卷曲 卷曲少的纤维易分布在纱的内层。在同样伸长的情况下，卷曲少的纤维受到拉伸时产生的张力大，向心力大，易向内转移。

7. 纤维的分离度 若纤维梳理不良，有纤维束存在时，不但影响条干，而且由于集团性转移，使径向分布也出现波动，甚至影响染色纱的颜色分布。

8. 纺纱张力 随纺纱张力提高，纤维产生的变形亦随之增加，造成向心压力上升，内外转移加剧。

9. 捻度 随着捻度的增加，纤维在加捻三角区停留期越长，内外转移程度上升。加捻三角区是产生内外转移的决定性因素，没有加捻三角区，就没有内外转移。

利用上述规律，通过控制混纺纱中的纤维的物理特性，可获得预期的内外分布效果。如涤棉混纺纱，若希望其手感滑挺，耐磨性好，则挑选较棉纤维粗、短些的涤纶纤维，使涤纶分布在纱的外层；若希望纱线棉型感强，吸湿能力好，则挑选较棉纤维细长些的涤纶纤维，使棉纤维分布在纱的外层。

（三）纱线的毛羽

纱线毛羽指的是伸出纱线主体的纤维端或圈。毛羽的情况错综复杂，千变万化，伸出纱线的毛羽有端、有圈及表面附着纤维，而且具有方向性和很强的可动性，如图9－1中环锭纱的照片所示。

毛羽造成了纱线外表毛绒，降低了纱线外观的光泽性。过多的成纱毛羽会影响准备工序的正常上浆，并在织造过程中，造成开口不清，断头增加。纱线毛羽的多少和分布是否均匀，对布的质量和织物的染色印花质量都有重大影响，而且还会产生织物服用过程中的起毛起球问题。因此，纱线毛羽指标已成为当前的重要质量考核指标。

我国与日本、英国、德国、美国等国都用毛羽指数来表征毛羽的多少，毛羽指数是在单位纱线长度的单边上，超过某一定投影长度（垂直距离）的毛羽累计根数，单位为根/10m。这一点和USTER毛羽值 H 是不同的。

新型纺纱中的集聚纺能很好地控制纱线的毛羽，它与环锭纱相比，纱线表面3mm以上的毛羽减少80%，如图9－26所示。

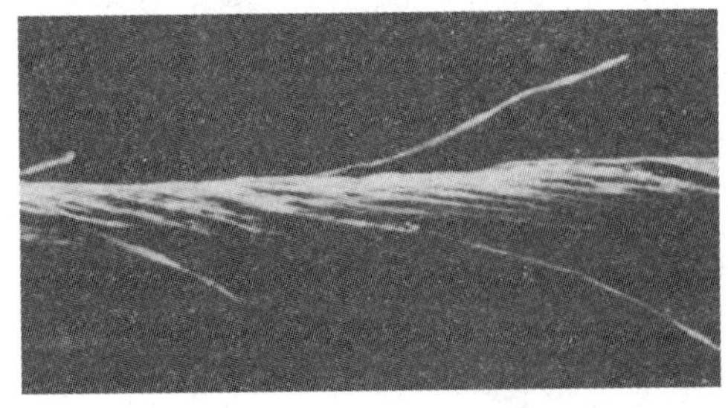

(a) 积聚纺纱

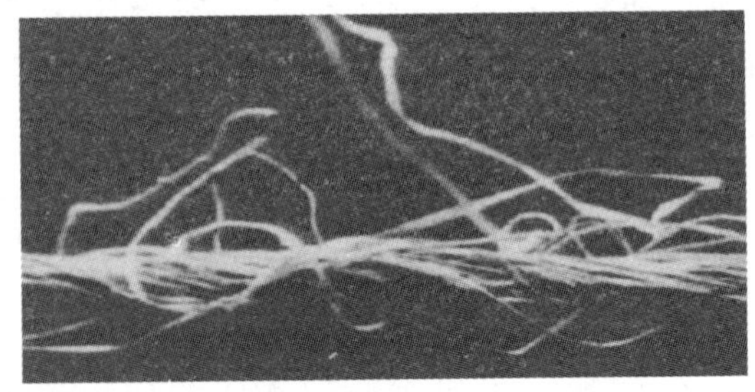

(b) 环锭纺纱

图9－26 不同纺纱方法成纱毛羽情况

第五节　纱线的力学性质

纱线的力学性质包括拉伸性质、弯曲、扭转、压缩性质及摩擦抱合性质，许多指标的定义和第七章里所述是一样的，不再赘述。这里仅对纱线的拉伸断裂机理进行简单讨论。

一、纱线的拉伸断裂机理

（一）长丝纱的拉伸断裂机理

长丝纱（复丝）受外力作用而断裂与短纤维纱不同，长丝中每根丝都会断裂，所以影响长丝纱断裂的主要因素是断裂的不同时性，而这种不同时性主要是纤维本身伸长能力、强度的不均匀，即本身结构性原因，另一方面单丝在丝束中的伸直程度也是影响因素。复丝的通过加捻，可以改善这种结构性不匀，使强力提高，但随着加捻程度达到某一程度，复丝截面受力均匀性降低，强力又开始下降，如图 9－27 所示。

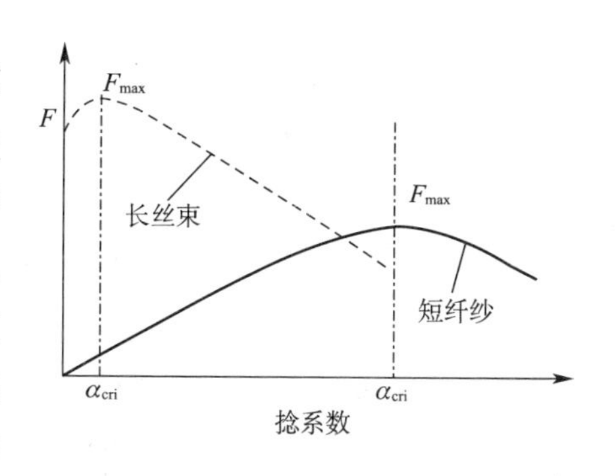

图 9－27　纱线捻系数与强力的关系

（二）短纤维纱的断裂机理

短纤维纱在承受外力作用时，除了与长丝纱一样存在断裂不同时性外，还存在纤维间的相互滑移，即纱线断裂的原因既有纤维的断裂又有纤维的滑移，两者同时存在。纤维是否滑移取决于纤维间的摩擦抱合力的大小。设 F 为纤维受到的摩擦抱合力，纤维的断裂强力为 P，当 $F>P$ 时，纤维表现为断裂；当 $F<P$ 时，纤维表现为滑脱。而 F 的大小与纤维的长度有关，纤维越长，F 值就越大。摩擦抱合力等于纤维强力时纤维所具有的长度称为“滑脱长度”。因此，纤维长度小于二倍滑脱长度的纤维在纱线拉伸时是会滑脱的。为了保证成纱强力，应控制长度短于二倍滑脱长度的纤维量。例如棉纤维的滑脱长度约为 8mm，故将 16mm 作为细绒棉的短绒的界线。

纱线结构状态和加捻对纱线强力的影响请参阅本章第四节。

由于各种原因导致纱的断裂强力折算的截面平均单纤维强力小于实测单纤维平均强力，这种差异反映了纱线结构和原料配置的合理性。人们常用纤维在纱中的强力利用系数在表征这种差异，它是指纱线强力折算的单纤维强力与纱线中某一截面内 n 根纤维的单纤强力之和的比值。强力利用系数总是小于 1 的，长丝纱的强力利用系数大小短纤维纱。如锦纶长丝的强力利用系数为 0.8～0.9；而粘胶短纤维纱为 0.65～0.70，棉纱线为 0.4～0.5，精梳毛纱为 0. 25～0.3。

纱线的伸长是由纤维倾斜程度降低、纤维卷曲的伸展、纤维伸长及纤维的滑移构成。

二、影响纱线强伸度的因素

（一）内因

1. 纤维性质　纤维的长度、细度、强伸度及均匀性对纱线的强伸度均有影响。当纤维长度较长时，纤维间的摩擦力增加，滑移的可能性减少，纱线的断裂强力较大；当纤维细度较细时，同样粗细的纱线截面内，细纤维的根数较多，纤维间接触面积较大，摩擦力较大，同样纤维不易滑移；纤维长度、细度及强伸度均匀性较好，纱线弱环得到改善，纱线的强力提高。

2. 纱线的结构 纱线结构对纱线强伸度的影响主要是纱线捻度与纱线的均匀性。纱线捻度对纱线强度度的影响在本章第四节加捻程度对纱线性能的影响中已经叙述过。纱线细度不均匀性较小时，纱线中弱环出现的可能性减少，使纱线强度及强度的不匀率提高。

3. 混纺比 混纺纱的强力并不像直观想象的那样，强力弱的加上强力大的就一定得到一个强力中等的。混纺比不仅与纤维的强力有关，还与混纺纤维的伸长能力的差异密切有关。为了简化问题假设混纺纱中只有1、2两种纤维；纱线的断裂只是由于纤维的断裂而无滑脱；混纺纱中纤维混和均匀；两种纤维粗细相同。在此假设下，分三种情况来分析混纺纱的强力与混纺比的关系。

(1) 混纺在一起的两种纤维的拉伸曲线如图9－28(a)所示时。当拉伸到伸长为1、2纤维的断裂伸长时，两种纤维同时断裂，混纺纱的强力 P 的计算式如下。

$$P = n_1P_1 + n_2P_2 \tag{9-28}$$

式中：P_1——1纤维的单纤维强力；

n_1——纱截面中1纤维的根数百分率；

P_2——2纤维的单纤维强力；

n_2——纱截面中2纤维的根数百分率。

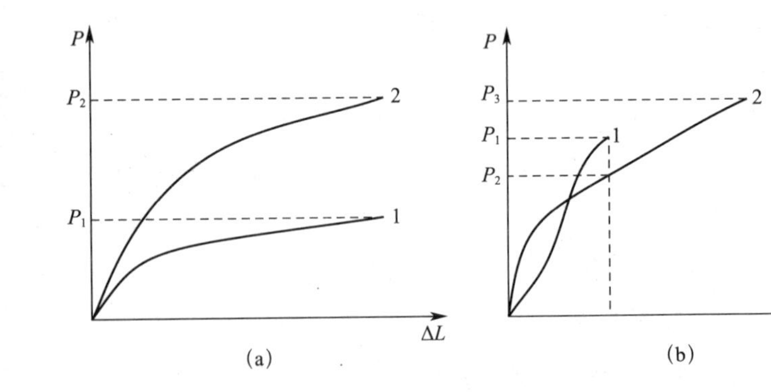

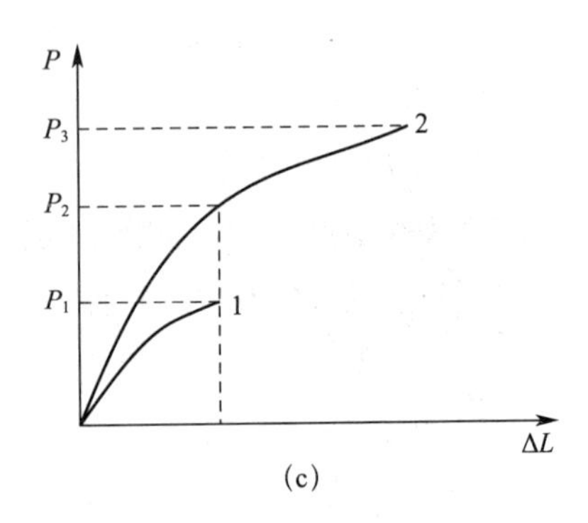

图9－28 混纺纱中1、2两种纤维的拉伸曲线

由式(9－27)可知，由于 $P_2 > P_1$，所以随着 n_2 的增加，纱线的强力增大，即随着混纺纱中强力大的纤维混纺比的增加，混纺纱的强力提高。

(2)混纺在一起的两种纤维断裂伸长率相差较大，且1纤维断裂时的强力大于2纤维在纱线中受到的拉伸力($P_1 > P'_2$)(例涤棉混纺纱)，两种纤维的拉伸曲线如图9－28(b)所示。这种情况下，纱线受拉伸后，纱线中的纤维明显地有两个断裂阶段。第一阶段是伸长能力小的纤维先断；第二阶段是伸长能力大的纤维断裂。当拉伸到伸长为1纤维的断裂伸长时，1纤维首先断裂，此时混纺纱承受的拉伸外力 P_A 的计算式如下。

$$P_A = n_1 P_1 + n_2 P_2 \quad (9-29)$$

式中：P_2——伸长达到1纤维的伸长时，2纤维受到的拉伸力。

接着2纤维承担外力直至2纤维断裂，这时混纺纱承担的外力 P_B 的计算式如下。

$$P_B = n_2 P_3 \quad (9-30)$$

式中：P_3——2纤维的单纤维强力。

当2纤维的含量比较小时，$P_A > P_B$，则混纺纱的强力 P 的计算式如下。

$$P = n_1 P_1 + n_2 P_2 \quad (9-31)$$

由于 $P_1 > P_2$，所以随着2纤维的增加，即 n_2 变大，纱线强力变小，即强度大的纤维比例的增加，纱线的强力反而降低。

当2纤维的含量比较大时，$P_A < P_B$，则混纺纱的强力 P 的计算式如下。

$$P = n_2 P_2 \quad (9-32)$$

由式(9-32)可知，随着2纤维的增加，即 n_2 变大，纱线的强力增加。

以上分析可得出，此类特征的纤维混纺时，其混纺纱的强力所混纺比的变化呈下凹型曲线，如图9-29所示。

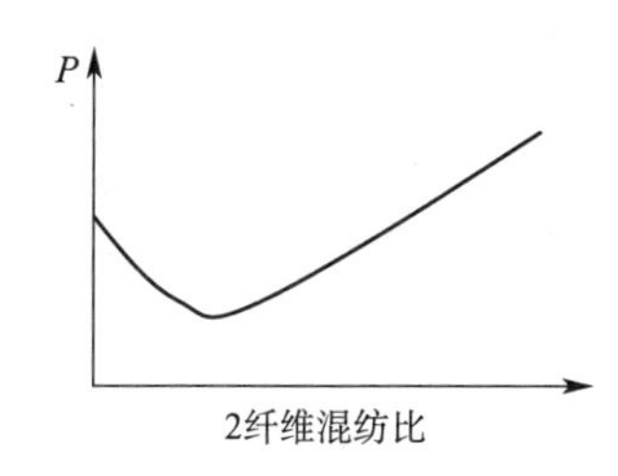

图9-29　混纺纱强力下凹型变化曲线

(3) 当混纺在一起的两种纤维断裂伸长率相差较大，且1纤维断裂时的强力小于2纤维在纱线中受到的拉伸力($P_1 < P'_2$)(例涤粘混纺纱)，两种纤维的拉伸曲线如图9-28(c)所示。这种情况下，纱线受拉伸后，纱线中的纤维也明显地有两个断裂阶段。第一阶段是伸长能力小的纤维先断；第二阶段是伸长能力大的纤维断裂。分析过程与图9-28(b)所示情况类似，详细过程不在赘述。其结论为无论是第一阶段还是第二阶段，纱线的强力都会随强力大的2纤维含量增加而变大，并且不会出现图9-28(b)所示情况时的下凹现象。

(二)外因

影响纱线强伸度的外因主要是温、湿度、试样长度、试样根数、测试速度及强力机的类型等，这些因素对纱线强伸度的影响规律与纤维相似，可参阅第七章。纱线在特殊情况下需要快速试验时(试样没有经调湿处理，直接进行测试)，测得的强力值须经过修正，计算式如下。

$$P = P_{实} K \quad (9-33)$$

式中：P——修正后的纱线强力；

$P_{实}$——实际大气条件下测定的纱线强力；

K——修正系数，根据纱线回潮率与测试温度查表得到。

思考题

一、名词解释

混纺纱、色纺纱、精梳纱、细(粗、中、超细)特纱、英制支数、捻度、捻系数、临界捻度、断裂长度。

二、填空题

1. 纱线捻度可以用来比较________纱线的加捻程度；而捻系数则可以用来比较纱线的加捻程度。

2. $\alpha_t=$________；$\alpha_m=$________；$\alpha_e=$________。

3. 纱线捻向分为________和________两种；一般单纱为______捻；股线为______捻。

4. 10tex×2 的纱线粗细相当于________；45 英支/2 的纱线粗细相当于________；12/16/18 公支的纱线粗细相当于________。

5. 混纺纱中纤维的径向分布的规律为：长纤维易________转移；细纤维易________转移；初始模量小的纤维易________转移。

三、问答计算题

1. 显微镜中调节目镜测微尺和物镜测微尺的刻度，使之重合，观察得目镜测微尺的刻度 40 格对准物镜测微尺的刻度 12 格。取下物镜测微尺，代之以要测量的纤维，观察纤维的直径相当于目镜测微尺 5 格。求该纤维的直径（已知物镜测微尺每格为 10μm）。

2. 试证明 $N_e=590.5\times\dfrac{1}{\text{Tt}}$。

3. 测得 65/35 涤/棉纱 30 绞（每绞长 100m）的总干重为 53.4g，求它的特数、英制支数、公制支数和直径（棉纱线的 $W_k=8.5\%$；涤纶纱线的 $W_k=0.4\%$ 混纺纱的 $\delta=0.88\text{g/cm}^3$）。

4. 在 Y331 型纱线捻度机上测得某批 27.8tex 棉纱的平均读数为 370（试样长度为 25cm），求它的特数制平均捻度和捻系数。若将此纱合股成股线，在考虑 3.2% 捻缩的情况下股线的细度是多少？

5. 在 Y331 型纱线捻度机上测得某批 57/2 公支精梳毛线的平均读数为 74.6（试样长度为 10cm），求它的公制支数制平均捻度和捻系数。

6. 纯棉纱与纯毛纱的捻系数有无可比性，为什么？

7. 测得细纱机前罗拉 1000 转时，单纱的实际长度为 7600cm（前罗拉直径为 25mm），求捻缩率。

8. 什么叫临界捻系数，短纤维纱与长丝纱的临界捻系数哪个大，为什么？大多数短纤维纱选用的捻系数比临界捻系数大还是小，为什么？

9. 加大捻系数，对纱的直径、密度、断裂伸长率、光泽和手感等性质会有什么影响？

10. 一般股线捻向与单纱捻向相同还是相反，为什么？欲使股线强度大须选用什么样的股线捻系数；欲使股线光泽好，手感柔软丰满须选用什么样的股线捻系数，为什么？

11. 试分析环锭纱中纤维的几何形状。

12. 试根据纤维的性能指标分析涤棉混纺纱纤维的径向分布规律。已知棉纤维长度 31mm，细度为 0.16tex（$\delta=1.54\text{g/cm}^3$），涤纶纤维长度 39mm，细度为 1.5 旦（$\delta=1.38\text{g/cm}^3$）。

13. 试分析纱线的毛羽对纱线和织物质量的影响。

14. 测得 28tex 单纱的断裂强力为 160cN，试计算纱线的相对强度 p_{tex}、断裂长度、断裂应力

σ(纱的 $\delta = 0.88\text{g/cm}^3$)。

15. 试分析影响纱线强度的因素。

16. 已知细度为13tex的纯涤纶纱平均单纱强力为450cN;涤纶纤维的细度为2.5旦,平均单纤维强力为18cN,试求单纱断裂长度、纤维在纱中的强力利用系数。

17. 有一批2000kg的化纤,测得50g试样的干重45g,单纤维断裂强力9cN,细度为2.7旦,试求该纤维的实际回潮率和公定重量(公定回潮率为13%)、断裂长度。若用该纤维纺 *CV* 值为16%的18tex的纱,则不匀指数是多少?

第十章　织物的基本结构参数及基本性质

本章知识点

1. 织物的简单分类。
2. 机织物、针织物的主要结构参数。
3. 织物坚牢度、外观保持性、尺寸稳定性概念与表达指标。
4. 织物风格、手感、舒适性的基本概念。

第一节　织物分类概述

织物是扁平、柔软又具有一定力学性质的纺织纤维制品。在不同场合，又被称为布、面料、衬里等。

织物按织造加工的方法可分为机(梭)织物、针织物和非织造布三大类。由相互垂直的两组纱线，按一定的规律交织而成的织物叫机织物，其中与布边平行的纱线是经纱，垂直布边的是纬纱，如图10－1所示。由一组或几组纱线以线圈相互串套连接形成的织物叫针织物，如图10－2所示。非织造布是由纤维、纱线或长丝用机械、化学或物理的方法使之结合成的片状物、纤网或絮垫。目前，机织物和针织物应用最广，产量最高，但非织造布的增长最大。

图10－1　机织物结构示意图

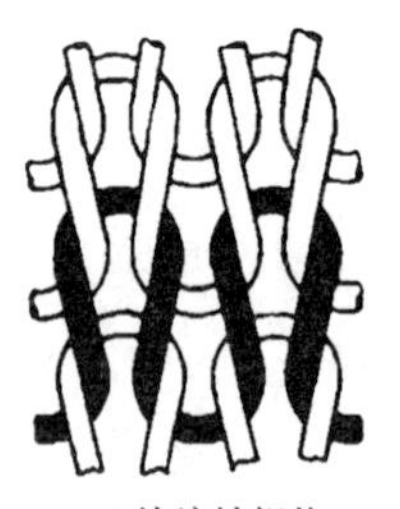

(a) 纬编针织物

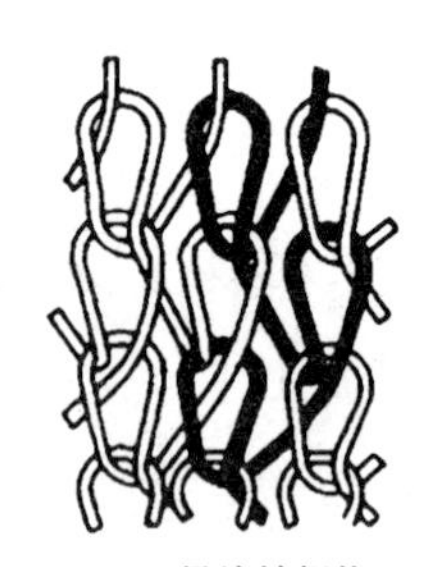

(b) 经编针织物

图10－2　针织物结构示意图

一、机织物的分类

(一)按使用的原料分类

根据使用的原料不同，机织物可分为纯纺织物、混纺织物、交织织物三类。

1. 纯纺织物 纯纺织物是经纬纱均由同一种纤维纺制的纱线经过织造加工而成的织物。如纯棉织物是经纬纱都是100%的棉纤维构成,纯涤纶织物经纬纱的原料都是涤纶。通常人们说的棉布、毛织物、真丝织物和各种化纤织物都是指纯纺织物。

2. 混纺织物 混纺织物是经纬纱相同,均是由两种或两种以上的纤维混合纺制而成的纱线经过织造加工而成的织物。如经纬纱均采用T65/C35的涤棉布,经纬纱均采用W70/T30毛涤纱的毛涤华达呢等。一般混纺织物命名时,均要求注明混纺纤维的种类及各种纤维的含量。

3. 交织织物 交织织物是用两种及以上不同原料的纱线或长丝分别作经纬织成的织物。如经纱采用纯棉纱,纬纱采用涤纶长丝的纬长丝织物;经纱采用蚕丝,纬纱采用棉纱的绨类织物;经纱采用棉线,纬纱采用毛纱的毯类织物等。

(二)按纤维的长度分类

根据使用的纤维的长度的不同,织物可分为棉型织物、中长型织物、毛型织物和长丝织物四类。

1. 棉型织物 以棉型纤维为原料纺制的纱线织成的织物叫棉型织物。如棉府绸、涤棉布、维棉布、棉卡其等。

2. 中长型织物 用中长型化纤为原料,经棉纺工艺加工的纱线织成的织物叫中长型织物。如涤粘中长华达呢、涤腈中长纤维织物等。

3. 毛型织物 用毛、毛型纤维或毛型纱线织成的织物叫毛型织物,如纯毛华达呢、毛涤粘哔叽、毛涤花呢等。

4. 长丝织物 用长丝织成的织物叫长丝织物,如美丽绸、富春纺、重磅双绉、尼龙绸等。

(三)按纺纱的工艺分类

按纺纱工艺的不同,棉织物可分为精梳织物、粗梳(普梳)棉织物和废纺织物;毛织物分为精梳毛织物(精纺呢绒)和粗梳毛织物(粗纺呢绒)。

(四)按纱线的结构与外形分类

按纱线的结构与外形的不同,可分为纱织物、线织物和半线织物。经纬纱均由单纱构成的织物称为纱织物,如各种棉平布。经纬纱均由股线构成的织物称为线织物(全线织物),如绝大多数的精纺呢绒、毛哔叽、毛华达呢等。经纱是股线,纬纱是单纱织造加工而成的织物叫半线织物,如纯棉或涤棉半线卡其等。

按纱线结构与外形的不同,还可分为普通纱线织物、变形纱线织物和其他纱线织物(如花式纱线织物)。

(五)按染整加工分类

1. 本色织物 本色织物指以未经练漂、染色的纱线为原料,经过织造加工而成的不经整理的织物,织物保持了所有材料原有的色泽。也称本色坯布、本白布、白布或白坯布。此品种大多数用于印染加工(彩色棉加工的织物可不用印染)。

2. 漂白织物 漂白织物指坯布经过漂白加工的织物,也称漂白布。

3. 煮练织物 煮练织物指经过蒸煮加工去除部分杂质的本色织物。

4. 染色织物 染色织物指整匹织物经过染色加工的织物。也称匹染织物、色布、染色布。

5. 印花织物 印花织物指经过印花加工,表面印有花纹、图案的织物。也叫印花布、花布。

6. 色织织物 色织织物指以练漂、染色之后的纱线为原料,经过织造加工而成的织物。

(六)按用途分类

按织物的用途可分为服装用织物、家用织物、产业用织物和特种用途织物。服装用织物有外衣、衬衣、内衣、袜子、鞋帽等织物;家用织物有床上用品、毛巾、窗帘、桌布、家具布、墙布、地毯七类;产业用织物有传送带、帘子布、篷布、包装布、过滤布、筛网、绝缘布、土工布等;特种用途织物有医药用布、降落伞、阻燃织物、高强避弹织物、宇航用布等织物。

二、针织物的分类

(一)按加工方法分类

按加工方法不同可分为针织坯布和针织成形产品两类。针织坯布主要用于制作内衣、外衣和围巾,内衣如汗衫、棉毛衫等;外衣如羊毛衫、两用衫等。针织成形产品有袜类、手套、羊毛衫等。

(二)按加工工艺分类

按加工工艺不同,针织物可分为纬编织物[图 10-2(a)]和经编织物[图 10-2(b)]两类。

1. 纬编针织物 纬编针织物为纱线沿纬向顺序编织成圈,并相互串套而成的织物。纬编针织物的质地松软,具有较大的延伸性、弹性,较好的随身性和透气性等,适宜做内衣、紧身衣、运动服、袜子、手套等。纬编针织物的组织常见的有纬平针组织、罗纹组织、双反面组织、双罗纹组织、提花组织、集圈组织等。

2. 经编针织物 经编针织物为一组纱线沿经向编织成圈,并相互串套而成的织物。经编针织物相对纬编针织物延伸性、弹性、脱散性小,宜做外衣、蚊帐、窗帘、花边、渔网、头巾等,在工业、农业和医疗卫生等领域也有广泛应用。

三、非织造布的分类

非织造布的种类很多,分类方法也很多。一般可按厚薄分为厚型非织造布和薄型非织造布;也可按使用强度分为耐久型非织造布和用即弃型非织造布;还可按应用领域和加工方法分类。

(一)按应用领域分

按应用领域大体可以分为医用卫生保健非织造布;服装、制鞋用非织造布;装饰用非织造布;工业用非织造布;土木建筑工程用非织造布;汽车工业用非织造布;农业与园艺用非织造布;军事与国防用非织造布;其他用途非织造布。

(二)按加工方法分

非织造布的加工方法主要是纤维网的制造和固结,按纤维网的制造方法和固结方法的不同,非织造布一般分为干法非织造布、湿法非织造布和聚合物直接成网法非织造布三大类。

1. 干法非织造布 干法非织造布一般是利用短纤维在干燥状态下经过梳理设备或气流成

网设备制成单向的、双向的或三维的纤维网，然后经过针刺、化学黏合或热黏合等方法制成的非织造物。这种加工工艺是非织造布中最先采用的方法，使用的设备可以直接来自纺织或印染工业。它可以加工多种纤维，生产各种产品，生产的产品应用领域十分广阔，有薄型、厚型，一次性、永久性，蓬松型、密实型等。从应用角度讲，服装用、装饰用及工业、农业、国防各个领域用的干法非织造布产品应有尽有。

2. 湿法非织造布　湿法非织造布是将天然或化学纤维悬浮于水中，达到均匀分布，当纤维和水的悬浮体移到一张移动的滤网上时，水被滤掉而纤维均匀地铺在上面，形成纤维网，再经过压榨、黏结、烘燥成卷而制成。湿法非织造布起源于造纸技术，但不同于造纸技术。其材料应用范围广，生产速度高，由于纤维在水中分散均匀，排列杂乱，呈三维分布，产品结构比较蓬松，特别适合作过滤材料。产品的主要用途有以下四个方面。

(1)食品工业：茶叶过滤、咖啡过滤、抗氧剂和干燥剂的包装、人造肠衣、高透气度滤嘴棒成型材料等。

(2)家电工业：吸尘器过滤袋、电池隔离膜、空调过滤网等。

(3)内燃机及建材工业：各种内燃机(飞机、火车、船舶、汽车等)的空气、燃油和机油过滤及建筑防护基材等。

(4)医疗卫生行业：手术服、口罩、床单、手术器械的包覆、医用胶带基材等。

3. 聚合物直接成网非织造布　聚合物直接成网是近年发展较快的一类非织造物成网技术。它是利用化学纤维纺丝原理，在聚合物纺丝成形过程中使纤维直接铺置成网，然后纤网经机械、化学或热方法加固而成非织造布；或利用薄膜生产原理直接使薄膜分裂成纤维状制品。聚合物直接成网包括纺丝成网法、熔喷法和膜裂法。

(1)纺丝成网法非织造布：主要有纺丝粘合法，合纤原液经喷头压出制成的长纤网，铺放在帘子上，形成纤维网并经热轧而制成纺丝粘合法非织造布。纺丝粘合法非织造布产品具有良好的机械性能，被广泛用于土木水利建筑领域，如制作土工布，用于铁路、高速公路、海堤、机场、水库水坝等工程；在建筑工程中做防水材料的基布；此外，在农用丰收布、人造革基布、保鲜布、贴墙布、包装材料、汽车内装饰材料、工业用过滤材料等方面具有广泛的应用。

(2)熔喷法非织造布：熔喷法非织造布是利用高温、高速气流的作用将喷射出的原液吹成超细纤维，并吸聚在凝聚帘子或转筒上成网输出来制成的。熔喷法非织造布主要用于液体及气体的过滤材料、医疗卫生用材料、环境保护用材料、保暖用材料及合成革基布等。

(3)膜裂法非织造布：膜裂法非织造布是将纺丝原液挤出成膜，然后拉裂薄膜制成纤维网而成。膜裂法可制造很薄、很轻的非织造布，单位面积重量为6.5～50g/m^2，厚度为0.05～0.5mm。产品主要用于医疗敷料、垫子等。

第二节　机织物的结构参数

织物结构就是织物中经纬纱相互配置的构造情况。研究织物结构，除了研究经纬纱相互沉浮交错的规律，即织物组织以外，还须研究它们在织物中配置的空间形态。经纬纱在织物中的空间形态称为织物的几何结构。

决定织物结构的有经纬纱线密度、经纬纱排列密度、织物组织三大要素。这三个要素不同，经纬纱在织物中的空间形态就不同。这三个要素决定着织物的紧密程度、织物厚度与重量，决定着织物中经纬纱的屈曲状态，也决定着织物的表面状态与花纹，从而决定着织物的性能与外观。

一、经纬纱细度（线密度）

织物中经、纬纱的线密度采用特数来表示。表示方法为将经、纬纱的特数自左向右联写成 $Tt_T \times Tt_w$，如 13×13 表示经、纬纱都是 13tex 的单纱；28×2×28×2 表示经、纬纱都是采用由两根 28tex 单纱并捻的股线；14×2×28 表示经纱采用由两根 14tex 并捻成的股线，纬纱采用 28tex 的单纱。经、纬纱应在国家标准系列中选用。棉型织物在必要时可附注英制支数，如 9.7tex×9.7tex（60 英支×60 英支）。毛型织物以前采用公制支数，现在法定计量单位为特数，故附注时应为公制支数。

织物中经、纬纱线密度的选用取决于织物的用途与要求，应做到合理配置。经、纬纱的线密度差异不宜过大，常采用经纱的线密度等于或略小于纬纱的线密度，这样既能降低成本，又能提高织物的产量。

二、经纬密度与紧度

（一）密度

织物密度是指织物中经向或纬向单位长度内的纱线根数，用 M 表示，单位为根/10cm，有经密和纬密之分。经密又称经纱密度，是织物中沿纬向单位长度内的经纱根数。纬密又称纬纱密度，是织物中沿经向单位长度内的纬纱根数。习惯上将经密和纬密自左向右联写成 $M_T \times M_W$，如 236×220 表示织物经密是 236 根/10cm，纬密是 220 根/10cm。表示织物经、纬纱线密度和经、纬密的方法为自左向右联写成如下形式。

$$Tt_T \times Tt_W \times M_T \times M_W$$

大多数织物中，经、纬密度采用经密大于或等于纬密的配置。当然最重要的是根据织物的性能要求进行织物经纬密的设计。织物的经纬密度的大小对织物的使用性能和外观风格影响很大，如织物的强力、耐磨、透气、保暖、厚度、刚柔、重量、产量、成本等。经、纬密度大，织物就紧密、厚实、硬挺、坚牢、耐磨；密度小，织物就稀薄、松软、透气。同时经纬密度的比值也会造成织物性能与风格的显著差异，如平布与府绸的差异，哔叽、华达呢与卡其间的差异等。

经、纬密只能用来比较相同直径纱线所织成的不同密度织物的紧密程度。当纱线的直径不同时，其无可比性。

（二）紧度

织物紧度指织物中纱线排列的挤紧的程度，有经向紧度 E_T 和纬向紧度 E_W 之分，用单位长度内纱线直径之和所占百分率来表示。

$$E_T = \frac{d_T n_T}{L} \times 100 = d_T M_T \qquad (10-1)$$

$$E_W = \frac{d_W n_W}{L} \times 100 = d_W M_W \qquad (10-2)$$

式中:E_T,E_W——经向、纬向紧度;

d_T,d_W——经、纬纱直径,mm;

n_T,n_W——L 长度上的经纱、纬纱根数;

L——单位长度,cm;

M_T,M_W——经密、纬密,根/10cm。

织物的总紧度为:

$$E = E_T + E_W - \frac{E_T E_W}{100} \qquad (10-3)$$

由式(10-3)可知,紧度中既包括了经、纬密度,也考虑了纱线直径的因素,因此可以比较不同粗细纱线织造的织物的紧密程度。$E < 100\%$,说明纱线间尚有空隙;$E = 100\%$,说明纱线刚刚挨靠;$E > 100\%$,说明纱线已经挤压、甚至重叠,E 值越大,纱线间挤压越严重。

各种织物即使原料、组织相同,如果紧度不同,也会引起使用性能与外观风格的不同。试验表明,经、纬向紧度过大的织物其刚性增大,抗折皱性下降,耐平磨性增加,而折磨性降低,手感板硬。而紧度过小,则织物过于稀松,缺乏身骨。

另外,在总紧度一定的条件下,以经向紧度与纬向紧度比为 1 时,织物显得最紧密,刚性最大;当两者比例大于 1 或小于 1 时,织物就会产生方向性柔软,悬垂性也会变得好一些(也具有方向性差异特征)。

三、覆盖系数

覆盖系数是指纱线的投影面积对织物面积的比值,用 R 表示。根据定义可得计算式如下。

$$R = \frac{\text{经纱与纬纱所覆盖的面积}}{\text{织物的总面积}} \times 100$$

$$\begin{aligned} R &= \frac{d_T b + d_W(a - d_T)}{ab} \times 100 \\ &= d_T M_T + d_W M_W - \frac{d_T M_T \cdot d_W M_W}{100} \\ &= E_T + E_W - \frac{E_T E_W}{100} \end{aligned} \qquad (10-4)$$

式中:R——覆盖系数,%;

d_T,d_W——经、纬纱直径,mm;

a——经纱相邻两根纱线的平均中心距,mm;

b——经纱相邻两根纱线的平均中心距,mm;

M_T,M_W——经密、纬密,根/10cm;

E_T,E_W——经向紧度、纬向紧度。

由式(10-4)可以看出覆盖系数的计算式和织物总紧度的计算式是一样的,所以容易混淆。覆盖系数越大,说明织物的屏蔽能力越强。当计算值大于等于100%时,说明已经完全覆盖。

四、织物的长度、宽度和厚度

(一)长度

长度即匹长,以米(m)为计量单位。匹长的大小根据织物的用途、厚度、重量及卷装容量来确定,各类棉织物的匹长为25~40m;毛织物的匹长,一般大匹为60~70m,小匹为30~40m。工厂中还常将几匹织物联成一段,称为联匹(一个卷装)。厚重织物2联匹;中厚织物采用3~4联匹;薄织物采用4~5联匹。

(二)宽度

织物的宽度是指织物横向的最大尺寸,称为幅宽。单位为厘米(cm)。织物的幅宽根据织物的用途、织造加工过程中的收缩程度及加工条件等来确定。棉织物的幅宽分为中幅和宽幅两类,中幅一般为81.5~106.5cm,宽幅一般为127~167.5cm。粗纺呢绒的幅宽一般为143cm、145cm、150cm,精纺呢绒的幅宽为144cm或149cm。新型织机的发展使幅宽也随之改变,宽幅织物越来越多。

(三)厚度

织物在一定压力下正反两面间的垂直距离,以毫米(mm)为计量单位。织物按厚度的不同可分为薄型、中厚型和厚型三类。各类棉、毛织物的厚度见表10-1。

表10-1 各类棉、毛织物的厚度 单位:mm

织物类别	棉织物	毛织物		丝织物
		精梳毛织物	粗梳毛织物	
薄　型	0.25以下	0.40以下	1.10以下	0.8以下
中厚型	0.25~0.40	0.40~0.60	1.10~1.60	0.8~0.28
厚　型	0.40以上	0.60以上	1.60以上	0.28以上

影响织物厚度的主要因素为经、纬纱线的线密度、织物组织和纱线在织物中的弯曲程度等。假定纱线为圆柱体,且无变形,当经、纬纱直径相等时,在简单组织的织物中,织物的厚度可在2~3倍纱线直径范围内变化。纱线在织物中的弯曲程度越大,织物就越厚。此外,试验时所用的压力和时间也会影响试验结果。YG142型手提式织物测厚仪如图10-3所示,它可以测得织物的表观厚度、真实厚度、蓬松度、压缩弹性等指标。织物厚度对织物服用性能的影响很大,如织物的坚牢度、保暖性、透气性、防风性、刚柔性、悬垂性、压缩等性能,在很大程度上都与织物厚度有关。

五、单位面积重量

织物的重量通常以平方米织物所具有的克数来表示,称为平方米重(g/m^2)。它与纱线的

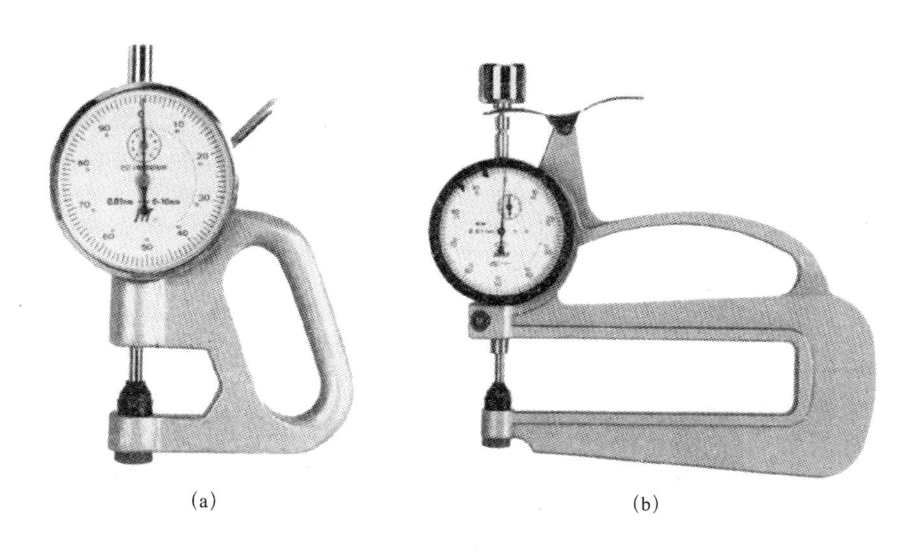

(a)　　　　(b)

图 10－3　YG142 型手提式织物测厚仪

线密度和织物密度等因素有关。是织物的一项重要的规格指标，也是织物计算成本的重要依据。棉织物的平方米重量常以每平方米织物的退浆干重来表示，其重量一般为 70～250g/m²。毛织物的单位面积的重量则采用每平方米的公定重量来表示，计算公式如下。

$$G_k = \frac{10^4 G_0 (1 + W_k)}{LB} \tag{10-5}$$

式中：G_k——毛织物的平方米公定重量，g/m²；

G_0——试样干重，g；

L——试样长度，cm；

B——试样宽度，cm；

W_k——试样的公定回潮率。

精梳毛织物的平方米公定重量一般为 130～350g/m²，轻薄面料的开发和流行使精梳毛织物的平方米公定重量大多在 100g/m² 左右，粗梳毛织物的平方米公定重量一般为 300～600g/m²。

第三节　针织物的结构参数

针织物的基本结构单元为线圈，它是一条三度弯曲的空间曲线，其几何形状如图 10－4 所示。

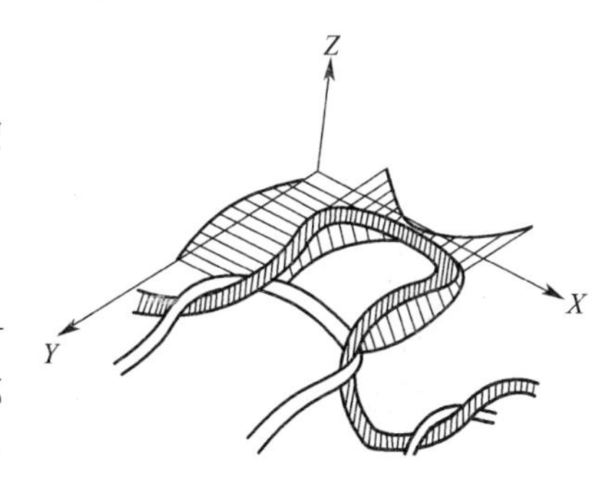

图 10－4　线圈模型

纬编织物中最简单的纬平针组织线圈结构如图 10－5 所示，它的线圈由圈干 1—2—3—4—5 和延展线 5—6—7 组成。圈干的直线部段 1—2 与 4—5 称为圈柱，弧线部段 2—3—4 称为针编弧，延展线 5—6—7 称为沉降弧，由它来连接两只相邻的线圈。经编织物中最简单的经平组织线圈结构如图 10 - 6 所示，它的线圈也由圈干 1—2—3—4—5 和延展线 5—6—7 组成，圈干中的 1—2 和 4—5 称为圈柱，弧线 2—3—4 称为针编弧。线圈在横向的组合称为横列，如图 10 - 6 所示的 a—a 横列；线圈在纵向的组合称为纵行，如图 10 - 6 所示的 b—b 纵行。同一横列中相邻两线圈对应点之间的距离称为圈距，一般以 A 表示；同一纵行中相邻两线圈对应点之间的距离称为圈高，一般以 B 表示。

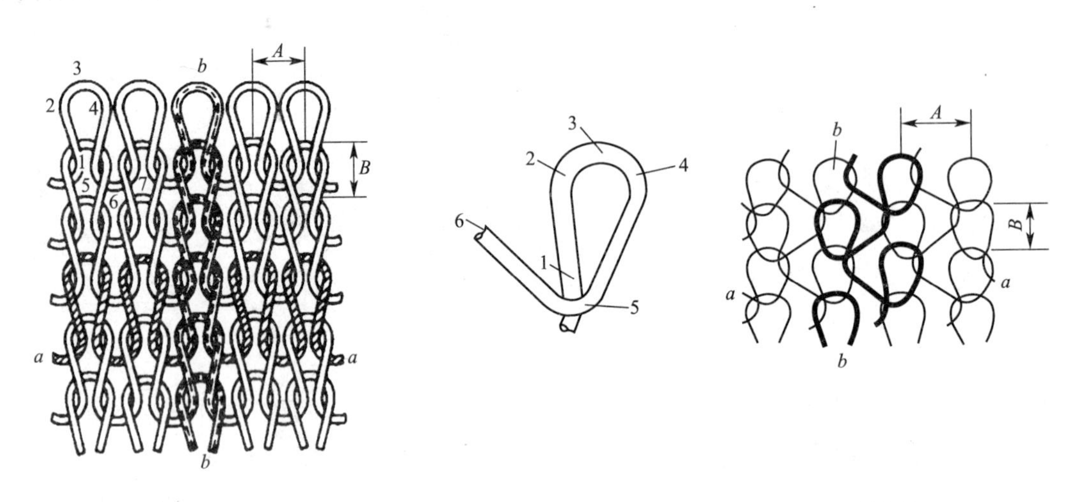

图 10 - 5　纬平针组织线圈结构

图 10 - 6　经平针组织线圈结构

单面针织物的外观，有正面和反向之分。线圈圈柱覆盖线圈圈弧的一面称为正面；线圈圈弧覆盖线圈圈柱的一面称为反面。单面针织物的基本特征为线圈圈柱或线圈圈弧集中分布在针织物的一个面上，当分布在针织物的两面时则称为双面针织物。

一、线圈长度

针织物的线圈长度是指每一个线圈的纱线长度，它由线圈的圈干和延展线组成，一般用 l 表示，如图 10 - 5 中的 1—2—3—4—5—6—7 所示。线圈长度一般以毫米(mm)为单位。

线圈长度可以用拆散的方法测量其实际长度，或根据线圈在平面上的投影近似地进行计算，也可在编织过程中用仪器直接测量输入到每枚针上的纱线长度。线圈长度决定了针织物的密度，而且对针织物的脱散性、延伸性、耐磨性、弹性、强力及抗起毛、起球和勾丝性等有影响，故为针织物的一项重要物理指标。

二、密度

针织物的密度是指针织物在单位长度内的线圈数。用以表示一定的线密度条件下针织物的稀密程度，通常采用横向密度和纵向密度来表示。

(一)横向密度(简称横密)

指沿线圈横列方向在规定长度(50mm)内的线圈数。

$$P_{A} = \frac{50}{A} \qquad (10-6)$$

式中：P_A——横向密度，线圈数/50mm；

A——圈距，mm。

（二）纵向密度（简称纵密）

指沿线圈纵行方向在规定长度（50mm）内的线圈数。

$$P_B = \frac{50}{B} \tag{10-7}$$

式中：P_B——纵向密度，线圈数/50mm；

B——圈高，mm。

由于针织物在加工过程中容易产生变形，密度的测量分为机上密度、毛坯密度和光坯密度三种。其中光坯密度是成品质量考核指标，而机上密度、毛坯密度是生产过程中的控制参数。机上测量织物纵密时，其测量部位是在卷布架的撑档圆铁与卷布辊的中间部位。机下测量应在织物放置一段时间（一般为24h），待其充分回复趋于平衡稳定状态后再进行。测量部位在离布头150cm，离布边5cm处。

三、未充满系数

针织物的稀密程度受密度和纱线线密度两个因素的影响。密度仅反映了一定面积范围内线圈数目多少对织物稀密的影响。为了反映出在相同密度条件下纱线线密度对织物稀密程度的影响，应将线圈长度 l(mm)和纱线直径 d(mm)联系起来考虑，因此定义了未充满系数 δ 这一指标。

$$\delta = \frac{l}{d} \tag{10-8}$$

由式（10-8）可知，l 值越大，d 值越小，δ 值就越大，表明织物中未被纱线充满的空间越大，织物越是稀松。

四、针织物的平方米重

针织物的平方米重用每平方米织物的干燥重量克数来表示（g/m^2）。它是国家考核针织物质量的重要物理、经济指标。当已知针织物线圈长度 l，纱线线密度 Tt，横密 P_A，纵密 P_B 时，可用下式求得织物单位面积的重量 $Q(g/m^2)$。

$$Q = 0.0004 P_A P_B l \mathrm{Tt}(1-y) \tag{10-9}$$

式中：y——加工时的损耗率。

如已知所用纱线的公定回潮率为 W_k 时，则针织物单位面积的干燥重量 Q_0 为：

$$Q_0 = \frac{Q}{1+W_k} \tag{10-10}$$

这是针织厂物理实验室常用的估算方法，但不能代替实测值。当然，机织物也可以根据织物密度和所用纱的线密度估算出其平方米重。

五、厚度

厚度取决于针织物的组织结构、线圈长度和纱线线密度等因素，一般以厚度方向上有几根纱线直径来表示,也可以用织物厚度仪来测量。

第四节 织物的坚牢度

织物在使用过程中,受力而破坏的最基本形式是拉伸断裂、撕裂、顶裂和磨损。织物的坚牢度不仅关系织物的耐用性,而且与织物用途的关系也很密切。织物为具有一定长度、宽度和厚度的片状物,在不同方向上机械性质是不相同的。因此,要求至少从织物的长度、宽度,即机织物从经向、纬向,针织物从直向、横向两个方向分别来研究织物的机械性能。

一、织物的拉伸性质

(一)拉伸试验的测定方法

1. 抓样法 抓样法是将一规定尺寸的织物试样上仅一部分宽度被夹头握持进行拉伸测试的方法,如图 10-7 所示。

2. 扯边条样法 扯边条样法是先将宽为 6cm,长为 30~33cm 的布条沿长度方向扯去边纱,形成净宽为 5cm 的布条,再全部夹入强力测试仪的上下夹钳内的一种测试方法,如图 10-8 所示。与抓样法相比较,扯边条样法所测结果不匀率小,但准备试样较麻烦;抓样法所测强力和伸长偏高,但比较接近实际情况,并且试样准备快捷,但用布较多。

3. 剪切条样法 对于部分针织物、缩绒织物、非织造布、涂层织物及不易拆边纱的织物应采用剪切条样法,如图 10-9 所示。先将布样剪成规定宽度为 5cm 的布条,再全部夹入强力测试仪的上下夹头内进行测试。

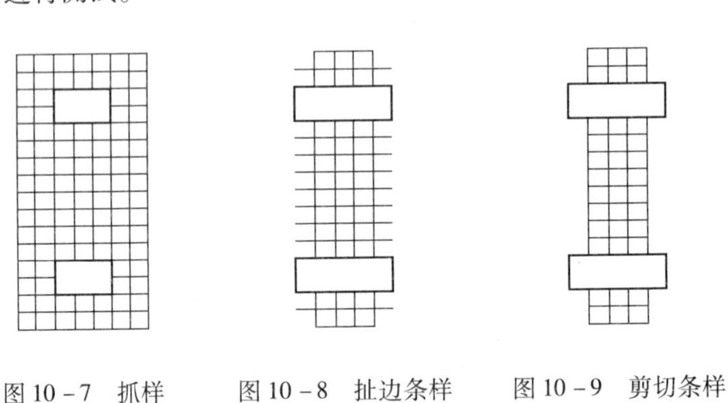

图 10-7 抓样　　图 10-8 扯边条样　　图 10-9 剪切条样

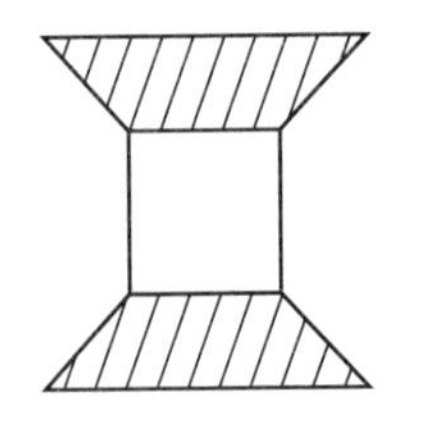

图 10-10 梯形试样

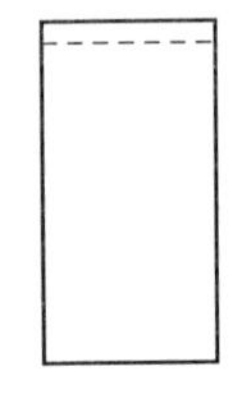

图 10-11 环形条样

4. 梯形、环形条样法　针织物采用矩形试条拉伸时，会在夹头附近出现明显的应力集中，横向收缩，造成试样多在夹头附近断裂，从而影响试验数据的正确性，采用梯形或环形试样可避免此类情况发生。梯形试样如图10－10所示，两端的梯形部分被夹头握持；环形试样如图10－11所示，虚线处为两端的缝合处。

（二）织物拉伸性质常用的指标

1. 拉伸强力　拉伸强力是指织物受拉伸至断裂时所能承受的最大外力，单位为牛（N）。它是评定织物内在质量的主要指标之一。拉伸强力还用来评定织物经磨损、日照、洗涤及各种整理后的质量变化。通常采用经纬向各5块试样的平均值来表征织物的抗拉破坏性能。试验应在标准条件下进行，对于非标准大气条件下测得的断裂强力，应根据实际环境的温度和湿度进行修正。

2. 断裂伸长　织物拉伸到断裂时的伸长称为断裂伸长。断裂伸长大的织物的耐用性较好。常用断裂伸长率表征织物的抗拉变形能力。

3. 织物的拉伸曲线和有关指标　对织物进行拉伸时可以直接得到织物的拉伸曲线，根据拉伸曲线，可以知道织物的断裂强力、断裂伸长、断裂功、初始模量、屈服负荷、屈服变形等指标（计算详见第七章）；还可以了解在拉伸全过程中负荷与变形的关系。

断裂功是织物在外力作用下拉伸到断裂时外力所做的功。它反映了织物的坚牢程度，断裂功大，实际的使用寿命就长。为了了解不同织物的相对情况或满足进行二次复合加工时性能比对的需要，常用质量比功来表示，其计算式如下。

$$W_g = \frac{W}{G} \tag{10-11}$$

式中：W_g——织物的质量断裂比功，J/kg；

W——织物的断裂功，J；

G——织物测试部分的质量，kg。

根据织物的密度、纱线强力及纱线在织物中的强力利用系数，可以估算织物的强力（试样宽度为5cm），称为计算强力。

$$P_f = \frac{M}{10} \times 5 \times P_y \times K \tag{10-12}$$

式中：P_f——织物计算强力，N；

M——织物密度，根/10cm；

P_y——纱线强力，N；

K——纱线在织物中的强力利用系数。

纱线在织物中的强力利用系数K的物理意义是指织物某一方向的断裂强力与该向各根纱线强力之和的比值。K可能大于1，也可能小于1。当织物紧度过大、纱线张力不匀和纱线捻度接近于临界捻系数时，K会小于1。

（三）影响织物拉伸强力的因素

1. 纤维原料的影响　纤维的性质是织物性质的决定因素，当纤维强伸度大时，织物的强伸度一般也大。纤维的初始模量、弹性、卷曲、抱合力等影响纱线的因素同样也会影响织物的强伸性能。

2. 纱线的影响

(1)纱线粗细:由于粗的纱线强力大,所以使织物强力也大。粗的纱线织成的织物紧度大,纱线间的摩擦力大,使织物强力提高。纱线的细度不匀也会影响织物强力,细度不匀率高的纱线会降低织物强力。

(2)纱线捻度:纱线的捻度对织物强力的影响与捻度对纱线强力的影响相似,但纱线捻度接近临界捻系数时,织物的强力已开始下降。纱线捻向的配置也影响织物的强力,织物中经纬纱捻向相反配置与相同配置相比较,前者织物拉伸断裂强力较低,而后者拉伸断裂强力较高。

(3)纱线结构:环锭纱织物与转杯纱织物相比,环锭纱织物具有较高的强力和较低的伸长。线织物的强力高于相同粗细纱织物的强力,这是由于相同粗细时股线的强力高于单纱强力。

3. 织物密度的影响 机织物的经、纬密度的改变对织物强度有显著的影响。若纬纱密度保持不变,增加经纱密度时,织物的经向拉伸断裂强力增大,纬向拉伸断裂强力也有增大的趋势;若经密增加,承受拉伸的纱线的根数增多,经向强力就会增大,又由于经密上升使经纱与纬纱的交错次数增加,使纬向薄弱环节被弥补,结果使纬向强力也增大;若经密保持不变,随纬密增加,对中低密度织物而言,经纬向强力均增加,但对高密织物却表现为纬向强力增大,而经向强力减小的趋势,这是由于纬密增加,经纱在织造过程中受反复拉伸、摩擦的次数增加,使经纱发生了不同程度的疲劳和磨损,从而引起织物经向强力下降。通过增加经、纬向密度提高织物强力是有极限值的,而且经、纬向密度达到一定程度后,反而对织物强力带来不利影响。

4. 织物组织的影响 机织物的组织对织物拉伸性质的影响是织物在一定的长度内纱线的交错次数多,浮线长度短时,则织物的强力和伸长大。因此,在其他条件相同时,平纹织物的强力和伸长最大;缎纹织物的强力和伸长最小;斜纹居中。

5. 后整理的影响 棉、粘胶纤维织物缺乏弹性,受外力作用后容易起皱、变形。树脂整理可以改善织物的机械性能,增加织物弹性、折皱恢复性,减少变形和降低缩水率,但树脂整理后织物的伸长能力明显降低,降低程度决定于树脂的浓度。后整理的方式、对象不同,将产生不同的强伸度结果。

(四)拉伸弹性

织物在使用过程中经常受到的是多次反复拉伸的力,而拉伸力通常不太大,因此评定织物的拉伸性质时,织物在小负荷反复作用下的拉伸弹性对织物的耐用性、保形性更具实际意义。

织物的拉伸弹性可分为定伸长弹性和定负荷弹性两种。常见的做法是将织物拉伸到规定的负荷或伸长后,停顿一定时间(如1min),去负荷,再停顿一定时间(如3min)后,记录试样的伸长变化量,再计算出定负荷或定伸长弹性回复率。通过拉伸图还可计算织物的弹性回复功和弹性功回复率。

当织物中纤维弹性大、纱线结构良好、捻度适中时,织物的拉伸弹性就好。织物的组织点和织物紧度适中,也有利于织物的弹性。

二、织物的撕裂性质

织物撕裂也称撕破，指织物边缘受到一集中负荷作用，使织物撕开的现象。织物在使用过程中，衣物被物体钩挂，局部纱线受力拉断，使织物形成条形或三角形裂口，也是一种断裂现象。撕裂强力能反映织物经整理后的脆化程度，因此对经树脂整理的棉型织物和毛型化纤纯纺或混纺的精梳织物要进行撕裂强力测试。针织物除特殊要求外，一般不进行撕破测试。

（一）测试方法

常见的织物撕裂测试方法有单缝法、梯形法和落锤法三种。

1. 单缝法　单缝法也称舌形法，试样尺寸如图 10－12 所示，夹持方法如图 10－13 所示。

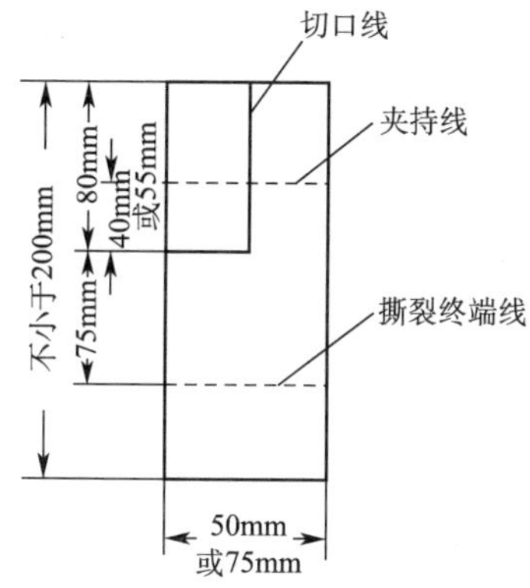

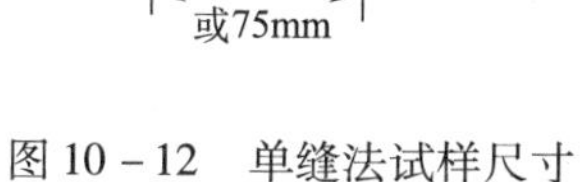

图 10－12　单缝法试样尺寸

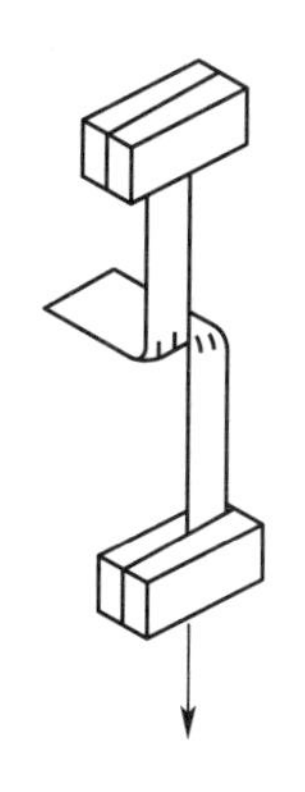

图 10－13　单缝撕裂试样夹持

试样为矩形布条，长度不小于 200mm，宽为 75mm，在矩形的短边正中沿纵向剪开一 80mm 长的切口，以形成舌形。将两舌片分别夹于强力机的上下夹钳内，试样上的切口对准上下夹钳的中心线，并使上夹钳内的舌片布样正面在后，反面在前；下夹钳内的舌片布样则正面在前，反面在后。

在试样受拉伸后，受拉系统的纱线会上下分开，而非受拉系统的纱线与受拉系统的纱线间产生相对滑移并靠拢，在切口处形成近似三角形的受力区域，称受力三角区，如图 10－14 所示。由于纱线间存在摩擦力，非受拉系统的滑动是有限的，即三角区内受力的纱线根数是有限的。在受力三角区内，底边上第一根纱线受力最大，依次减小。随着拉伸外力的增加，非受拉系统纱线的张力随着迅速增大，当张力增大到使受力三角区第一根纱线达到其断裂强力时，第一根纱线发生断裂，在撕破曲线上出现撕裂强力的第一峰值。于是下一根纱线开始成为受力三角区的底边，如此非拉系统的纱线依次逐根断裂使织物撕破。其撕破曲线如图 10－15 所示。

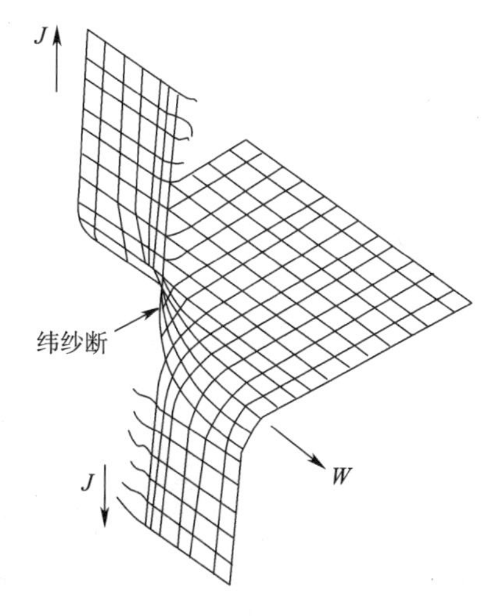

图 10－14　单缝撕裂三角区

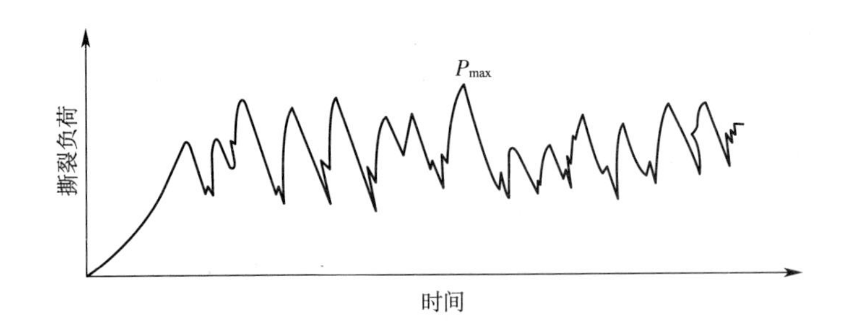

图 10－15　单缝撕裂曲线

2. 梯形法　梯形法试样如图 10－16(a)、(b)所示。试样为 200mm×50mm 的矩形(或 150mm×75mm 的矩形),虚线为夹持线,在梯形上底中间开 10mm(或 15mm)的切口,再将试样按夹持线夹入上下夹头内,这样上下夹头内的试样为梯形。试样有切口的一边为紧边,另一边为送边且呈松弛的皱曲状态。仪器启动后,下夹头下降,负荷增加,紧边的纱线首先受拉伸直,切口边沿的第一根纱线变形最大,承担的外力也最大,与它邻近的纱线也承担着部分外力,受力大小向松变方向逐次减小。受力纱线的根数与夹持线倾斜角大小有关,倾斜角越小,受力的纱线根数越多。当倾斜角为零时,撕裂强力等于拉伸强力。

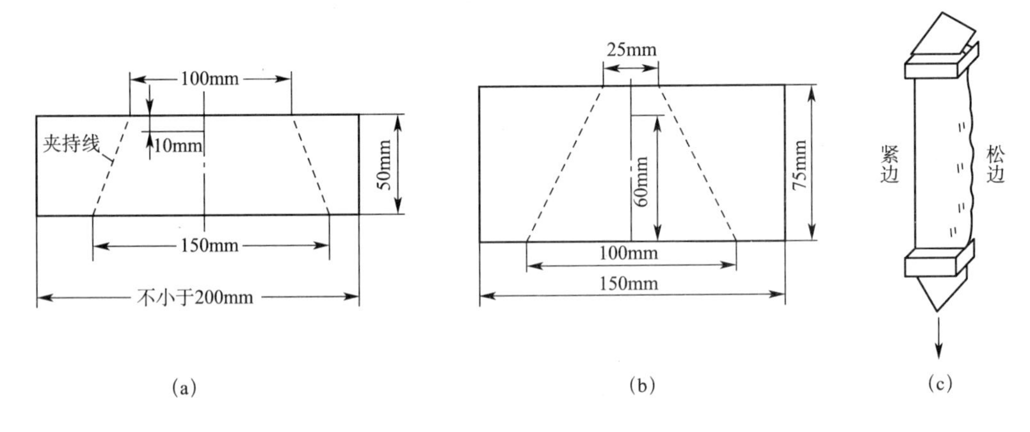

图 10－16　梯形法试样及夹持方法

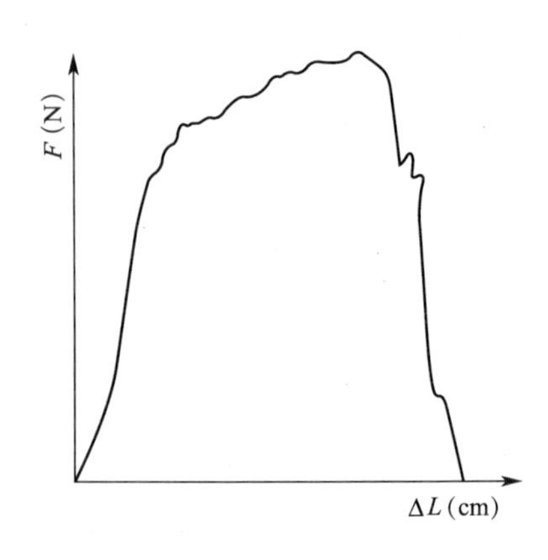

图 10－17　土工布梯形法撕破曲线

撕裂过程是从紧边向松边扩展,纱线逐次断裂,但其与单缝撕裂不同,它的纱线断裂方向与拉伸方向相同,而单缝法的纱线断裂方向与拉伸方向垂直,所以撕裂曲线特征也不相同,两者结果之间没有可比性。土工布梯形撕裂曲线如图 10－17 所示。

3. 落锤法　目前,国际上有些国家在测试织物的撕裂性质时,采用落锤法。落锤法的试验原理是将一矩形织物试样夹紧于落锤式撕裂强力测试仪的动夹钳与固定夹钳之间。试样中间开一切口,利用扇形锤下落的能量,将织物撕裂,仪器上有指针指示织物撕裂时织物受力的大小。如图 10－18 所示。

（二）织物撕裂性质的指标

我国统一规定，经向撕裂是指撕裂过程中，经纱被拉断的试验；纬向撕裂是指撕裂过程中，纬纱被拉断的试验。用单缝法测织物撕裂强力时，规定经、纬向各测五块，以五块试样的平均值表示所测织物的经、纬向撕裂强力；梯形法规定经、纬向各测三块，以三块的平均值表示所测织物的经、纬向撕破强力。

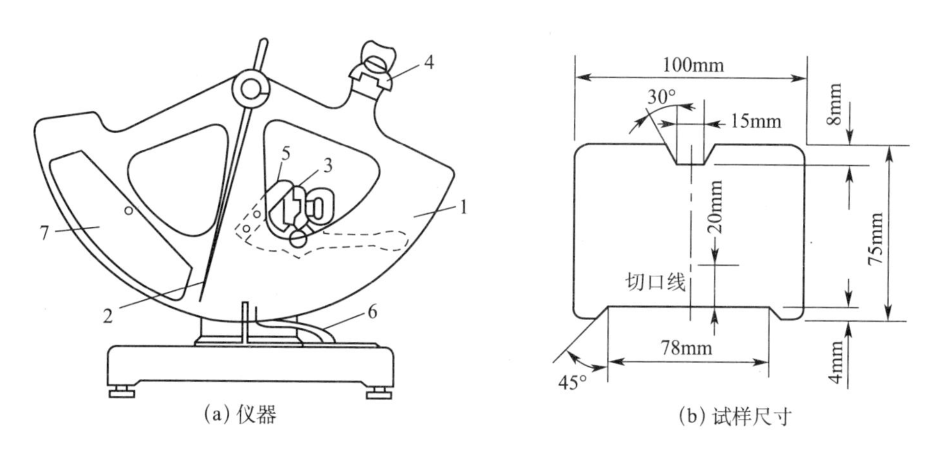

(a) 仪器　　(b) 试样尺寸

图 10－18　YG033 型落锤式撕裂仪

1—扇形锤　2—指针　3—固定夹钳　4—动夹钳　5—开剪器　6—挡板　7—强力标尺

1. 最大撕破强力　最大撕破强力指撕裂过程中出现的最大负荷值，单位为牛顿（N）。

2. 五峰平均撕破强力　在单缝法撕裂过程中，在切口后方撕破长度 5mm 后，每隔 12mm 分为一个区，五个区的最高负荷值的平均值称为五峰平均撕裂强力，也称平均撕裂强力、五峰均值撕裂力。

3. 12 峰均值撕破力　单缝撕裂时测得撕口距离约为 75mm 的撕裂曲线，从第一撕裂峰开始至拉伸停止处等分为四段，舍弃第一段，在后面的三段里各找出 2 个最大峰和 2 个最小峰，总计 12 个峰，求其平均即为 12 峰均值撕破力。计算图例如图 10－19 所示。作为峰的条件是该峰两侧强力下降段的绝对值至少超过上升段的绝对值 10%，否则不予算作峰。

4. 全峰均值撕破力　全峰均值撕破力与 12 峰均值撕破力类似，只是把后三段里的所有峰值都用来平均。

（三）影响织物撕裂强力的因素

1、纱线性质　织物的撕裂强力与纱线的断裂强力大约成正比，并与纱线的断裂伸长率关系密切。当纱线的断裂伸长率大时，受力三角区内同时承担撕裂强力的纱线根数多，因此织物的撕裂强力大。经纬纱线间的摩擦力对织物的撕裂强度有消极影响。当摩擦力大时，两系统的纱线不易滑动，受力三角区变小，同时承担外力的纱线根数减少，因此织物撕裂强力下降。所以，纱线的捻度、表面形状对织物的撕裂强力也有影响。

2. 织物结构　织物组织对织物撕裂强力有明显影响。在其他条件相同时，三原组织中的平纹组织的撕裂强力最低，缎纹组织最高，斜纹组织介于两者之间。织物密度对织物的撕裂强力的影响比较复杂，对于低密度织物，随密度增加抗撕能力增加，但当密度比较高时，随织物密度增加织物撕裂强力下降。最关键的因素是组织和密度通过影响纱线的可滑移性来影响撕破强力。

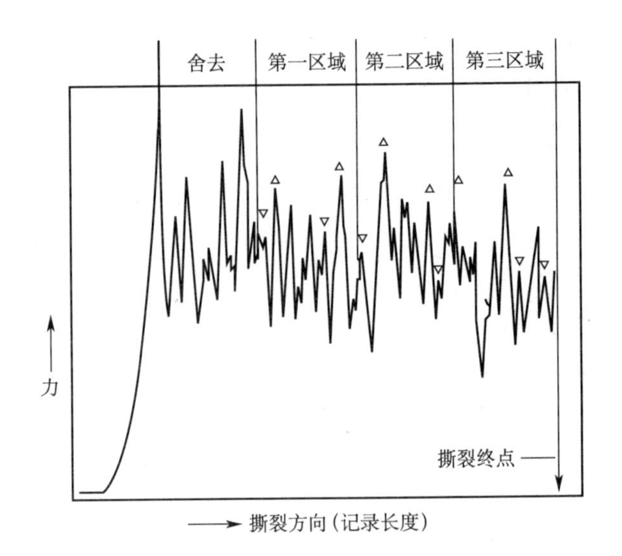

图 10-19　撕破强力计算实例

3. 树脂整理　对于棉织物,粘胶纤维织物经树脂整理后纱线伸长率降低,织物脆性增加,织物撕裂强力下降,下降的程度与使用树脂种类、加工工艺有关。

4. 试验方法与环境　试验方法不同时,测试出的撕裂强力不同,无可比性。因为撕裂方法不同时,撕裂三角区特征有明显差异,对单缝法有利的因素未必对梯形法有利。撕裂强力大小与拉伸力一样,受温湿度、撕破速度、撕裂形式等的影响。

三、织物的顶破性质

织物顶破也称为顶裂。在织物四周固定情况下,从织物的一面给予垂直作用力,使其破坏,称为织物顶破。它可反映织物多向强伸特征。织物在穿用过程中,顶破情况是少见的,但膝部肘部的受力情况与其类似,手套、袜子、鞋面用布在使用过程中也会受垂直作用力,常作为针织物的坚牢度评价内容,对特殊用途的织物,降落伞、滤尘袋及三向织物、非织造布等也要考核其顶破性质。

(一)顶破试验方法和指标

1. 试验方法　目前,织物顶破试验常用的仪器是 HD031E 型电子织物顶破强力测试仪,如图 10-20 所示。它是利用钢球(弹子)球面来顶破织物的。如图 10-21 所示的是一种利用拉伸强力测试仪做顶破试验的改装机构。用一对支架 1、2 代替强力机上的上、下夹头,上支架 1 与下支架 2 可做相对移动,试样 3 夹在一对环形夹具 4 之间。当下支架 2 下降时,顶杆 5 上的钢球 6 向上顶试样 3,直到试样顶破为止。

另外一种顶破试验仪为气压式或油压式强力测试仪。其是用气体或油的压力通过胶膜鼓胀来胀破织物的。这种仪器用来试验降落伞、滤尘袋织物最为合适,而且试验结果稳定。

2. 主要指标

(1)顶破强力:弹子垂直作用于布面使织物顶起破裂的最大外力。

(2)顶破高度:从顶起开始至顶破时织物突起的高度。

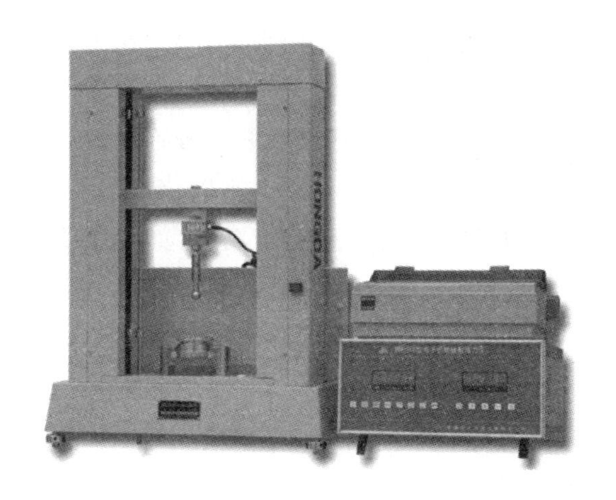

图 10－20　HD031E 型电子织物顶破强力测试仪

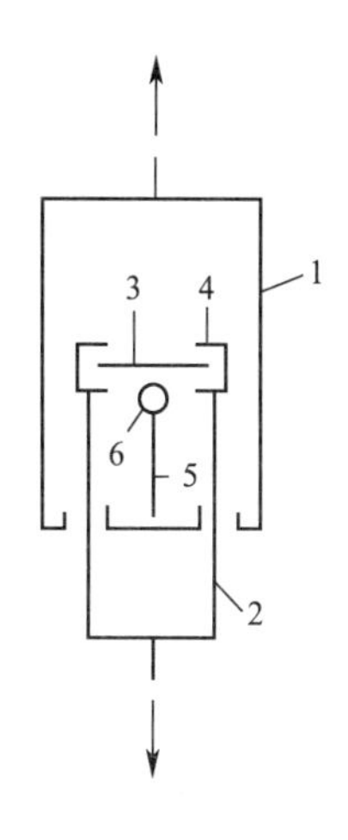

图 10－21　改装的顶破夹头

(二)影响织物顶破强力的因素

织物在垂直作用力下被顶破时,织物受力是多向的,因此织物会产生各向伸长。当沿织物经、纬两方向的张力复合成的剪应力大到一定程度时,即等于织物最弱的一点上纱线的断裂强力时,此处纱线断裂。接着会以此处为缺口,出现应力集中,织物会沿经(直)向或纬(横)向撕裂,裂口呈直角形。由分析可知,影响织物顶裂强度的因素与影响拉伸的因素接近。

1. 纱线的断裂强力和断裂伸长　当织物中纱线的断裂强力大、伸长率大时,织物的顶破强力高,因为顶破的实质仍为织物中纱线产生伸长而断裂。

2. 织物厚度　在其他条件相同的情况下,当织物厚时,顶破强力大。

3. 机织物织缩的影响　当机织物中织缩大,但经、纬向的织缩差异并不大,并在其他条件相同时,织物顶破强力大。若经、纬织缩差异大,在经纬纱线自身的断裂伸长率相同时,织物必沿织缩小的方向撕裂,裂口为直线形,织物顶破强力偏低。

4. 织物经纬向密度　当其他条件相同时,织物密度不同时,织物顶裂时必沿密度小的方向撕裂,织物顶破强力偏低,裂口呈直线形。

5. 纱线的钩接强度　在针织物中,纱线的钩接强度大时,织物的顶破强度高。此外,针织物中纱线的线密度、线圈密度也影响针织物的顶破强力。提高纱线线密度和线圈密度,顶破强力就会有所提高。

四、织物的耐磨性质

织物的耐磨性是指织物抵抗摩擦而损坏的性能。织物在使用过程中,经常要与接触物体之间发生摩擦,如外衣要与桌、椅物件摩擦;工作服经常与机器、机件摩擦;内衣与身体皮肤及外衣摩擦;床单用布、袜子、鞋面用布等在使用过程中绝大多数情况下是受磨损而破坏的。实践表明,织物的耐用性主要取决于织物的耐磨性。

(一)织物耐磨损性的测试方法

织物在使用中因受摩擦而损坏的方式很多很复杂,而且在摩擦的同时还受其他物理、化学、生物及气候的影响。因此,测试织物的耐磨性为了尽可能的接近织物使用中受摩擦而损坏的情况,测试方法有多种。

1. 平磨 平磨是模拟衣服袖部、臀部、袜底等处的磨损情况,使织物试样在平放状态下与磨料摩擦。按对织物的摩擦方向又分为往复式和回转式两种。往复式平磨仪如图 10 - 22 所示,试样 1 按平铺于平台 2 上(注意经纬向),用夹头 3、4 夹紧,底部包有磨料(如砂纸)5 的压块 6 压在试样上,工作台往复运动使织物磨损;回转式平磨仪如图 10 - 23 所示,试样 1 由扣环 3 夹紧在工作圆台 2 上,一对砂轮 4 作为磨料(有不同粗糙度的砂轮供选择),工作圆台转动,使织物被磨损,并且磨下的纤维屑被空气吸走,从而保证了磨损效果。对于毛织物,国际羊毛局规定用马丁代尔摩擦测试仪(Martindale abrasion tester),该仪器属于多轨迹回转磨。我国生产的此类仪器称为 YG401 型织物平磨测试仪,如图 10 - 24 所示。

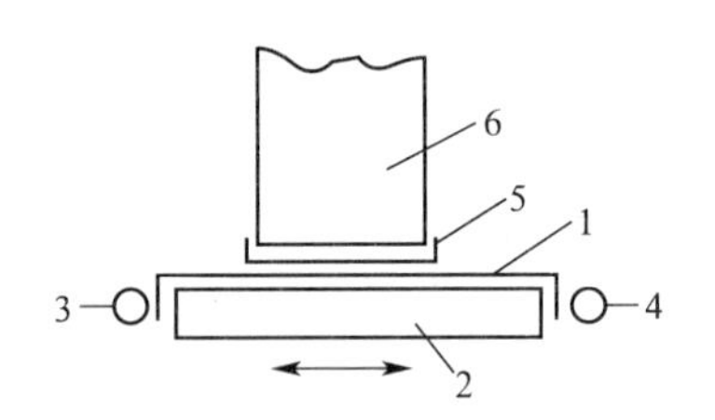

图 10 - 22　往复式平磨示意图

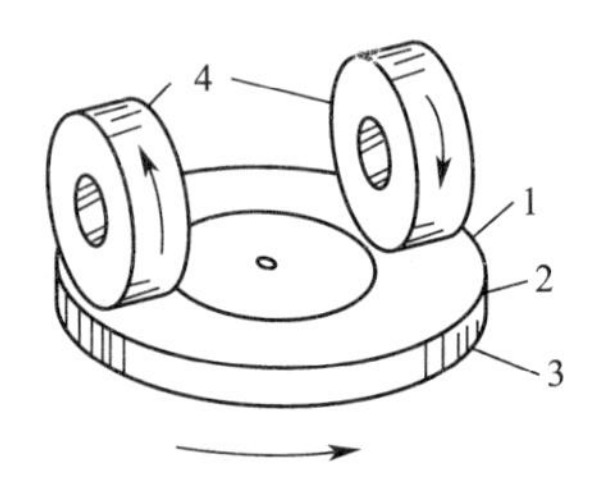

图 10 - 23　回转式平磨示意图

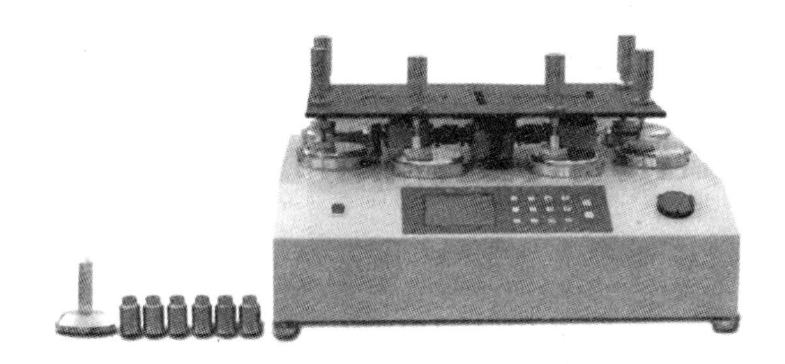

图 10 - 24　YG401N 型织物平磨测试仪

2. 曲磨 曲磨指织物试样在反复屈曲状下与磨料摩擦所发生的磨损。它主要模拟上衣的肘部和裤子膝部等处的磨损。曲磨测试仪如图 10 - 25 所示,试样 1 一端夹在上平台的夹头 2 里,绕过磨刀 3,另一端夹在下平台的夹头 4 里,磨刀受重锤 5 的拉力并使试样受到一定的张力,上平台是固定不动的(只能上下运动,方便夹样),下平台往复运动,使织物受到反复曲磨,直至断裂。

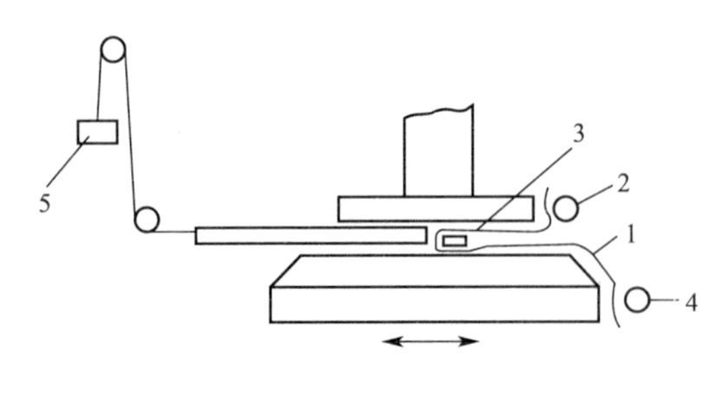

图 10 - 25　曲磨测定仪

3. 折边磨　折边磨是将织物试样对折，使织物折边部位与磨料摩擦而损坏的试验。它是模拟上衣领口、袖口、袋口、裤脚口及其他折边部位的磨损。折边磨测试仪如图 10－26 所示，试样 1 对折在夹头 2 里，伸出一段折边，平台 3 上包有磨料（如砂纸）4，平台 3 往复运动，织物折边部位受到磨损。

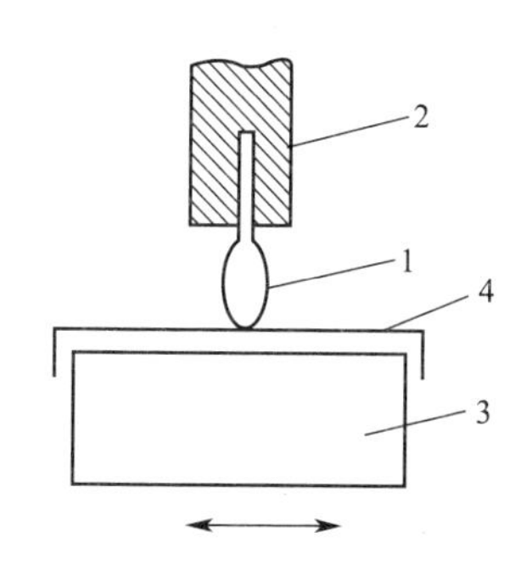

图 10－26　折边磨测试仪

4. 动态磨　动态磨是使织物试样在反复拉伸，弯曲状态下受反复摩擦而磨损。动态磨测试仪如图 10－27 所示，试样 1 两头夹在往复板 2 的两边，并穿过滑车 3 上的多个导棍，重块 4 上包覆有磨料 5，以一定压力下压在织物试样上，随着往复板和滑车的往复相对运动，织物受到弯曲、拉伸、摩擦的反复作用。

5. 翻动磨　翻动磨是使织物试样在任意翻动的拉伸、弯曲、压缩和撞击状态下经受摩擦而磨损。它模拟织物在洗衣机内洗涤时受到的摩擦磨损情况。翻动磨测试仪如图 10－28 所示，将边缘已经缝合或粘封（防止边缘纱线脱落）的试样，放入试验筒 1 内，叶轮 2 高速回转翻动试样，试样在受到拉伸、弯曲、打击、甩动的同时与筒壁上的磨料 3 反复碰撞摩擦。

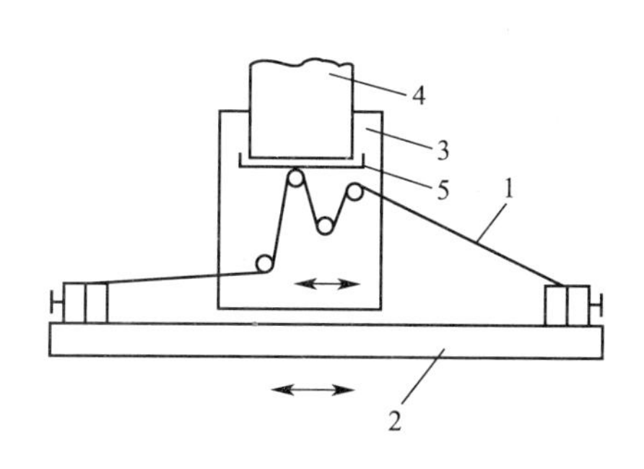

图 10－27　动态磨测试仪

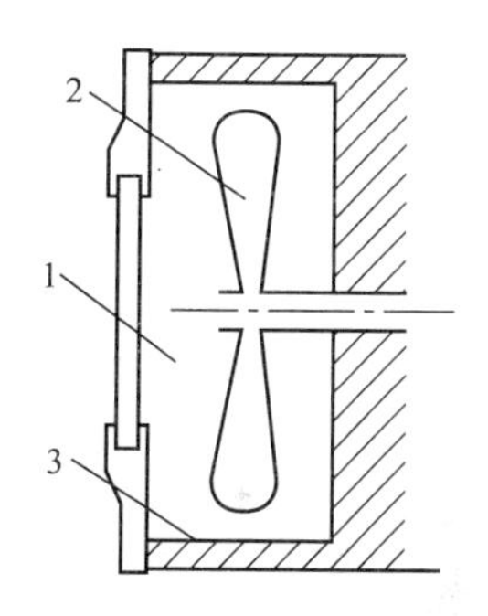

图 10－28　翻动磨测试仪

6. 穿着试验　穿着试验是将不同的织物试样分别做成衣裤、袜子等，组织适合的人员在不同工作环境下穿着，定出淘汰界限。如裤子的臀部或膝部易出现一定面积的破洞为不能继续穿用的淘汰界限。经穿用一定时间后，观察分析，根据限定的淘汰界限定出淘汰率。淘汰率是指超过淘汰界限的件数与试穿件数之比，以百分数表示。

$$\text{淘汰率} = \frac{\text{超过淘汰界限的件数}}{\text{试穿件数}} \times 100\% \qquad (10-13)$$

（二）常用指标类型

具体可以表达织物耐磨性能的指标很多，难以一一叙述，现归类如下。

（1）经一定摩擦次数后，织物的物理机械性质、形状等的变化量、变化率、变化级别等，如强力损失率，透光、透气增加率，厚度减少率，表面颜色、光泽、起毛起球的变化等级等。

（2）磨断织物所需的磨损次数。

（3）某种物理性质达到规定变化时的磨损次数，如磨到两根纱线断裂或出现破洞时，织物受摩擦次数。此类指标常用于穿着试验。

(4)平磨、曲磨及折边磨的单一指标加以平均,得到综合耐磨值。

$$综合耐磨值 = \frac{3}{\frac{1}{耐平磨值} + \frac{1}{耐曲磨值} + \frac{1}{耐折边磨值}} \quad (10-14)$$

(三)磨损破坏的形式

织物的磨损可以是纤维的磨损断裂、纤维的抽出掉落、纱线的解体、织物本身结构的破坏(纱线间联系的破坏),但归根结底是织物表面的状况的破坏。织物受摩擦而损坏的原因和过程是十分复杂的,因此织物在实际使用中受摩擦而损坏的形式也是十分复杂的。

(四)影响织物耐磨损性的主要因素

1. 纤维性质

(1)纤维的几何特征:纤维的长度、线密度和截面形态对织物的耐磨性有一定影响。当纤维比较长时,成纱强伸度较好,有利于织物的耐磨;当纤维线密度为2.78~3.33dtex时,织物比较耐磨。纤维在这一线密度范围内,有较好的成纱强伸度,既不至因纤维太细易断裂,也不至因纤维太粗抱合力太小,使纤维易抽拔,因此有利于织物的耐磨性。同样外力作用下,圆形截面抗弯刚度较小,故耐磨性一般优于异形纤维织物。特别是耐曲磨和折边磨方面,圆形截面纤维比较明显的好于异形纤维织物(这也是织物易起球,且掉球难的原因);而在耐平磨性方面,圆形截面的纤维织物优势并不十分稳定。

(2)纤维的力学性质:纤维的力学性质对织物的耐磨性相当重要。特别是对纤维在小负荷反复作用下变形能力,弹性恢复率和断裂功对织物耐磨性影响很大。当纤维弹性好,断裂比功大时,织物的耐磨性好。如锦纶、涤纶织物的耐磨性都很好,特别是锦纶织物的耐磨性最好,因此其多用来做袜子、轮胎帘子布等。丙纶织物的耐磨性也好,维纶织物的耐磨性比纯棉织物好,因此棉维混纺可提高织物的耐磨性。腈纶织物耐磨性属中等。羊毛织物的耐磨性在较缓和的情况下,耐磨性也相当好。麻织物,虽然麻纤维强度高,但伸长率低,断裂比功小,弹性差,因此麻织物耐磨性差。粘胶纤维弹性差,反复负荷作用下的断裂功小,故其织物耐磨性也差。

2. 纱线的结构

(1)纱线的捻度:纱线的捻度适中时,织物在其他条件相同的情况下,耐磨性较好。捻度过大时,纤维在纱中的可移性小,纱线刚硬,而且捻度大时,纤维自身的强力损失大,这些都不利于织物的耐磨性;纱线捻度过小时,纤维在纱中受束缚程度太小,遇摩擦后,纤维易从纱线中被抽拔,不利于织物的耐磨性。

(2)纱线的条干:纱线条干差时,较粗的部分纱线捻度小,纤维在纱中易被抽拔,因此不利于织物耐磨性。

(3)单纱与股线:在相同细度下,股线织物的耐平磨性优于单纱织物的耐平磨性。虽然纤维在股线中不易被抽拔,但由于股线结构较单纱紧密,纤维的可移性小,所以其耐曲磨性和折边磨性差。

(4)混纺纱中纤维的径向分布:混纺纱中,耐磨性好的纤维若多分布于纱的外层,有利于织物的耐磨性,如涤/棉、涤/粘、毛/腈混纺纱线。如果能使涤纶多分布于纱的外层,则可提高混纺织物的耐磨性。

3. 织物的结构　织物的结构是影响织物耐磨损性的主要因素之一，因此可以通过改变织物的结构提高织物的耐磨性。

（1）织物厚度：织物厚度对织物的耐平磨性影响很显著。织物厚些，耐平磨性提高，但耐曲磨和折边磨性能下降。

（2）织物组织：织物组织对耐磨性的影响随织物的经、纬密度不同而不同。在经、纬密度较低的织物中，平纹织物的交织点较多，纤维不易抽出，有利于织物的耐磨性；在经、纬密度较高的织物中，以缎纹织物的耐磨性最好，斜纹次之，平纹最差。因为在经、纬密度较高时，纤维在织物中附着的相当牢固，纤维破坏的主要方式是纤维产生应力集中，被切割断裂。这时，若织物浮线较长，纤维在纱中可作适当移动，有利于织物耐磨性。当织物经、纬密度适中时，又以斜纹织物的耐磨性最好。

针织物的耐磨性与组织的关系也很密切，其基本规律与机织物相同。纬平组织耐磨性好于其他组织，这是因为其表面光滑，支持面较大，纤维不易断裂和抽出。

（3）织物内经纬纱线密度：在织物组织相同时，织物中纱线粗些，织物的支持面大，织物受摩擦时，不易产生应力集中；而且纱线粗时，纱截面上包括的纤维根数多，纱线不易断裂，这些都有利于织物的耐磨性。

（4）织物支持面：织物支持面大，说明织物与磨料的实际接触面积大，接触面上的局部应力小，有利于织物的耐磨性。

（5）织物平方米重量：织物平方米重量对各类织物的耐平磨性都是极为显著的。耐磨性几乎随平方米重量增加成线性增长，但对于不同织物其影响程度不同。同样单位面积重量的织物，机织物的耐磨性好于针织物。

（6）织物表观密度：织物的密度、厚度与表观密度直接有关。试验证明织物表观密度达到 $0.6g/cm^2$ 及以上时，耐折边磨性明显变差。

4. 后整理　后整理可以提高织物的弹性和折皱恢复性，但整理后原织物强度、伸长率有所下降。在作用比较剧烈、压力比较大时，强力和伸长率对织物耐磨的影响是主要的，因此，树脂整理后，织物耐磨性下降。当作用比较缓和、压力比较小时，织物的弹性恢复率对织物耐磨的影响是主要的，因此，树脂整理后，织物表面的毛羽减少，这也有利于织物的耐磨性。实际经验还表明，树脂整理对织物耐磨的影响程度还与树脂浓度有关。

5. 试验条件　试验条件是影响织物耐磨试验数据的重要条件。

（1）磨料：不同的磨料之间无可比性，磨料的种类很多，有各种金属材料、金刚砂材料、皮革、橡皮、毛刷及各种织物。常用的是金属材料、金刚砂材料及标准织物，不同的磨料会引起不同的磨损特征。表面光滑的金属材料，特别是标准织物作用比金刚砂缓和，纤维多为疲劳或表皮损伤而断裂。金刚砂作用比较剧烈，纤维多是切割断裂或纤维抽拔使纱线解体，而使织物磨损。

（2）张力和压力：试验时施加于试样上的张力或压力大时，织物经较少摩擦次数时，就会被磨损。

（3）温湿度：试验时的温湿度，也会影响织物的耐磨性，而且对不同纤维的织物影响程度不同。对于吸湿性好的纤维影响大，对于吸湿性差的涤纶、丙纶、腈纶、锦纶等纤维织物几乎没有影响或影响较小,但对粘胶纤维织物的影响较大。这是因为粘胶纤维吸湿后强力降低,并且由于其吸湿膨胀,使织物变得硬挺,故耐磨性会明显下降。实际穿着试验还表明,由于织物受日晒、汗液、洗涤剂等的作用,不同环境下使用相同规格的织物,其耐磨性并不相同。

分析表明,织物耐磨性的优劣,是多种因素的综合结果,其中以纤维性质和织物结构为主要因素。在实际生产中,应根据织物的用途、使用条件不同,选用不同的纤维和织物结构,以满足对织物耐磨性的要求。

第五节　织物的外观保持性

织物在穿用、洗涤、储存过程中保持外观不发生不良的形态变化的性能称之为外观保持性。随着时代的进步其内容变化也比较大,而且也越来越被人们所重视。目前,主要包括抗皱性、洗可穿性、起毛起球性、褶裥保持性、勾丝性、起拱性、色牢度七个方面,本节主要介绍前五个。

一、抗皱性

织物在穿用和洗涤过程中,会受到反复揉搓而发生塑性弯曲变形,形成折皱,称为织物的折皱性。实际上,织物的抗皱性是指除去引起织物折皱的外力后,由于弹性使织物回复到原来状态的性能。因此,也常称织物的抗皱性为折皱回复性或折皱弹性。由折皱性大的织物做成的服装,穿用过程中易起皱,即使服装色彩、款式和尺寸合体,也因易形成折皱而大大失去其美学性,而且在折皱处易磨损,降低了服装的使用性。抗皱性的测试方法主要有垂直法和水平法两个。

(一)垂直法

试样为凸形,如图 10－29(a)所示。试验时,试样沿折叠线 1 处垂直对折,平放于折皱弹性仪试验台的夹板内,再压上玻璃承压板如图 10－29(b)所示。然后,在玻璃承压板上加上一定压重的重锤,经一定时间后释去压重,取下承压板,将试验台直立,由仪器上的量角器读出试样两个对折面之间张开的角度。此角度称为折痕回复角。通常将在较短时间(15s)后的回复角称为急弹性折痕回复角,将经较长时间(5min)后的回复角称为缓弹性折痕回复角。

(二)水平法

试样为条形,试验时,如图 10－30 所示,试样 1 水平对折夹于试样夹 2 内,加上一定压重,定时后释压。然后,将夹有试样的试样夹插入仪器刻度盘 3 上的弹簧夹内,并让试样一端伸出试样夹外,成为悬挂的自由端。为了消除重力的影响,在试样回复过程中必须不断转动刻度盘,使试样悬挂的自由端与仪器的中心垂直基线保持重合。经一定时间后,由刻度盘读出急弹性折痕回复角和缓弹性折痕口复角。通常以织物正反两面经、纬两向的折痕回复角作为指标。

另外,织物的折痕回复角占 180°的百分率即折皱回复率也是常用指标,计算式如下。

$$R = \frac{\alpha}{180} \times 100\% \qquad (10-15)$$

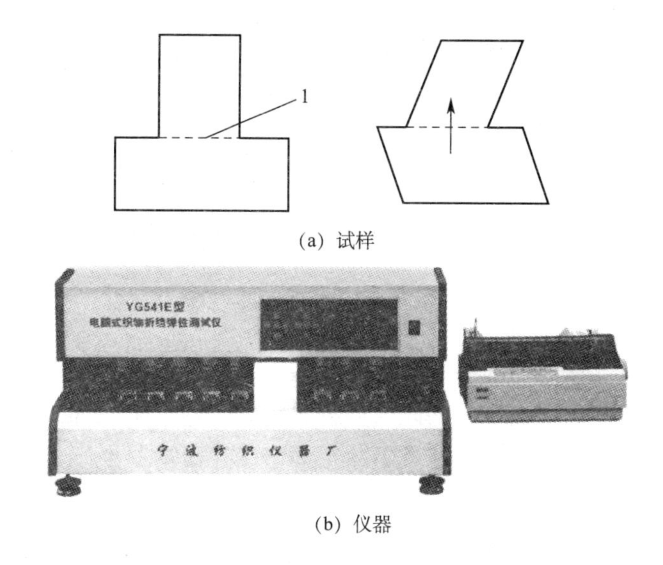

(a) 试样

(b) 仪器

图 10-29 折皱性测试(垂直法)的试样与仪器

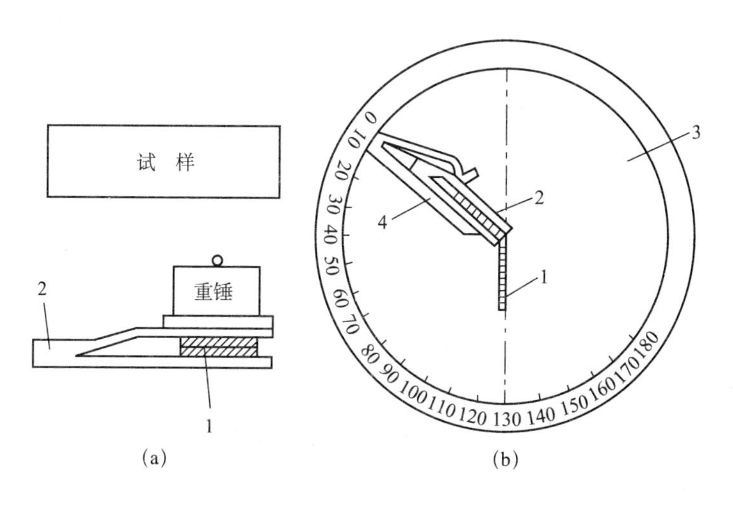

(a)

(b)

图 10-30 折皱测试(水平法)

式中:R——折皱回复率;

α——折痕回复角。

应该指出,折痕回复角实质上只是反映了织物单一方向、单一形态的折痕回复性。这与实际使用过程中织物多方向、复杂形态的折皱情况相比,还不够全面。国外已研制出能使试样产生与实际穿着相近的折痕的试验仪器。试验时,试样经仪器处理产生折痕,然后释放作用力,放置一定时间后用目测方法比对标准样照对折痕状态评级判定。

二、织物免烫性

织物免烫性是指织物经洗涤后,不经熨烫或稍加整理即可保持平整形状的性能,又称"洗可穿"性,属于耐水洗性能。

织物免烫性的测试是将试样先按一定的洗涤方法处理，干燥后根据试样表面皱痕状态，与标准样照对比，分级评定，称为平挺度，以1～5级表示。1级最差，5级最好。也有人用湿态折痕回复角来表征洗可穿性。按洗涤处理的方法不同，可分为以下三种方法。

（一）拧绞法

在一定张力下对浸渍后的矩形试样拧绞，作用一定时间（10min）后，释放、晾干，对比标准样照评定等级。1级最差，5级最好。

（二）落水变形法

将试样在一定温度、按要求配制的溶液中浸渍，一定时间后，用手执住布边相邻两角，在水中轻轻摆动后提出水面，再放入水中，如此反复数次后，取出悬挂晾干至与原重相差±2%时，对比标准样照评定等级。此法多用于精梳毛织物及毛型化纤织物。

（三）洗衣机洗涤法

按规定条件和参数在规定的洗衣机内洗涤，晾干后对比标准样照评定等级。洗衣机洗涤法的结果较接近实际穿着时的洗可穿性。

织物免烫性与纤维吸湿性、织物在湿态下的折痕回复性及缩水性密切相关。一般来说，若纤维吸湿性小、织物在湿态下的弹性好、缩水性小，则织物的免烫性较好。合成纤维较能满足这些性能，其中以涤纶纤维的免烫性尤佳。棉、毛织物遇水后干燥很慢，织物形态稳定程度较差，布面不平挺，其免烫性较差，一般都需经熨烫才能穿用。此外，树脂整理后的棉、粘胶纤维织物，免烫性明显改善。液氨处理也能改善高档棉、麻织物的免烫性，这是因为处理后氨分子中氮原子能同纤维素分子中的自由羟基结合，形成氨键网状结构，有助于弹性回复，从而改善织物的平挺度。

三、褶裥保持性

织物经熨烫形成的褶裥（含轧纹、折痕），在洗涤后经久保形的程度称为褶裥保持性。褶裥保持性实质上是大多数合成纤维织物热塑性的一种表现形式。由于大多数合成纤维是热塑性高聚物，因此一般都可通过热定形处理，使这类纤维或以这类纤维为主的混纺织物，获得使用上所需的各种褶裥、轧纹或折痕。

织物的褶裥保持性常采用褶裥保持率指标来表征。测试时剪裁一个1cm×2cm的矩形试样，将长方向对折，熨烫出褶裥，并量出开角A_0，然后平摊试样，在褶裥处压500cN的重锤，5min后，去除负荷，量出开角A_1，则褶裥保持率H的计算公式如下。

$$H = \frac{180 - A_1}{180 - A_0} \times 100\% \qquad (10-16)$$

也可以采用目光评定法。试验时，先将织物试样正面在外对折缝牢，覆上衬布在定温、定压、定时下熨烫，冷却后在定温、定浓度的洗涤液中按规定方法洗涤处理，干燥后在一定照明条件下与标准样照对比。通常分为5级，5级最好，1级最差。

织物的褶裥保持性主要取决于纤维的热塑性和纤维的弹性。热塑性和弹性好的纤维，在热定形时织物能形成良好的褶裥。此外织物的褶裥持久性还与热定形处理时的温度、压强及织物的含水率有关。实验表明，必须在适当温度下，才能获得好的褶裥持久性。达到一定压强才能提高褶裥效果，而压强达到6～7kPa（大致相当于成年男子熨烫时的作用力除以熨斗底面积所得压强）以上，则褶裥效果不再增加。织物有一定的含水率时，褶裥效果可达最好，所以蒸汽熨斗比普通熨斗效果明显，但对于过湿织物，水分会引起熨斗表面温度下降，使折痕效果降低。在适当温度下，厚织物熨烫10s，大体上可获得较好褶裥，虽然熨烫时间增加可使褶裥持久性变好，但也有熨坏织物的风险。

四、起毛起球性

织物起毛起球后，严重影响其外观，从而降低织物的服用性能，甚至因此失去使用价值。因此对某些织物要进行起毛起球试验，特别是毛织物或仿毛织物，织物起毛起球状况是评等条件之一。实际穿着使用中织物起毛起球的过程如图10－31所示，可分为起毛、纠缠成球、毛球脱落三个阶段。织物在穿用过程中，受多种外力和外界的摩擦作用。经过多次的摩擦，纤维端伸出织物表面形成毛茸，称为织物起毛；再继续穿用时，毛茸不易被磨断，而是纠缠在一起，在织物表面形成许多小球粒，称为织物起球。织物只有先起毛而后才可能起球。

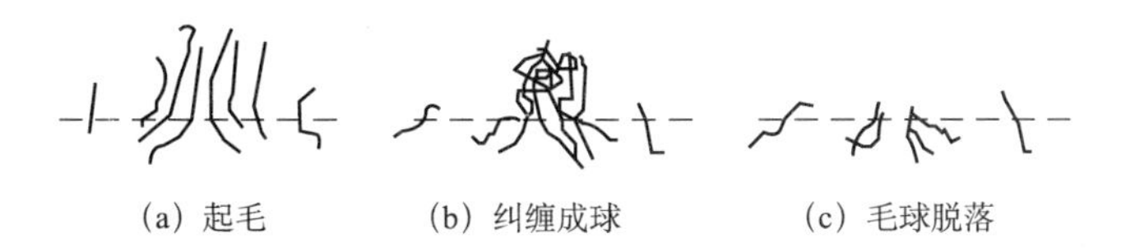

图10－31　起毛起球的过程

如果在穿用过程中形成毛茸后纤维很快被摩擦断裂或滑出纱体而掉落或织物内纤维被束缚的很紧，纤维毛茸伸出织物表面较短，织物表面并不能形成小球。纤维毛茸纠缠成球后，在织物表面会继续受摩擦作用，达到一定时间后，毛球会因纤维断裂从织物表面脱落下来。因此，评定织物起毛起球性的优劣，不仅看织物起毛起球的快、慢多少，还应视脱落的速度而定。

（一）实验室起毛起球的方法

在实验室环境下起毛起球的方法目前广泛使用的有三种，即圆轨迹起球仪法、马丁代尔型耐磨测试仪法和起球箱法。

1. 圆轨迹起球仪法　圆轨迹起球仪或称YG502型织物起球仪，如图10－32所示。将织物的起毛起球分别进行，试样1下垫有一定厚度的海绵，用环状紧固圈压紧试样，在一定压力锤3作用下，以圆周运动的轨迹使织物与尼龙毛刷2摩擦一定次数（图10－33），使织物表面产生毛茸，然后使试样再与标准织物进行摩擦，使织物起球。经一定次数后，与标准样照对比，评定起球级别。此法多用于低弹长丝机织物、针织物及其他化纤纯纺或混纺织物。

2. 马丁台尔型平磨测试仪法　该方法是以YG401N型织物平磨测试仪来评定织物起球的方法，如图10－24所示。在一定压力下，织物试样与本身织物或标准磨料进行摩擦，摩擦轨迹呈李萨茹曲线。达到规定次数后，试样与标准样照对比，评定织物试样起球级别。此种方法也是目前国际羊毛局规定的用来评定精纺或粗纺毛织物起球的标准方法。该法适用于大多数织物，对毛织物更为适宜，但不适用厚度超过3mm的织物。

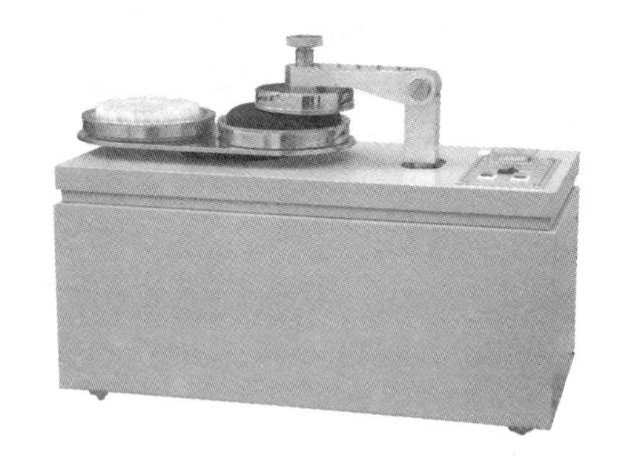

图10－32　YG502型织物起毛起球仪

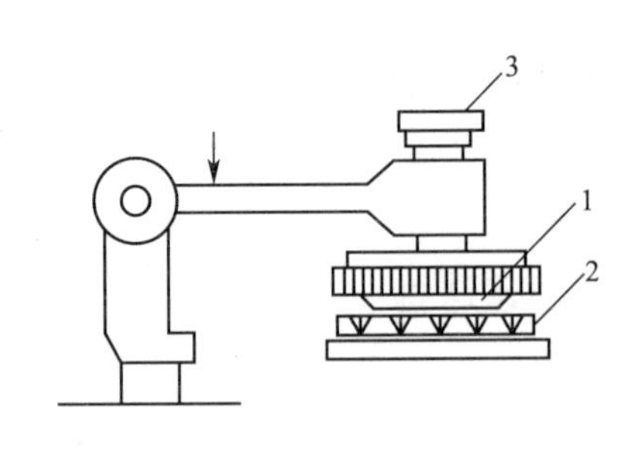

图10－33　起毛起球仪起毛球部分结构

图10－34　YG511N型箱式起球仪

3. 起球箱法　起球箱是用于织物在不受压力情况下进行起球的仪器，如图10－34所示。试验时，将一定规格的织物试样缝成筒状，套在聚氨酯载样管上，然后放入衬有橡胶软木的箱内，开动机器使箱转动，试样在转动的箱内受摩擦。试样箱翻动一定次数后，自动停止，取出试样，评定织物起球等级。该方法适用于毛织物及其他较易起球的织物。

（二）织物起毛起球性的评定

评定织物起毛起球性的方法很多，由于纤维纱线以及织物结构不同，毛球大小、形态不同，起毛起球以及脱落速度不同。因此很难找到一种十分合适的评定方法，目前用得较多的是评级法。标准样照分1～5级，1级最差，5级最好，1级严重起毛起球，5级不起毛起球。试样在标准光照条件下与样照对比，评定等级。该方法的缺点受人为目光的影响，可能出现同一试样不同人看法并不一致的情况。此外也可以用单位面积上毛球的粒数或毛球的总重量等来表达。

（三）影响织物起毛起球的因素

1. 纤维性质　纤维性质是织物起毛起球的主要原因。纤维的机械性质、几何性质以及卷曲多少都影响织物的起毛起球性。从日常生活中发现，棉、麻、粘胶纤维织物几乎不产生起球现象，毛织物有起毛起球现象。特别是锦纶、涤纶织物最易起毛起球，而且起球快、数量多、脱落慢。其次是丙纶、腈纶、维纶织物。由此看出，纤维强力高、伸长率大、耐磨性好，特别是耐疲劳的纤维起毛起球现象明显。纤维较长、较粗时织物不易起毛起球，长纤维纺成的纱，短纤维少、且纤维间抱合力大，所以织物不易起毛起球，粗纤维较硬挺，起毛后不易纠缠成球；一般来说圆形截面的纤维比异形截面的纤维易起毛起球，因为圆形截面的纤维抱合力较小而且易弯曲纠缠，因此易起毛起球；另外，卷曲多的纤维也易起球。细羊毛比粗羊毛易起球是因为细羊毛易弯曲纠缠且卷曲丰富。

2. 纱线结构　纱线捻度、条干均匀度影响织物起毛起球性。纱线捻度大时，纱中纤维被束缚得很紧密，纤维不易被抽出，所以不易起球。因此涤棉混纺织物适当增加纱的捻度，不仅能提高织物滑爽硬挺的风格，还可降低起毛起球性。纱线条干不匀时，粗节处捻度小，纤维间抱合力小，纤维易被抽出。所以织物易起毛起球。精梳纱织物与普梳相比，前者不易起毛起球。花式线，膨体纱织物易起毛起球。

3. 织物结构　织物结构对织物的起毛起球性影响也很大。在织物组织中，平纹织物起毛起球性最低，缎纹最易起毛起球，针织物较机织物易起毛起球。针织物的起毛起球与线圈长度、针距大小有关。线圈短、针距细时织物不易起毛起球。表面平滑的织物不易起毛起球。

4. 后整理　如织物在后整理加工中，适当的经烧毛、剪毛、刷毛处理，可降低织物的起毛起球性。对织物进行热定形或树脂整理，也可降低织物的起毛起球性。

五、勾丝性

织物中纤维和纱线由于受到钉、刺等尖锐物体勾挂而被拉出于织物表面的程度称为勾丝性。抗勾丝性对于结构较稀松的织物，特别是针织外衣织物及长丝织物、浮长线较长的织物尤为重要，发生勾丝不仅使织物外观明显变差，而且影响织物耐用性。

随着长丝针织物尤其是丝袜大量进入服装领域，这一缺点显得十分突出。勾丝一般是在织物与粗糙、尖硬的物体摩擦时发生的。此时，织物中的纤维被勾出，在织物表面形成丝环和抽拔痕；当作用剧烈时，单丝还会被勾断。

（一）织物勾丝性的测试

使织物勾丝的仪器有钉锤式、针筒式、方箱式（箱壁上有锯齿条）三种类型。原理大致相似，都是仿照织物实际勾丝情况，使织物试样在运动中与某些尖锐物体相互作用，从而产生勾丝。所不同的是针筒式勾丝仪的试样的一端是在无张力自由状态下与刺针作用，而其他两种方法的试样两端是缝制好的，即试样是在两端固定情况下与针刺作用。

织物勾丝性测试是先采用勾丝仪使织物在一定条件下勾丝，然后再与标准样照对优评级。分为1～5级，5级最好，1级最差。

钉锤式勾丝仪如图10－35所示。试验时，试样1缝制成圆筒形，套在由橡胶包覆、外裹有包毡2的滚筒3上。滚筒上方装有由链条4联结的铜锤5。当滚筒转动时，铜锤上的突针6不停地在试样上随机钩挂跳动，使织物勾丝。

针筒式勾丝仪如图10－36所示。试验时，条形试样（图10－37）一端固定在滚筒上，另一端处于自由状态，当滚筒恒速转动时，试样周期性地擦过具有一定转动阻力的针筒，从而使试样勾丝。在勾丝仪达到规定转数后，取下试样并放置一定时间，然后在评级箱内对照标准样照进行评级。

（二）影响勾丝性的因素

影响勾丝性的因素有纤维性状、纱线性状、织物结构及后整理加工等，其中以织物结构的影响最为显著。

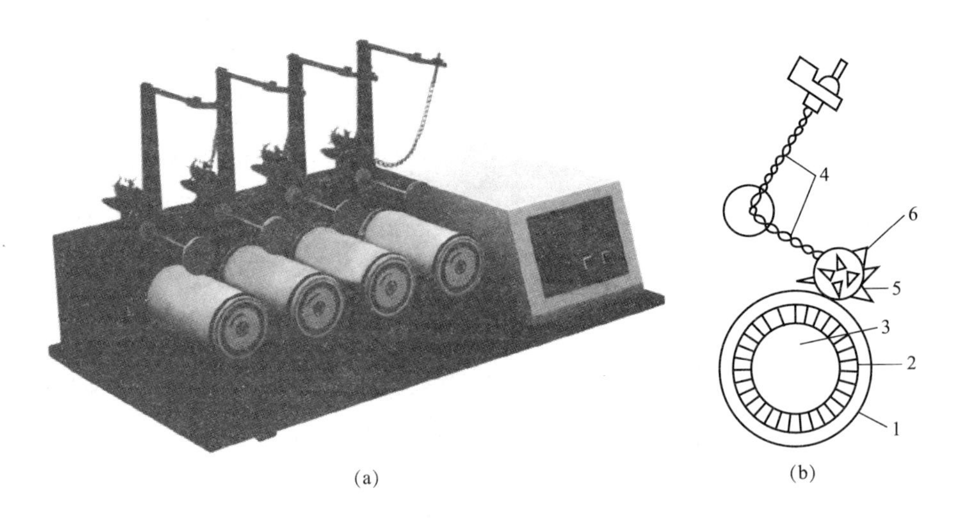

图 10－35　YG518 型织物勾丝仪

1. 纤维性状　圆形截面的纤维与非圆形截面的纤维相比，圆形截面的纤维容易勾丝；长丝与短纤维相比，长丝容易勾丝。纤维的伸长能力和弹性较大时，能缓和织物的勾丝现象，这是因为织物受外界粗糙、尖硬物体勾引时，伸长能力大的纤维可以由本身的变形来缓和外力的作用；当外力释去后，又可依靠自身较好的弹性局部回复进去。

2. 纱线性状　一般规律是结构紧密、条干均匀的不易勾丝，所以增加一些纱线捻度，可减少织物勾丝。线织物比纱织物不易勾丝；低膨体纱比高膨体纱不易勾丝。

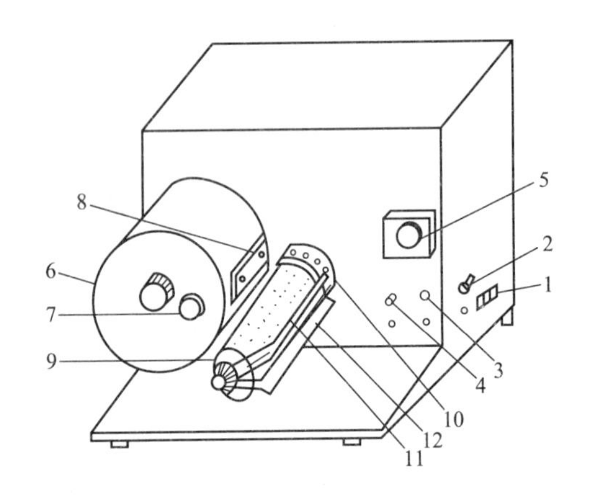

图 10－36　针筒勾丝仪

1—电源插座　2—电源开关　3—启动按钮　4—步进按钮
5—时间继电器　6—夹布滚筒　7—夹布器松紧螺丝
8—夹布器　9—刺辊　10—调节杆方位角度尺
11—调节杆　12—安全罩

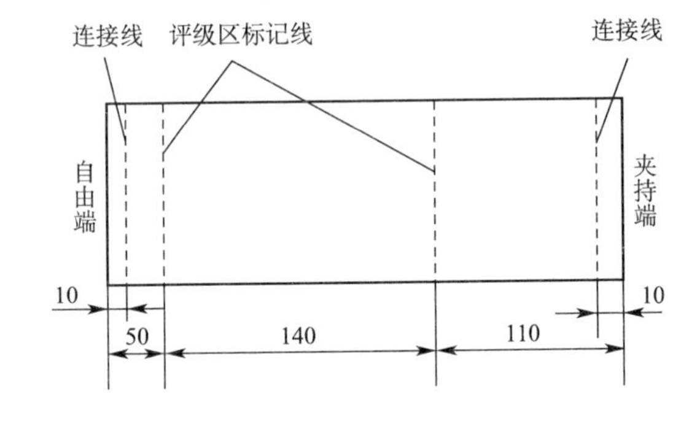

图 10－37　针筒法勾丝试样尺寸（mm）

3. 织物结构　结构紧密的织物不易勾丝，这是由于纤维被束缚得较为紧密，不易被勾出。表面平整的织物不易勾丝，这是因为粗糙、尖硬的物体不易勾住这种织物的纱线或长丝纤维。

针织物勾丝现象比机织物明显，其中平针织物不易勾丝；纵、横密度大和线圈长度短的针织物不易勾丝。

4. 后整理加工 热定形和树脂整理能使织物表面光滑平整，从而使其勾丝现象有所改善。

第六节 织物的尺寸稳定性简介

织物的尺寸稳定性是织物在穿着、洗涤、储存等过程中表现出来的长度的缩短或伸长性能，其中缩水是最受关注的现象之一。造成织物尺寸变化的主要原因有遇水后后的膨胀收缩、缓弹性收缩、热收缩和蠕变伸长等。

一、缩水性

缩水性是指织物在常温水中浸渍或洗涤干燥后发生尺寸变化的性能，是织物，特别是服装的一项重要质量性能。织物的缩水不但影响织物外观，而且可能造成使用性能的下降，因此在裁制服装前，特别是裁制由两种以上的织物缝合的服装时，必须考虑织物的缩水性，这样才有可能缝制出合体美观不变形的服装。常见纺织品的缩水率见表 10－2。

表 10－2 常见纺织品的缩水率

类 型	品 种			缩水率(%)
棉 布	印染布	丝 光	平布	3～4
			府绸	T4～5/W2～3
			斜纹、哔叽、贡呢	T4～5/W3～4
			麻纱	3～4
			卡其、华达呢	T5～6/W2～3
		本 光	平布	T6～7/W2～3
			斜纹类	T7～8/W2～3
		防缩织物		1～3
		灯芯绒		5～6
	色织布	预缩产品		3～5
		线呢		8～10
		府绸		T5/W2
		绒布		6～7
		劳动布		9～10
		被单布		T8～10/W6

续表

类　型	品　　种		缩水率(%)
丝织品	桑蚕丝织品		T5/W2
	绉线,绞纱织品		T10/W3
	粘胶长丝织品		T8/W3
	桑蚕丝/粘胶长丝交织织物		3~5
	粘胶长丝/棉交织织物		T10/W4
	合成纤维		T5/W2
毛织品	精　纺	纯毛及含毛70%以上织物	3~4
		含涤纶40%以上织物	2
		含锦纶40%以上或含腈纶50%以上织物	3~4
		一般织品	3~5
	粗　纺	呢面	3~4
		绒面	4~5
		松结构	5~10
化纤及混纺织物	涤棉混纺织物(含涤60%以上)		1~2
	涤粘混纺织物、涤腈混纺织物、棉丙混纺织物		2~3
	粘胶长丝织物		T8/W3
	棉维混纺平纹织物		3~5
	棉维混纺斜纹织物		T5~6/W2~3
	涤腈中长纤维混纺织物		1
	粘胶纤维织物		8~10
	纯涤纶长丝织物		1~2
	毛涤混纺织物(含涤45%以上)		1~2

注　T表示经向,W表示纬向。

(一)织物缩水的原因

织物浸湿或洗涤时,纤维充分吸收水分,使纤维发生体积膨胀,纤维直径增加,纱线变粗,纱线在织物中的屈曲程度增大,迫使织物收缩。其次,织物在纺织染整加工过程中,纤维纱线多次受拉伸作用,内部积累了较多的剩余变形和较大的应力。当水分子进入纤维内部后,使纤维大分子之间的作用力减小,纤维发生缓弹性变形的回复,这一点可以通过良好的热定形来克服。至于羊毛织物缩水,除上述原因外,还会产生缩绒,从而引起织物收缩。

纤维的吸湿性好,吸湿膨胀率大,织物的缩水率就高。由于棉、麻、毛、丝及粘胶纤维的吸湿好,因此这些纤维织物的缩水率偏大。由于合成纤维吸湿性差,有的几乎不吸湿,因此合成纤维织物的缩水率很小。

纱线捻度、织物组织结构、染整工艺对织物的缩水率也有影响。如捻度大的、组织结构紧密的、定形好的、经过树脂整理和防缩整理的其缩水率小。机织物比针织物的缩水率小。需要注意的是织物经纬向紧密程度不同时缩水率会产生差异。

（二）织物缩水性的测试方法和指标

织物缩水性的测试方法，目前常用的是机械缩水法和浸渍缩水法。两者都是将规定尺寸的试样在规定温度的水中处理一定时间，经脱水干燥后，测量经、纬（或纵、横）向长度。两者不同之处是前者是动态，不仅使织物消除纺织加工中的变形，而且由于作用比较剧烈，还可能产生新的变形。后者是静态的，只能消除纺织加工中产生的变形，不产生新的变形，适用于不宜剧烈洗涤的真丝织物和粘胶纤维织物。

织物的缩水性用缩水率表示，其计算式如下。

$$\text{缩水率} = \frac{L_0 - L_1}{L_0} \times 100\% \qquad (10-17)$$

式中：L_0——织物缩水前的长度；

L_1——织物缩水后的长度。

二、热收缩性

合成纤维及以合成纤维为主的混纺织物，在受到较高的温度作用时发生的尺寸收缩程度称为热收缩性。

织物发生热收缩的主要原因是由于合成纤维在纺丝成形过程中，为获得良好的力学性能，均受有一定的拉伸作用。并且纤维、纱线在整个纺织染整加工过程中也受到反复拉伸，当织物在较高温度下，热的作用时使纤维中受力伸展的大分子取得卷曲构象，产生不可逆的收缩。

受热方式不同热收缩率不同，所以织物的热收缩性有沸水收缩率、干热空气收缩率、汽蒸收缩率等。

第七节　织物的风格与手感简介

一、织物风格的含义

织物风格是织物的机械性能作用于人的感觉器官使人作出的综合评判。广义的织物风格包括视觉风格和触觉风格。视觉风格是指织物的外观特征，如色泽、花型、明暗度、纹路、平整度、光洁度等刺激人的视觉器官而使人产生的生理、心理的综合反应。触觉风格是通过人手的触摸抓握，织物的机械性能对人的刺激而使人产生的综合评判，其也可称为狭义风格或手感。视觉风格受人的主观爱好的支配，很难找到客观的评价方法和标准；而触觉的刺激因素较少，信息量小，心理活动简单，可以找到一些较为客观的、科学的评定方法和标准。因此在一般情况下所说的织物的风格是指狭义风格，即手感。

二、织物风格的分类

（一）按材料分类

可以分为棉型风格、毛型风格、真丝风格和麻型风格四类。

1. 棉型风格 一般要求纱线条干均匀，捻度适中，棉结杂质少，布面匀整，吸湿透气性好。此外，不同的棉织物还有各自不同的风格特征，如细平布的平滑光洁、质地紧密；卡其织物手感厚实硬挺，纹路突出饱满；牛津纺织物柔软平滑，色点效果；灯芯绒织物绒条丰满圆润，质地厚实，有温暖感。

2. 毛型风格 毛型织物光泽柔和、自然，丰满而富有弹性，并且有温暖感。精梳毛织物质地轻薄，组织致密，表面平滑，纹路清晰，条干均匀；粗纺毛织物质地厚重，组织稍疏松，手感丰厚，呢面茸毛细密，不发毛、不起球。

3. 真丝风格 真丝织物具有轻盈而柔软的触觉，良好的悬垂性，珍珠般的光泽及特有的丝鸣效果。

4. 麻型织物 麻织物的外观有一种朴素和粗犷的特征，质地坚牢，抗弯刚度大，具有挺爽和清凉的感觉。

（二）按用途分

按用途可分为外衣用织物风格和内衣用织物风格。外衣用织物风格要求布面挺括，有弹性，光泽柔和，褶裥保持性好；内衣用织物质地柔软、轻薄、手感滑爽，吸湿透气性好等。

（三）按厚度分

按织物厚度可分为厚重型织物、中厚型织物和轻薄型织物。厚重型织物要求手感厚实、滑糯和温暖的感觉；中厚型织物一般质地坚牢、有弹性、厚实而不硬；轻薄型织物质地轻薄、手感滑爽、有凉爽感。

三、手感的主观评定

手感评定是一种最基本、最原始的主观评定方法，主要是通过手指对织物的触觉来感觉并判断出织物的优劣。

（一）手感评定的具体方法

手感评定织物时，常用以下的几种动作来感觉织物的风格，并作出综合判断。

1. 一捏 即将三个手指捏住呢绒边，织物正面朝上，中指在呢绒下，拇指、食指捏在呢绒面上，将呢绒交叉捻动，确定呢绒面的滑爽度、弹性及厚薄、身骨等特性。

2. 二摸 是将呢绒面贴着手心，拇指在上，其他四指在呢绒下，将局部呢绒的正反面反复擦摸，确定呢绒的厚薄、软硬、松紧、滑糯等特性。

3. 三抓 将局部呢绒面捏成一团，有重、有轻的抓放几次，确定呢绒的弹性、活络、挺糯、软硬、蓬松、抗皱等特性。

4. 四看 从呢绒面的局部到全幅仔细观察，确定呢绒面光泽、条干、边道、花型、颜色、斜纹等质量的优劣。

（二）常用术语

在主观评定时，通常是将织物风格分成若干基本要素进行分别评价，称为基本风格。常用的基本风格术语及含义如下。

1. 活络感 织物具有回弹性和柔软有度的弹跳性感觉，如轻薄花呢的感觉。

2. 滑糯感　织物的光滑性、柔软性和回弹性混合在一起的感觉，如细而柔软的羊绒的感觉。

3. 丰满感　织物蓬松性好，且和手呈丰富的点状接触，压缩回弹好，给人以疏松丰满、温暖和厚实的感觉。否则就成了刺扎感。

4. 挺爽感　粗硬的纤维和捻度大的纱织成的织物表现出的硬挺和摩擦的错落感，如麻纱类织物手摸时具有的挺爽感觉。主要是对织物表面的感触，具有一定刚度的各种织物都会有这种感觉。

5. 柔软感　柔软度高，没有粗糙感和蓬松，光泽好，硬挺度和弯曲刚度较低的感觉，如丝织绸缎的感觉。

四、织物风格的客观评定

织物风格的客观评定是通过测试仪器对织物的相关物理机械性能进行测定，采用多指标评价体系、综合分类的方法对风格进行定量的或定性的描述。在国内可见到的有国产风格仪系统、日本的川端风格仪系统、澳大利亚的 FAST 风格仪系统及单指标测试等测试方法。这一方面的具体内容很庞大，这里只能做最简单的概括性介绍。

（一）织物风格仪系统

1. 国产风格仪系统　国产风格仪共选择五种受力状态（13 项物理指标），选择的受力状态不是简单的力学状态，而是取自织物在实际穿用过程中的受力状态。在评价织物的风格时，该系统是采用一项或几项物理指标并结合主观评定的术语对织物给出评语。各种物理指标与织物风格的关系如下。

（1）最大抗弯力：最大抗弯力大，织物手感较刚硬；反之，织物手感较柔软。

（2）活泼率与弯曲刚性指数：活泼率大，弯曲刚性指数大，表示织物手感活络、柔软；活泼率小，弯曲刚性指数大，说明织物手感呆滞、刚硬；活泼率小，弯曲刚性指数小，表示织物手感呆滞。

（3）静、动摩擦因数：静、动摩擦因数均比较小的时候，表示织物手感光滑，反之则粗糙。摩擦因数的变异系数较大时，织物有爽脆感；摩擦因数的变异系数较小时，织物手感滑腻。

（4）蓬松率：蓬松率大，表示织物蓬松丰厚；全压缩弹性率值高，表示织物手感丰满。

（5）最大交织阻力：最大交织阻力较大时，织物手感偏硬，较板糙；最大交织阻力过小，则织物手感稀松。

2. 川端 KES 织物风格仪系统　川端风格仪（KES—F）系统（KES—FB1 拉伸剪切仪、KES—FB2 纯弯曲仪、KES—FB3 压缩仪、KES—FB4 表面性能测试仪）是选择拉伸、剪切、压缩、弯曲和表面性能五项基本力学性能中的 16 项物理指标，再加上单位面积重量，共计 17 项指标作为基本物理量，用川端风格仪将这些物理量分别测出。该系统在大量工作的基础上，将不同用途织物的风格分解成若干个基本风格，并将综合风格和基本风格量化，分别建立物理量和基本风格值之间、基本风格值和综合风格值之间的回归方程式。在评定织物风格时，先用风格仪测定 17 项物理指标，然后将这些指标代入回归方程，求出基本风格值，最后再将基本风格值代入回归方程式求出综合手感值。

3. FAST 织物风格仪系统 FAST 织物风格仪系统是由澳大利亚 CSIRO 研制开发，主要用于评价织物外观、手感和预测织物的可缝性、成形性等，由 FAST—1 压缩仪，FAST—2 弯曲仪，FAST—3 拉伸仪，FAST—4 尺寸稳定测试仪四个部分构成。FAST 织物风格仪系统总共定义了 19 个指标，其中 12 个指标是系统测试获得的，另外 7 个指标是计算获得的。比较特殊的是计算获得的成形性指标，其含义为“二维面料在制成三维空间曲面服装时，面料实现空间造型的能力”或“面料在被施加平行压力时吸收压缩而不会产生褶皱的能力”，如在缝纫过程中针、线的压力会使吸收能力差的面料在缝迹处产生皱缩，使布面失去平整。FAST 织物风格仪系统可以预报面料在服装加工过程中可能出现的问题，并帮助分析造成问题的原因，所以其具有一定的实际指导意义。

（二）织物的刚柔性

刚柔性是指织物的硬挺和柔软程度。织物比较硬挺的意思是说这种织物抵抗弯曲方向形状变化的能力较大，或者说抗弯曲刚度大；其相反的特征是柔软性差。织物的刚柔性是织物一个重要性能，它与织物的美学性关系密切，并且与织物的舒适性也有一定关系。

1. 织物刚柔性的测试方法

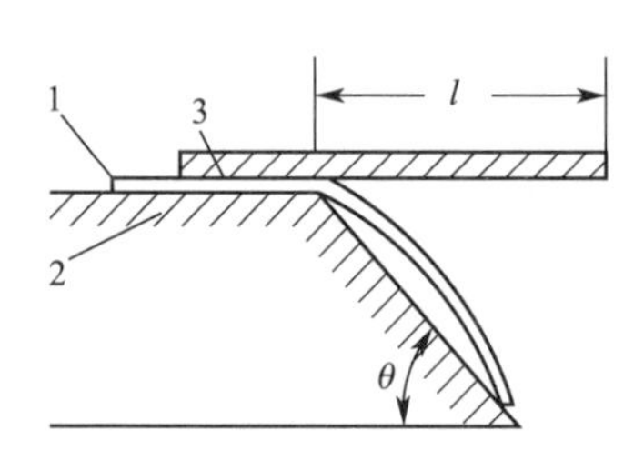

图 10－38 斜面法测试织物刚柔性示意图

（1）斜面法：如图 10－38 所示的是斜面法（目前已有用此原理设计制造的专用仪器）测试织物的刚柔性。试样 1 为宽 2cm、长约 15cm 的布条，放在一端有斜面的水平台 2 上，试样上面放一块滑板 3，并使试样下垂端与滑板 3 平齐，滑板 3 下部平面上附有橡胶层，使滑板慢慢向右移动，直到由于织物自身重量的作用而下垂触及斜面为止。从试条滑出长度 l 与斜面角度，即可求出织物的抗弯长度C（cm）。

$$C = l\left(\frac{\cos\frac{\theta}{2}}{8\tan\theta}\right)^{\frac{1}{3}} \qquad (10-18)$$

式中：l——试样在斜面上的滑出长度，cm；

θ——斜面角度，一般为 45°，此时 $C=0.487l$。

织物的抗弯长度 C 越长，表示织物越硬挺。由抗弯长度 C 还可求出表示织物刚柔性的另一指标，即抗弯刚度 B（cN · m）。

$$B = G \times C^3 \times 9.8 \times 10^{-7} = 9.8 \times G \times (0.487l)^3 \times 10^{-7} = 1.13Gl^3 \times 10^{-7} \qquad (10-19)$$

式中：G——织物的平方米重量，g/m^2。

织物的抗弯刚度越大，织物越硬挺。试验时应分别测出经、纬向的抗弯刚度，再求织物的总抗弯刚度（B_0）。

$$B_0 = \sqrt{B_T B_W} \qquad (10-20)$$

（2）心形法：斜面法适合测试毛织物及比较厚实的其他织物，对于轻薄织物和有卷边现象

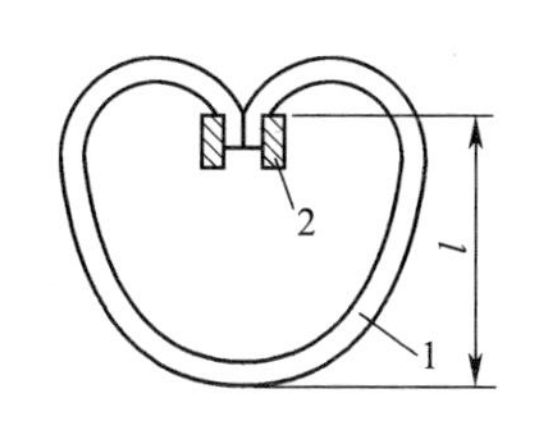

图 10－39　心形法测试织物刚柔性示意图

的针织物可用心形法测试。

心形法也称圆环法，如图 10－39 所示。心形法试样规格为 2cm×25cm，两端各在 2.5cm 处做一标记，试样长度有效部分为 20cm。在标记处将试样 1 用水平夹持器 2 夹牢，试样在自身重量下形成心形。经 1min 后，测出水平夹持器顶端至心形下部的距离 l，表示织物的柔软性。l 称为悬重高度（mm），又称柔软度。l 越长，表示织物越柔软。

2. 影响织物刚柔性的因素

（1）纤维性质：纤维的初始模量是影响织物刚柔性的决定因素。初始模量大的纤维，其织物刚性大，织物硬挺；反之，织物比较柔软。如羊毛、粘胶纤维、锦纶等织物，因为纤维初始模量低，所以织物比较柔软；而麻纤维、涤纶初始模量高，因此织物比较硬挺。纤维的截面形态也影响织物的刚柔性，一般是异形纤维织物刚性大，比较硬挺。

（2）纱线结构：纱线的抗弯刚度大时，织物的抗弯刚度也较大，因此纱线直径大，捻度大时，织物硬挺，柔软性差。

（3）织物结构：织物厚度对织物的刚柔性有明显影响。织物厚度增加，硬挺度明显增加；织物交织次数多，浮长线短时，织物的硬挺度增加。因此在其他条件相同时，平纹织物最硬挺，缎纹织物最柔软，斜纹介于两者之间。织物紧度不同时，紧度大的织物比较硬挺。机织物与针织物相比较，机织物的抗弯刚度大，比较硬挺；针织物中，线圈长，针距大时，织物比较柔软。

（4）后整理：织物通过后整理，即对织物进行硬挺整理和柔软整理，可以改变其刚柔性。硬挺整理是用高分子浆液黏附于织物表面，织物干燥后变得硬挺光滑。柔软整理可采用机械揉搓方法，对织物多次揉搓，使织物硬挺度下降；也可采用柔软剂整理，减少纤维间或纱线间的摩擦力，提高织物的柔软性。合成纤维织物在后整理加工时，在烧毛、染色、热定形中，若温度过高，会导致织物发硬、变脆。

（三）织物的悬垂性

织物的悬垂性是指织物因自重下垂且能形成平滑和曲率均匀的曲面的性能。

织物的悬垂性可以用光电悬垂仪进行测试，如图 10－40 所示。其原理是硬挺的织物下垂程度小、遮光多、光电流小。相反，柔软的织物挡光少，光电流大。由光电流的变化间接反映出织物的悬垂性。

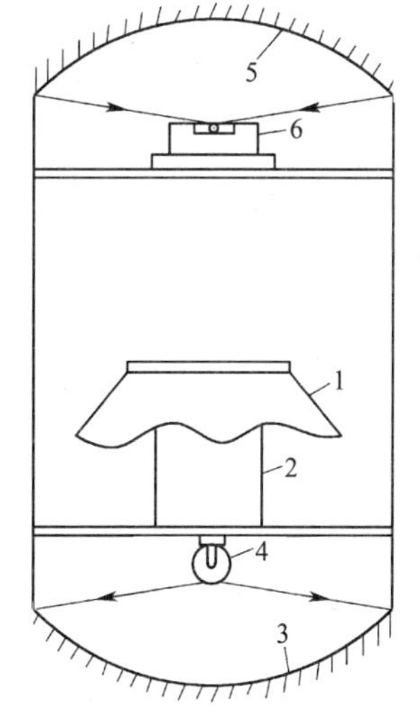

图 10－40　光电式织物悬垂性测试仪示意图

1—试样　2—支柱　3、5—反光镜　4—光源　6—光电管

目前，已经开发出新型的建立在图像处理技术基础上的织物悬垂仪，该仪器除了可以测试织物静态的悬垂性能，而且可以对试样进行旋转，测得动态的悬垂性能。

表达悬垂性的指标是悬垂性系数 F，其计算式如下。

$$F = \frac{A_F - A_d}{A_D - A_d} \times 100\% \tag{10-21}$$

式中：F——悬垂性系数；

A_F——试样悬垂状态下的投影面积；

A_D——试样面积；

A_d——小圆台面积。

织物的悬垂系数 F 小，说明织物柔软，柔软的织物具有好的悬垂性。但这种定义方式属于反定义，所以有人令 $F_B = (1 - F)$，称 F_B 为悬垂系数，这样一来，F_B 越大，说明悬垂性越好。虽然有的织物悬垂系数 F 小，但是悬垂时并不能形成曲率均匀的弧面，给人的感觉不美观，不能说这种织物具有优良的悬垂性。只有悬垂系数 F 较小，而又能形成曲率均匀的弧面时，才认为是具有优良的悬垂性。对于某些用途的织物，如裙子、桌布、舞台帷幕，均要求具有良好的悬垂性。对于旗袍用面料，也要求具有非常好的悬垂性。

第八节　织物的透通性与舒适性简介

舒适性是织物服用性能的一个重要指标，它涉及的领域很广，既有物理学、生理学方面的因素，也有社会学、心理学等方面的因素。在人、衣服、环境三者之间相互作用之中使人达到生理、心理及其他物理因素感觉的满意称为舒适，狭义地将织物使人达到满意的热湿平衡的性能称为织物的舒适性，所以织物的透通性与舒适性密切相关。本节仅就与舒适性相关的部分物理特性进行介绍。

一、透气性

织物透过空气的性能称为透气性。夏季服装应具有较好的透气性，而冬季服装则应具有较小的透气性，使衣服中能储存较多的静止空气，以提高保暖性。

目前使用透气量仪来测量织物的透气性，其如图 10－41 所示。抽气风扇 1 将空气从试样 2 的外面抽入，再从排气口 6 排出，织物试样两侧空气压力分别为 P_1 和 P_2（即气室 3 的气压）。当 $P_1 > P_2$ 时，则空气自织物左边流向右边。在保持织物两边的压力差一定的条件下，测定单位时间内透过织物的空气量，就可以测得织物的透气性指标透气量。透过的空气越多，织物的透气性愈好。织物两边的压力差可用微压计来测量，通过织物的空气量用一气孔 4 测量流量。气孔前的压力即是 P_2，气孔后的压力为 P_3（即气室 5 的气压），根据流体力学原理，通过 P_3 和 P_2 差值 h 可以计算出空气流量。压差越大，流过的空气量越多，透气量越大，织物透气性越好。

织物的透气主要与织物内纱线间、纤维间的空隙大小、多少及织物厚度有关，即与织物的经纬密度、纱线线密度、纱线捻度等有关。纤维几何形态关系到纤维集合成纱时纱内空隙的大小和多少。大多数异形截面纤维制成的织物透气性比圆形截面纤维的织物好。压缩弹性好的纤

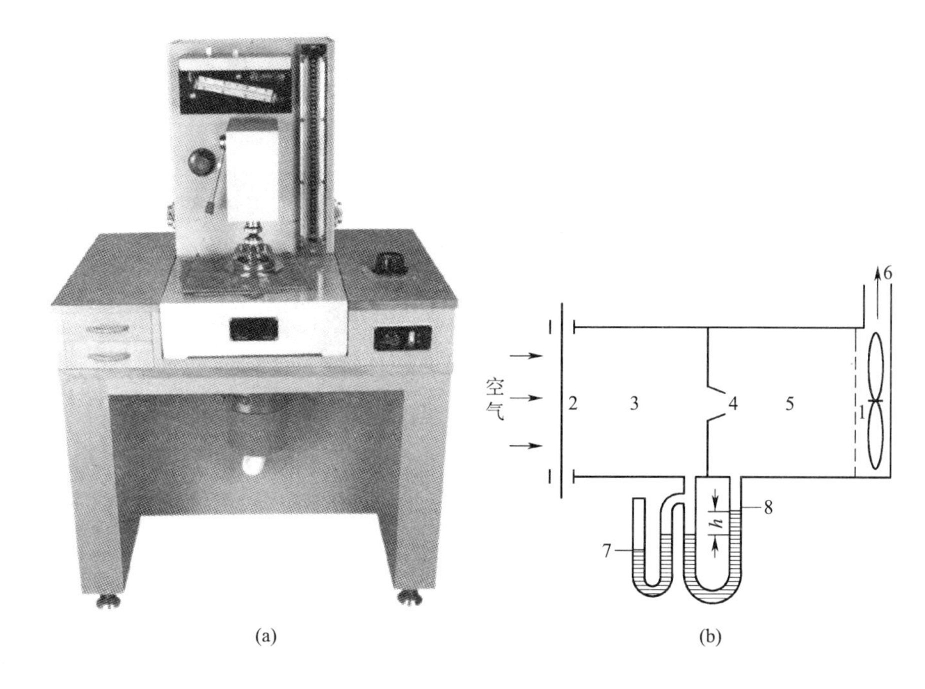

(a)　　(b)

图 10－41　YG461 型织物透气量仪

1—抽气风扇　2—试样　3—前空气室　4—气孔　5—后空气室　6—排气口　7、8—压力计

维制成的织物透气性也较好。吸湿性强的纤维吸湿后，纤维直径明显膨胀，织物紧度增加，透气性下降。

纱线捻系数增大时，在一定范围内使纱线密度增大，纱线直径变小，织物紧度降低，因此织物透气性有提高的趋势。在经、纬（纵、横）密度相同的织物中，纱线线密度减小，织物透气性增加。

织物结构中，增加织物厚度，透气性下降。织物组织中，平纹织物交织点最多，浮长最短，纤维束缚得较紧密，故其透气性最小；斜纹织物的透气性较大；缎纹织物的透气性更大。纱线线密度相同的织物中，随着经、纬密的增加，织物透气性下降。织物经缩绒（毛织物）、起毛、树脂整理、涂胶等后整理后，透气性有所下降。宇航服结构中的气密限制层，通常采用气密性好的涂氯丁锦纶胶布材料制成。

二、透湿性

织物的透气性也称透湿性，是指织物透过水汽的性能。服装用织物的透湿性是一项重要的舒适、卫生性能，它直接关系到织物排放汗汽的能力。尤其是内衣，必须具备很好的透湿性。当人体皮肤表面散热蒸发的水汽不易透过织物陆续排出时，就会在皮肤与织物之间形成高温区域，使人感到闷热不适。

当织物两边的蒸汽压力不同时，蒸汽会从高压一边透过织物流向另一边，蒸汽分子通过织物有两条通道。一条是织物内纤维与纤维间的空隙；另一条通道是凭借纤维的吸湿能力

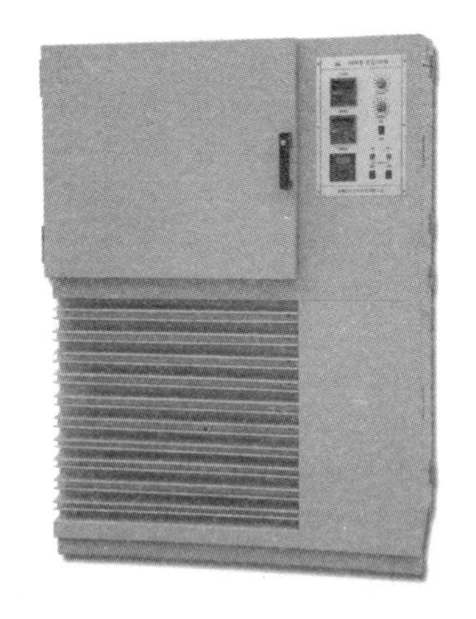
图 10－42　YG501 织物透湿试验箱

和导湿能力，接触高蒸汽气压的织物表面纤维吸收了气态水，并向织物内部传递，直到织物的另一面，又向低压蒸汽空间散失。

织物透湿性多用透湿杯蒸发法，将织物试样覆盖在盛有一定量蒸馏水的杯上，放置在规定温湿度的试验箱内，如图 10－42 所示。由于织物两边的空气存在相对湿度差，使杯内蒸发产生的水汽透过织物发散。经规定间隔时间(24h)先后两次称量，根据杯内水量的减少来计算透湿量。

$$WVT = \frac{\Delta m}{St} \qquad (10-22)$$

式中：WVT——每平方米每小时的透湿量，$g/(m^2 \cdot h)$；

Δm——同一个试验杯两次称量之差，g；

S——试样试验面积，m^2；

t——试验时间，h。

此外，也可采用透湿杯吸湿法来测试织物的透湿量。它是在干燥的吸湿杯内装入吸湿剂，将试样覆盖牢，然后置于规定温湿度条件件的试验箱内，经规定间隔时间先后两次称量，来计算透湿量。

实验表明，织物透湿性随环境温度的升高而增加，随环境相对湿度的增加而减小。

三、透水性

织物透水性是指液态水从织物一面渗透到另一面的性能。由于织物用途不同，有时采用与透水性相反的指标——防水性来表示织物阻止水滴透过的性能。对于工业用过滤布要有良好的透水性，而雨伞、雨衣、篷帐、鞋布等织物要有很好的防水性。

水通过织物有以下三种通道，首先水分子通过纤维与纤维、纱线与纱线间的毛细管作用从织物一面到达另一面；其次是纤维吸收水分，使水分从一面到达另一面；第三条通道是水压作用，迫使水透过织物空隙到达另一面。因此，织物的透水性、防水性与织物结构、纤维的吸湿性、纤维表面的蜡脂、油脂等有关。为满足特殊需要，可对织物进行防水整理，生产出高防水的织物，还可以生产既防水又透湿的织物。

（一）润湿法测织物的防水性

对抗淋湿织物来说，用水滴附着于织物表面上时所形成的接触角来表征其防水或拒水的能力。接触角越大，水分子与织物表面分子间附着力比水分子间凝聚力越小，水分子越不易附着，故抗淋湿性越好。经研究发现接触角小于 90°时，接触角随接触表面粗糙度的增加而减小；接触角大于 90°时，接触角随接触表面粗糙度的增加而增加。接触角随接触表面物质密度的降低而上升。

（二）沾水法（喷淋法）测织物的防水性

绷架式抗淋湿性测定仪（YG813 型织物沾水度仪），如图 10－43 所示。用它测试织物防水性时，是将试样夹在环形夹持器中，并放于绷架上，使试样平面与水平面成45°角。常温（20℃）定量水通过喷头喷射到试样表面。喷完后，取下夹持器，在绷架和试样平行方向轻击数下，去除浮附在试样表面的水分，最后与标准样照对比评分（或评级，分1～5级，对应于下面的100～50分）。100分为无湿润；90分为稍有湿润；80分为有水滴状湿润；70分为有相当部分湿润；50分为全都湿润；0分为正反面完全湿润。也可通过秤出试样重量的变化来测定沾水量。

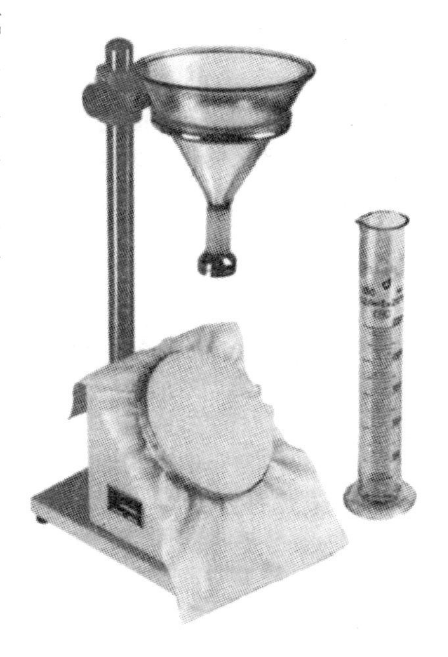

图10－43　YG813型织物沾水度仪

（三）静水压法测织物抗渗水性

传统的静水压式抗渗水性测定仪如图10－44所示。它采用将水位玻璃筒以一定速度提起，增加水位高度的方法，逐渐增加作用在试样上面的水压。当从试样下方反光镜观察到试样下面三处出现水滴（或出现三滴水）时，立即停止水位玻璃筒的上升，由刻度尺读出水位玻璃筒的水柱高度（cm），水柱越高，织物的抗渗水性越好。YG825型织物静水压测试仪是利用加压水泵产生水压，采用压力传感器测知水压大小，随水压升高，当织物表面出现渗水时停止加压，数字显示静水压值，并打印测试报表，如图10－45所示。

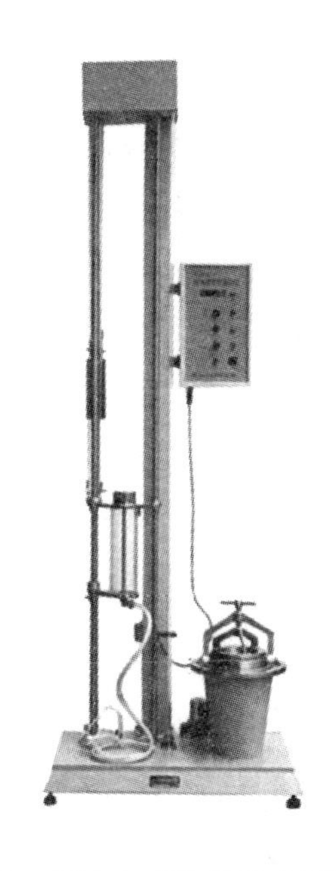

图10－44　YG812型织物静水压测试仪图

图10－45　YG825型织物静水压测试仪

（四）防水整理

防水整理剂大多是含有对水分吸附力很小的长链脂肪烃化合物，织物经这种化合物整理后，纤维表面布满了具有疏水性基团的分子，使水滴与织物表面所形成的接触角增大，水分子不易附着，从而提高了抗淋湿性。织物表面涂以这种不透水的薄膜层后，解决了抗淋湿问题，但会由此产生不透汗汽的新问题。对雨衣织物来说要求既防雨又透汗汽，为解决这一矛盾，近年来已研制成一种既防雨又透汗汽的雨衣布，其基本原理是根据水滴与汽滴的大小差异，即水滴直径通常为 100～3000μm；汽滴直径通常为 0.0004μm。由此出发，通过特殊加工，使织物表面构成的微孔只让汽滴通过，不让水滴通过，从而获得既防雨而又透汗汽的双重功能。获得防雨透气织物的加工方法主要有在织物上压上有无数微孔的树脂薄层；通过特殊涂层处理，在织物表面形成无数微孔；用超细纤维制造超高密结构的织物等。应当注意的是应用整理方法获得的防雨效果会随着使用过程及不断的洗涤而逐渐降低。

四、透热性

在前面第八章介绍了用冷却法测试绝热率来表达织物透热性（保暖性）的方法，这里介绍一种用恒温法测试织物保暖性的方法。恒温式保暖测试仪（立式）如图 10－46 所示，试样 1 包覆在试样筒 2 的外表面，试样的下端由夹持器 3 夹持，试样筒内装有电加热器加热，由精密温度传感器进行测温，通过温控系统进行温度控制，使试样筒保持一定的温度，试样筒的两侧用隔热材料堵塞，以防旁路散热，为了和织物实际使用时的状况尽量一致，仪器底部送入一定速度的气流，分别测出有试样包覆和无试样时保持热体恒温所需的电功率，进而求出保暖率。

目前，在织物热湿舒适性研究中更多地是透热、透湿同时测量，而不是单一的透热或透湿。所用仪器一般称为热阻湿阻测试仪。

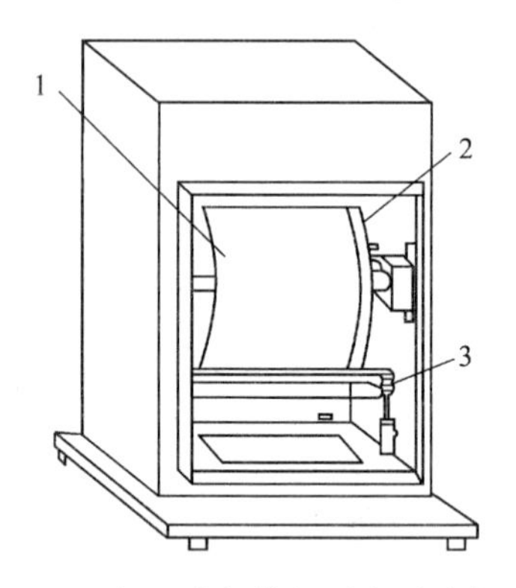

图 10－46　恒温式织物保暖率测试仪（立式）

思考题

1. 织物的种类有哪些？

2. 什么是织物的密度与紧度，如何进行测算？试证明经、纬紧度公式。

3. 已知某纯棉织物，其规格为 14.5tex × 14.5tex × 547 根/10cm × 283 根/10cm，求经、纬向紧度及总紧度。

4. 简述棉、麻、丝、毛织物的风格特征。

5. 织物手感评定的基本方法有哪些？
6. 简述针织物的特点。常用针织物组织的种类有哪些？
7. 针织物基本组织有哪些？各有什么特点？
8. 非织造布的种类有哪些？非织造布的主要用途有哪些？
9. 织物的基本结构参数包含哪些内容？定义和单位如何？
10. 影响织物拉伸强度的因素有哪些？
11. 织物外观保持性包含哪些内容？各方面一般如何评价？
12. 织物的舒适性概念是怎样的？它与织物通透性关系如何？
13. 织物风格与手感的概念是怎样的？
14. 简述造成织物尺寸稳定性变化的主要内因。

第十一章　纺织标准基础知识

本章知识点

1. 标准化、标准、技术法规的概念，标准的分类。
2. 标准编写简介。
3. 纺织品与服装使用说明、国家纺织品基本技术安全规范简介。

第一节　标准概述

一、标准与标准化的基本概念

(一)标准的有关概念

1. 标准的定义　对于标准可能有多种定义,国际上和我国对标准的定义具体内容如下。

(1) 国际标准化组织(ISO)对标准的定义:标准是为在一定的范围内获得最佳秩序,对活动或其结果规定共同的和重复使用的规则、指导原则或特性的文件。该文件经协商一致制定并经一个公认机构的批准。

(2)国家标准 GB/T 20000.1 对标准的定义:为在一定的范围内获得最佳秩序,经协商一致制定并由公认机构批准,共同使用和重复使用的一种规范性文件。

可以看出,虽然对标准的具体概念的描述在不同的权威机构中不尽相同,但他们都包含了以下几个方面的含义。

(1)标准是对一定范围内的重复性事务和概念所做的统一规定,这种统一规定是作为有关各方面共同遵守的准则和依据,其作用和目的是为了获得最佳秩序,促进最佳共同效益。

(2)只有具有重复出现特性的事物,才需要标准,并且才有可能和必要为他们制定标准。这里的重复出现特性指重复投入、重复加工、重复检验等。

(3)标准的表现形式是一种规范性文件,该文件遵照一定的规程进行制定、颁布和实施。

2. 标准的对象　标准的对象是重复性概念和重复性事物。可以说,如果在人类的整个生产、生活中,没有“重复出现”的事物,标准就失去了它存在的必要性。正因为事物被不断重复去做,剔除在这个过程中的偶发因素,人们希望在大量被重复的过程中,获得某些统一的、规律性的认识,并把这些认识保留下来,便于为更多的人理解和使用。

3. 标准的本质　标准的本质就在于统一。它反映的是需求的扩大和统一。单一的产品或单一的需求不需要标准,对同一需求的重复和无限延伸才需要标准。对重复出现的事物有了统一的规则(即标准),使其在重复过程中可以遵循一定的规则,达到一定的要求。因此,标准的运用使重复出现和无限延伸的需求简单化。

4. 标准的载体 没有一定的载体作为标准的外在表现形式,标准的内在要求就无从谈起。因此,无论什么标准,总要以一种文件,或者样照,或者实物的形式表现出来。如在纺织行业比较熟悉的纱线黑板条干标准样照、棉纤维品级实物标准及各种各样的文字标准。

5. 纺织标准及其体系 纺织标准是以纺织科学技术和纺织生产实践的综合成果为基础,经有关方面协商一致,由主管方面批准,以特定形式发布,作为纺织品生产和流通领域共同遵守的准则和依据。

行业内的标准按照其内在联系形成了一个有机整体——纺织标准体系。我国的纺织标准体系分为五个层次,第一层是纺织行业通用基础标准,第二层是分类基础标准,第三层是专业基础标准,第四层是产品通用标准,第五层是产品标准。各层次标准各具功能,同时彼此之间又相互联系。如第五层产品标准是针对不同的产品建立的个性标准,从中提取它们的共性,即可作为第四层产品通用标准。

(二)标准化的概念

在制定和完善标准的基础上,标准化应运而生。

1986 年国际标准化组织发布的 ISO 第 2 号指南中提出的"标准化"定义(草案)是:"针对现实的或潜在的问题,为制定(供有关各方)共同重复使用的规定所进行的活动,其目的是在给定范围内达到最佳有序化程度。" 1996 年我国颁发的国家标准 GB 3935. 1—96 中规定的"标准化"定义为在一定范围内获得最佳秩序,对实际的或潜在的问题制定共同的和重复使用的规则的活动(上述活动主要包括制定发布及实施标准的过程)。标准化是一项活动,一个过程。在这个过程中,主要完成制定标准、组织实施和对事实标准进行监督的任务。

概括起来,标准化是指在经济、技术、科学及管理等社会实践活动中,对重复性的事物和概念通过制定、发布和实施标准,达成统一,以获得最佳秩序和社会效益的活动。可以从以下几个标准化原则来理解标准化。

(1)简化原则:简化是标准化的最一般的原则,标准化的本质就是简化。

(2)统一原则:人类的标准化活动就是从统一化开始的。统一的范围越大,统一的程度越高,标准化活动的效果就越好。

(3)协调原则:一致性靠协调取得,标准本身就是协调的产物。

(4)优化原则:标准化的最终目的是取得最佳经济效益和最佳社会效益,在 ISO 对标准化的定义中特别强调了它的重要作用就是改善产品、生产过程和服务对于预定目标的适应性,消除贸易壁垒,以利技术协作。因此在标准制定和实施过程中,一定在贯彻最优化原则。没有最优,就没有标准化。

标准化是一个永无止境循环上升的过程。标准化本身是一个动态的发展过程,随着技术进步和科研成果的不断应用,标准往往处于被动的地位,需要根据行业现有的技术水平、设备条件和管理水平,对现有标准进行修订和完善,同时不断补充新的标准。这就为标准化的管理工作提出了新的要求。

二、标准的分类

（一）按标准的发布机构分

按照标准制定和发布机构的级别、适用范围，可以分为国际标准、区域标准、国家标准、行业标准和企业标准。

1. 国际标准 国际标准是由众多具有共同利益的独立主权国参加组成的世界性标准化组织，通过有组织的合作和协商，制定、通过并公开发布的标准。国际标准的制定者是一些在国际上得到公认的标准化组织，最大的国际标准化团体有 ISO（国际标准化组织）和 IEC（国际电工委员会），与纺织生产关系密切的有 IWTO（国际毛纺织协会）和 BISFA（国际化学纤维标准化局）等。

（1）ISO 是目前世界上最大的和最具权威的标准化机构。其主要任务是制定国际标准，协调世界范围内的标准化工作，组织各成员国和技术委员会进行技术交流。ISO 的技术工作由各技术组织承担，按专业性质设立技术委员会。在它下设的 167 个技术委员会中，属于纺织行业的有第 38、第 72、第 133 技术委员会，分别负责制定纤维、纱线、织物的试验方法，纺织机械的有关标准，服装系列的有关标准。

（2）IWTO 成立于 1927 年，是代表世界羊毛生产、毛纺工业及相关领域贸易利益的非政府性国际组织。IWTO 定期召开有关会议分析讨论世界毛纺工业共同关心的问题；组织制定维护全行业利益的贸易准则；制定发布全行业共同遵守的测试方法和规则。到 2005 年 5 月，IWTO 共有会员 25 个成员国家和 13 个准会员。

（3）BISFA 成立于 1928 年，是人造纤维生产厂商的国际联合组织，其主要任务是制订各种人造纤维交易时的技术规则。该组织是唯一的在世界范围内以制订人造纤维标准为目标的组织，是国际标准化组织（ISO）确认的国际标准化组织之一。该组织制订的标准是我国化纤行业采用国际标准工作中不可缺少的资料之一。

2. 区域标准 区域标准是由区域性国家集团或标准化团体，为其共同利益而制定、发布的标准。这里的"区域"是指按照地理、经济或政治进行划分的区域。如集政治实体和经济实体于一身、在世界上具有重要影响的区域一体化组织——欧盟在成立后，为规范各成员国之间的经济活动、协调相互之间的经济利益而设立了一系列的组织机构，其中的 CEN（欧洲标准化委员会），通过制定一系列的标准促进成员国之间的标准化协作，制定本地区需要的欧洲标准和协调文件。其他的还有 PASC（太平洋区域标准大会）、ASAC（亚洲标准化咨询委员会）等在其各自的区域内建立的标准。有些区域标准在使用过程中，逐步变为国际标准。

3. 国家标准 国家标准是由国家标准化组织，经过法定程序制定、发布的标准，在该国范围内适用。如 GB（中国国家标准）、ANSI（美国国家标准）、JIS（日本工业标准）等。

4. 行业标准 行业标准是由行业标准化组织制定，由国家主管部门批准、发布的标准，以达到全国各行业范围内的统一。如我国的机械加工行业、电子制造行业、纺织服装行业、化工行业等都根据行业自身的特点，建立了一系列的行业标准。

5. 协会标准 协会标准就是由一个协会出面推出的某一行业产品的制造标准。如美国石油协会标准,家电业协会标准等。发展、建立协会标准也是中国技术标准战略的一项重要任务。

6. 地方(省、区、州)标准　对没有国家标准和行业标准而又需要在省、自治区、直辖市范围内统一的下列要求,可以制定地方标准。如工业产品的安全、卫生要求;药品、兽药、食品卫生、环境保护、节约能源、种子等法律、法规规定的要求;其他法律、法规规定的要求。地方标准由省、自治区、直辖市标准化行政主管部门统一编制计划、组织制定、审批、编号、发布。如DB 63/T 338—2007《绒毛被》就是青海省质量技术监督局颁布的青海地方标准,DB指地方标准,63指青海(不同省区有不同的代号),T指推荐标准,338是标准顺序号,2007是颁布年度。

7. 企业标准　企业标准是企业在生产经营活动中为协调统一的技术要求、管理要求和工作要求所制定的标准。企业标准是企业根据自己的生产经营活动而设计制定的,它属于内部标准,仅限于该企业以及有相关约定的其他企业使用,一般不对外。由企业法人代表或法人代表授权的主管领导批准、发布。企业产品标准应在发布后30日内向政府备案。对于企业所生产的产品,生产厂家以及客户都需要一个对产品能够进行质量考评的规范,以便顺利进行货物的交接。但随着近年来纺织行业新产品的不断出现,产品质量的相关国家标准、行业标准没有及时出台,为此企业先行一步,根据生产情况和客户的需求制定相应的企业标准。这些企业标准将成为该产品今后的行业标准或国家标准的制定基础。

(二)按标准的属性分

1. 强制性标准　为保障人体健康、人身和财产安全的标准和法律、行政法规规定强制执行的标准都是强制性标准。到目前为止,现行的纺织品和服装标准有800多个,其中与最终织物类产品密切相关的强制性标准有GB 5296.4—2012《消费品使用说明:纺织品和服装》、GB 18383—2007《絮用纤维制品通用技术要求》和GB 18401—2010《国家纺织产品基本安全技术规范》。其中,GB 18401—2010是随着人们对纺织品对人体安全性意识的不断提高,对纺织产品提出了安全方面的最基本的技术要求,使纺织产品在生产、流通和消费过程中能够保障人体健康和人身安全。生产、经营及产品研发中应自觉遵守、严格执行强制性标准,不符合要求的应禁止生产、销售或进口。

2. 推荐性标准　推荐性标准就是推荐使用,若不使用不构成法律责任,但一旦确定使用就成了强制性的了,积极使用推荐性标准对企业和社会都有好处。

一般强制性国家标准的代号为"GB",推荐性国家标准的代号为"GB/T"。其他的标准也依此类推,行业标准中的推荐性标准也是在行业标准代号后加个"T"字,如"FZ/T"即纺织行业推荐性标准,不加"T"字即为强制性行业标准。

(三)按标准的性质分

1. 技术标准　技术标准指对标准化领域中需要协调统一的技术事项所制定的标准。技术标准包括基础技术标准、产品标准、工艺标准、试验方法标准及安全、卫生、环保标准等。

2. 管理标准　管理标准指对标准化领域中需要协调统一的管理事项所制定的标准。管理标准包括管理基础标准、技术管理标准、经济管理标准、行政管理标准和生产经营管理标准等。

3. 工作标准　工作标准指对工作的责任、权利、范围、质量要求、程序、效果、检查方法、考核办法所制定的标准。如通用工作标准、专用工作标准、工作程序标准、部门工作标准和岗位(个人)工作标准等。

(四)按标准的功能分

1. 基础标准 基础标准为具有广泛的适用范围或包含特定领域的通用条款。如术语、符号、标识等,表达的是某一行业的特殊概念。

2. 术语标准 术语标准为与术语有关的,通常有定义,有时有注、图、示例等的标准,也可归于基础标准。如GB/T 5705—1985《纺织名词术语(棉部分)》即为术语标准。

3. 试验标准 试验标准也称方法标准,它是与试验方法有关的,包括相关条款(如抽样)等的以获取产品性能指标为目的的测试标准。如色牢度、缩水试验方法、化学分析试验方法、物理性能试验方法等。这也是本书中涉及最多的标准。

4. 产品标准 产品标准是规定产品应满足的要求,以确保其适用性的标准。如纱线、面料、各类服装、其他制品等的品质评定标准。如《绵羊毛》、《细绒棉》标准。

5. 服务标准 服务标准为规定了服务应满足的要求的标准。如洗衣、饭店管理、运输等。

6. 安全标准 安全标准为考虑产品、过程或服务的安全问题的标准。

7. 环保标准 环保标准是保护环境,使之免受产品或过程造成的影响方面的标准。

目前与纺织材料相关的标准中,国家标准有300多个,基础和方法标准占80%;行业标准400多个,产品标准占50%以上。形成了以产品标准为主体,以基础标准相配套的纺织标准体系,包括术语符号标准、试验方法标准、标准物质和产品标准四类,涉及纤维、纱线、长丝、织物、纺织制品和服装等内容,从数量和覆盖面上基本满足了纺织品和服装的生产和贸易需要。

三、标准与技术法规的异同

(一)技术法规的定义

技术法规为规定技术要求的法规,它可以直接规定技术要求,或通过引用标准、技术规范、规程来规定技术要求,或将标准、技术规范、规程的内容纳入法规中。WTO/TBT对“技术法规”的定义为规定强制执行的产品特性或与其相关工艺和生产方法,包括适用的管理规定在内的文件,以及规定适用于产品、工艺或生产方法的专门术语、符号、包装、标志或标签要求的文件。这些文件可以是国家法律、法规、规章,也可以是其他的规范性文件,以及经政府授权由非政府组织制定的技术规范、指南、准则等。技术性法规具有强制性,如美国规定,凡不符合美国联邦食品、药品及化妆品法规的食品、饮料、药品及化妆品,都不予进口。正因为如此在国际贸易中常会通过技术法规形成隐蔽的技术贸易壁垒,这是一个需要特别注意的问题。

作为技术法规应当实现以下五个目标:

1. 保障国家安全 在很多国家以及国际组织的技术法规中,保障国家(地区)安全被列在首要的位置。在目前人类社会追求“和平与发展”的大前提下,“保障国家安全”更多的意义指的是保障国家经济发展和技术成果的安全。

2. 防止欺骗行为 这主要通过向消费者提供一定的信息(大多数以标签要素的形式)来保护消费者,其他的还有一些对商品做出的尺寸、重量(净重)、药品有效成分含量、食品营养成分含量的规定等。

3. 保护人身健康和安全 保护人身健康和安全是技术法规的核心内容之一,如最普通、常见的一个法规就是要求在香烟盒上标注“吸烟有害健康”的字样。

4. 保护动植物的生命和健康　这方面主要包括避免动物和植物的种类因水、空气以及土壤的污染而灭绝。

5. 保护环境　如我们国家2008年6月1日出台的“限塑令”——所有超市、商场、集贸市场等商品零售场所将一律不得免费提供塑料购物袋，在全国降低塑料袋的使用量，推广可降解购物袋的使用，减少白色污染，保护环境。

（二）标准与技术法规的异同

技术法规和标准有许多共同之处，如描述产品的具体特性，包括产品的形状、性能指标、生产加工方法、检验方法、包装方式等；同时，两者也存在着明显的差异，可以归结为以下几个方面。

（1）技术法规是被强制执行的，即只有满足技术法规要求的产品方能销售或进出口，有一点和强制性标准类似，但有些强制性标准不含处罚规定，推荐性标准则是自愿采用的。

（2）标准具有相对统一的、固有的、合理的特性，在理论上是可协调的；技术法规缺乏统一性，甚至缺乏合理性，它会因国家和文化的差异而不同。

（3）法律效力不同，对国际贸易的影响也不同。不符合技术法规要求的进口产品，禁止在市场销售；而有些不符合标准的进口产品却可以在市场上销售。

四、标准的编号和代号

完整的标准编号包括标准代号、顺序号和年代号（四位数组成）三个部分。

标准代号对于我国来讲由大写汉字拼音字母构成，如国家标准GB、纺织行业标准FZ、机械行业标准JS、公安行业标准GA、企业标准Q。国际和外国标准采用英文大写字母构成，如国际标准ISO、英国标准BS、日本工业标准JIS、美国材料试验协会标准ASTM、欧盟标准EN等。标准的编号构成如下。

××××　××××—××××
↓　　　↓　　　↓
代号　顺序号　年代号

我国的强制性标准都以GB为代号，推荐性标准则以××/T为代号。

第二节　纺织标准的编写

纺织品标准的制定情况复杂，涉及面广，相关因素很多，包括原料资源的合理利用、工艺技术与设备的先进性、现代化管理以及产品本身的竞争力等因素，是一项技术性、政策性很强的工作。应根据国家和纺织工业在不同时期的标准规划和年度计划，遵循标准化工作的基本原理，有原则、有程序地制定、编写纺织标准。

一、标准的制定与修订过程

标准的制定与修订是相伴而生的。标准的制定与修订过程大致包括预阶段（准备阶段）、立项阶段、起草阶段、征求意见阶段、审查阶段、批准阶段、出版(使用)阶段、复审阶段、废止或申请修订阶段。

二、确定标准内容的原则

(一)目的性原则

每个产品的技术特性和质量要求有很多,大部分是在产品设计文件和工艺文件里规定,产品标准中只对其质量必须满足和具备的一些主要性能和特性进行规定。选择哪些特性作为标准的技术内容,完全取决于编写标准的目的。

1. 适用性目的 应根据用户对产品功能的要求和产品本身的特性,着重规定为满足使用要求,必须具备的主要质量特性。这是制定标准最重要的目的。如在服装产品的介绍中,经常能看到"穿着舒适,美观大方"的表达,这些质量特征是通过产品的吸湿性、尺寸稳定性、外观保形性等来实现的。为了能够实现"穿着舒适,美观大方"的要求,必须使产品的物理指标(如缩水率指标、色牢度指标、起毛起球等级等)达到规定的要求。

2. 相互理解的目的 为了保证标准正确实施,应对标准有一个共同的理解。为此,要对标准中用到的术语进行定义,要有统一的抽样和试验方法,要有规范的使用说明。在术语的定义中,应特别注意对行业专用术语的定义,以及在其他行业中也会使用、但在纺织行业含义有变化的术语的定义,以免引起误解或产生歧义。如"强度"这个术语,在机械加工、纺织生产、噪声控制以及地震监测中都会涉及,但在不同的行业,它所代表的具体含义差别较大。因此,如果用到该术语,应在具体的标准中对它进行严格定义。

3. 健康、安全和资源利用的目的 在这个内容中包括对有害物质的限量标准和对原材料的使用和控制标准。从最初的食品标准开始,绿色、生态、环保的概念已经越来越多地被人们理解、接受,并用之于生产实践。随之,一系列的"绿色"标准相继产生,其内容主要是严格限制有害物质在成品中的含量以及排放量。如生态纺织品标准中对甲醛、重金属、致癌染料的含量进行了严格的限定,目的在于让消费者使用健康无害的纺织品。对于资源的利用问题,人们早已经意识到"资源是有限的,必须节约使用",特别是对于有些资源的开采,如树木的大量砍伐,还会引发系列严重后果,因此必须限制使用。

4. 认证和对原料及品种控制的目的 为了认证的目的,可以提出其他要求,可单独成章,也可有专门适用于认证的标准。为了达到控制可以对一些原材料的要求进行分级。

(二)性能原则

在确定编写标准目的的基础上,对标准中所描述事物的性能进行表述。在这个过程中,应遵从以下的性能原则。

1. 性能特点 这是产品的使用功能,是在使用过程中才能显示出来的特征,如产品耐用性、色牢度、舒适性、手感性能等。

2. 描述特性 描述产品的具体特征,是在实物上或图纸上显示出来的特征,如原材料成分、面料的规格(经、纬密度、平方米重量、成品幅宽、厚度)等。

3. 性能特性优先 根据国际惯例,只要有可能,技术要求应由性能特性来表达,而不要用设计和描述特性来表达,这样会为技术发展留有空间。如规定颜色牢度时,只对色牢度的内容、相应的测试方法、对测试结果的评级作出规定，但不规定所采用的染色工艺，这样企业可以根据最重要的色牢度要求，合理选择染料、染色工艺，并对被染对象提出应达到的质量要求。

4. 选择的依据　在标准中，对于产品的性能以哪一种特性表述最为合适，必须经过认真考虑，权衡利弊。因为对于有些性能特性，可能会引入复杂的试验，甚至短期内无法测量。如一些营养性产品，其"营养"只能通过蛋白质、脂肪、微量元素等理化指标来表述。

除了上述的原则以外，还有一些例外情况。如我国的 GB/T 18401—2010《国家纺织品基本安全技术规范》中，除了对各类纺织产品提出基本的安全技术外，还对相应指标的检测方法提出了具体的要求，也就是说，检测方法也必须统一、规范化。

（三）可证实性原则

这一点非常重要，标准之所以成为标准，关键在于它所制定的技术要求可以被具体的试验方法证实。

1. 要求可验证　标准中所规定的技术要求应能够通过现有检测方法在短时间内加以验证。这里的"短时间内实现验证"的观点非常重要，否则这种技术要求会因为不现实而导致被取缔。

2. 要求应量化　规定的技术要求，应尽可能用准确数值定量表示。对不能定量表述的（如外观质量、颜色等）必要时可以辅以实物样作为比较基准。

3. 要求难以被试验方法证实时不列入标准　如果没有一种试验方法能在较短时间内证实产品是否符合某些要求（如产品寿命），则不应在标准中列入。

三、标准的结构与层次

标准的结构和层次应视标准的具体内容而定。根据标准内容的多少，可以形成一个单独标准或者几个相关联的系列标准。这里主要讨论单独标准的结构与层次。

（一）标准的结构

每项标准的内容可能不同，但其构成大体一样。根据 GB/T 1.1—2009《标准化工作导则 第1部分：标准的结构和编写》，每项标准都是由各种内容要素组成的。根据要素的性质可以分为资料性要素和规范性要素，按照要素的需求状态可以分为必备要素和可选要素。标准中各要素类型与其相应的内容见表 11－1。

表 11－1 标准中要素类型与内容

要素类型		要素允许包括的内容
资料性	概述要素	封面、目次、前言、引言
	补充要素	资料性附录、参考文献、索引、注、图注、表注、示例
规范性	一般要素	标准名称、范围、规范性引用文件
	技术要素	术语和定义、分类、要求、抽样、试验方法、检测规则、标志、标签、使用说明书、包装、规范性目录

资料性要素是标识标准、介绍标准、提供标准附加信息的要素，是标准使用者无须遵守的要

素。规范性要素是声明符合标准而应遵循的条款要素，只要符合了标准中规范性要素，即可认为符合该项标准。它是标准的核心部分。

（二）标准的层次

标准的层次一般包含以下几项。

1. 部分 在一个标准中若含有较多内容时，应将其分类说明，各大类即为部分，一般将其置于前言中。如在GB 5296《消费品使用说明》中，将内容分为6个部分，分别是总则、家用和类似用途电器的使用说明、化妆品通用标签、纺织品和服装使用说明、玩具使用说明和家具。第一部分为通用规则，其余部分是在通用规则的基础上，分类说明消费品的使用。

2. 章 章是标准内容划分的基本单元，是标准划分出的第一层次，对各个标准和标准的每部分可以划分出章，每章应有标题。

3. 条 条是章的细分，有编号，可多层次设置。

4. 段 段是章或条的具体内容和说明，没有编号。

5. 列项 列项是对具体内容的分述，可在任意段中出现。在列项中的每一项前应加破折号或圆点。

6. 附录 附录分为规范性附录和和资料性附录两类。每个附录应有编号，编号有“附录”和表明顺序的大写拉丁字母组成，字母从“A”开始，如“附录A”。即使只有一个附录，仍要进行这样的编号。标号下方有附录标题。附录中仍可设章、条、段和列项等内容。

下面以一个具体的示例来说明标准的结构和层次。

1 范围

本标准规定了……

2 规范性引用文件

3 术语和定义

4 要求

4.1 内在质量要求

4.1.1 纤维含量

4.1.2 尺寸变化率

4.1.2.1 水洗尺寸变化率

4.1.2.2 干洗尺寸变化率

4.2 外观质量要求

……

5 试验方法

5.1 纤维含量

5.2 水洗尺寸变化率

6 包装

……

产品包装不应有以下缺陷：

图案模糊、折皱、破损

7 标签

产品的标签应包括：

a)厂名厂址

b)产品名称

c)纤维成分及其含量

d)产品规格

附录 A(规范性附录)疵点补充说明

A.1

A.2

附录 B(资料性附录)

B.1

B.2

四、标准内容及相关材料的编写

标准内容的编写应遵循前面介绍的“标准的结构”来进行，将必备要素——封面、前言、名称、范围按要求分别列于标准相应的部分，而对于可选要素——目次、引言、索引等将视具体情况选择使用。具体的规范性要求可以参阅 GB/T 1.1—2009《标准化工作导则 第1部分：标准的结构和编写》。

需要强调说明的是，在标准编写的整个过程中，比较容易出现技术内容确立依据不充分；盲目照搬国外或其他标准，未经分析和验证；试验方法不具体，可操作性差；迁就落后，技术指标明显落后；一味追求高水平，指标不切实际；仅参考国外个别指标，就称为采标；没有掌握标准的可选要素；不认真审核引用标准；征求意见范围有限等问题。对于上述问题，应该在标准的编写过程中引起高度的重视，从技术和方法的角度采取一些行之有效的手段加以解决。

第三节 标准化的相关组织机构

我国标准化管理和运行机构一直由政府统一管理，在已经颁布的《标准化法》中得到确立。

在行政管理方面，由国家标准化管理委员会统一管理全国标准化工作，其政府网站为 http://www.sac.gov.cn/，下设分行业的标准化技术委员会。各行业标准化工作一般由国家标准化管理委员会委托有关行业主管部门和国务院授权的各行业主管部委分设的标准化管理部门实施，一般在省市一级的质量技术监督局设有标准化处，地市一级设有标准化科，分别承担省和地两级各自的标准化管理工作。

在标准化研究方面，有中国标准化研究院，它是国家质量监督检验检疫总局的直属事业单位，是我国从事标准化研究的国家级社会公益类科研机构。其主要职责是研究国民经济和社会发展中全局性、战略性和综合性的标准化问题，负责研制综合性基础标准，提供权威标准信息服务。中国标准化研究院将为我国经济发展和社会进步提供多方位标准支持，为推动我国技术进步、产业升级、提高产品质量等提供重要支撑，为政府的标准化决策提供科学依据。各行业的标准化研究所负责比较具体专门的标准工作，如纺织工业标准化研究所，它是中国纺织科学研究院下设的一个研究所，主要开展纺织标准研究、纺织品检测、纺织仪器计量检定和纺织产品认证等工作。纺织工业标准化研究所同时也是纺织行业唯一的一个纺织标准化研究所，业务上受国家质量技术监督局、全国纺织品标准化技术委员会、国家认证认可监督管理委员会、中国纺织工业联合会、中国纺织科学研究院等部门的指导。

中国标准化协会和各地方的标准化协会属于技术性机构、学术团体、社会公益组织，它的主要任务是为标准化工作提供技术支持。

第四节　纺织品和服装标准简介

目前，在我国使用的纺织品和服装的有关标准数量很多，很多内容在前面的各章节中都已经进行了介绍。这里只重点介绍与市场贸易有关的纺织品和服装方面的几个强制性标准，以及近年来备受消费者和生产厂商关注的生态纺织品的一些标准。

一、纺织品和服装使用说明标准

GB 5296.4—2012《消费品使用说明　第4部分　纺织品和服装》标准，属于强制性标准，该标准就产品的11个方面进行了规范，包括制造商的名称和地址、产品名称、产品号型和规格、所用原料的成分和含量、洗涤熨烫方法、产品标准编号、产品质量等级、产品质量检验合格证明、产品类别、使用和储藏条件、使用年限等。

产品的使用说明与产品的生产、销售、使用各个方面都有直接的联系。如果没有使用说明，或者使用说明语言不详甚至有误的话，如果给消费者造成了损失，生产和销售部门就要为此承担责任，反之，则可以不承担责任。如一件纯毛西服的使用说明明示：只可干洗，而消费者水洗造成的变形等问题，生产和销售者就不用承担质量责任。因此，纺织品和服装使用说明的作用可以表现为：帮助消费者或洗染业者正确处理产品；引导消费者合理选购产品；维护生产者和消费者的合法权益；便于质量监督部门有效地开展质量监督工作。所以，世界各国政府部门对纺织品服装产品的使用说明都有明确的规定。

（一）纺织品和服装使用说明的图形符号

在标准GB 5296.4—2012中"洗涤熨烫方法"部分的内容中，使用了很多的图形符号，这些图形符号的含义是遵照GB/T 8685—2008《纺织品　维护标签规范　符号法》标准的要求的，在标准中对每一种图形符号的含义给出了明确、具体的规定，从而规范了生产厂家的产品标识，也便于消费者理解使用。使用说明的基本图形符号、熨烫图形符号、干洗图形符号和水洗后干燥图形符号见表 11－2～表 11－5。这些符号可以帮助消费者按这些图形所示的含义正确使用和保养衣物，并且在这些符号中有些是可以混合使用的。

表 11－2 使用说明的基本图形符号

序号	名称		图形符号	说明
	中文	英文		
1	水洗	washing	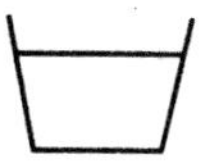	用洗涤槽表示，包括机洗和手洗
2	氯漂	Chlorine—based bleaching		用等边三角形表示
3	熨烫	Ironing and pressing	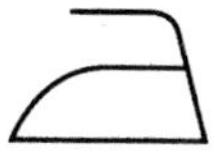	用熨斗表示
4	干洗	Dry cleaning	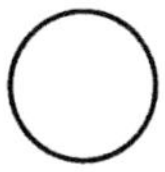	用圆形表示
5	水洗后干燥	Drying after washing		用正方形或悬挂的衣服表示

表 11－3 熨烫图形符号

编号	图形符号	说明
301	 高	熨斗底板最高温度为 200℃
302	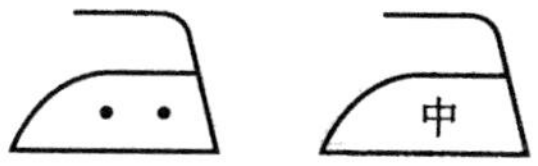 中	熨斗底板最高温度为 150℃
303	 低	熨斗底板最高温度为 110℃
304		垫布熨烫

续表

编　号	图形符号	说　　明
305	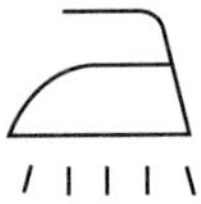	蒸汽熨烫
306	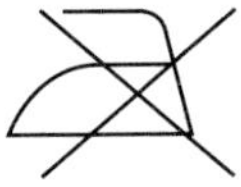	不可熨烫

表 11－4　干洗图形符号

编　号	图形符号	说　　明
401	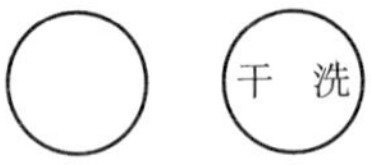 干　洗	常规干洗
402	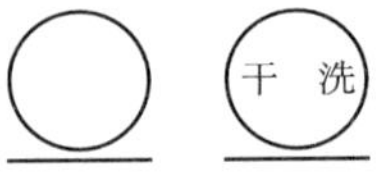 干　洗	缓和干洗
403	 干　洗	不可干洗

表 11－5　水洗后干燥图形符号

编　号	图形符号	说　　明
501	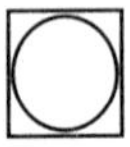	以正方形和内切圆表示转笼翻转干燥
502	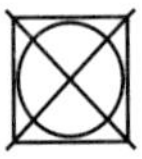	不可转笼翻转干燥
503	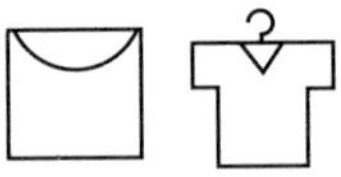	悬挂晾干
504	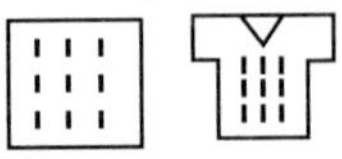	滴　干
505		平摊干燥
506		阴　干

(二)产品号型与规格

标准 GB 5295.3 中规定,纺织品的号型或规格的标注应符合有关国家标准、行业标准的规定。服装产品应按 GB/T 1335.1—2008、GB/T 1335.2—2008 及 GB/T 1335.3—2009 的要求标明服装号型。

产品号型或规格是消费者最关心的产品信息之一。本项标识可以帮助消费者做出有信息依据的合理选择,购买到符合其要求的产品。

(1)机织面料制作的服装号型应按服装号型相关标准的要求,规范地标注服装号型。服装上必须按标准规定标明号、型(即人体身高、胸围或腰围及体型代号)。表示方法是号与型之间用斜线分开,后接体型分类代号。如 165/84A、170/88B 等。儿童服装号型标志不带体型分类代号。

(2)针织服装的号型或规格采用 GB/T 6411—2008《针织内衣规格尺寸系列》中规定的号型。号指人体的身高,以 cm 为单位表示;型指产品本身的胸围、腰围(请注意与机织服装的"型"的含义区别),以 cm 为单位表示。如某针织服装标注 175/100 表示该产品适合人体身高为 175cm,胸围(或腰围)为 100cm 者穿着。该标准没有规定针织服装的体型分类,所以无需标注体型分类。

(3)普通羊毛衫产品标注产品本身的胸围或裤子规格(以 cm 为单位)。紧身衣标注适穿范围。

(4)其他产品的规格。不同的纺织品有不同的号型或规格的表示方法,应根据具体纺织品的特征,按有关标准的要求来标注纺织品的号型或规格。如袜子的规格为袜号,但连裤袜的规格是所适应的人体身高范围;绒线产品的规格为线密度、重量;纱线产品的规格为线密度;布匹面料的规格为幅宽、纱线线密度、单位面积质量或经、纬密度;窗帘产品和床上用品类产品规格为尺寸(长×宽);领带产品规格可为领带长度。

(5)不规范的服装号型标注。仅用字母或数字标注,如 L、M、S 或 42、46 等均为不规范的表示法,对消费者选购服装造成困难,应予以纠正。如果在规范标注的基础上,再辅以其他标法也是可以的。

(三)原料成分与含量

在选购服装时,人们除了注重款式和尺寸外,再就是比较关心面料的成分及含量,它直接影响着服装的内在质量和外观效果,决定了服装的性能、价格以及维护方法。按规定,应标明产品采用原料的成分名称及其含量,纺织纤维含量的标注应符合 FZ/T 01053—2007《纺织品 纤维含量的标识》的规定,皮革服装应标明皮革的种类名称,种类名称应表明产品的真实属性。

FZ/T 01053—2007 中规定两种及两种以上纤维组分的产品,应按纤维含量递减顺序列出每一种纤维的名称,并在名称的前面或后面列出该纤维含量的百分比。当产品的各种纤维含量相同时,纤维名称的顺序可任意排列。因此,在服装商品的标签上,如果看到"面料:60% 棉、30% 涤纶、10% 锦纶"的字样,就很容易理解这是服装面料所用原料的构成情况。另外,在这个标准中提出了对于普通消费者特别有用的、可以防止上当受骗的"纤维含量标签不合格的认定",指出凡出现"没有提供纤维含量标签、没有标明各纤维的具体含量、没有采用纤维的标准名称"等情况的标签是不合格的,其产品一定不是出自正规厂家。消费者在选购时一定要注意。

有关使用说明其他方面的内容,请参阅 GB 5296.4。

二、生态纺织品与国家纺织品基本安全技术规范

从 20 世纪 80 年代起,西方发达国家就开始对纺织品中可能存在的有害物质及其对人体健康和环境的影响进行了全面的研究,并不断出台一些繁杂的标准和苛刻的法律法规,并作为贸易谈判的筹码。与此同时,欧洲一些国家纷纷推出一些与纺织品生态安全性能有关的标签认证标准,如 1991 年国际生态纺织品研究与检验协会颁布的生态纺织品标准 100(Öeko - Tex Standard 100)和欧盟生态标签(Eco - label)。标准 100 主要强调了使用后的废弃物处理,生产过程中的处理和产品对使用者无害。需要说明的是生态纺织品既代表了全球消费和生产的新潮流,又集中体现了发达国家利用绿色壁垒限制进口的手段。

为了顺应生态环境及可持续发展需要,生产出健康的、生态的、绿色的纺织品,满足自身和世界贸易的需要,冲破技术壁垒。现行国家标准有 GB/T 18885—2009《生态纺织品技术要求》, GB 18401—2010《国家纺织品基本安全技术规范》。

标准 GB 18401—2010 在第 4.1 条中对产品类型从肌肤安全性的角度进行了分类,分为 A、B、C 三个类型。A 类是婴幼儿用品,指年龄在 24 个月内的婴幼儿使用的纺织品,如尿布、尿裤、内衣等;B 类是直接接触皮肤的产品,指穿着或使用时,产品的大部分面积直接与人体皮肤接触的纺织品,如文胸、背心、衬衣等;C 类是非直接接触皮肤的产品,指穿着或使用时,产品不直接与人体皮肤接触,或仅有部分面积直接与人体皮肤接触的纺织品,如毛衣、外套、窗帘等。现在,很多生产厂家已经做到了在其商品标签上的"安全类别"或"执行标准"条目中明确标明商品安全性类别。标准 GB 18401—2010 在第 5.1 条中制定了相应产品类型的安全技术要求,见表11 - 6。

表 11 - 6 纺织产品的基本安全技术要求

项　目		A 类①	B 类②	c 类③
甲醛含量(mg/kg)≤		20	75	300
pH		4.0 ~ 7.5	4.0 ~ 7.5	4.0 ~ 9.0
色牢度(级)≥	耐水(变色、沾色)	3 - 4	3	3
	耐酸性汗渍(变色、沾色)	3 - 4	3	3
	耐碱性汗渍(变色、沾色)	3 - 4	3	3
	耐干摩擦	4	3	3
	耐唾液(变色、沾色)	4	—	—
异　味		无		
可分解芳香胺染料		禁　用		

①后续加工工艺必须要经过湿加工处理的产品,pH 可放宽为 4.0 ~ 10.5。

②洗涤褪色型产品不要求。

③在还原条件下染料中不允许分解出的致癌芳香胺清单见标准的附录 C。

从表 11 - 6 可以看出，标准本着“使纺织产品在生产、流通和消费过程中能够保障人体健康和人身安全”的原则，对甲醛含量、色牢度等有害内容进行检测，并将其规范在可容忍的范围之内。由于 A、B、C 分别代表着不同的纺织产品，在标准中基本安全技术指标也有所不同。可以看出，对 A 类产品的技术要求是最高的，因为它代表的是婴幼儿用品，而婴幼儿自身的防护体系还没有完全建立起来，需要得到加倍保护，因此 A 类纺织产品对各项指标的要求都要高一些。这一点，与著名的生态纺织品标准 100（Öeko—Tex Standard 100）中“有害物质在纺织品上的极限值”的规定也是一致的。

尽管在标准 GB/T 18401—2010 中所规定的考核指标与 Öeko—Tex Standard 100 相比尚有一定的出入，但由于该标准的强制性，涉及的产品基本覆盖了所有与人们生活密切相关的纺织产品，极大地推动和提升了我国纺织行业尤其是服装、印染行业的技术水平，在提高纺织产品的内在质量，保障消费者的身体健康方面具有显著贡献。更为重要的是，该标准的发布标志着我国在生态纺织品领域的法制化和标准化方面迈出了实质性的一步。

思考题

1. 实施标准化具有什么样的意义？
2. 标准化工作常遵循哪些原则？
3. 试从标准的属性和功能对标准进行分类？
4. 纺织品和服装使用说明中定义了哪几方面的图形符号？
5. 生态纺织品的概念是怎样的？
6. 国家纺织品基本安全技术规范中对哪些方面的有害内容进行了检测监督？

参考文献

[1]姜怀,邬福林,梁洁,等. 纺织材料学[M]. 2版. 北京:中国纺织出版社,1996.

[2]徐亚美. 纺织材料[M]. 北京:中国纺织出版社,1999.

[3]胡凤玲. 棉纤维检验理论与实务[M]. 北京:中国商业出版社,1996.

[4]朱进忠. 纺织材料学实验[M]. 北京:中国纺织出版社,1997.

[5]吴宏仁,吴立峰. 纺织纤维的结构和性能[M]. 北京:纺织工业出版社,1985.

[6]何永政. GB 1103—1999《棉花 细绒棉》宣贯教材[M]. 北京:中国标准出版社,1999.

[7]李亚滨. 简明纺织材料学[M]. 北京:中国纺织出版社,1999.

[8]姜繁昌. 黄麻纺纱学[M]. 北京:纺织工业出版社,1982.

[9]顾伯明. 亚麻纺纱[M]. 北京:纺织工业出版社,1987.

[10]中国工业标准化研究所. 中国纺织标准汇编[M]. 北京:中国标准出版社,2000.

[11]西北纺织工学院毛纺教研室. 毛纺学[M]. 北京:纺织工业出版社,1984.

[12]周传铭. 羊毛贸易与检验检疫[M]. 北京:中国纺织出版社,2003.

[13]薛纪莹. 特种动物纤维产品与加工[M]. 北京:中国纺织出版社,1998.

[14]余序芬. 纺织材料实验技术[M]. 北京:中国纺织出版社,2004.

[15]蒋素蝉. 纺织材料学习题集[M]. 北京:中国纺织出版社,1994.

[16]姚穆,周锦芳,黄淑珍,等. 纺织材料学[M]. 2版. 北京:纺织工业出版社,1990.

[17]全国纺织品标准化技术委员会丝绸分技术委员会. 生丝国家标准、生丝实验方法国家标准. 北京:中华人民共和国国家质量监督检验检疫总局,2001.

[18]朱松文. 服装材料学[M]. 北京:中国纺织出版社,2001.

[19]朱红,邬福林,韩丽云,等. 纺织材料学[M]. 北京:纺织工业出版社,1987.

[20]赵景峰,王玉玲. 弹性纤维——氨纶的生产、性能和应用[J]. 纺织导报,1999(1):8-11.

[21]唐人成,赵建平,梅士英. Lyocell纺织品染整加工技术[M]. 北京:中国纺织出版社,2001.

[22]李栋高,蒋蕙钧. 纺织新材料[M]. 北京:中国纺织出版社,2002.

[23]沈建明,徐虹,邬福林,等. 纺材实验[M]. 北京:中国纺织出版社,1999.

[24]王其,冯勋伟. 大豆纤维性能研究[J]. 北京纺织,2002(2):50-53,(4):48-50.

[25]钱以宏. 聚乳酸酯及其降解特性[J]. 纺织导报,2004(4):38-42.

[26]罗益锋. 世界环保化纤的新进展[J]. 纺织导报,2003(6):82-87.

[27]蔡再生. 纤维化学与物理[M]. 北京:中国纺织出版社,2004.

[28]陈运能,范雪荣,高卫东. 新型纺织原料[M]. 北京:中国纺织出版社,2003.

[29]张世源. 生态纺织工程[M]. 北京:中国纺织出版社,2004.

[30]李青山. 纺织纤维鉴别手册[M]. 北京:中国纺织出版社,2003.

[31]吴宏仁,吴立峰. 纺织纤维的结构和性能[M]. 北京:纺织工业出版社,1985.

[32]高绪珊,吴大诚,等. 纤维应用物理学[M]. 北京:中国纺织出版社,2001.

[33]黄故．现代纺织复合材料[M]．北京:中国纺织出版社,2000.
[34]解子燕．纤维化学[M]．北京:中国纺织出版社,2002.
[35]李栋高,蒋惠钧．丝绸材料学[M]．北京:中国纺织出版社,1994.
[36][美]阿瑟·普莱斯．织物学[M]．祝成炎,虞树荣,等,译．北京:中国纺织出版社,2003.
[37]于伟东,储才元．纺织物理[M]．上海:东华大学出版社,2003.
[38]郑秀芝,刘培民．机织物结构与设计[M]．北京:中国纺织出版社,2002.
[39]李汝勤,吴大诚．纤维和纺织品的测试原理与仪器[M]．上海:中国纺织大学出版社,1995.
[40]瞿才新,张荣华．纺织材料基础[M]．北京:中国纺织出版社,2004.
[41]W. E. Morton,J. W. S. hearle. Physical Properties of Textile Fibres[M]. Manchester:Textile Institute,1993.
[42]M. J. Schick. Surface Characteristics of Fibers and Textiles[M]. New York:Dekker,1975.
[43]姚穆．毛绒纤维标准与检验[M]．北京:中国纺织出版社,1997.
[44]严灏景．纺织材料导论[M]．北京:纺织工业出版社,1990.
[45]赵书经．纺织材料实验教程[M]．北京:中国纺织出版社,2003.
[46]王善元．变形纱[M]．上海:上海科学技术出版社,1992.
[47]蒋耀兴．纺织品检验学[M]．北京:中国纺织出版社,2001.
[48]杨建忠．新型纺织材料及应用[M]．上海:东华大学出版社,2003.
[49]晏雄．产业用纤维及纺织品[M]．上海:东华大学出版社,2003.
[50][日]弓削治．服装卫生学[M]．宋增仁,译．北京:纺织工业出版社,1984.
[51]王府梅．服装面料的性能设计[M]．上海:东华大学出版社,2000.
[52]邢声远．纺织新材料及其识别[M]．北京:中国纺织出版社,2005.

普通高等教育"十一五"国家级规划教材(高职高专)

书　名	主　编
《棉纺工程》(第4版)	史志陶
《纺纱设备与工艺》	魏雪梅
《织造设备与工艺》	韩文泉
《纺纱工艺与质量控制》	张喜昌
《纺织设备机电一体化技术》	穆　征
《色织产品设计与工艺》	马　昀
《色织工艺学》	董敬贵
《非织造工艺学》(第2版)	言宏元
《纺织机械基础概论》(第2版)	周琪甦
《纺织应用化学与实验》	伍天荣
《家用纺织品设计与市场开发》	姜淑媛
《提花工艺与纹织CAD》	包振华
《针织服装设计与生产》	贺庆玉
《纺织材料》(第2版)	张一心